电子信息科学与工程类专业教材

MATLAB 大学教程

（第 2 版）

肖汉光　邹　雪　宋　涛　主　编

汤　斌　张建强　夏清玲　姜　彬　赵　芬　李艳梅　副主编

電子工業出版社

Publishing House of Electronics Industry

北京 • BEIJING

内 容 简 介

本书基于2021版MATLAB，以编程知识方法与实践技能并重，以提高综合编程能力和解决实际工程问题为纲，由浅入深地介绍MATLAB的基本语法、编程技巧和高级应用。前8章为基础，主要介绍MATLAB基本知识和系统环境、矩阵及其运算、数据可视化、程序设计、数值计算、符号运算、GUI设计、Simulink仿真；后4章为应用，通过结合MATLAB的基本知识与高校其他相关课程及实际应用，主要介绍MATLAB在电路仿真、数字信号处理、数字图像处理、电磁场与电磁波中的应用。每章末尾都包含相应的习题和实验，可让读者在学习理论知识后上机训练，以便更好地掌握本书的知识。全书在讲解的过程中为突出实用性，穿插了大量实例，图文并茂。

本书可作为高等学校相关课程的教材或教学参考书，也可供MATLAB用户学习和参考。

图书在版编目（CIP）数据

MATLAB大学教程/肖汉光，邹雪，宋涛主编. —2版. —北京：电子工业出版社，2021.10

ISBN 978-7-121-42133-4

Ⅰ.①M… Ⅱ.①肖… ②邹… ③宋… Ⅲ.①Matlab软件－高等学校－教材 Ⅳ.①TP317

中国版本图书馆CIP数据核字（2021）第198933号

责任编辑：谭海平

印　　刷：三河市鑫金马印装有限公司

装　　订：三河市鑫金马印装有限公司

出版发行：电子工业出版社

北京市海淀区万寿路173信箱　　邮编：100036

开　　本：787×1092　1/16　印张：21　　字数：537.6千字

版　　次：2016年6月第1版

2021年10年第2版

印　　次：2023年10月第4次印刷

定　　价：58.00元

凡所购买电子工业出版社图书有缺损问题，请向购买书店调换。若书店售缺，请与本社发行部联系，联系及邮购电话：（010）88254888，88258888。

质量投诉请发邮件至zlts@phei.com.cn，盗版侵权举报请发邮件至dbqq@phei.com.cn。

本书咨询联系方式：（010）88254552，tan02@phei.com.cn。

前言

PREFACE

在人工智能国家发展战略逐步实施的今天，我们的生活、工作、生产方式发生了巨大的变革，我们已步入智能化新时代。智能算法是人工智能的核心，它重新定义一切智能终端，包括智能摄像头、智能手机、智能传感器及可穿戴智能装备等。懂得智能算法及编程的人将赢得未来，所以，编程学习与创新能力提升显得尤为重要。无论你是在校大学生、研究生还是编程爱好者或创新发烧友，选择一门高效、易学易懂的编程语言十分重要。

MATLAB 是 MathWorks 公司推出的一套高性能数值计算和可视化软件，它集数值分析、矩阵运算、信号处理和图形显示于一体，可方便地应用于数学计算、算法开发、数据采集、系统建模和仿真、控制系统、神经网络、图像处理、模糊逻辑、科学和工程绘图、应用软件开发等方面。MATLAB 的最大优点在于其具有其他高级编程语言难以比拟的编写简单、效率高、易学易懂等优点，因此 MATLAB 语言也被通俗地称为演算纸式的科学算法语言。在 MATLAB 开发环境中描述问题及编写求解问题的程序时，用户可以按照符合人们的科学思维方式和数学表达习惯的语言形式来书写程序，摆脱复杂的编程语法和众多的编程规范，能真正地把精力放在科研和设计的核心问题上，进而大大提高工作效率。

MATLAB 已是当今最优秀的科技应用软件之一，其强大的科学计算能力、可视化功能、开放式可扩展环境、源程序开放性和大量的专业领域工具箱，已被广泛应用于电子信息、金融、生物医学、通信、工程数学、土木工程、人工智能等领域。因此，MATLAB 应逐渐成为众多专业学生必须掌握的一门语言和学习、科研工具，以便为学习和科研带来极大便利。目前，市面上的 MATLAB 书籍很多，但大多针对某个特定应用领域，内容较深而不够全面，不适合高等学校的课程教学。本书基于 2021 版 MATLAB，根据本科生当前认知水平和知识基础，由浅入深、系统全面地介绍 MATLAB 的特性、使用和编程方法，并结合与专业知识相关的大量实例展示 MATLAB 的功能、应用和效果，旨在激发学生的学习兴趣，使学生掌握一种重要的工具和技能，提高学生解决问题的能力，为今后的学习、科研和工作打下坚实的基础。

本书由重庆理工大学肖汉光、邹雪、宋涛任主编，由汤斌、张建强、夏清玲、姜彬、赵芬、李艳梅任副主编。由于编者水平有限，书中难免存在一些错误和不当之处，敬请同行和各位读者批评指正。

编　者

目录 CONTENTS

第 1 章　MATLAB 概述及系统环境

1.1　MATLAB 概述

自 20 世纪 80 年代以来，出现了许多科学计算语言（也称数学软件），其中比较流行的有 MATLAB、Mathematica、MathCAD、Maple 等。它们具有功能强、效率高、简单易学等特点，在许多领域得到了广泛应用。目前流行的几种科学计算软件各具特点，而且都在不断发展，新版本不断涌现，但其中影响最大、流行最广的当属 MATLAB 语言。

1.1.1　MATLAB 的优点

MATLAB 是由美国 MathWorks 公司推出的用于数值计算和图形处理计算的系统环境。除了具备卓越的数值计算能力，它还提供专业水平的符号计算、文字处理、可视化建模仿真和实时控制等功能。MATLAB 的基本数据单位是矩阵，它的指令表达式与数学、工程中常用的形式十分相似，因此用 MATLAB 来求解问题要比用 C、Fortran 等语言简捷得多。MATLAB 是国际公认的优秀数学应用软件之一。

与其他计算机高级语言相比，MATLAB 有许多非常明显的优点。

1．友好的工作平台和编程环境

MATLAB 由一系列工具组成，这些工具可方便用户使用 MATLAB 的函数和文件，其中许多工具采用图形用户界面，包括 MATLAB 桌面和命令窗口、命令历史窗口、编辑器和调试器、路径搜索，以及用户浏览帮助、工作空间、文件的浏览器。随着 MATLAB 的商业化及软件本身的不断升级，MATLAB 的用户界面也越来越精致，更加接近 Windows 的标准界面，人机交互性更强，操作更简单。此外，新版的 MATLAB 提供完整的联机查询、帮助系统，极大地方便了用户的使用。简单的编程环境提供了比较完备的调试系统，程序不必经过编译就可直接运行，而且能够及时地报告出现的错误并分析出错原因。

2．简单易用的程序语言

MATLAB 是一种高级的矩阵/阵列语言，具有控制语句、函数、数据结构、输入和输出以及面向对象编程的特点。用户可在命令窗口中将输入语句与执行命令同步，也可先编写好一个较大的、复杂的应用程序（M 文件）后再一起运行。新版本的 MATLAB 语言基于 C++语言，因此语法特征与 C++语言极为相似，而且更加简单，更加符合科技人员对数学表达式的书写格式，更利于非计算机专业的科技人员使用。此外，这种语言可移植性好、可拓展性极强，这也是 MATLAB 能够深入科学研究及工程计算各个领域的重要原因。

3. 强大的科学计算和数据处理能力

MATLAB 是一个包含大量计算算法的集合，拥有 600 多个工程中要用到的数学运算函数，可以方便地实现用户所需的各种计算功能。函数中所用的算法都是科研和工程计算中的最新研究成果，经过了各种优化和容错处理。在通常情况下，可以用它来代替底层编程语言（譬如 C 语言和 C++语言）。在计算要求相同的情况下，使用 MATLAB 的编程工作量会大大减少。MATLAB 的函数集包括从最简单、最基本的函数到诸如矩阵、特征矢量、快速傅里叶变换的复杂函数。函数所能解决的问题大致包括矩阵运算和线性方程组的求解、微分方程及偏微分方程组的求解、符号运算、傅里叶变换和数据的统计分析、工程中的优化问题、稀疏矩阵运算、复数的各种运算、三角函数和其他初等数学运算、多维数组操作以及建模动态仿真等。

4. 丰富的内部函数

MATLAB 的内部函数库提供了相当丰富的函数，这些函数可以解决许多基本问题，譬如矩阵的输入。要在其他语言（如 C 语言）中输入矩阵，先要编写一个矩阵的子函数，而 MATLAB 语言提供了一个人机交互的数学系统环境，其基本数据结构是矩阵，在生成矩阵对象时，不需要做明确的维数说明。与利用 C 语言或 Fortran 语言编写数值计算的程序相比，利用 MATLAB 可以节省大量的编程时间，因此用户能够把自己的精力主要放在创造方面，而把烦琐的问题交给内部函数来解决。

除了这些数量巨大的基本内部函数，MATLAB 还有为数不少的工具箱，用于解决某些特定领域的复杂问题。例如，使用 Wavelet Toolbox（小波工具箱）进行小波理论分析，或者使用 Financial Toolbox（金融工具箱）进行金融方面的问题研究等。同时，用户可以通过网络获取更多的 MATLAB 程序。

1.1.2 MATLAB 桌面环境及入门

桌面平台是各桌面组件的展示平台，其中的重要窗口具体如下。

1. MATLAB 主窗口

MATLAB R2021a 与早期版本相比增加了一个主窗口，该窗口不能进行任何计算任务的操作，只能用来进行一些环境参数的整体设置。

2. 命令窗口

命令窗口（Command Window）是对 MATLAB 进行操作的主要载体，默认情况下，启动 MATLAB 时就会打开命令窗口，显示形式如图 1.1 所示。一般来说，MATLAB 的所有函数和命令都可在命令窗口中执行。在 MATLAB 命令窗口中，命令不仅可以由菜单操作来实现，也可以由命令行操作来实现。在命令窗口中，“>>”为 MATLAB 的运算提示符，表示 MATLAB 处于就绪状态，下面详细介绍 MATLAB 的命令行操作。

实际上，掌握 MATLAB 命令行操作是走入 MATLAB 世界的第一步，命令行操作实现了对程序设计而言简单而又重要的人机交互，通过对命令行进行操作，避免了编程的麻烦，体现了 MATLAB 特有的灵活性。

例如：

```
% 在命令窗口中输入sin(pi/5)，然后按回车键，则会得到该表达式的值
```

```
>> sin(pi/5)
ans=
     0.5878
```

由上例可以看出，为求得表达式的值，只需按照 MATLAB 语言规则将表达式输入即可，结果会自动返回，而不必像其他程序设计语言那样，编制冗长的程序来执行。当需要处理相当烦琐的计算时，在一行内可能无法写完表达式，这时可以换行表示，但需要使用续行符“...”，否则 MATLAB 将只计算一行的值，而不理会该行是否已输入完毕。

例如：

```
>> sin(1/9*pi)+sin(2/9*pi)+sin(3/9*pi)+...
sin(4/9*pi)+sin(5/9*pi)+sin(6/9*pi)+...
sin(7/9*pi)+sin(8/9*pi)+sin(9/9*pi)
ans=
     5.6713
```

使用续行符后，MATLAB 会自动将前一行保留而不加以计算，并与下一行衔接，等待完整输入后再计算整个输入的结果。

在 MATLAB 命令行操作中，有些键盘按键可以提供特殊而方便的编辑操作。譬如，“↑”可用于调出前一个命令行，“↓”可用于调出后一个命令行，因此避免了重新输入的麻烦。当然，下面将要讲到的历史命令窗口也具有这一功能。

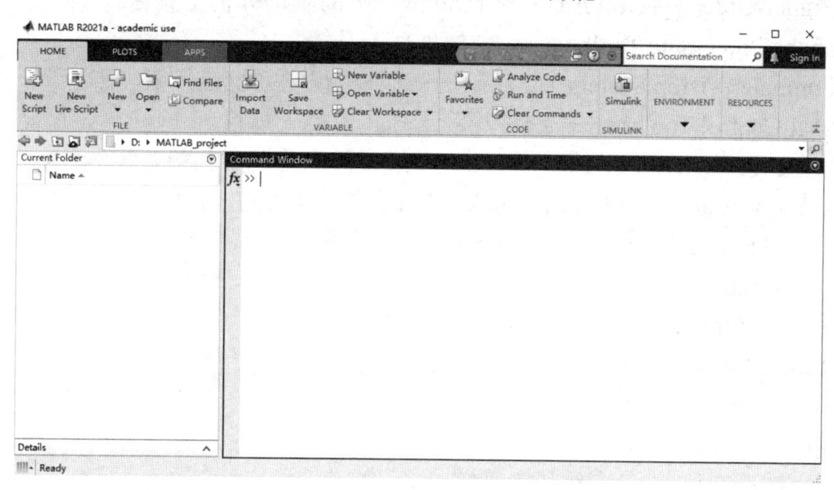

图 1.1　命令窗口

3. 历史命令窗口

历史命令（Command History）窗口是 MATLAB 新增加的一个用户界面窗口，默认设置下历史命令窗口会保留自安装时起的所有命令的历史记录，并标明使用时间，以方便使用者查询，而且双击某行命令就可在命令窗口中执行该命令。

4. 当前目录窗口

在当前目录（Current Directory）窗口中可显示或改变当前目录，还可以显示当前目录下的文件，包括文件名、文件类型、最后修改时间以及文件的说明信息等，并提供搜索功能。

5. 工作空间管理窗口

工作空间管理（Workspace）窗口是 MATLAB 的重要组成部分。在工作空间管理窗口中将显示所有目前保存在内存中的 MATLAB 变量的变量名、数据结构、字节数以及类型，而不同的变量类型分别对应不同的变量名图标。

MATLAB 包括数百个内部函数的主包和 30 多种工具箱，工具箱又可以分为功能工具箱和学科工具箱。功能工具箱具有扩充 MATLAB 的符号计算、可视化建模仿真、文字处理及实时控制等功能；学科工具箱是专业性比较强的工具箱，控制工具箱、信号处理工具箱和通信工具箱等都属于此类。

开放性使得 MATLAB 广受用户欢迎。除内部函数外，所有 MATLAB 主工具箱和各种工具箱都是可读、可修改的文件，用户可通过对源程序的修改或加入自己编写的程序构建新的专用工具箱。

MATLAB 的常用工具箱列举如下：

- MATLAB Main Toolbox——MATLAB 主工具箱。
- Control System Toolbox——控制系统工具箱。
- Communication Toolbox——通信工具箱。
- Financial Toolbox——金融工具箱。
- System Identification Toolbox——系统辨识工具箱。
- Fuzzy Logic Toolbox——模糊逻辑工具箱。
- Higher-Order Spectral Analysis Toolbox——高阶谱分析工具箱。
- Image Processing Toolbox——图像处理工具箱。
- Computer Vision System Toolbox——计算机视觉系统工具箱。
- LMI Control Toolbox——线性矩阵不等式控制工具箱。
- Model Predictive Control Toolbox——模型预测控制工具箱。
- μ-Analysis and Synthesis Toolbox——μ 分析和合成工具箱。
- Neural Network Toolbox——神经网络工具箱。
- Optimization Toolbox——优化工具箱。
- Partial Differential Toolbox——偏微分方程工具箱。
- Robust Control Toolbox——鲁棒控制工具箱。
- Signal Processing Toolbox——信号处理工具箱。
- Spline Toolbox——样条工具箱。
- Statistics Toolbox——统计工具箱。
- Symbolic Math Toolbox——符号数学工具箱。
- Simulink Toolbox——动态仿真工具箱。
- Wavelet Toolbox——小波工具箱。
- DSP System Toolbox——DSP 系统工具箱。

1.2 MATLAB 集成环境

1.2.1 MATLAB 运行环境

1. MATLAB 的启动与退出

MATLAB 为用户提供了非常友好的工作环境，熟悉工作环境是使用 MATLAB 的基础。

启动 MATLAB R2021a 有以下 3 种方法：

- 在系统桌面选择“开始”→“所有程序”→MATLAB R2021a 命令。
- 双击桌面上的 MATLAB 快捷图标。
- 找到安装 MATLAB 的文件夹，双击 MATLAB 图标。

MATLAB R2021a 的工作界面如图 1.2 所示。

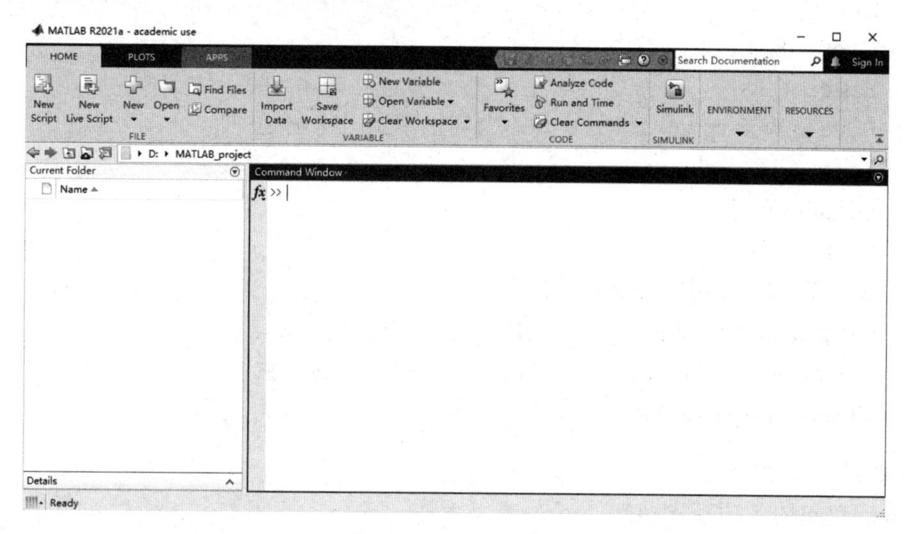

图 1.2　MATLAB R2021a 的工作界面

退出 MATLAB 系统有以下 3 种方法：

- 单击 File 菜单或按 Alt + F 组合键，选择 Exit MATLAB 命令。
- 单击窗口右上角的关闭图标。
- 按 Ctrl + Q 组合键。

早期版本的 MATLAB 工作桌面上的菜单栏包括 File（文件）、Edit（编辑）、Debug（调试）、Parallel（配置）、Desktop（操作桌面）、Window（窗口）和 Help（帮助）。

1）File 菜单

在菜单栏上选择 File 菜单，即弹出一个下拉菜单。下拉菜单中各项的基本功能如下。

- New：新建图形窗口、MDL 文件、变量窗口、GUI 等。
- Open：打开 MATLAB 所支持格式的文件。
- Close Command Window：关闭命令窗口。
- Import Data：导入数据。
- Save Workspace As：将工作空间命令保存到文件中。
- Page Setup：页面设置。
- Set Path：调用路径浏览器。
- Preferences：属性设置。选择该命令时，系统会弹出 Preferences（参数）对话框，用户可在对话框中设置 MATLAB R2021a 的多项显示特性。
- Print：打印。
- Print Selection：打印选定的内容。
- Exit MATLAB：退出 MATLAB。

2）Edit 菜单

Edit 菜单的各项基本功能如下。

- Undo：撤销输入。
- Redo：重新输入。
- Cut：剪切。
- Copy：复制。
- Paste：粘贴。
- Paste to Workspace：将所复制的内容粘贴到工作空间中。
- Select All：全选。
- Delete：删除。
- Find：查找。
- Find Files：在指定的文件或路径中查找。
- Clear Command Window：清除命令窗口中的显示。
- Clear Command History：清除命令历史窗口中的显示。
- Clear Workspace：清除工作空间变量。

3）Debug 菜单

Debug 菜单的各项基本功能如下。

- Open Files when Debugging：对打开的文件进行调试。
- Step：单步执行。
- Step In：进入执行。
- Step Out：退出执行。
- Continue：继续。
- Clear Breakpoints in All Files：清除所有文件中的断点。
- Stop if Errors/Warnings：错误或警告停止。
- Exit Debug Mode：退出调试模式。

4）Parallel 菜单

Parallel 菜单的各项基本功能如下。

- Select Configuration：选择配置。
- Manage Configurations：管理配置。

5）Desktop 菜单

Desktop 菜单的各项基本功能如下。

- Minimize Command Window：最小化命令窗口。
- Maximize Command Window：最大化命令窗口。
- Move Command Window：移除命令窗口。
- Resize Command Window：调整命令窗口的大小。
- Undock Command Window：分离命令窗口（显示内容与当前活动窗口有关）。
- Desktop Layout：桌面面板（标准、只有命令窗口、用户定义等）。
- Save Layout：保存当前面板。

- Organize Layouts：组织面板。
- Command Window：显示或隐藏命令窗口。
- Command History：显示或隐藏命令历史窗口。
- Workspace：显示或隐藏工作空间浏览器。
- Help：显示或隐藏帮助。
- Profiler：显示或隐藏性能分析器。
- Editor：显示或隐藏编辑器。
- Figures：显示或隐藏图形显示窗口。
- Web Browser：打开网络浏览器。
- Variable Editor：打开数组编辑器。
- Comparison Tool：打开对照工具。
- Toolbars：显示或隐藏工具栏。
- Titles：显示或隐藏窗体标题。

6）Window 菜单

Window 菜单的各项基本功能如下。

- Close All Documents：关闭所有文档（MATLAB 支持的文件）。
- Next Tool：显示下一个工具。
- Previous Tool：显示上一个工具。
- Next Tab：显示下一个标签。
- Previous Tab：显示上一个标签。
- 0 Command Window：默认命令窗口。
- 1 Command History：命令历史窗口。与当前打开的工具有关，这是默认桌面选择。
- 2 Current Folder：有效的工具（即让其处于活动状态）。
- 3 Workspace：工作空间浏览器。
- 4 Help：MATLAB 联机帮助文档。

7）Help 菜单

Help 菜单的各项基本功能如下。

- Product Help：产品帮助。
- Function Brower：函数浏览器。
- Submit a MathWorks Support Request：向 MathWorks 提交请求支持。
- Using the Desktop：打开桌面帮助。
- Using the Command Window：打开命令窗口帮助。
- Web Resources：网上资源。
- Get Product Trials：获取产品试验。
- Check for Updates：检测更新。
- Licensing：协议许可。
- Terms of Use：使用条款。
- Patents：使用专利。

- Demos：打开演示窗口。
- About MATLAB：显示 MATLAB 的版本及用户登记信息。

MATLAB R2021a 的菜单工具栏舍弃了原有的菜单，改用选项卡和工具栏形式，选项卡包含主页（HOME）、绘图（PLOTS）和应用程序（APPS），每个选项卡下方都有相应的工具栏。

2．工具栏

1）HOME（主页）工具栏

MATLAB R2021a 的 HOME（主页）工具栏如图 1.3 所示，它包含 Windows 窗口工具栏常用选项和 MATLAB 专用选项。Home 栏包括文件（File）、变量（Variable）、代码（Code）、Simulink、环境设置（Environment）和资源（Resources）六大部分。

图 1.3　HOME（主页）工具栏

文件部分主要包括新建.m 脚本文件、新建实时脚本、新建文件和打开文件。新建文件选项下的专用选项可以实现的基本操作包括新建.m 文件、函数、类、专用对象、项目和图像等，以及打开 Simulink 仿真页面和打开 App 页面。

变量操作区域包含导入数据、保存工作空间、新建变量、打开变量、清除变量、清除工作空间的操作。

代码区域由分析代码、运行代码和计时、清除命令三大部分构成。

Simulink 区域可以打开 Simulink 的库。

环境设置区域可以更改软件的一些默认设置，如背景、默认路径等。

资源区域可以搜索网上关于 MATLAB 的资源。

2）PLOTS（绘图）工具栏

PLOTS（绘图）工具栏提供了画图的快捷方式，可以绘制直方图、线图、饼图、等值图、三维图等不同种类的图形，如图 1.4 所示。

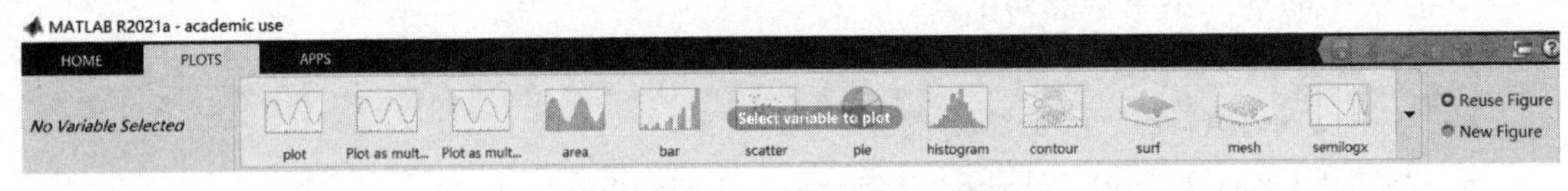

图 1.4　PLOTS（绘图）工具栏

3）APPS（应用程序）工具栏

APPS（应用程序）工具栏提供了不同种类的工具箱支持，方便用户进行快捷的操作，如图 1.5 所示。

图 1.5　APPS（应用程序）工具栏

1.2.2 MATLAB 的安装

MATLAB R2021a 与 MATLAB R2020b 在安装与激活上的方法基本相同，都增加了对 MATLAB 的激活环节。具体安装步骤如下：

（1）在 MATLAB 官网注册后，下载 MATLAB R2021a 安装包，下载完成后，双击 matlab_R2021a_win64.exe 安装程序，打开文件夹 _temp_matlab_R2021a_win64，双击 setup.exe 开始安装。进入 MATLAB R2021a 安装的初始化界面，如图 1.6 所示。

（2）启动安装程序后，在所示安装界面右上角的高级选项中，选中“我要进行标准安装”单选按钮。

图 1.6 MATLAB R2021a 安装的初始化界面

（3）弹出如图 1.7 所示的“许可协议”对话框，若同意 MathWorks 公司的安装许可协议，则选中“是”单选按钮，并单击“下一步”按钮。

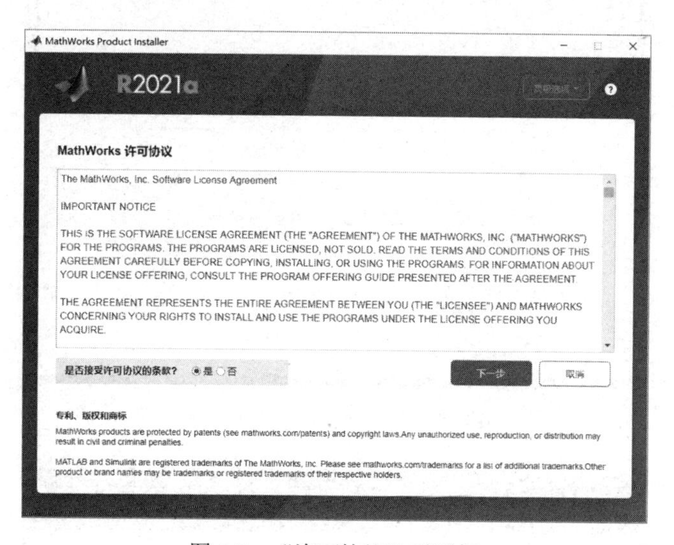

图 1.7 “许可协议”对话框

（4）弹出如图 1.8 所示的“输入 MathWorks 账户”对话框，输入注册的 MathWorks 账户名，单击“登录”按钮，在后面输入密码即可。

（5）若输入了正确且已购买 MATLAB 官方许可证的账户，系统就会弹出如图 1.9 所示的“选择许可证”对话框，选择列表中已关联的许可证，标签为 MATLAB（Individual），然后点击“下一步”按钮。

（6）弹出“身份认证”对话框，如图 1.10 所示。选择“立即授权此计算机”，然后单击“下一步”按钮。

（7）默认安装路径为 C:\Program Files\MATLAB\R2021a。用户可以单击“浏览”按钮选择其他安装文件夹，如选择安装在 D:\MATLAB 下。单击“下一步”按钮，进行安装，如图 1.11 所示。

图 1.8 “输入 MathWorks 账户”对话框

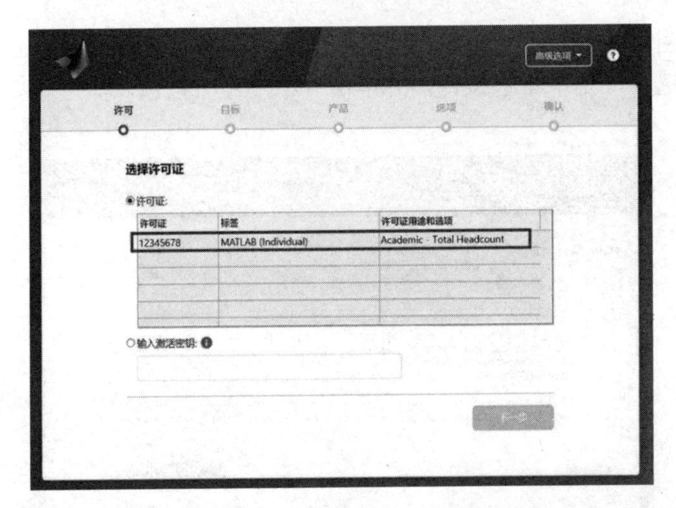

图 1.9 “选择许可证”对话框

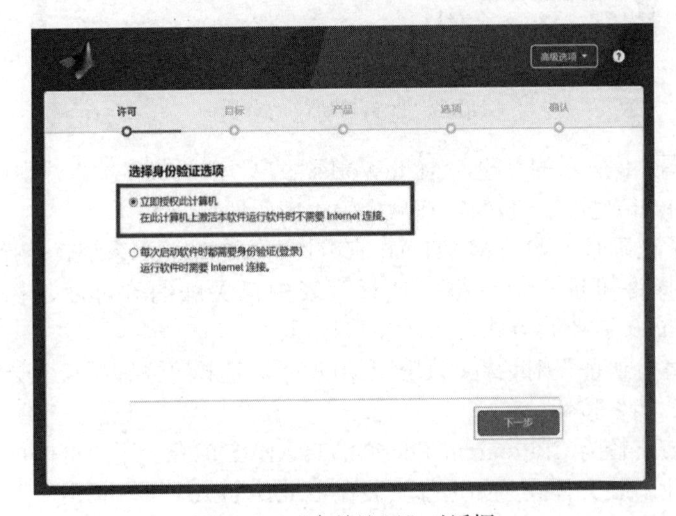

图 1.10 “身份认证”对话框

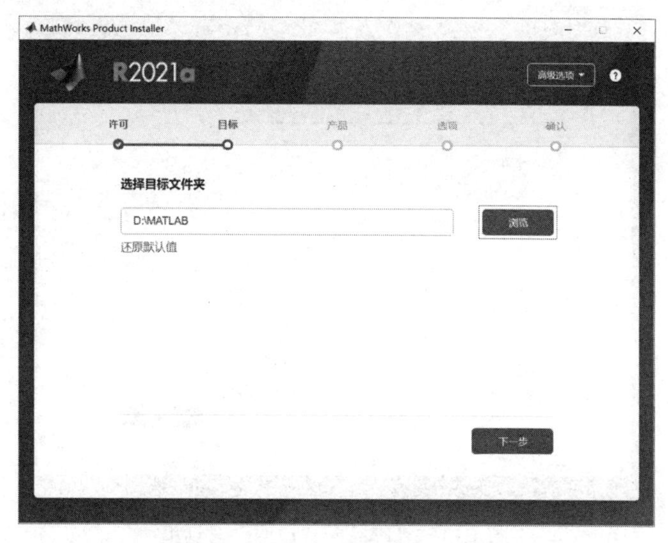

图 1.11　“文件夹选择”对话框

（8）确定安装路径后，系统将弹出如图 1.12 所示的“产品选择”对话框，从中可以看到用户默认安装的 MATLAB 组件、安装文件夹等相关信息。单击“下一步”按钮。

图 1.12　“产品选择”对话框

（9）选择添加“将快捷键添加到桌面”选项，如图 1.13 所示。然后单击“开始安装”按钮，如图 1.14 所示。

（10）软件在安装过程中将显示安装进度条。用户需要等待产品组件安装完成，同时可以查看正在安装的产品组件及安装剩余的时间。

（11）此时即完成 MATLAB R2021a 的安装，单击运行 MATLAB，出现 MATLAB 界面，如图 1.15 所示。

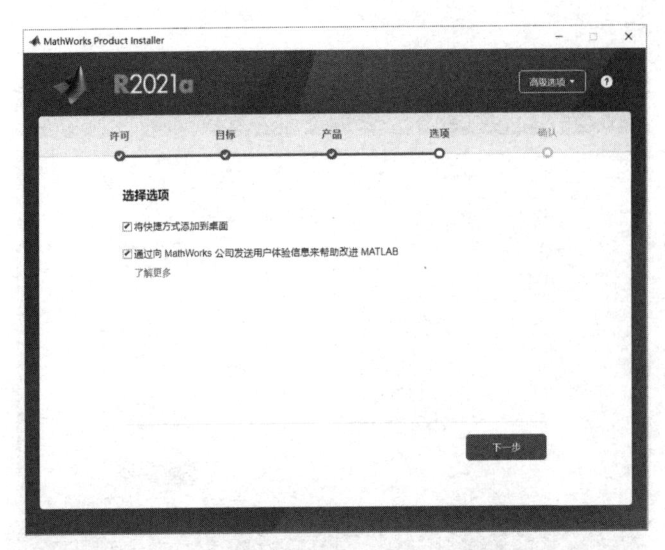

图 1.13 “产品配置说明”对话框

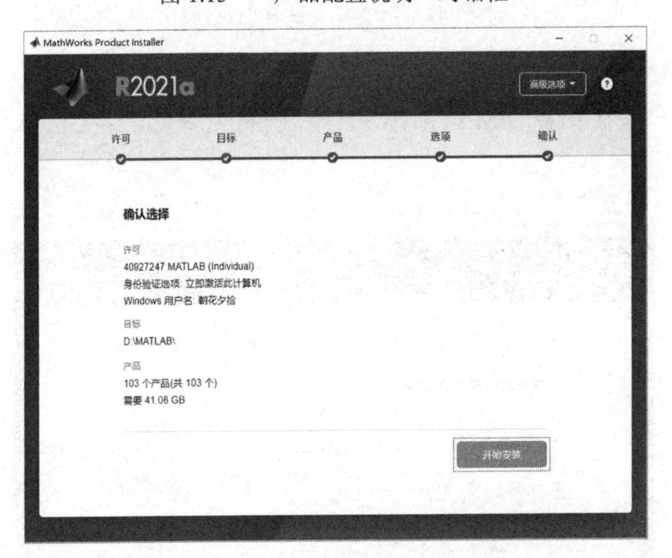

图 1.14 安装 MATLAB

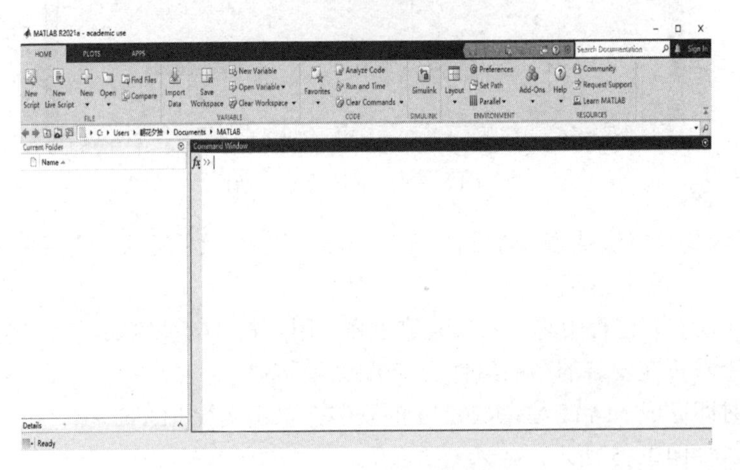

图 1.15 MATLAB 界面

1.3　初识MATLAB实例

在 MATLAB 下进行基本数学运算时，只需将运算式直接输入到提示符“>>”的后面，并按回车键。MATLAB 将计算的结果赋给变量 ans 后显示。

【例 1.1】 求$[12+2\times(7-4)]/3^2$的算术运算结果。

（1）用键盘在 MATLAB 命令窗口中输入以下内容：

```
>> (12+2*(7-4))/3^2
```

（2）在上述表达式输入完成后，按回车键，该命令就被执行。

（3）在命令执行后，MATLAB 命令窗口中将显示以下结果：

```
ans=
     2
```

也可给运算式的结果设一个变量 x：

```
x=(5*2+1.3-0.8)*10^2/25
x=
   42
```

变量 x 的值可以在下一条语句中调用：

```
y=2*x+1
y=
   85
```

1．变量命名规则

（1）变量名区分大小写。

（2）变量的第一个字符必须为英文字母，且不能超过 63 个字符。

（3）变量名中可以包含下连字符、数字，但不能为空格符、标点。

键入 clear 会去除所有定义过的变量名称。系统预定义的变量如表 1.1 所示。

表 1.1　系统预定义的变量

变　量	说　明	变　量	说　明
ans	预设的计算结果的变量名	nargin	函数输入参数个数
eps	MATLAB 定义的正极小值 =2.2204e-16	nargout	函数输出参数个数
pi	内建的 π 值（=3.1415926…）	realmax	最大正实数
inf	∞值，无限大($\frac{1}{0}$)	realmin	最小正实数
NaN	无法定义一个数值($\frac{0}{0}$)	flops	浮点运算次数
i 或 j	虚数单位 $i=j=\sqrt{-1}$		

2．表达式

MATLAB 书写表达式的规则与“手写算式”的基本相同，但要求所有表达式都以纯文本形式输入。

如果一个指令过长，可在结尾加上“...”（代表此行指令与下一行连续），例如：

```
>> 1*2+3*4+5*6+7*8+9*10+11*12+...
13*14+15*16
ans=
```

```
    744
```

若不想让 MATLAB 每次都显示运算结果，可在运算式最后加上分号（;），例如：

```
y=1034*22+3^5;
```

若要显示变数 y 的值，直接键入 y 即可：

```
>>y
y=
   22991
```

MATLAB 会忽略所有在百分比符号（%）之后的文字，因此百分比符号之后的文字均可视为语句的注解（Comments）。

【例 1.2】 计算圆面积 area $=\pi r^2$，半径 $r=2$。

```
>> r=2;                % 圆半径r=2
>> area=pi*r^2;        % 计算圆面积area
>> area
area=
12.5664
```

MATLAB 提供的基本算术运算有加（+）、减（-）、乘（*）、除（/）、乘方（^），范例为 5+3、5-3、5*3、5/3 和 5^3。

1.4 MATLAB 常用命令及学习技巧

表 1.2 给出了 MATLAB 命令窗口中的常用命令及功能。

表 1.2 MATLAB 命令窗口中常用的命令及功能

命　令	功　能
clc	擦去一页命令窗口，光标回到屏幕左上角
clear	清除工作空间中的所有变量
clear all	从工作空间清除所有变量和函数
clear 变量名	清除指定的变量
clf	清除图形窗口内容
delete<文件名>	从磁盘中删除指定的文件
help<命令名>	查询所列命令的帮助信息
which<文件名>	查找指定文件的路径
who	显示当前工作空间中所有变量的一个简单列表
whos	列出变量的大小、数据格式等详细信息
what	列出当前目录下的.m 文件和.mat 文件
load name	将 name 文件中的所有变量下载到工作空间
load name x y	将 name 文件中的变量 x、y 下载到工作空间
save name	将工作空间变量保存到文件 name.mat 中
save name x y	将工作空间变量 x、y 保存到文件 name.mat 中
pack	整理工作空间内存
size(变量名)	显示当前工作空间中变量的尺寸
length(变量名)	显示当前工作空间中变量的长度
↑	调用上一行的命令
↓	调用下一行的命令

（续表）

命　令	功　能
←	退后一格
→	前移一格
Ctrl + ←	左移一个单词
Ctrl + →	右移一个单词
Home	光标移到行首
End 或 Ctrl + E	光标移到行尾
Esc 或 Ctrl + U	清除一行
Del	清除光标后的字符
Backspace	清除光标前的字符
Ctrl + K	清除光标至行尾字
Ctrl + C	中断程序运行

1.5　MATLAB 帮助系统

1.5.1　命令窗口帮助系统

1. 帮助命令

MATLAB 中最常用的一个命令是帮助命令 help。使用 help 命令，可以查询所有 MATLAB 命令或函数的使用方法。无论用户有何疑惑，都可通过 help 来获得帮助信息。

help 命令的常用调用格式如下。

1）help

在命令窗口中输入 help，按回车键，就会在命令窗口中列出 MATLAB 最原始的帮助项，每项对应 MATLAB 的一个目录名。例如：

```
>> help
New to MATLAB? See resources for Getting Started.

To view the documentation, open the Help browser.
```

2）help topic

这是 help 命令最常用的方式，它为用户指定的项目 topic 给出相应的帮助信息，其中的 topic 可以是命令名、函数名、目录名。若是命令名，则显示命令的使用方式信息；若是函数名，则显示函数的使用方法；若是目录名，则显示该指定目录的索引清单。

【例 1.3】 利用 help 命令显示 diff 函数的用法。

```
>> help diff
 DIFF Difference and approximate derivative.
   diff(X),for a vector X,is [X(2)-X(1)  X(3)-X(2) … X(n)-X(n-1)].
   diff(X),for a matrix X,is the matrix of row differences,
       [X(2:n,:) - X(1:n-1,:)].
   diff(X),for an N-D array X,is the difference along the first
       non-singleton dimension of X.
  diff(X,N) is the N-th order difference along the first non-singleton
```

```
        dimension (denote it by DIM). If N >= size(X,DIM),DIFF takes
        successive differences along the next non-singleton dimension.
   diff(X,N,DIM) is the Nth difference function along dimension DIM.
        If N >= size(X,DIM),DIFF returns an empty array.
     Examples:
        h=.001; x=0:h:pi;
        diff(sin(x.^2))/h is an approximation to 2*cos(x.^2).*x
        diff((1:10).^2) is 3:2:19
        If X=[3 7 5  0 9 2]
        then diff(X,1,1) is [-3 2 -3],diff(X,1,2) is [4 -2  9 -7],
        diff(X,2,2) is the 2nd order difference along the dimension 2,and
        diff(X,3,2) is the empty matrix.
     See also gradient,sum,prod.
     Overloaded methods:
     Documentation for diff
     Other functions named diff
```

2. 查询命令

MATLAB 中的查询命令有 lookfor、which、whos、exist、doc 和 what。这里仅介绍 lookfor 与 which 命令，对于其余的命令，读者可以用 help 命令来查看帮助。

1）lookfor 命令

当要查找具有某种功能的命令或函数，但又不知道该命令或函数的确切名称时，不能直接使用 help 命令，而要使用查询命令 lookfor，后者可以通过完整的关键字或部分关键字来搜索相关内容。但要注意的是，该命令仅搜索帮助文本的第一行。

【例 1.4】利用 lookfor 查找 diff 函数。

```
>> lookfor diff
```

它返回 M 文件中包含 diff 的全部函数：

```
diff - Difference and approximate derivative.
cast - Cast a variable to a different data type or class.
chebspec - Chebyshev spectral differentiation matrix.
dde23 - Solve delay differential equations (DDEs) with constant delays.
ddensd - Solve delay differential equations of neutral type.
   …        …
tsAlignSizes  - If the time vector is aligned to differing dimensions, a 'transpose' is
pcshowpair  - Visualize differences between point clouds.
vipblk2difft    - is a dynamic block update function of 2-D IFFT block
utguidiv   - Utilities for testing inputs for different "TOOLS" files.
```

2）which 命令

命令 which 用于定位函数和文件，给出指定函数或文件的完整路径。若是工作空间中的变量或内建函数，则给出相应的提示信息。其调用格式如下：

- which fun：显示指定 fun 的全部路径和文件名。其中，fun 可以是工作空间的变量、内置函数、已加载的 Simulink 模型或 Java 类的方法。
- which fun -all：显示所有名为 fun 的函数路径。
- which file.ext：显示指定文件的全路径名称。
- which fun1 in fun2：显示在 M 文件 fun2 中出现的函数 fun1 的路径名称。
- which fun(a,b,c,...)：显示指定的带有输入参数 a,b,c,...的函数 fun 的路径。
- s=which(...)：将查询结果返回给字符串 s，而不是输出到屏幕上。当 fun 为内置函数时，s 的内容为'built-in'。

- w=which(…,'-all')：返回多项式搜索方法的结果。其中，w 是一个细胞数组，包含通常在屏幕上输出的路径字符串。

【例 1.5】利用 which 查询 diff 函数的帮助信息。

```
>> which diff
%局部方法
built-in (D:\MATLAB\toolbox\matlab\datafun\@char\diff)% char method
```

说明：diff 函数是 MATLAB 的内置函数。

1.5.2 帮助浏览窗口

MATLAB 的帮助浏览窗口非常系统、全面，进入帮助窗口的方法有以下 4 种。

- 单击工具栏上的按钮。
- 按 F1 键。
- 在主窗口中选择 Help 菜单下的命令 Documentation、Examples、Support Web Site 之一。
- 在命令窗口中输入 helpdesk 或 doc。采用上述任一方式，都可打开 Help（帮助）窗口，如图 1.16 所示。

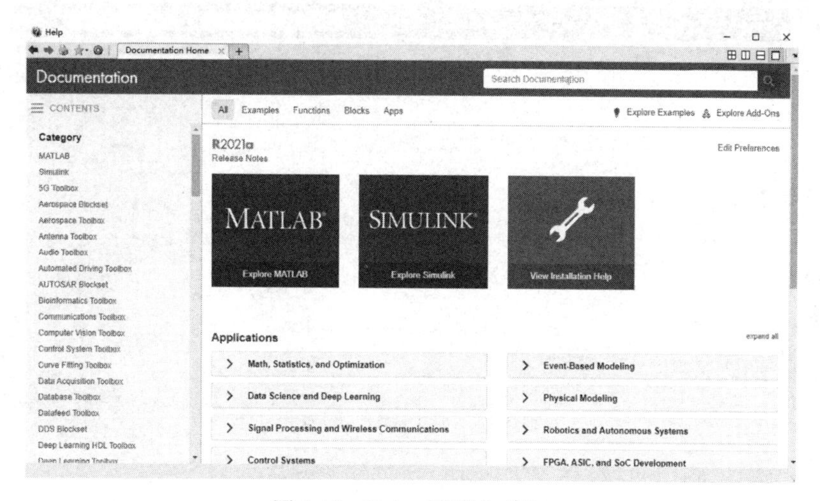

图 1.16 Help（帮助）窗口

MATLAB R2021a 的帮助窗口与以往 MATLAB 的帮助窗口有所不同，后者的 MATLAB 帮助窗口中有 4 个选项卡，分别为 Contents（帮助主题）、Search Index（索引帮助）、Results（查寻帮助）、Demos（演示帮助）；而在图 1.16 所示的 MATLAB R2021a 帮助窗口中只有两个选项卡，分别为 Contents（帮助主题）和 Search Results（搜索结果）。

知道要查寻内容所属的主题或想要学习某个主题的内容时，可以选择 Contents 选项卡；知道某个问题的关键词时，多选择 Search Results 选项卡，这时一般在 Search 文本框中输入关键词就可以查寻。

选择 Contents 获取帮助时，帮助窗口分为左、右两个小窗口，单击左边小窗口中的某个主题，就会在右边的小窗口中显示相应的帮助内容。例如，在左边小窗口中选择 MATLAB→Functions→Mathematics→Elementary Math，在右边的小窗口中即可显示出这一主题下的帮助内容，如图 1.17 所示。

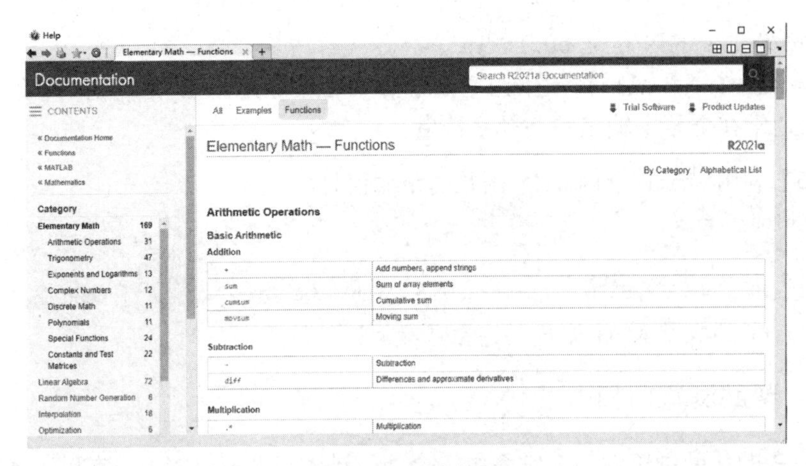

图 1.17　帮助主题

选择 Search Results 获取帮助时，帮助窗口分为三部分，左边是两个小窗口，右边是一个小窗口。在 Search 文本框中输入要查寻的帮助主题，相应地在左上小窗口中显示的是文本帮助的查寻结果，在左下小窗口中显示的是演示帮助的查寻结果。图 1.18 所示是查寻 diff 的效果。

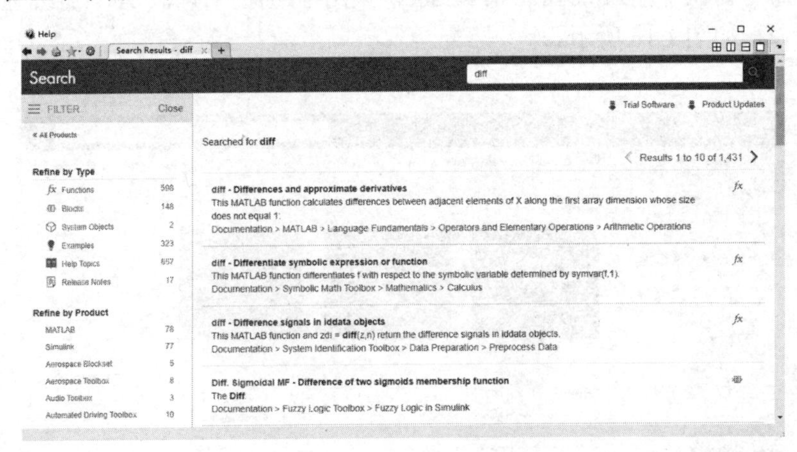

图 1.18　查寻 diff 的效果

习题 1

1. 与其他高级语言相比，MATLAB 有哪些显著特点？
2. 怎样理解 MATLAB 的开放性？试结合自己的专业领域，为 MATLAB 设计一个工具箱（如为桥梁专家设计一个 MATLAB 桥梁设计工具箱）。
3. 先建立自己的工作目录，再将自己的工作目录设置到 MATLAB 搜索路径下。用 help 命令能查询到自己的工作目录吗？
4. 某同学设计了一个程序文件 myprogram.m 并将其保存到了目录 f:\ppp 中，但在命令窗口中输入文件名>>myprogram 后，MATLAB 系统提示：

   ```
   ???Undefined function or variable 'myprogram'.
   ```

   试分析产生错误的原因并给出解决办法。
5. 利用 MATLAB 的帮助功能分别查询 inv、plot、max、round 等函数的功能及用法。
6. 访问 MathWorks 公司的主页，查询有关 MATLAB 的产品信息。

第2章　MATLAB矩阵及其运算

MATLAB 在科研和工程中应用如此广泛的原因，主要是其具有数据类型丰富、矩阵运算方便和高效等特点。与 C 语言不同的是，MATLAB 在使用变量时不需要提前声明和定义，而是可以根据变量的赋值情况自动分配变量类型。本章主要介绍 MATLAB 中常量和变量的命名与赋值，数值数组、字符串数组、结构数组、单元数组、矩阵等数据类型的创建和访问，重点介绍矩阵的算术运算、关系运算和逻辑运算，常用的矩阵数据统计命令及综合矩阵操作方法，利用 MATLAB 命令计算和分析矩阵的特性，以及求解线性方程组。

2.1　MATLAB的特殊常量

在 MATLAB 中，特殊常量是一些预先定义好的数值变量，其本质是变量，我们可以对这种类型的变量重新赋值，但在编程时，为了避免不必要的麻烦或误解，应尽量避免对这些特定常量重新赋值。这些特殊常量如表 2.1 所示。

表 2.1　特殊常量

<table>
<tr><th>特殊常量名</th><th>用　法</th></tr>
<tr><td>pi</td><td>圆周率 π</td></tr>
<tr><td>eps</td><td>机器的浮点运算误差限 2.2204e−016，若|x|<eps，则可认为 x=0</td></tr>
<tr><td>i 或 j</td><td>虚数单位</td></tr>
<tr><td>nargin</td><td>m 函数入口参数变量，记录实际输入变量个数</td></tr>
<tr><td>nargout</td><td>m 函数出口参数变量，记录实际输出变量个数</td></tr>
<tr><td>realmin</td><td>最小的正浮点数 2.2251e−308</td></tr>
<tr><td>realmax</td><td>最大的正浮点数 1.7977e+308</td></tr>
<tr><td>bitmax</td><td>最大的正整数 9.0072e+015</td></tr>
<tr><td>Inf</td><td>无穷大量+∞</td></tr>
<tr><td>NaN</td><td>Not a Number，非数，通常由 0/0 运算、Inf/Inf 运算或其他运算得出</td></tr>
<tr><td>ans</td><td>默认结果存储变量</td></tr>
</table>

2.2　MATLAB变量

2.1 节中介绍了特殊常量对应的变量，这些变量的值一般不会改变。在需要使用自己定义的变量时，则需要学习如何正确地对变量进行命名、赋值、显示等。

2.2.1 变量的命名规则

MATLAB 中的所有变量都是用数组和矩阵形式表示的，即所有变量都表示一个矩阵或一个矢量。命名规则如下：

（1）变量名由一个字母开始，不能以数字、空格、标点符号等开头，后面可以跟字母、数字、下画线等，但不能包含空格符、标点。例如，Name_length、student_age、gender01 均是合法变量名，而_get、123name、@location 等均是非法变量名。

（2）变量名区分大小写，即 A 和 a 代表不同的变量。

（3）变量名不能是 MATLAB 的保留字，如 for、end、while、if 等命令名。

（4）变量名的长度不能超过 63 位，即不能超过 31 个字符。

（5）变量名尽量不要和函数名、M 文件名相同，否则可能会出现逻辑运行错误。

2.2.2 变量的定义与赋值

一般情况下，与 C 语言不同的是，MATLAB 中的变量不需要先定义后使用，而是可以直接使用。在赋值过程中，MATLAB 会自动根据实际赋值的类型对变量类型进行定义。

【例 2.1】定义数值变量 x、字符变量 y、符号变量 z。

在命令窗口输入如下代码：

```
>> x=20
>> y='s'                          %单引号须在英文状态下输入
>> syms z
```

程序运行结果：

```
x=
    20
y=
    's'
```

图 2.1 是程序运行后在内存中产生的变量的具体信息，该工作空间窗口中显示 x 的数据类型默认为双精度 double 数据类型，y 的数据类型默认为字符 char 数据类型，z 的数据类型被声明为符号 sym 数据类型。在默认情况下，数值变量的类型自动定义为双精度变量。

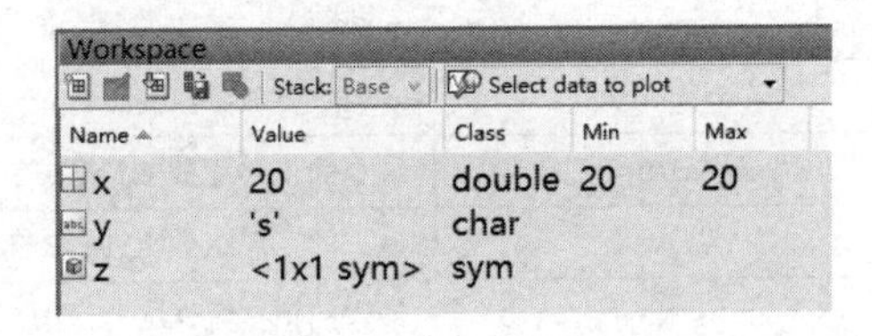

图 2.1　三个变量在工作空间窗口的图标和信息显示

MATLAB 中有 15 种基本数据类型，主要包括整型、浮点、逻辑、字符、日期和时间、结构数组、单元格数组及函数句柄等，如表 2.2 所示。

表 2.2　MATLAB 中的基本数据类型

基本类型	类型或声明函数
整型	int8；uint8；int16；uint16；int32；uint32；int64；uint64
浮点型	single；double
逻辑型	logical

（续表）

基本类型	类型或声明函数
字符型	char
日期和时间型	date
结构型	struct
元胞型	cell
符号型	sym 或 syms

若有特殊需要，可以利用强制转换函数将变量声明为其他类型。

【例 2.2】将 x 变量声明为 8 位整型，将浮点型数值 90 转换为对应 ASCII 码的字符，存储为变量 y，将数值 90 转换为字符 90。

在命令窗口输入如下代码：

```
>> x=int8(20)          %将数值20转换为8位整型数据
>> y=char(90)          %将数值90转换为对应的字符
>> z=num2str(90)       %将数值90转换为字符90
```

程序运行结果：

```
x=
    20
y=
    'Z'
z=
   '90'
```

2.2.3　变量的显示

1．显示格式

虽然在 MATLAB 中数据的存储和计算都是以双精度进行的，但 MATLAB 可以利用菜单或 format 命令来调整数据的显示格式。format 命令的格式和作用如表 2.3 所示。

表 2.3　format 命令的格式和作用

命　令	类型或声明函数
format|format short	5 位定点表示
format long	15 位定点表示
format short e	5 位浮点表示
format long e	15 位浮点表示
format short g	系统选择 5 位定点和 5 位浮点中更好的表示
format long g	系统选择 15 位定点和 15 位浮点中更好的表示
format rat	近似的有理数表示
format hex	十六进制表示
format bank	用元、角、分（美制）定点表示
format compact	变量之间无空行
format loose	变量之间有空行

【例 2.3】计算 $\sin 30°$ 的值，赋值给标量 a，将变量以 short、rat 和 long 格式显示并

还原为初始默认状态。

在命令窗口输入如下代码：

```
>>x=30*pi/180;
>> a=sin(x);
>> format short        %设置显示格式为short
>> a
>> format rat          %设置显示格式为rat
>> a
>> format long         %设置显示格式为long
>> a
>> format              %设置为初始默认状态
>> a
```

程序运行结果：

```
a=
    0.5000
a=
    1/2
a=
    0.500000000000000
a=
    0.5000
```

2. 变量的显示命令

一般情况下，最简单的变量显示方式是，直接在命令行输入变量名并按回车键，即可显示变量的具体内容。若要以紧凑型格式显示结果而不输出变量名，则要使用 disp 函数。

【例 2.4】生成一个 3 行 3 列的魔方矩阵，利用 disp 函数以紧凑型格式显示该矩阵数据，并给出一定的提示。

在命令窗口输入如下代码：

```
>> A1=magic(3);
>> disp('这是一个3行3列的魔方矩阵：')
>> disp(A1)
```

程序运行结果：

```
这是一个3行3列的魔方矩阵：
     8     1     6
     3     5     7
     4     9     2
```

值得注意的是，无论 disp 语句后面是否以分号结束，运行结果都一样。

2.2.4 变量的存取

在 MATLAB 软件环境中，可以通过多种方式实现一个或多个变量的选择性存取。常用的存取方式有两种：命令和快捷工具。存储文件的类型可为 mat 类型或文本类型。

1. 使用命令实现变量的存取

save 命令实现变量从内存到硬盘的存储，可以指定存储为二进制格式文件或文本格式文件；load 命令实现变量从硬盘到内存的载入。

格式 1：load　文件名 变量名;
　　　　save　文件名 变量名;
格式 2：S=load('文件名','格式','变量名');
　　　　save('文件名','格式','变量名');

【例 2.5】生成 3 行 3 列的随机矩阵 A 和 B，将 A 变量存储到 file1.mat 文件中，将 A 和 B 变量存储到 file2.mat 文件中，然后从硬盘文件 file1.mat 中读取变量 A，从 file2.mat 文件中读取变量 B。

按格式 1：

```
>> A=rand(3,3);
>> B=rand(3,3);
>> save file1.mat A;                  %只将变量A存储到file1.mat文件中
>> save file2.mat A B;                %只将变量A和B存储到file2.mat文件中
>> save file2.mat;                    %默认将所有变量存储到file2.mat文件中
>> clear
>> load file1.mat A;                  %只将变量A从file1.mat文件中载入内存
>> load file2.mat B;                  %只将变量B从file2.mat文件中载入内存
>> load file2.mat;                    %默认将所有变量从file2.mat文件中载入内存
```

按格式 2：

```
>> A=rand(3,3);
>> B=rand(3,3);
>> save('file1.mat','-mat','A');      %将变量A以二进制格式写入file1.mat文件
>> save('file2.txt','-ascii','A');    %将变量A以8位文本格式写入file2.mat文件
>> save('file3.txt','-ascii','-tabs','A');
                        %将变量A以8位文本和table分隔符分割的格式写入file3.mat文件
>> save('file4.mat','A','B');         %只将变量A和B存储到file4.mat文件中
>> save('file5.mat');                 %默认将所有变量存储到file5.mat文件中
>> clear
>> load('file1.mat','A');             %只将变量A从file1.mat文件中载入内存
>> load('file2.mat','B');             %只将变量B从file2.mat文件中载入内存
>> load('file2.mat');                 %默认将所有变量从file2.mat文件中载入内存
```

save 和 load 命令或函数调用的详细使用方法可查阅相关介绍，如键入 help load 和 help save 命令在命令窗口查看使用方法。

2. 使用交互方式实现变量的存取

利用 HOME 菜单栏中的图标实现变量的创建、查看、载入、保存和删除等功能，如图 2.2 所示。

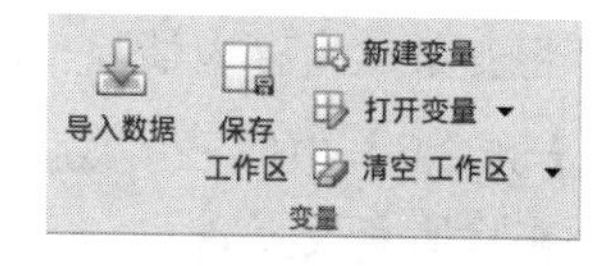

图 2.2　HOME 菜单栏中实现变量存取的图标

要将现有变量保存到硬盘上，需要首先选定待保存的变量，然后单击保存工作区图标，弹开保存文件的对话框，如图 2.3 所示。默认状态下，文件的保存类型为.mat 数据类型。

为了将硬盘上的数据载入内存，首先要单击导入数据图标，弹出载入数据文件的对话框，如图 2.4 所示。可载入的文件类型有多种，包括.mat 文件类型、Excel 文件类型、图形文件类型、声音文件类型等。

图 2.3　保存.mat 文件的对话框

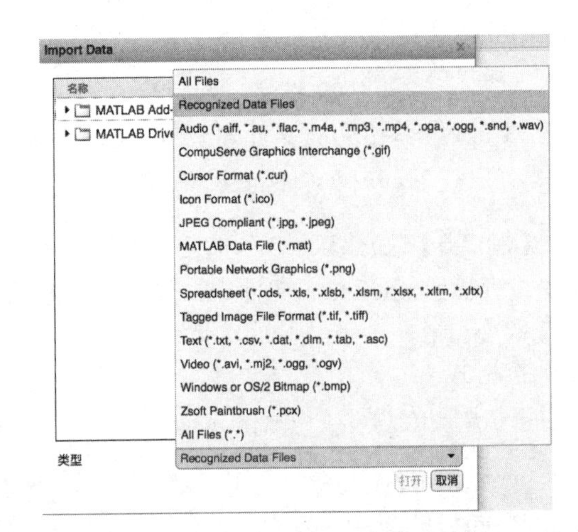

图 2.4　载入数据文件的对话框

选定一个多变量的.mat 文件后，会弹出载入向导，如图 2.5 所示，可选定要载入的变量，预览变量中的数据，单击 Import 按钮可将数据载入内存，同时工作空间窗口出现载入的变量。

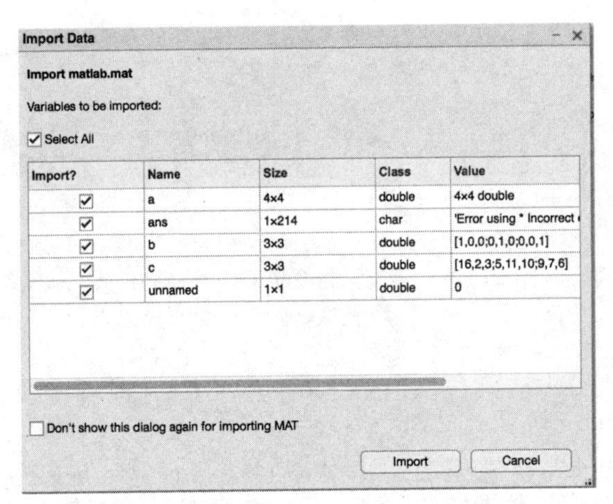

图 2.5　多变量 mat 文件的数据载入向导

2.2.5　变量的清除

将变量从内存中清除一般采用 clear 命令，该命令可以删除一个、多个和所有变量。

【例 2.6】生成三个数值变量 a、b 和 c 并赋值，然后分别删除 a 变量、b 变量和 c 变量，删除所有变量。

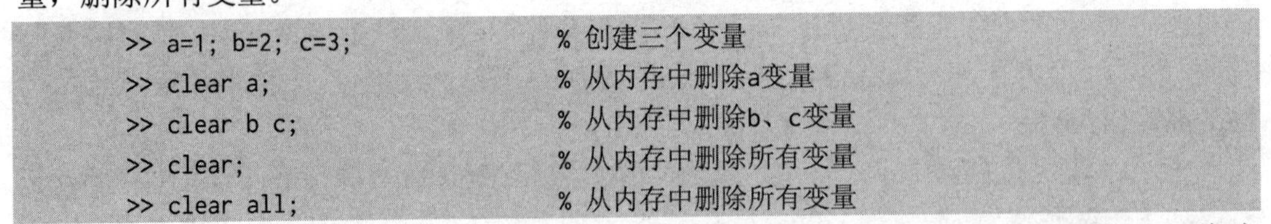

```
>> a=1; b=2; c=3;                  % 创建三个变量
>> clear a;                        % 从内存中删除a变量
>> clear b c;                      % 从内存中删除b、c变量
>> clear;                          % 从内存中删除所有变量
>> clear all;                      % 从内存中删除所有变量
```

除用 clear 命令外，还可利用交互式的方法删除变量。譬如，单击删除图标，可将选定的一个、多个和所有变量从内存中删除。

注意 clear 和 delete 的区别，MATLAB 中的 delete 命令可将数据文件从硬盘上删除。

2.3　MATLAB 数组与矩阵

2.3.1　一维数组

1. 一维数组（矢量）的创建

1）直接输入法

在创建数组或矩阵时，数据之间的逗号或空格代表列与列数据的分隔符，数据之间的分号代表行与行数据的分隔符。

【例 2.7】 利用分号、逗号和空格创建行矢量与列矢量。

```
>> x=[1; 2; 3]            %产生列矢量
>> y=[1,2,3]              %产生行矢量
>> z=[1  2  3]            %产生行矢量
```

程序运行结果：

```
x=
     1
     2
     3
y=
     1     2     3
z=
     1     2     3
```

在其他地方，逗号和分号可作为指令间的分隔符。MATLAB 允许多条语句在同一行出现。分号如果出现在指令后，那么屏幕上不显示结果。

2）创建一维数组的冒号生成法

当需要产生递增或递减的等差数列时，可利用冒号生成法创建，其基本格式如下：

初始值: 步长: 终止值

若步长为 1，则可省略步长和一边的冒号。

【例 2.8】 利用冒号创建 1 到 6 的等差数列，公差为 2，赋值给变量 x；创建 2 到 7 的等差数列，公差为 1，赋值给变量 y；创建 1 到 0 的递减等差数列，公差为-0.25，赋值给变量 z。

```
>> x=1:2:6
>> y=2:7
>> z=1:-0.25:0
```

程序运行结果：

```
x=
     1     3     5
y=
     2     3     4     5     6     7
z=
    1.0000    0.7500    0.5000    0.2500         0
```

3）定数线性采样法

由于利用冒号生成法不能直接得到产生数组的元素个数，要产生起止两点之间的 n 个数据点，可以利用 linspace 函数实现定数线性采样法。其调用格式为

```
x=linspace(a,b,n)
```

其中 a、b 是数组首末元素，n 是采样总点数，产生的结果等同于 x=a:(b-a)/(n-1):b。

【例 2.9】 产生 5 到 20 的两个递增等差数列，要求数列中的数据个数分别为 4 和 6，赋值给 x1 和 x2。产生 1 到-1 的两个递减等差数列，要求数列中的数据个数分别为 10 和 50，赋值给 y1 和 y2。

```
>> x1=linspace(5,20,4)
>> x2=linspace(5,20,6)
>> y1=linspace(1,-1,10)
>> y2=linspace(1,-1,50)
```

程序运行结果：

```
x1=
     5    10    15    20
x2=
     5     8    11    14    17    20
y1=
1.0000    0.7778    0.5556    0.3333    0.1111    -0.1111    -0.3333
-0.5556    -0.7778    -1.0000
y2=
  Columns 1 through 10
    1.0000    0.9592    0.9184    0.8776    0.8367    0.7959    0.7551
    0.7143    0.6735    0.6327
…（中间结果省略）
Columns 41 through 50
   -0.6327   -0.6735   -0.7143   -0.7551   -0.7959   -0.8367   -0.8776
   -0.9184   -0.9592   -1.0000
```

4）定数对数采样法

如果采样点是对数，则可利用 logspace 函数进行定数对数采样，其调用格式为

```
x=logspace(a,b,n)
```

其中，首点是 10^a，末点是 10^b。

【例 2.10】 产生 1 到 1000 的等比数列，公比为 10。

```
>> x=logspace(0,3,4)
```

程序运行结果：

```
x=
         1          10          100          1000
```

5）利用已有一维数组创建一维数据

在利用已有一维数组创建一维数据时，常见的方法是将两个行矢量或两个列矢量拼接为一个行矢量或列矢量，也可利用已有一维数组的部分数据创建新的一维数组，一般借助于冒号。

【例 2.11】创建两个不同的一维行矢量或列矢量，将这两个矢量拼接成一个新行矢量或列矢量，然后由新矢量中的奇数单元的数据组成新矢量。

```
>> x1=1:3
>> x2=linspace(5,20,4)
>> x=[x1,x2]                              %行矢量拼接使用方括号和逗号
>> y1=[1:3]'                              %单引号在矩阵后代表矩阵转置
>> y2=linspace(5,20,4)'
>> y=[y1; y2]                             %列矢量拼接使用方括号和分号
>> x3=x(1:2:end)
>> y3=y(1:2:end)
```

程序运行结果：

```
x1=
     1     2     3
x2=
     5    10    15    20
x=
     1     2     3     5    10    15    20
y1=
     1
     2
     3
y2=
     5
    10
    15
    20
y=
     1
     2
     3
     5
    10
    15
    20
x3=
     1     3    10    20
y3=
     1
     3
    10
    20
```

2．一维数组（矢量）的访问

一维数组的访问使用的是圆括号，数组的单元号从 1 开始索引，和 C 语言中从 0 开始变化有所不同。利用索引、冒号和 end 可以灵活地对一维数组进行数据访问。

【例 2.12】产生 60 到 100 的等差数列，数据点为 10 个，赋值给 x。获取 x 的第 5 个单元的值，赋值给 x1；获取 x 的前 5 个单元的值，赋值给 x2；获取 x 的后 6 个单元的数据，赋值给 x3；将 x 的偶数单元中的数据赋值给 x4；将 x 的数据倒排，赋值给 x5。

```
>> x=linspace(60,100,10)
>> x1=x(5)
```

```
>> x2=x(1:5)
>> x3=x(end-6:end)
>> x4=x(1:2:end)
>> x5=x(end:-1:1)
```

程序运行结果：

```
x=
   60.0000   64.4444   68.8889   73.3333   77.7778   82.2222   86.6667
   91.1111   95.5556  100.0000
x1=
   77.7778
x2=
   60.0000   64.4444   68.8889   73.3333   77.7778
x3=
   73.3333   77.7778   82.2222   86.6667   91.1111   95.5556  100.0000
x4=
   60.0000   68.8889   77.7778   86.6667   95.5556
x5=
  100.0000   95.5556   91.1111   86.6667   82.2222   77.7778   73.3333
   68.8889   64.4444   60.0000
```

2.3.2 二维数组（矩阵）

1. 矩阵的创建

1）直接输入法

建立矩阵的最简单的方法是从键盘直接输入矩阵的元素，该方法和一维数组的直接输入法类似，输入方法遵照的规则如下：

① 矩阵元素必须在方括号内。

② 矩阵的同行元素之间用空格或逗号“,”隔开。

③ 矩阵的行与行之间用分号“;”或回车符隔开。

④ 矩阵的元素可以是数值、变量、表达式或函数。

⑤ 矩阵的尺寸不必预先定义。

⑥ 当矩阵是多维（三维以上）矩阵且方括号内的元素是维数较低的矩阵时，会有多重方括号。

直接输入法本质上是赋值语句，可以直接在命令窗口键入并回车运行，也可将这些赋值语句粘贴到 M 文件中，运行 M 文件同样可以产生数据，这种方法常在一些需要数据的程序中采用，特别是在每次输入数据量较大、比较烦琐的情况下使用。

【例 2.13】 利用直接输入法的命令窗口键入方式和 M 文件方式，创建 1 到 16 的 4×4 矩阵，每行数据逐渐增加。

命令窗口键入方式：

```
>> Time1=[1  2  3  4;  5  6  7  8;  9  10  11 12;  13  14  15  16]
>> Time2=[1,2,3,4; 5,6,7,8; 9,10,11,12; 13,14,15,16]
>> Time3=[1,2,3,4;
         5,6,7,8;
         9,10,11,12;
```

```
            13,14,15,16]
```

程序运行结果：

```
Time1=
     1     2     3     4
     5     6     7     8
     9    10    11    12
    13    14    15    16
Time2=
     1     2     3     4
     5     6     7     8
     9    10    11    12
    13    14    15    16
Time3=
     1     2     3     4
     5     6     7     8
     9    10    11    12
    13    14    15    16
```

M 文件方式：

建立如图 2.6 所示的 M 文件，并保存为 m2_12。

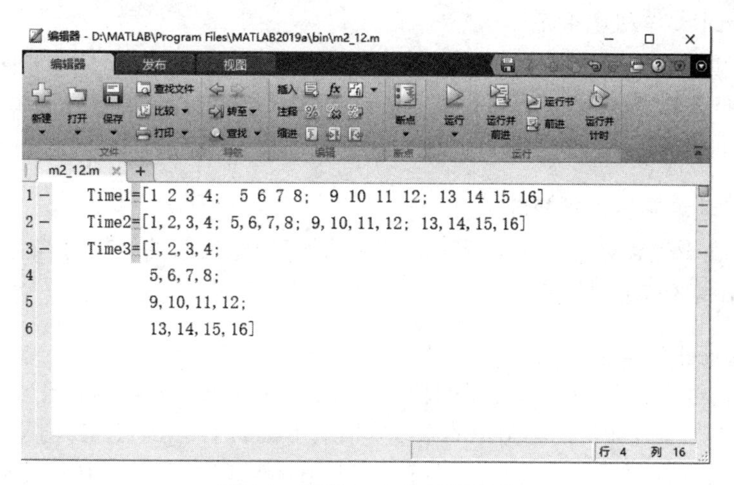

图 2.6　利用 M 文件创建矩阵

在 MATLAB 窗口输入：

```
>> m2_12;
```

M 文件的运行结果：

```
Time1=
     1     2     3     4
     5     6     7     8
     9    10    11    12
    13    14    15    16
Time2=
     1     2     3     4
     5     6     7     8
     9    10    11    12
    13    14    15    16
Time3=
```

```
    1     2     3     4
    5     6     7     8
    9    10    11    12
   13    14    15    16
```

2）利用 MATLAB 函数创建矩阵

MATLAB 中提供了大量的特殊矩阵函数，调用这些函数可以方便、快捷、准确地创建特殊矩阵，然后对这些特殊矩阵进行变换即可得到自己想要的矩阵。

这些特殊矩阵函数如下：

① ones()函数：产生全为 1 的矩阵。

ones(n)：产生 $n \times n$ 维全 1 矩阵。

ones(m,n)：产生 $m \times n$ 维全 1 矩阵。

② zeros()函数：产生全 0 矩阵。

③ rand()函数：产生在(0, 1)区间上均匀分布的随机矩阵。

④ eye()函数：产生单位矩阵。

⑤ randn()函数：产生均值为 0、方差为 1 的标准正态分布随机矩阵。

3）利用 mat 文件创建矩阵

当操作的矩阵尺寸较大，或者频繁使用，或者其他程序产生中间结果时，可以首先利用 save 命令将这些数据矩阵保存为 mat 文件，然后在需要时直接将文件利用 load 命令调入工作环境中，创建已有数据的矩阵。

4）利用变量编辑器创建矩阵

利用变量编辑器创建矩阵时，采用交互式矩阵创建、值的编辑等操作，可方便地将 Excel 数据粘贴到变量编辑器中。

5）利用 Excel 创建矩阵

数据导入向导在导入 Excel 文件时调用了 xlsread 函数，xlsread 函数用来读取 Excel 工作表中的数据。原理如下：当用户的系统安装有 Excel 时，MATLAB 创建 Excel 服务器，通过服务器接口读取数据。当用户的系统未安装 Excel 或者 MATLAB 不能访问 COM 服务器时，MATLAB 利用基本模式（Basic mode）读取数据，即把 Excel 文件作为二进制映像文件读入，然后读取其中的数据。xlsread 函数的调用格式如下：

```
num=xlsread(filename,sheet,range)
```

参数 sheet 用于指定读取的工作表，sheet 可以是单引号引起来的字符串，也可以是正整数。当它是字符串时，用来指定工作表的名字；当它是正整数时，用来指定工作表的序号。参数 range 用于指定读取的单元格区域，range 是字符串。为了区分 sheet 和 range 参数，range 参数必须是包含冒号的形如'C1:C2'的表示区域的字符串。若 range 参数中无冒号，xlsread 就会将它作为工作表的名字或序号，这就可能导致错误。

【例 2.14】 调用 xlsread 函数读取文件 data.xls 的第二个工作表中区域 B3:F6 的数据。命令及结果如下：

```
% 读取文件 data.xls的第二个工作表中区域B3:F6中的数据 % 第一种方式：
>> num=xlsread('data.xls',2,'B3:F6')
>> num=xlsread('data.xls','Sheet2','B3:F6')
```

2. 矩阵的访问

1）双下标和单下标

在 MATLAB 中，矩阵元素按列存储，先存储第一列，再存储第二列，以此类推。矩阵元素的序号就是相应元素在内存中的排列顺序。序号（Index）与下标（Subscript）是一一对应的。例如，对于 m×n 矩阵 A，矩阵元素 A(i,j)的序号为(j-1)*m+i。相互转换关系也可用 sub2ind 和 ind2sub 函数求得。

2）一维数组和子矩阵的获得

利用冒号表达式获得子矩阵：

① A(:,j)表示取 A 矩阵第 j 列的全部元素；A(i,:)表示取 A 矩阵第 i 行的全部元素；A(i,j)表示取 A 矩阵第 i 行、第 j 列的元素。

② A(i:i+m,:)表示取 A 矩阵第 i～i+m 行的全部元素；A(:,k:k+m)表示取 A 矩阵第 k～k+m 列的全部元素，A(i:i+m,k:k+m)表示取 A 矩阵第 i～i+m 行、第 k～k+m 列的全部元素。此外，还可利用一般矢量和 end 运算符来表示矩阵下标，进而获得子矩阵。end 表示某一维的末尾元素下标。

3）矩阵的裁剪

利用空矩阵可以删除矩阵的元素。在 MATLAB 中，定义[]为空矩阵。给变量 X 赋空矩阵的语句为 X=[]。注意，X=[]与 clear X 不同，clear 将 X 从工作空间中删除，而空矩阵在工作空间中存在，只是维数为 0。

2.3.3　字符数组

字符数组主要用于可视化编程内容，如界面设计和图形绘制。

1. 字符变量的创建

字符变量的创建方法是，在指令窗口中先将待建的字符放在“单引号对”中，再按回车键。注意，“单引号对”必须在英文状态下输入。“单引号对”是 MATLAB 用来识别字符串变量所必需的。

【例 2.15】创建字符串'I am a Chinese!'和'I'm a Chinese!'，赋值给变量 a 和 b。

```
>> a='I am a Chinese!'
>> b='I'm a Chinese!'                    %创建带单引号的字符串
```

程序运行结果：

```
a=
   'I am a Chinese!'
b=
   'I'm a Chinese!'
```

2. 字符串数组的标识

字符串变量中的每个字符（英文字母、空格和标点都是平等的）占一个元素位，在数组中元素所处的位置用自然数标识。

【例 2.16】创建英文字符串'I am a Chinese!'和中文字符串'我是中国人！'，获取英文字符串的第 8～14 个字符的子字符串，倒排英文字符串，获取中文字符串的子字符串。

```
>> a='I am a Chinese!'
>> b=a(8:14)                          % 提取一个子字符串
>> rev_a=a(end:-1:1)                  % 字符串倒排
>> s='我是中国人！'
>> n=size(s)                          % 字符数组s的“大小”
>> s1=s([3 4])                        % 提取一个子字符串
```

程序运行结果：

```
a=
    'I am a Chinese!'
b=
    'Chinese'
rev_a=
    '!esenihC a ma I'
s=
    '我是中国人！'
n=
    1     6
s1=
    '中国'
```

3. 字符数组的 ASCII 码

字符串的存储是用 ASCII 码实现的。指令 abs 和 double 都可用来获取字符串数组对应的 ASCII 码值数组。指令 char 可把 ASCII 码数组变为串数组。

【例 2.17】创建英文字符串'I am a Chinese!'，获取字符串中各字符的 ASCII 码值，然后根据 ASCII 码值获得对应的字符，对字符串 ASCII 码数组进行操作，使字符串中的字母全部大写。

```
>> a='I am a Chinese!'
>> b=double(a)
>> c=char(b)
>> d=find(a>='a'&a<='z');    %找出字符串数组a中小写字母的元素位置
>> a(d)=a(d)-32;             %大小写字母的ASCII码值相差32，用数值加法改变部分码值
>> e=char(a)                 %把新的ASCII码转换为字符
```

程序运行结果：

```
a=
    'I am a Chinese!'
b=
    73   32   97   109   32   97   32   67   104   105   110   101   115   101   33
c=
    'I am a Chinese!'
e=
    'I AM A CHINESE!'
```

4. 字符数组的拼接

字符数组的拼接方法有多种，可用方括号直接拼接两个及以上的字符数组，还可用 strcat 函数拼接两个及以上的字符数组，形成一行字符数组，此时空格被裁切。另外，还可利用 strvcat 函数拼接两个及以上的字符数组，在形成多行字符数组时，若每行的长度

不等，其会自动在非最长字符串的最右边补空格，使之与最长字符串相等。

【例 2.18】创建中文字符数组和英文字符数组，并对其进行拼接。

```
>> a='我是中国人!     ';
>> b='I am a Chinese!     ';
>> c='Ha ha! ';
>> ab=[a,b,c]
>> name=strcat(a,b,c)
>> D=strvcat(a,b,c)
```

程序运行结果：

```
ab=
        '我是中国人!     I am a Chinese!     Ha ha!'
name=
        '我是中国人! I am a Chinese!Ha ha!'
D=
        '我是中国人! '
        'I am a Chinese!'
        'Ha ha!'
```

5. 常用字符数组的操作函数

常用字符数组操作包括判断大小写、排序、数值数组与字符数组之间的转换、比较字符串、查找字符数组等，具体函数的介绍如表 2.4 所示。

表 2.4　常用字符数组的操作函数

函 数 名	用　途	函 数 名	用　途
strrep(s1,s2,s3)	把 s1 中的所有 s2 字符数组用 s3 替换	blanks(n)	创建由 n 个空格组成的字符数组
strfind(s1,s2)	查找 s1 中 s2 的位置，没有则返回空数组	deblank(s)	裁切字符数组 s 的尾部空格
findstr(s1,s2)	查找 s1 和 s2 中较短字符数组在较长字符数组中出现的位置，未出现则返回空数组	strtrim(s)	裁切字符数组 s 的开头和尾部空格、制表符、回车符
strmatch(s1,s2)	检查 s1 是否和 s2 最左侧部分一致	lower(s)	将字符数组 s 中的字母转换为小写
strtok(s1,s2)	返回 s1 中由 s2 指定的字符数组之前的部分和之后的部分	upper(s)	将字符数组 s 中的字母转换为大写
strcmp(s1,s2)	比较两个字符数组是否完全相等	sort(s)	按字符 ASCII 码值对字符数组 s 排序
Strncmp(s1,s2)	比较两个字符数组前 n 个字符是否相等	num2str(n)	将数字 n 转换为数字字符数组
strcmpi(s1,s2)	比较两个字符数组前 n 个字符是否相等，忽略字母大小写	str2num(s)	将数字字符数组 s 转换为数字
isletter(s)	检测字符数组中的每个字符是否属于英文字母	mat2str(A)	将数组 A 转换为字符数组
isspace(s)	判断字符数组 s 是否是空格字符	int2str(n)	将数值数组 n 转换为由整数数字组成的字符数组
disp(s)	显示字符数组 s	S=sprintf(format,A)	在格式 format 控制下将数据 A 写入字符数组 S
sscanf(s,format,size)	在格式 format 控制下读取字符数组 s	fprintf(fid,format,A)	在格式 format 控制下将数据 A 写入文本文件 fid

2.3.4 结构数组

1. 结构数组的创建

结构数组和 C 语言中的结构体有类似之处，利用这种数据类型可以表达具有不同属性的对象，如学籍管理系统中的学生、教师、课程等对象。

在 MATLAB 中，既可用直接引用法创建结构数组，又可用 struct 函数创建结构数组。

1）使用直接引用法创建结构数组

使用直接引用法创建结构数组和数值数组时，与创建字符数组变量一样，结构数组变量也不需要事先声明，可以直接引用创建，然后动态扩充。

这种创建方式为

结构数组变量名.属性名 =属性值

或

结构数组变量名（N）.属性名 =属性值

注意其他书籍上的“属性名”有时被称为“字段”或“成员”，名称有所不同，但它们是同一概念。

【例 2.19】利用直接引用法创建结构数组，记录一个班级所有学生的信息和成绩，采用动态扩充的方法添加不同学生的信息。

```
>> student.ID=1116020301;                       %创建结构数组student，创建ID属性并赋值
>> student.name='张三丰';                       %创建name属性并赋值
>> student.sex='男';                            %创建sex属性并赋值
>> student.grade='A';                           %创建grade属性并赋值
>> student                                      %显示结构数组数据
>> student(2).ID=1116020302;
%采用动态扩充方添加第2名学生的信息，将student扩充为1×2的结构数组
>> student(2).name='莫愁';
>> student(2).sex='女';
>> student(2).grade='A-';
>> student
>> student(38).ID=1116020338;
%采用动态扩充法添加第38名学生的信息，将student扩充为1×38的结构数组
>> student(38).name='杨光';
>> student(38).sex='男';
>> student(38).grade='B';
>> student(38).age=20;                          %增加新属性age并赋值，其他学生的该属性为空
>> student
>> student(2)                                   %查看第2名学生的所有信息
>> student(38).grade                            %查看第38名学生的grade信息
```

程序运行结果：

```
student=
      ID: 1.1116e+10
    name: '张三丰'
     sex: '男'
```

```
        grade: 'A'

    student=
    1x2 struct array with fields:
        ID
        name
        sex
        grade
    student=
    1x38 struct array with fields:
        ID
        name
        sex
        grade
    age
    ans=
           ID: 1.1116e+10
         name: '莫愁'
          sex: '女'
        grade: 'A-'
          age: []
    ans=
    B
```

注意：student 的 name、grade 等属性值不一定是单个值，也可以是矢量、数组、矩阵，甚至是其他结构变量或单元数组，而且不同属性之间的数据类型不需要相同。例如，student.grade=[89,90,76];可将由几门课程的分数构成的矢量赋值给 grade 属性。

2）使用 struct 函数创建结构数组

使用 struct 函数也可创建结构数组，该函数产生结构数组，或将其他形式的数据转换为结构数组。

struct 函数的一般调用格式为

```
    s=struct('field1',values1,'field2',values2,…);
```

该函数生成一个具有指定属性名和相应属性值的结构数组，包含的数据 values1、values2 等必须具有相同的维数。对 struct 的赋值用到了单元数组。数组 values1、values2 等可以是单元数组、数值数组或单个数值。每个 values 的数据被赋值给相应的 field 字段。

【例 2.20】利用 struct 函数完成例 2.19 的结构数组的创建。

```
    >> student=struct('ID',{11116020301,11116020302,11116020338},'name',{'张三丰','莫愁
       ','杨光'},'sex',{'男','女','男'},'grade',{'A','A-','B'})
    >> student(1)
    >> student(2)
    >> student(3)
```

程序运行结果：

```
    student=
    1x3 struct array with fields:
```

```
    ID
    name
    sex
    grade
ans=
       ID: 1.111602030100000e+10
     name: '张三丰'
      sex: '男'
    grade: 'A'
ans=
       ID: 1.111602030200000e+10
     name: '莫愁'
      sex: '女'
    grade: 'A-'
ans=
       ID: 1.111602033800000e+10
     name: '杨光'
      sex: '男'
    grade: 'B'
```

2. 结构数组的操作

MATLAB 中专门用于对结构数组进行操作的函数并不多。通过 help datatypes 获取数据类型列表，可以看到结构数组数据类型的操作函数如表 2.5 所示。

表 2.5 结构数组数据类型的操作函数

函 数 名	功 能 描 述
deal	将参数值（如单元数组）的内容分别输出到一个个独立的变量
fieldnames	获取结构的字段名
getfield	获取结构中指定字段的值
rmfield	删除结构的字段（不是字段内容）
setfield	设置结构数组中指定字段的值
struct	创建结构数组
struct2cell	结构数组转换为元胞数组
cell2struct	元胞数组转换为结构数组
isstruct	判断某变量是否是结构类型
isfield	判断是否存在该字段

2.3.5 元胞数组

元胞数组中的每个单元被称为元胞（cell）。元胞可以包含任何类型的 MATLAB 数据，包括数值数组、字符、符号对象，甚至其他元胞数组和结构体，不同的元胞可以包含不同的数据。

1. 元胞数组的创建

1）直接赋值法

直接赋值法分为两种：元胞索引法和内容索引法。元胞索引法将圆括号放在赋值等号的左边，而将花括号放在赋值等号的右边，将右边作为一个元胞赋值给数组的某个单元。内容索引法将花括号放在赋值等号的左边，将数据作为整体赋值给元胞的某个单元。两种方法完全等效。

【例 2.21】利用元胞索引法和内容索引法分别创建 2×2 元胞矩阵，用于存储矩阵、复数、字符串和矢量。

```
>> A(1,1)={[1 2 3; 4 5 6;7 8 9]};          % 按元胞索引法
>> A(1,2)={2+3i};
>> A(2,1)={'A character'};
>> A(2,2)={12:-2:0};
>> A
>> B{1,1}=[1 2 3;4 5 6;7 8 9];             % 按内容索引法
>> B{1,2}=2+3i;
>> B{2,1}='A character';
>> B{2,2}=12:-2:0;
>> B
```

程序运行结果：

```
A=
     [3x3 double]    [2.0000 + 3.0000i]
    'A character'          [1x7 double]
B=
     [3x3 double]    [2.0000 + 3.0000i]
    'A character'          [1x7 double]
```

从运行结果可以看出元胞数据是用[ ]表示的，与矩阵的数据显示方式略有不同。

2）cell 函数法

首先用 cell 函数生成一个空的元胞数组，然后向其中添加所需的数据。cell 函数的一般调用格式如下：

```
A=cell(m,n)
```

其中，A 为元胞数据类型的变量名，m 为行数，n 为列数。cell 函数的输入也可以只有一个，如 cell(m)，这时表示创建一个 m×m 元胞矩阵。

2. 元胞数组的数据访问和显示

数据的访问同样分为两种：访问元胞的概况、访问元胞的值。前者使用圆括号()，不用于访问元胞的值；后者使用花括号{}，可用于访问元胞的值，能显示完整的元胞内容。除此之外，MATLAB 还提供 celldisp 函数和 cellplot 函数。

【例 2.22】访问和显示例 2.21 中单元数组的值，比较()和{}的差别，以及 celldisp 和 cellplot 的差别。

```
>> A(1,1)={[1 2 3; 4 5 6;7 8 9]};          %按单元索引法
>> A(1,2)={2+3i};
>> A(2,1)={'A character'};
>> A(2,2)={12:-2:0};
>> Temp1=A(1,1)                            %使用圆括号访问得到的是单元，而不只是内容
>> class(Temp1)
>> Temp2=A{1,1}                            %可以得到元胞的值或数据
>> class(Temp2)
```

```
>> Temp3=A{1,1}(2,3)                    %可以得到元胞的值或数据中某个单元的值
>> celldisp(A)
>> cellplot(A)
```

程序运行结果：

```
Temp1=
[3x3 double]
ans=
'cell'
Temp2=
     1     2     3
     4     5     6
     7     8     9
ans=
'double'
Temp3=
     6
A{1,1}=
     1     2     3
     4     5     6
     7     8     9
A{2,1}=
    'A character'
A{1,2}=
    2.0000 + 3.0000i
A{2,2}=
    12    10     8     6     4     2     0
```

图 2.7 所示为 cellplot 函数的运行结果，可以看出，该函数可将元胞的各个单元以图像的方式显示出来，十分直观。需要特别注意的是，在删除元胞的某行或某列时，要使用圆括号，而不能使用花括号。读者可以比较 A(1,:)=[]和 A{1,:}=[]运行结果的差异，体会其本质。

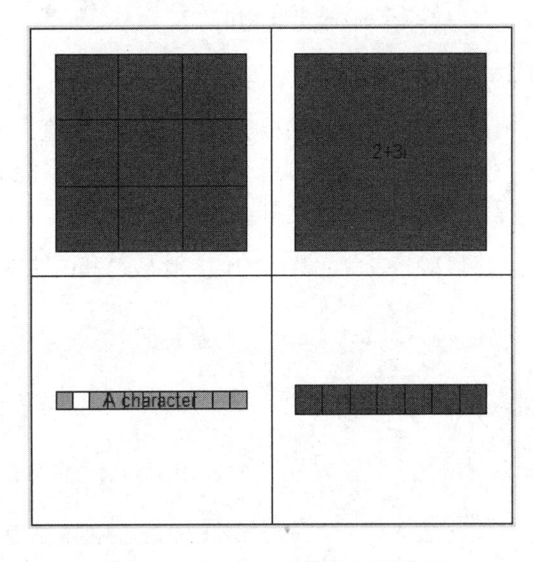

图 2.7　cellplot 函数的运行结果

2.3.6　“非数”与“空”数组

1. 非数 NaN

按 IEEE 规定，0/0、∞/∞、0×∞等运算都会产生非数（Not a Number）。非数在 MATLAB 中用 NaN 或 nan 表示。

根据 IEEE 数学规范，非数具有以下性质：

（1）NaN 参与运算所得的结果也是 NaN，即具有传递性。

（2）非数没有“大小”概念，因此不能比较两个非数的大小。

非数的用途：

（1）真实记述 0/0、∞/∞、0×∞运算的后果。

（2）避免可能因 0/0、∞/∞、0×∞运算而造成程序中断。

（3）在数据可视化中，用来裁剪图形。

【例 2.23】 非数的产生和性质演示。

```
>> a=0/0
>> b=0*log(0)
>> c=inf-inf
>> 0*a
>> sin(a)
>> class(a)
>> isnan(a)
```

程序运行结果：

```
Warning: Divide by zero.
a=
   NaN
Warning: Log of zero.
b=
   NaN
c=
   NaN
ans=
   NaN
ans=
   NaN
ans=
'double'
ans=
     1
```

【例 2.24】 非数元素的寻访。

```
>> rand('state',0);
>> R=rand(2,5);
>> R(1,5)=NaN;
```

```
>> R(2,3)=NaN
>> isnan(R)
>> Li=find(isnan(R))
>> a=10:-1:1;k=find(isprime(a)),a(k)
```

程序运行结果：

```
R=
    0.9501    0.6068    0.8913    0.4565       NaN
    0.2311    0.4860       NaN    0.0185    0.4447
ans=
     0     0     0     0     1
     0     0     1     0     0
Li=
     6
     9
k=
     4     6     8     9
ans=
     7     5     3     2
```

2. “空”数组

“空”数组是 MATLAB 为操作和表述需要而专门设计的数组，用一对方括号表示。

“空”数组的用途：

（1）没有“空”数组参与运算时，计算结果中的“空”可以合理地解释“所得结果的含义”。

（2）运用“空”数组对其他非空数组赋值，可以改变数组的大小，但不能改变数组的维数。

值得注意的事项如下：

① 不要把“空”数组与全零数组混淆，这是两个不同的概念。

② 不要把“空”数组视为“虚无”，它确实存在。利用 which、who、whos 以及内存变量浏览器都可以验证它的存在。

③ 唯一能正确判断一个数组是否是“空”数组的指令是 isempty。

④“空”数组在运算中不具备传递性。

【例 2.25】关于“空”数组的算例。

```
>> a=[ ]
>> b=ones(2,0)
>> c=rand(2,3,0,4)
>> class(a)
>> isnumeric(a)
>> isempty(a)
>> which a
>> ndims(a)
>> size(a)
>> A=reshape(-4:5,2,5)
>> A(:,[2,4])=[]
```

程序运行结果：

```
a=
   []
b=
   2×0 empty double matrix
c=
   2×3×0×4 empty double array
ans=
'double'
ans=
     1
ans=
     1
'a is a variable'.
ans=
     2
ans=
     0     0
A=
    -4    -2     0     2     4
    -3    -1     1     3     5
A=
    -4     0     4
    -3     1     5
```

2.4　矩阵的运算和操作

矩阵的运算包括算术运算、关系运算和逻辑运算。矩阵的运算是在矩阵意义下进行的，标量和一维数组（或矢量）的算术运算只是矩阵运算的一种特例。

2.4.1　矩阵的算术运算

1. 矩阵的基本算术运算

MATLAB 的基本算术运算有+（加）、-（减）、*（乘）、/（右除）、\（左除）^（乘方）。

若矩阵 A 和矩阵 B 满足矩阵运算的条件，则其基本算术运算的表达式如下：

（1）矩阵加运算：A+B。

（2）矩阵减运算：A-B。

（3）矩阵乘法运算：A*B。

（4）矩阵除法运算：A\B 和 A/B。

（5）矩阵的乘方：A^B。

在矩阵除法运算中，若 A 是非奇异方阵，则左除 A\B 等价于 A 的逆左乘 B，也就是 inv(A)*B；右除 B/A 等价于 A 的逆右乘 B，也就是 B*inv(A)。注意，对于含有标量的运算，两种除法运算的结果相同。例如，3/4 和 4\3 的值相同，都等于 0.75；又如，设 a=[10.5,25]，则 a/5=5\a=[2.1000 5.0000]。

注意：在以上矩阵算术运算的表达式中，矩阵 A 和 B 之一可以为标量，也可以同时为标量。

【例 2.26】矩阵算术运算实例。

```
>> A=[1 2; 3 4]
>> B=[1 1; 2 1]
>> Y1=A+B
>> Y2=A-B
>> Y3=A*B
>> Y4=A\B
>> Y5=A/B
>> Y6=A^2
>> Y7=3^B
>> Y8=A^B
```

程序运行结果：

```
A=
     1     2
     3     4
B=
     1     1
     2     1
Y1=
     2     3
     5     5
Y2=
     0     1
     1     3
Y3=
     5     3
    11     7
Y4=
          0   -1.0000
    0.5000    1.0000
Y5=
     3    -1
     5    -1
Y6=
     7    10
    15    22
Y7=
    7.4104    4.7914
    9.5827    7.4104
Error using ^
Incorrect dimensions for raising a matrix to a power. Check that the matrix is
square and the power is a scalar.
```

```
    To perform elementwise matrix powers, use '.^'.
```

从上述结果可以看出，左除和右除的结果不同，乘方运算中的底数和指数不能同时为矩阵，否则会出现最后的错误信息。

2. 矩阵的点运算

在 MATLAB 中，有一种特殊的运算，因为其运算符是在有关算术运算符前面加点，所以被称为点运算。

点运算符有三种，表达式如下：

（1）点乘运算：.*。

（2）点除运算：.\和./。

（3）点次幂：.^。

两个矩阵的点运算是指它们的对应元素进行相关运算，这时要求两个矩阵是同维矩阵，即行数和列数相等。

注意：矩阵的加法和减法本身是对应元素加减，所以不用在加号和减号前面加点。在实际编程中，若在加号和减号前面加点，会出现错误信息。

【例 2.27】 矩阵的点运算实例。

```
>> A=[1 2; 3 4]
>> B=[1 1; 2 2]
>> Y1=A+B
>> Y2=A.+B
>> Y3=A.*B
>> Y4=A.\B
>> Y5=A./B
>> Y6=A.^2
>> Y7=3.^B
>> Y8=A.^B
```

程序运行结果：

```
A=
     1     2
     3     4
B=
     1     1
     2     2
Y1=
     2     3
     5     6
 Y2=A.+B
       ↑
Invalid use of operator.
Y3=
     1     2
     6     8
Y4=
   1.0000    0.5000
   0.6667    0.5000
Y5=
   1.0000    2.0000
```

```
    1.5000    2.0000
Y6=
     1     4
     9    16
Y7=
     3     3
     9     9
Y8=
     1     2
     9    16
```

2.4.2 矩阵的关系运算

MATLAB 中提供 6 种关系运算符：<（小于）、<=（小于等于）、>（大于）、>=（大于等于）、==（等于）、~=（不等于）。它们的含义不难理解，但要注意其书写方式与数学中的不等式符号不尽相同。

关系运算符的运算法则如下：

（1）当两个比较量是标量时，直接比较两数的大小。关系成立时，关系表达式的结果为 1，否则为 0。

（2）当两个比较量是维数相同的矩阵时，比较是对两个矩阵中相同位置的元素按标量关系运算规则逐个进行的，并给出元素的比较结果。最终的关系运算结果是一个维数与原矩阵相同的矩阵，它的元素由 0 或 1 组成。

（3）当一个比较量是标量而另一个比较量是矩阵时，则对标量与矩阵的每个元素按标量关系运算规则逐个比较，并给出元素比较结果。最终的关系运算结果是一个维数与原矩阵相同的矩阵，它的元素由 0 或 1 组成。

【例 2.28】生成 5 阶随机方阵 A，其元素为区间[10, 90]上的随机整数，然后判断 A 的元素是否能被 3 整除。

```
>> A=10+fix((90-10+1)*rand(5))          %生成5阶随机方阵A
>> P=rem(A,3)==0                        %判断A的元素是否可被3整除
```

程序运行结果：

```
A=
    71    67    76    45    49
    70    12    66    40    46
    41    32    35    72    62
    63    13    86    74    67
    23    17    12    25    71
P=
     0     0     0     1     0
     0     1     1     0     0
     0     0     0     1     0
     1     0     0     0     0
     0     0     1     0     0
```

其中，rem(A,3)是矩阵 A 的每个元素除以 3 的余数矩阵。此时，0 被扩展为与 A 相同维数的零矩阵后，与 A 矩阵进行各个元素的比较，P 是进行等于（==）比较的结果矩阵。

2.4.3　矩阵的逻辑运算

MATLAB 提供 3 种逻辑运算符：&（与）、|（或）和~（非）。

若参与逻辑运算的是两个同维矩阵，则运算将对矩阵相同位置上的元素按标量规则逐个进行。最终运算结果是一个与原矩阵同维的矩阵，其元素由 1 或 0 组成。

若参与逻辑运算的一个是标量，一个是矩阵，则运算将在标量与矩阵中的每个元素之间按标量规则逐个进行。最终运算结果是一个与矩阵同维的矩阵，其元素由 1 或 0 组成。

在算术、关系、逻辑运算中，算术运算的优先级最高，逻辑运算的优先级最低。

【例 2.29】 生成 3 阶随机方阵 A，其元素是区间[-100, 100]上的随机整数，然后找出 A 中大于 0 且小于 60 的元素的值和位置。

```
>> A=-100+fix(200*rand(3))                          %生成3阶随机方阵A
>> [rows,cols,vals]=find(A>0 & A<60)
```

程序运行结果：

```
A=
   -56     1    91
    50    39     9
   -49    78   -73
rows=
     2
     1
     2
     2
cols=
     1
     2
     2
     3
vals=
     1
     1
     1
     1
```

2.4.4　矩阵元素的取整、取模和取余

1. 取整

对小数或小数和整数混合构成的矩阵来说，要对它取整，有以下几种方法。

1）按-∞方向取整（高斯取整）

floor 函数又称地板函数，按-∞方向取整，一般调用格式为

```
floor(A)          %将A中的元素按-∞方向取整，即取不足整数
```

2）按-∞方向取整

ceil 函数又称天花板函数，按+∞方向取整，一般调用格式为

```
ceil(A)           %将A中的元素按+∞方向取整，即取过剩整数
```

3）四舍五入取整

round 函数是我们常用的取整函数，它四舍五入取整，一般调用格式为

```
round(A)            %将A中的元素按最接近的整数取整，即四舍五入取整
```

4）按离 0 近的方向取整（截尾取整）

fix 函数是定点取整函数，按离 0 近的方向取整，即忽略小数部分而保留整数部分，一般调用格式为

```
fix(A)              %将A中的元素按离0近的方向取整
```

【例 2.30】采用 4 种函数对矩阵取整。

```
>> A=[2.3 2.7; -2.3 -2.7]
>> A_floor=floor(A)
>> A_ceil=ceil(A)
>> A_round=round(A)
>> A_fix=fix(A)
```

程序运行结果：

```
A=
    2.3000    2.7000
   -2.3000   -2.7000
A_floor=
     2     2
    -3    -3
A_ceil=
     3     3
    -2    -2
A_round=
     2     3
    -2    -3
A_fix=
     2     2
    -2    -2
```

2. 取模和取余

在 MATLAB 中使用函数 mod 和 rem 可实现取模和取余操作，但不能用 mod 直接取模。

mod 函数也称取余运算，它和 rem 的返回结果都是余数。rem 和 mod 的唯一区别如下：当 x 和 y 的正负号相同时，两个函数的结果是等同的；当 x 和 y 的正负号不同时，rem 函数的结果的符号和 x 的一样，而 mod 函数的结果的符号和 y 的一样。这是由于这两个函数的生成机制不同，rem 函数采用了 fix 函数，而 mod 函数采用了 floor 函数。

这两个函数的一般调用格式如下：

```
mod(x,y)
rem(x,y)
```

mod(x,y)返回的是 x-n.*y，当 y 不等于 0 时，n=floor(x./y)，而 rem(x,y)命令返回的是 x-n.*y，如果 y 不等于 0，那么其中的 n=fix(x./y)。

两个异号整数取模的取值规律如下：先将两个整数视为正数，再做除法运算。

（1）能整除时，其值为 0。

（2）不能整除时，其值 = 除数 ×（整商 + 1）– 被除数。

【例 2.31】取模和取余实例。

```
>> mod(8,3)
>> mod(-8,3)
>> mod(8,-3)
>> mod(-8,-3)
>> rem(8,3)
>> rem(-8,3)
>> rem(8,-3)
>> rem(-8,-3)
```

程序运行结果：

```
ans=
     2              %“除数”是正，“余数”就是正
ans=
     1
ans=
    -1              %“除数”是负，“余数”就是负
ans=
    -2
ans=
     2              %不管“除数”是正是负，“余数”的符号与“被除数”的符号相同
ans=
    -2
ans=
     2              %“被除数”是正，“余数”就是正
ans=
    -2              %“被除数”是负，“余数”就是负
```

2.4.5　矩阵的综合操作

1. 矩阵的变维

矩阵变维的方法有两种，即使用“:”和函数 reshape，前者主要针对两个已知维数矩阵之间的变维操作，后者针对一个矩阵的变维操作。

1）“:”变维

通过冒号可将二维矩阵变成一维数组，一维数组是由二维矩阵逐列拼接而成的。冒号还可将两个不同行数和列数的元素个数相同的矩阵，变成相同行数和列数的矩阵。

2）reshape 函数变维

reshape 函数改变矩阵的行数和列数来构成新矩阵，但新矩阵的数据个数保持不变。函数的一般调用格式如下：

```
B=reshape(A,m,n)            %返回以矩阵A的元素构成的m×n矩阵B
B=reshape(A,m,n,p,…)        %将矩阵A变维为m×n×p×…
B=reshape(A,[m n p …])      %同上
B=reshape(A,size(B))        %由size决定变维的大小，元素个数与A中的相同。
```

3）repmat 函数复制变维

repmat 函数将矩阵复制多遍，构成新的大矩阵。函数的一般调用格式如下：

```
B=repmat(A,m,n)               %将矩阵A复制m×n块，构成分块矩阵B
B=repmat(A,[m n])             %同上
B=repmat(A,[m n p …])         %B由m×n×p×…个A块平铺而成
Repmat(A,m,n)                 %当A是一个数a时，该命令产生一个全由a组成的m×n矩阵
```

【例 2.32】“:”变维、reshape 函数和 repmat 函数变维实例。

```
>> A=[1 2 3 4 5 6;6 7 8 9 0 1]
>> B=ones(3,4)
>> B(:)=A(:)
>> A1=A(:)'
>> C=reshape(A,4,3)
>> D=reshape(A,size(B))
>> E=repmat(A,2,1)
```

程序运行结果：

```
A=
     1     2     3     4     5     6
     6     7     8     9     0     1
B=
     1     1     1     1
     1     1     1     1
     1     1     1     1
B=
     1     7     4     0
     6     3     9     6
     2     8     5     1
A1=
     1     6     2     7     3     8     4     9     5     0     6     1
C=
     1     3     5
     6     8     0
     2     4     6
     7     9     1
D=
     1     7     4     0
     6     3     9     6
     2     8     5     1
E=
     1     2     3     4     5     6
     6     7     8     9     0     1
     1     2     3     4     5     6
     6     7     8     9     0     1
```

2. 矩阵的变向

1）矩阵旋转

矩阵旋转是指以矩阵的中心点为旋转中心进行旋转。MATLAB 中的旋转函数为 rot90 函数，一般调用格式如下：

```
B=rot90(A)              %将矩阵A逆时针方向旋转90°
B=rot90(A,k)            %将矩阵A逆时针方向旋转（k×90°），k可取正、负整数
```

2）矩阵左右翻转

矩阵左右翻转是指以矩阵的中心列为翻转中心轴进行翻转，矩阵的左右翻转函数是

fliplr 函数，其一般调用格式如下：

```
B=fliplr(A)      %将矩阵A左右翻转
```

3）矩阵上下翻转

矩阵上下翻转是指以矩阵的中心行为翻转中心轴进行翻转，矩阵的左右翻转函数是 flipup 函数，其一般调用格式如下：

```
B=flipud(A)               %将矩阵A上下翻转
```

【例 2.33】矩阵变向的实例。

```
>> A=[1 2 3;4 5 6]
>> Y1=rot90(A)
>> Y2=rot90(A,-1)
>> B1=fliplr(A)
>> B2=flipud(A)
```

程序运行结果：

```
A=
     1     2     3
     4     5     6
Y1=    %逆时针方向旋转
     3     6
     2     5
     1     4
Y2=    %顺时针方向旋转
     4     1
     5     2
     6     3
B1=
     3     2     1
     6     5     4
B2=
     4     5     6
     1     2     3
```

2.5　MATLAB 矩阵分析与处理

2.5.1　矩阵的行列式

在 MATLAB 中，求方阵 A 的行列式值的函数是 det 函数，其一般调用格式如下：

```
B=det(A);
```

式中，A 为行列式对应的方阵，B 为该行列式的值。

【例 2.34】求 5 阶魔方矩阵的行列式的值。

```
>> A=magic(5)
>> B=det(A)
```

程序运行结果：

```
A=
    17    24     1     8    15
    23     5     7    14    16
```

```
      4      6     13     20     22
     10     12     19     21      3
     11     18     25      2      9
B=
   5.0700e+06
```

2.5.2　矩阵的秩与迹

1. 矩阵的秩

矩阵的秩是线性代数中描述矩阵的一个重要数值特征，它在判定矢量组的线性相关性、线性方程组是否有解、求矩阵的特征值等方面都有广泛的应用。

矩阵的列矢量组（或行矢量组）的任一极大线性无关组所含矢量的个数被称为矩阵的秩。矩阵 A 的行（列）矢量组的秩被称为矩阵 A 的行（列）秩。矩阵的行秩和列秩必定相等，一般将行秩和列秩统称为矩阵的秩。

在 MATLAB 中，求矩阵的秩的函数是 rank 函数。

【例 2.35】判断方程组

$$\begin{cases} x_1 - 2x_2 + 3x_3 = 1 \\ 2x_1 + 3x_2 + x_3 = 2 \\ 3x_1 - x_2 - x_3 = 4 \end{cases} \text{和} \begin{cases} x_1 - 2x_2 + 3x_3 = 1 \\ 2x_1 + 3x_2 + x_3 = 2 \\ 3x_1 + x_2 + 4x_3 = 3 \end{cases}$$

的系数矩阵是否为满秩方阵。

```
>> A=[1 -2 3; 2 3 1; 3 -1 -1];
>> A_rank=rank(A)
>> B=[1 -2 3; 2 3 1; 3 1 4];
>> B_rank=rank(B)
```

程序运行结果：

```
A_rank=
       3
B_rank=
       2
```

2. 矩阵的迹

矩阵的迹等于矩阵的主对角线元素之和，也等于矩阵的特征值之和。在 MATLAB 中，求矩阵的迹的函数是 trace 函数。

【例 2.36】矩阵的迹举例。

```
>> A=[1 -2 3; 2 3 1; 3 -1 -1];
>> A_trace=trace(A)
>> B=[1 -2 3; 2 3 1];
>> B_trace=trace(B)
```

程序运行结果：

```
A_trace=
         3
Error using trace(line 12)
Matrix must be square.
```

trace 函数的输入必须是方阵，由于上例中矩阵 B 不是方阵，所以出现以上出错提示。

2.5.3　矩阵的逆与伪逆

1. 矩阵的逆

在线性代数中，求解线性方程组的解时，常常需要求矩阵的逆。在 MATLAB 中，求满秩方阵的逆的函数是 inv 函数，其一般调用格式如下：

```
B=inv(A)
```

式中，A 为满秩方阵，B 为该方阵的逆。

【例 2.37】求 5 阶标准正态分布矩阵的逆。

```
>> A=randn(5)
>> B=inv(A)
```

程序运行结果：

```
A=
    0.5377   -1.3077   -1.3499   -0.2050    0.6715
    1.8339   -0.4336    3.0349   -0.1241   -1.2075
   -2.2588    0.3426    0.7254    1.4897    0.7172
    0.8622    3.5784   -0.0631    1.4090    1.6302
    0.3188    2.7694    0.7147    1.4172    0.4889
B=
    0.4406    0.1516   -0.1978   -0.0963    0.3807
   -0.4504   -0.1374   -0.1619    0.1811   -0.0871
   -0.3345    0.3129    0.2524    0.4906   -0.7741
    0.9882   -0.0057    0.1019   -0.9664    1.7018
   -0.1114    0.2384    0.3817    1.1211   -1.5111
```

2. 矩阵的伪逆

当矩阵 $\boldsymbol{A}$ 不是一个方阵，或者 $\boldsymbol{A}$ 是一个非满秩的方阵时，矩阵 $\boldsymbol{A}$ 没有逆矩阵，但可以找到一个与 $\boldsymbol{A}$ 的转置矩阵 $\boldsymbol{A}^{\mathrm{T}}$ 同型的矩阵 $\boldsymbol{B}$，使得

$$\boldsymbol{A}\cdot\boldsymbol{B}\cdot\boldsymbol{A}=\boldsymbol{A}, \qquad \boldsymbol{B}\cdot\boldsymbol{A}\cdot\boldsymbol{B}=\boldsymbol{B}$$

此时称矩阵 $\boldsymbol{B}$ 为矩阵 $\boldsymbol{A}$ 的伪逆，也称广义逆矩阵。在 MATLAB 中，求一个矩阵伪逆的函数是 pinv。

【例 2.38】求 3×4 矩阵和非满秩矩阵的伪逆。

```
>> A=eye(4);
>> A(4,:)=[]
>> B=rand(4);
>> B(1,:)=B(2,:)*2
>> A_pinv=pinv(A)
>> B_pinv=pinv(B)
>> A_inv=inv(A)
>> B_inv=inv(B)
```

程序运行结果：

```
A=
     1     0     0     0
     0     1     0     0
     0     0     1     0
B=
```

```
    1.8585    1.2321    1.1705    1.5144
    0.9293    0.6160    0.5853    0.7572
    0.3500    0.4733    0.5497    0.7537
    0.1966    0.3517    0.9172    0.3804
A_pinv=
     1     0     0
     0     1     0
     0     0     1
     0     0     0
B_pinv=
    0.6867    0.3433   -1.7968   -0.0532
    0.0299    0.0150    0.4270   -0.1551
   -0.0267   -0.0133   -0.8083    1.5922
   -0.3182   -0.1591    2.4824   -1.0391
Error using inv
Matrix must be square.
B_inv=
   Inf   Inf   Inf   Inf
   Inf   Inf   Inf   Inf
   Inf   Inf   Inf   Inf
   Inf   Inf   Inf   Inf
```

运行结果中的错误提示形式为 A_inv=inv(A)的运行结果，表明非方阵不能作为输入变量调用 inv 函数。对于非满秩的方阵 B，inv 函数的运行结果是由 inf 构成的矩阵，即每个元素都为无穷大。

2.5.4 线性方程组的求解

线性方程组的求解方法有多种，利用逆矩阵的方法解线性方程组较为常见和易懂。设线性方程组的系数矩阵为 $\boldsymbol{A}$，待解矢量为 $\boldsymbol{x}$，常数列矢量为 $\boldsymbol{b}$，则方程组表达为

$$\boldsymbol{A}\boldsymbol{x}=\boldsymbol{b}$$

在 $\boldsymbol{A}$ 存在逆的情况下，将上式两边同时左乘 $\boldsymbol{A}$ 的逆 $\boldsymbol{A}^{-1}$，得到其解为

$$\boldsymbol{x}=\boldsymbol{A}^{-1}\boldsymbol{b}$$

在 MATLAB 中，求解线性方程组的代码可以表示为

```
x=inv(A)*b
```

【例 2.39】 判断以下方程组的系数矩阵：

$$\begin{cases} x_1-2x_2+3x_3=1 \\ 2x_1+3x_2+x_3=2 \\ 3x_1-x_2-x_3=4 \end{cases}$$

```
>> A=[1 -2 3; 2 3 1; 3 -1 -1]
>> b=[1 2 4]'
>> x=inv(A)*b
```

程序运行结果：

```
A=
     1    -2     3
     2     3     1
```

```
       3     -1     -1
b=
       1
       2
       4
x=
     1.2444
    -0.1111
    -0.1556
```

2.5.5　特征值分析

在 MATLAB 中，计算矩阵 A 的特征值和特征矢量的函数是 eig，常用的调用格式有如下三种。

（1）E=eig(A)：求矩阵 A 的全部特征值，构成矢量 E。

（2）[V,D]=eig(A)：求矩阵 A 的全部特征值，构成对角阵 D，并求由 A 的特征矢量构成 V 的列矢量。

（3）[V,D]=eig(A,'nobalance')：与第（2）种格式类似，但第（2）种格式中先对 A 做相似变换后求矩阵 A 的特征值和特征矢量，而格式 3 直接求矩阵 A 的特征值和特征矢量。

【例 2.40】使用求特征值的方法解如下方程：

$$2x^5+3x^3+x^2-4x+10=0$$

```
>> p=[2,0,3,1,-4,10];
>> A=compan(p);                    %A的伴随矩阵
>> x1=eig(A)                       %求A的特征值
>> x2=roots(p)                     %直接求多项式p的零点
```

程序运行结果：

```
x1=
  -1.3698 + 0.0000i
  -0.1877 + 1.6197i
  -0.1877 - 1.6197i
   0.8726 + 0.7819i
   0.8726 - 0.7819i

x2=
  -1.3698 + 0.0000i
  -0.1877 + 1.6197i
  -0.1877 - 1.6197i
   0.8726 + 0.7819i
   0.8726 - 0.7819i
```

2.5.6　矩阵的范数和条件数

1. 矢量和矩阵的范数

矩阵或矢量的范数用来度量矩阵或矢量在某种意义下的长度。范数的定义方法有多种，定义方法不同，范数值也不同。常用范数如下。

1）矢量的范数

1-范数：$\|\boldsymbol{x}\|_1 = |x_1| + |x_2| + \cdots + |x_n|$

2-范数：$\|\boldsymbol{x}\|_2 = \left(|x_1|^2 + |x_2|^2 + \cdots + |x_n|^2\right)^{1/2}$

∞-范数：$\|\boldsymbol{x}\|_\infty = \max\left(|x_1|, |x_2|, \cdots, |x_n|\right)$

其中，2-范数就是通常意义下矢量的模或长度。计算矢量范数的函数是 norm，这个函数求以上三种范数的代码如下：

norm(V,1)	计算矢量 V 的 1-范数
norm(V)或 norm(V,2)	计算矢量 V 的 2-范数
norm(V,inf)	计算矢量 V 的∞-范数

2）矩阵的范数

1-范数：$\|\boldsymbol{A}\|_1 = \max\left(\sum |a_{i1}|, \sum |a_{i2}|, \cdots, \sum |a_{in}|\right)$

2-范数：$\|\boldsymbol{A}\|_2 = \left(\max\left\{\lambda_i(\boldsymbol{A}^{\mathrm{H}}\boldsymbol{A})\right\}\right)^{1/2}$

∞-范数：$\|\boldsymbol{A}\|_\infty = \max\left(\sum |a_{1j}|, \sum |a_{2j}|, \cdots, \sum |a_{nj}|\right)$

其中，2-范数等于 $\boldsymbol{A}$ 的最大奇异值或谱范数，即 $\boldsymbol{A}'\boldsymbol{A}$ 的特征值 λ_i 中最大者 λ_1 的平方根，其中 $\boldsymbol{A}^{\mathrm{H}}$ 为 $\boldsymbol{A}$ 的转置共轭矩阵。

求矩阵范数的函数 norm 的调用格式与求矢量范数的函数的调用格式完全相同。

2. 矩阵的条件数

在 MATLAB 中，计算矩阵 A 的 3 种条件数的函数如下所示：

（1）cond(A,1)	计算 A 的 1-范数下的条件数
（2）cond(A)或 cond(A,2)	计算 A 的 2-范数数下的条件数
（3）cond(A,inf)	计算 A 的∞-范数下的条件数

【例 2.41】 求矢量 $\boldsymbol{x} = (1,2,3)$ 和矩阵 $\boldsymbol{A} = \begin{bmatrix} 1,2,3 \\ 4,5,6 \end{bmatrix}$ 的范数与条件数，求矢量 $\boldsymbol{y} = (1,1,0)$ 和矢量 $\boldsymbol{x}$ 端点之间的欧氏距离。

```
>> x=[1 2 3];
>> x_n1=norm(x,1)
>> x_n2=norm(x)
>> x_ninf=norm(x,inf)
>> A=[1 2 3; 4 5 6];
>> A_n1=norm(A,1)
>> A_n2=norm(A)
>> A_ninf=norm(A,inf)
>> A_cond=cond(A)
>> y=[1 1 0];
>> x_y=norm(x-y)
```

程序运行结果：

```
x_n1=
```

```
      6
x_n2=
    3.7417
x_ninf=
      3
A_n1=
      9
A_n2=
    9.5080
A_ninf=
     15
A_cond=
   12.3022
x_y=
    3.1623
```

习题 2

1. 分别将 100、'China'、A 赋值给数值变量 x1、字符变量 y1、符号变量 z1，然后利用 whos 查看各变量的相关属性。
2. 创建 3 行 3 列的随机数（利用 rand 函数产生）矩阵 A，然后将 A 矩阵保存到硬盘上的 MATLAB 数据文件 data_A.mat 中，再后清空内存，最后将硬盘上 data_A.mat 文件中的数据载入内存。
3. 利用分号、逗号和空格创建 0 到 100、公差为 2 的等差数列的行矢量和列矢量。
4. 产生 100 到 1 的等差数列，数据点数为 20，赋值给 x。获取 x 的第 10 个单元的值，赋值给 x1；获取 x 的前 10 个单元的值，赋值给 x2；获取 x 的后 5 个单元的值，赋值给 x3；将 x 的偶数单元中的数据赋值给 x4；将 x 的数据倒排，赋值给 x5。
5. 建立一个 Excel 文件 data.xls，输入 10 行 10 列的数据，然后利用 xlsread 函数读取文件 data.xls 的 第一个工作表中区域 A3:E8 的数据。
6. 生成一个 5 行 5 列的魔方矩阵，然后将前 3 行和前 3 列赋值为单位矩阵，再后将第 4 行赋值为 0 行矢量，最后删除第 5 列和第 5 行。
7. 创建由大小写字母构成的字符串'adAsaBfCd'，然后创建一个数值变量 12345，将数值转换为由数字构成的字符串，将两个字符串拼接成一个字符串，再后找出字符串中的大写字母，将大写字母转换为小写字母，找出所有数字字符，并将其转换为数值，最后将数字字符从字符串中删除。
8. 创建一个名为 family 的结构数组，将家庭成员的姓名、性别、年龄、爱好四种信息记录到结构数组中。然后，在结构数组中添加第五个信息身高，最后删除年龄信息。
9. 创建一个名为 friend 的元胞数组，将 4 个最要好的朋友的信息（姓名、性别、生日、爱好）记录到元胞数组中，然后在元胞数组中添加第五个信息身高，最后删除年龄信息。
10. 创建矩阵 A 和 B，然后执行下列运算：

```
>> Y1=A+B          >> Y1=A.+B
>> Y2=A-B          >> Y2=A.-B
>> Y3=A*B          >> Y3=A.*B
>> Y4=A\B          >> Y4=A.\B
>> Y5=A/B          >> Y5=A./B
>> Y6=A^2          >> Y6=A.^2
>> Y7=3^B          >> Y7=3.^B
>> Y8=A^B          >> Y8=A.^B
```

11．生成矢量 A，其元素为区间[1,999]上的整数，然后找出 A 中能被 13 整除且大于 500 的数。

12．求线性方程组 $\begin{cases} x_1 - x_2 + x_3 = 1 \\ 2x_1 + x_2 + x_3 = 2 \\ x_1 - x_2 - 2x_3 = -4 \end{cases}$ 的系数矩阵的行列式、迹、秩、逆，并求解线性方程组。

13．请用两种方法求解方程 $2x^5 + 3x^3 + x^2 - 4x + 10 = 0$。

实验 2　矩阵及运算

实验目的

1．熟悉与掌握不同类型矩阵变量的命名、赋值、产生、访问和存储。

2．熟悉与掌握矩阵的算术运算、逻辑运算和关系运算。

3．熟悉线性方程组的求解和相关参数计算。

实验内容

1．分别利用命令和鼠标完成矩阵的产生、编辑和存取，写出相关代码和操作过程。

（1）利用命令产生一个空矩阵 A，然后对矩阵 A 赋值，取值为 5 行 5 列的单位矩阵，再后利用命令将矩阵 A 存储到硬盘上的 MATLAB 数据文件 A.mat 中。

（2）利用鼠标操作工作空间浏览窗口，创建矩阵 B，并利用变量编辑器修改 B 中的数据，建立 1 到 12 的 3 行 4 列数据，数据逐行输入，然后用鼠标将矩阵保存到硬盘上的 B.mat 文件中。

（3）利用函数 xlsread 读取硬盘上文件 data1.xls 内的第一个工作表中区域 A2:C5 的数据（数据自行输入），并赋值给矩阵 C，然后利用命令将矩阵 C 保存到硬盘上的 C.mat 文件中。

（4）利用 load 命令将数据文件 A.mat、B.mat 和 C.mat 载入内存，然后将 A、B、C 三个变量保存到 MATLAB 数据文件 ABC.mat 中。

2．创建矩阵 $A_{2\times3}$、$B_{3\times3}$、$C_{2\times3}$。

3．创建一个由数值和大小写字母构成的字符串，将大写字母转换为小写字母，然后将数字字符从字符串中删除，并在字符串前面添加子字符串'New strings:'，最后统计字符串的字符数。

4．分别创建一个名为 course 的结构数组和元胞数组，将本学期 5 门课程的课程名、学分、难易程度三种信息记录到数组中，然后添加第四个信息教师姓名，最后删除难易程度信息。

5．生成一个数组 A，其元素是区间[-10000,10000]上的整数，编程算出 A 中能被 17 整除且大于 1000 的数的个数，并将满足条件的最后 10 个数保存到变量 B 中。

6．求线性方程组 $\begin{cases} x_1 - x_2 + x_3 = 1 \\ 2x_1 + x_2 + x_3 = 2 \\ x_1 - x_2 - 2x_3 = -4 \end{cases}$ 的系数矩阵的行列式、迹、秩、逆，并求解线性方程组。

第3章　MATLAB数据可视化

数据包含大量信息，是信息的载体，但人们很难直观地从大量原始数据中发现它们的具体物理含义或内在规律。数据可视化是一项使数据图形化表达的重要技术，能使视觉感官直接感受到数据的许多内在本质，发现数据的内在联系。MATLAB提供了强大的图形处理和编辑功能，能够将经数据处理、运算和分析后的结果以图形方式表示出来，由此用户就可直观地观察数据间的关系和各种数据分析的结果。MATLAB 可以表达数据的二维图形、三维图形和四维图形。通过对图形的线型、立面、色彩、光线、视角等属性进行控制，可将数据的内在特征表现得更加细腻完善。本章的主要内容包括二维曲线绘制、三维图形绘制、可视化图形修饰、句柄绘图。

3.1　二维数据可视化

大多数数据以二维形式存在，即包括横纵坐标值。二维数据可视化是最常用的数据可视化方法，二维图形的绘制是MATLAB语言图形处理的基础，也是在绝大多数数值计算中广泛应用的图形方式之一。本节主要介绍基本的二维绘图命令。

在对MATLAB的绘图命令及方法进行介绍之前，本节通过一个简单的示例对图形绘制的过程和方法进行简单介绍。在用MATLAB进行图形绘制时，无论是离散函数还是连续函数，都需要计算一组离散自变量对应的函数值，然后将这些数据点描绘出来，并将这些离散点转换为连续函数，这可通过微分的思想进行，即不断减小离散点的间隔绘制这些数据点；另一种方法是直接将这些点通过直线依次连接起来。但是，无论使用哪种方法，绘制的连续函数的图形都有一定的误差。

【例3.1】已知衰减振动幅值与时间的函数关系为 $y = \mathrm{e}^{-t/3}\sin 3t$，其中 t 的取值范围是[0, 4π]，试用二维数据可视化的方式表达振动幅值随时间的变化关系。

衰减振动是一个很抽象的概念，其数学表达式也难以理解，通过给定的函数关系可以算出每个时间点的振动幅值，但难以通过这个振动幅值直观地了解衰减振动到底是什么形式。通过MATLAB将衰减振动过程以二维曲线的形式可视化地表达出来，如图3.1所示，其效果很直观，容易理解。绘制衰减振动曲线的MATLAB示例代码如下：

```
t=0:pi/50:4*pi;                    %定义自变量t的取值数组
y=exp(-t/3).*sin(3*t);             %计算与自变量相应的y数组，注意乘法符号前面的小黑点
plot(t,y,'-r*','LineWidth',2)      %绘制曲线
axis([0,4*pi,-1,1])                %设置横纵坐标的范围
xlabel('时间/t')                    %设置x轴的标注
ylabel('振动幅值/y')                 %设置y轴的标注
title('衰减振动')                    %设置图的标题
```

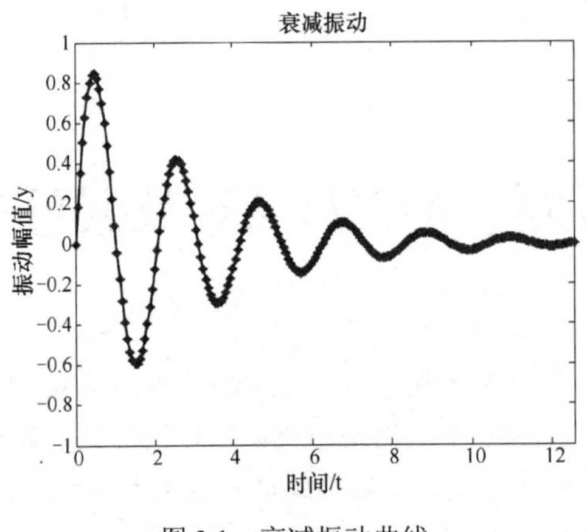

图 3.1　衰减振动曲线

3.1.1　基本二维曲线绘制

绘制二维图形最常用的函数是 plot，采用不同形式的输入，该函数可实现不同的功能。plot 函数的调用格式有如下两种。

1. plot(y)

该命令中的参数 y 可以是矢量、实数矩阵或复数矢量。若 y 为矢量，则绘制的图形以矢量索引为横坐标值、以矢量元素的值为纵坐标值；若 y 是实数矩阵，则绘制 y 的列矢量对其坐标索引的图形；若 y 是由复数构成的矢量，则 plot(y)相当于 plot(real(y),imag(y))，其中 real(y)求复数 y 的实部，imag(y)求复数 y 的虚部。在后面介绍的两种调用格式中，元素的虚部将被忽略。

【例 3.2】利用 plot(y)命令绘制矢量。

使用 plot(y)命令绘制矢量的具体代码如下，效果如图 3.2 所示。

```
x=1:0.1:10;                     %定义自变量x
y=sin(2*x);                     %计算与自变量相应的y数组
plot(y);                        %绘制曲线
```

【例 3.3】利用 plot(y)命令绘制矩阵。

使用 plot(y)命令绘制矩阵的具体代码如下，效果如图 3.3 所示。

```
y=[0 1 2;2 3 4;5 6 7]           %定义矩阵y
plot(y)                         %绘制矩阵y
```

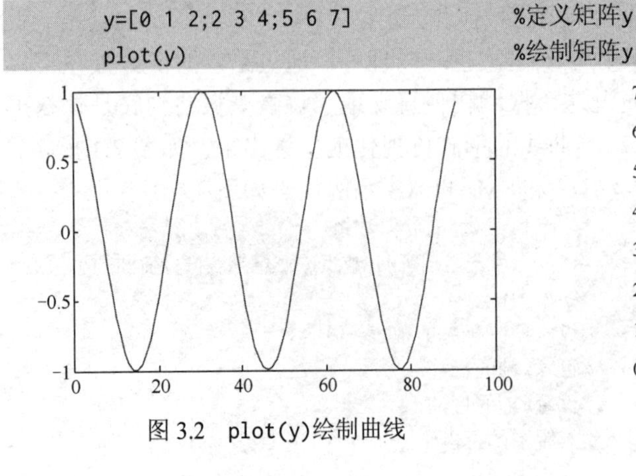

图 3.2　plot(y)绘制曲线

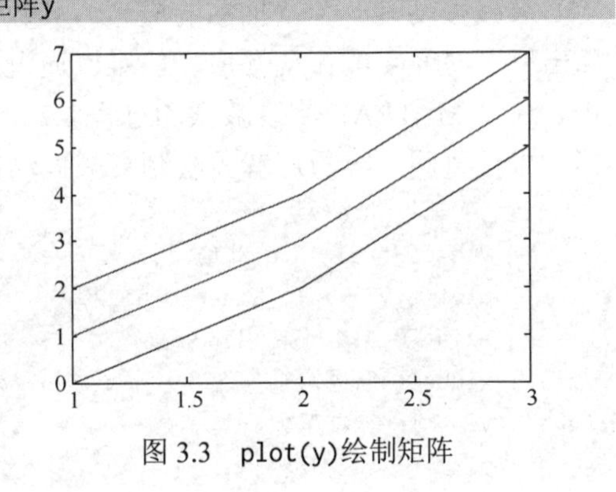

图 3.3　plot(y)绘制矩阵

【例 3.4】利用 plot(y)命令绘制复矢量。

使用 plot(y)命令绘制复矢量的具体代码如下，效果如图 3.4 所示。

```
x=[1:1:99 100:-1:2 1:-1:-98 -97:2:55];          %定义复数实部
y=[100:-1:2 1:-1:-97 -98:1:1 0:1:76];           %定义复数虚部
z=x+y.*i;                                        %由实部和虚部构成复数
plot(z)                                          %绘制复数
```

2. plot(x,y)

x、y 均可为矢量和矩阵，其中有 3 种组合用于绘制曲线图。当 x、y 均为 n 维矢量时，绘制矢量 y 对矢量 x 的图形，即以 x 为横坐标，以 y 为纵坐标。当 x 为 n 维矢量，y 为 m×n 或 n×m 矩阵时，该命令将在同一幅图上绘制 m 条不同颜色的曲线。图中以矢量 x 为 m 条连线的公共横坐标，以纵坐标为 y 矩阵的 m 个 n 维分量。当 x、y 均为 m×n 矩阵时，将绘制 n 条不同颜色的曲线。绘制规则如下：以 x 矩阵的第 i 列分量作为横坐标，以矩阵 y 的第 i 列分量作为纵坐标，绘制第 i 条曲线。

【例 3.5】利用 plot(x,y)绘制双矢量。

使用 plot(x,y)绘制双矢量的代码如下，其效果如图 3.5 所示。

```
x=1:0.1:10;          %定义自变量x
y=sin(2*x);          %计算与自变量相应的y数组
plot(x,y);           %绘制曲线
```

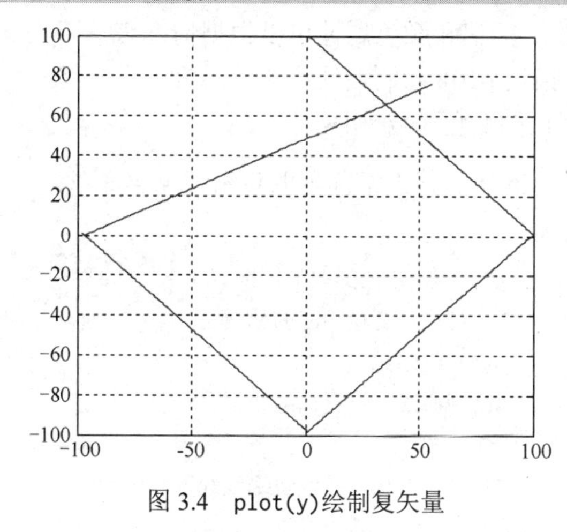

图 3.4　plot(y)绘制复矢量

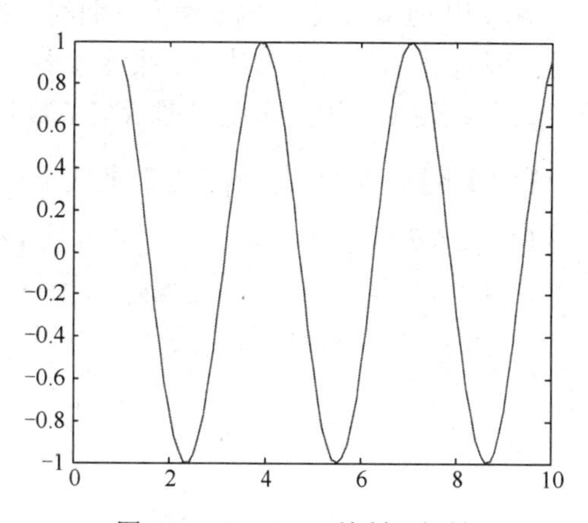

图 3.5　plot(x,y)绘制双矢量

【例 3.6】利用 plot(x,y)绘制矢量和矩阵。

使用 plot(x,y)绘制矢量和矩阵的代码如下，效果如图 3.6 所示。

```
x=0:0.1:10;                    %定义自变量x
y=[sin(x)+2;cos(x)+1];         %计算变量y的值，y为两行的矩阵
plot(x,y)
```

【例3.7】利用plot(x,y)绘制双矩阵。

使用 plot(x,y)绘制双矩阵的代码如下，效果如图 3.7 所示。

```
x=[1 2 3; 2 3 4;4 5 6; 5 6 7;7 8 9];          %定义矩阵x
y=[2 4 5;3 6 7;4 6 8;1 3 5;2 6 3];            %定义矩阵y
```

```
plot(x,y)
```

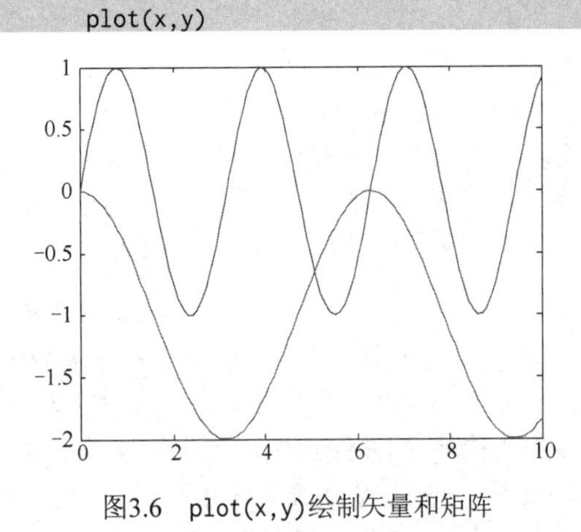

图3.6　plot(x,y)绘制矢量和矩阵

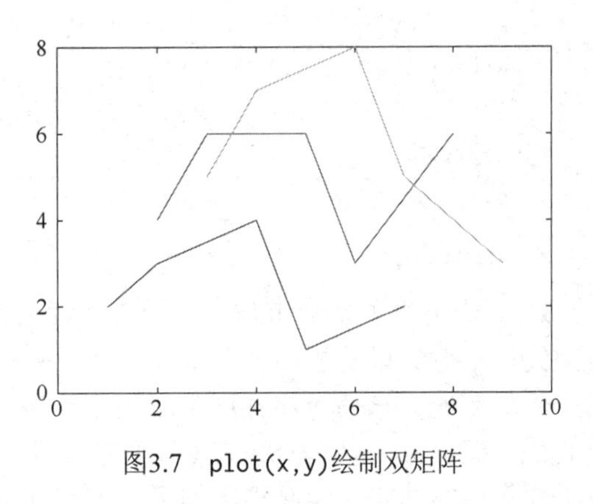

图3.7　plot(x,y)绘制双矩阵

3.1.2　绘图辅助操作

MATLAB 除了提供强大的绘图功能，还提供强大的图形辅助处理功能。从前面的示例图形可以看出，在绘制图形时，系统会自动为图形进行简单的标注。MATLAB 语言还提供了丰富的图形标注函数供用户自由标注所绘的图形。

1．颜色、标记和线型

在使用 plot 函数绘制曲线时，曲线的线型、标记和颜色属性可以根据情况来选择，以便更好地显示所绘制的曲线。如果在绘制时未指定 plot 绘制曲线的这些属性，系统将采用默认的实线线型。用户可以根据这些参数和默认的颜色来绘制图形。

【例 3.8】 在区间[0, 4π]上绘制曲线 $y = \mathrm{e}^{-t/3}\sin 3t$ 及其上半部分的包络线 $y_1 = \mathrm{e}^{-t/3}$ 。

MATLAB 程序代码如下，结果如图 3.8 所示。

```
t=0:pi/50:12;                           %定义自变量t的取值数组
y=exp(-t/3).*sin(3*t);                  %计算与自变量相应的y数组
y1=exp(-t/3);                           %定义包络线
plot(t,y,'-r*','LineWidth',1)           %绘制曲线，设置曲线线型、颜色和线宽
hold on                                 %保持图形
plot(t,y1,'b','LineWidth',2)            %绘制包络线，设置包络线线型和线宽
```

可以看出，通过合理地选择不同的线型、标记和颜色，可以更好地表现出曲线的形状和形态。因此，在用 MATLAB 进行数据计算和处理时，选择不同的表现方式有利于结果的表示和分析。

【例 3.9】 plot 属性的设置。

```
plot(t,sin(2*t),'-mo',...
                'LineWidth',2,...
                'MarkerEdgeColor','k',...
                'MarkerFaceColor',[.49 1 .63],...
                'MarkerSize',6)
```

结果如图 3.9 所示。线型、标记和颜色属性如表 3.1 所示，plot 命令可设定的属性见表 3.2。

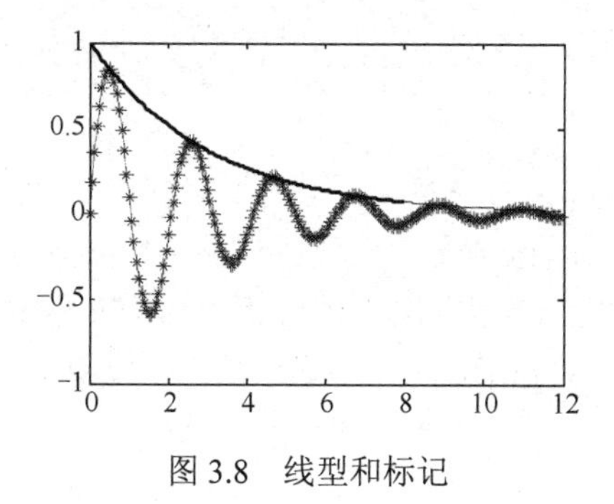

图 3.8　线型和标记

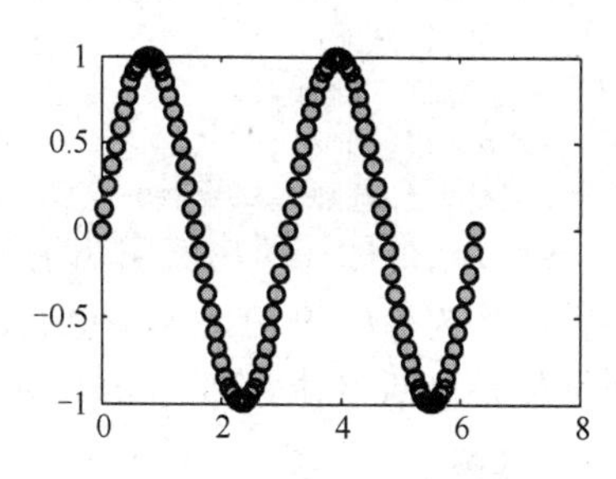

图 3.9　plot 属性的设置

表 3.1　线型、标记和颜色属性

颜色名称	颜色符号	标记名称	标记符号	线型名称	线型符号
蓝色	b	点号	.	实线	-
绿色	g	圆圈	O	点线	:
红色	r	叉号	×	点画线	-.
青色	c	加号	+	虚线	--
洋红	m	星号	*		
黄色	y	方形	S		
黑色	k	菱形	D		
白色	w	向下三角形			
		向上三角形			
		向左三角形	<		
		向右三角形	>		
		五角星	P		
		六角星	h		

表 3.2　plot 命令可设定的属性

LineStyle	线型
LineWidth	线宽
Color	颜色
MarkerType	标记点的形状
MarkerSize	标记点的大小
MarkerFaceColor	标记点内部的填充颜色
MarkerEdgeColor	标记点边缘的颜色

2. 坐标轴标注和范围设置

由于默认的坐标轴效果并不是最好的，在绘制图形时，可以设置坐标轴来改变图形的显示效果，使所绘制的曲线在合理的范围内表现出来。图形坐标轴的设置主要包括坐标轴的标注、范围、刻度及宽高比等参数。对坐标轴进行标注的函数主要有 xlabel、ylabel、zlabel 等，它们的调用格式基本相同，具体代码如下：

```
xlabel('string')
xlabel('string','PropertyName',PropertyValue,...)
xlabel(fname)
ylabel('string')
```

```
ylabel('string','PropertyName',PropertyValue,...)
ylabel(fname)
zlabel('string')
zlabel(fname)
zlabel('string','PropertyName',PropertyValue,...)
```

其中，string是标注所用的说明字符串，fname是一个函数名，系统要求该函数必须返回一个字符串作为标注语句。PropertyName和PropertyValue分别用于定义相应标注文本的属性和属性值，包括字体名称（FontName）、字体大小（FontSize）、字体粗细（FontWeight）和颜色（Color）等。

常用的坐标轴范围设置函数如表3.3所示。

表 3.3 常用的坐标轴范围设置函数

axis([xmin xmax ymin ymax])	设置坐标轴的范围，包括横坐标和纵坐标
xlim	单独设置 x 轴的坐标范围
ylim	单独设置 y 轴的坐标范围
zlim	单独设置 z 轴的坐标范围
V=axis	返回当前坐标范围的一个行矢量
axis auto	坐标轴的刻度恢复为默认的设置
axis manual	冻结坐标轴的刻度，若此时设置 hold on 属性，则后面的图形的坐标轴刻度范围与前面的相同
axis tight	将坐标轴的范围设置为被绘制的数据的范围
axis fill	使坐标充满整个绘图区域，该选项仅在 PlotBoxAspectRatio 或 Data Aspect Ration Mode 被设置为 manual 模式时才可用
axis ij	将坐标轴设置为矩阵模式，水平坐标轴从左向右取值，垂直坐标轴从上到下取值
axis xy	将坐标轴设置为笛卡儿模式，水平坐标轴从左向右取值，垂直坐标轴从下到上取值
axis equal	设置屏幕的宽高比，使每个坐标轴具有均匀的刻度间隔
axis image	设置坐标轴的范围，使其与被显示的图形相适应
axis square	将坐标轴设置为正方形
axis normal	将当前的坐标轴恢复为全尺寸，并将单位刻度的所有限制取消
axis vis3d	冻结屏幕的宽高比，使三维对象旋转时不改变坐标轴的刻度线
axis off	关闭所有坐标轴的标注、刻度和背景
axis on	打开所有坐标轴的标注、刻度和背景

此外，表 3.3 中的 axis([xmin xmax ymin ymax})命令在设置坐标轴的范围时，需要同时设定横坐标和纵坐标的所有极限。如果仅改变其中的一个极限，会显得很麻烦，因此在 MATLAB 中提供了 xlim、ylim、zlim 命令来改变其中部分坐标的极限。

【例 3.10】对同一图形采用不同的坐标轴方式进行显示。

绘图程序代码如下，绘图结果如图 3.10 所示。

```
t=[0:pi/50:2*pi];
x=8.2*sin(t);
y=4.1*cos(t);
figure                                    %绘制方式1：equal
plot(x,y);
xlabel('equal')
axis equal;
grid on
```

```
figure                                    %绘制方式2：tight
plot(x,y);
xlabel('tight')
axis image tight;
grid on
figure                                    %绘制方式3：normal
plot(x,y);
xlabel('normal')
axis normal;
 grid on
figure                                    %绘制方式4：xlim,ylim
plot(x,y);
xlim([-10 10]);
ylim([-6 6]);
xlabel('xlim,ylim')
grid on
```

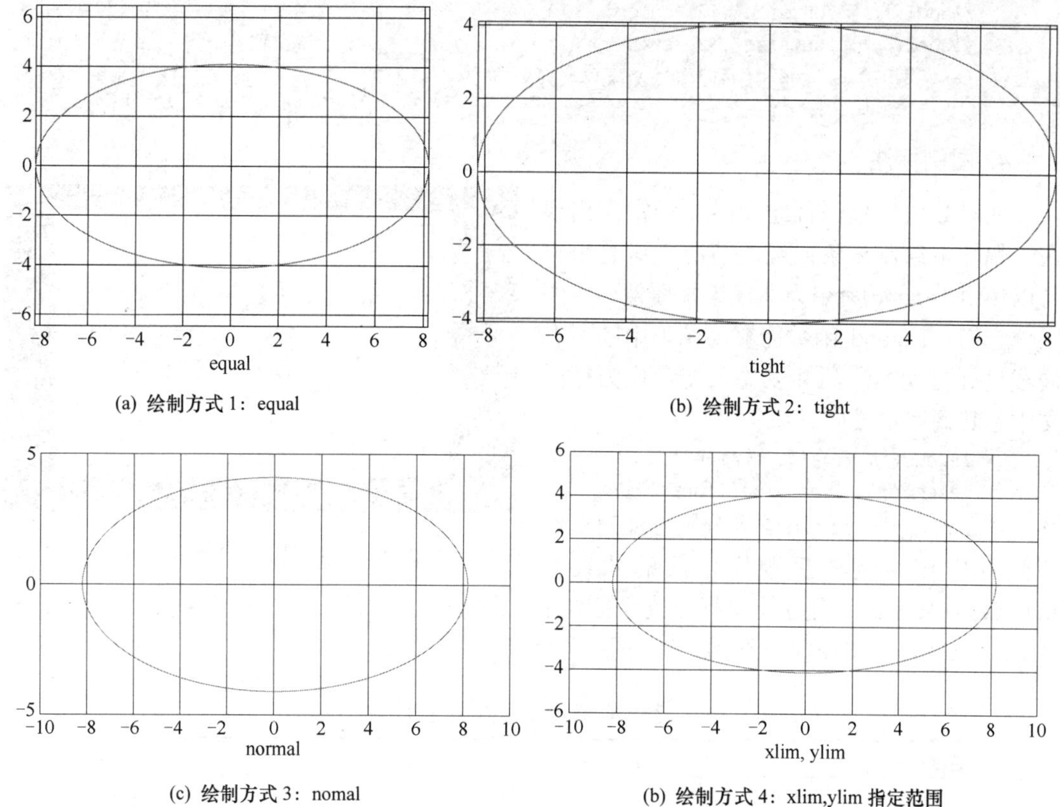

(a) 绘制方式 1：equal　　(b) 绘制方式 2：tight

(c) 绘制方式 3：nomal　　(b) 绘制方式 4：xlim,ylim 指定范围

图 3.10　坐标轴的显示方式

读者可结合表 3.3 和图 3.10 分析不同坐标轴控制方式的显示差异。

3．背景、标题、文本设置

MATLAB 的默认背景是灰色，因此有时需要根据需求进行调整。MATLAB 提供了相关的函数对背景色进行设置，包括如下几种设置方式：

```
figure('color',colorvalue');
```

```
set(gcf,'color','w')
```

标题是所绘图形的说明，标题设置格式如下：

```
title('string')
title(...,'PropertyName',PropertyValue,...)
```

图片中还可以添加文本，以便对图形内容进行辅助说明。文本设置格式如下：

```
text(x,y,'string')
text x,y,'string','PropertyName',PropertyValue,...)
```

【例 3.11】标题、背景和文本设置。

绘图程序代码如下，绘图结果如图 3.11 所示。

```
backColor=[0.3 0.6 0.4];                        %设置背景颜色
figure('color',backColor);                      %绘制背景
t=0:0.1:2*pi;
y=sin(2*t);
plot(t,y);                                      %绘制正弦曲线，h为该图形的句柄
title('Title Style','fontsize',16,'color','r')               %设置标题
xlabel('t','fontsize',12,'color','m');                       %设置x轴
ylabel('y','fontsize',12,'color','g');                       %设置y轴
text(1.5,0.8,'y=sin(2*t)','fontsize',16,'color','k');        %设置文本标注，其中1.5,
                                                             %0.8指定文本框的位置
```

4. 图例标注

在对数值结果进行绘图时，经常会出现在一幅图中绘制多条曲线的情况，这时用户可以使用 legend 命令为曲线添加图例，以便区分它们。legend 函数能够为图形中的所有曲线进行自动标注，并以输入变量作为标注文本。其调用格式如下：

```
legend('string1','string2',...)
legend(...,'Location',location)
```

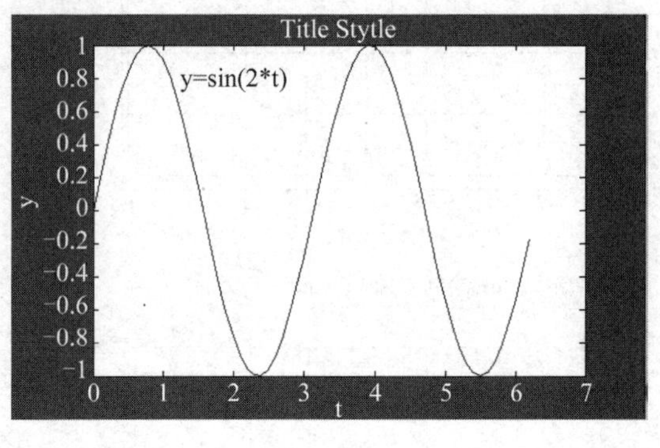

图 3.11　标题、背景和文本设置

其中，'string1'、'string2'等分别标注对应绘图过程中按绘制先后顺序生成的曲线，'Location',location 用于定义标注放置的位置。Location 可以是一个 1×4 矢量（[left bottom width height]）或任意一个字符串。图例位置标注定义如表 3.4 所示。

表 3.4　图例位置标注定义

位置字符串	位　置	位置字符串	位　置
North	绘图区内的上中部	South	绘图区内的底部
East	绘图区内的右部	West	绘图区内的左中部
NorthEast	绘图区内的右上部	NorthWest	绘图区内的左上部
SouthEast	绘图区内的右下部	SouthWest	绘图区内的左下部
NorthOutside	绘图区外的上中部	SouthOutside	绘图区外的下部
EastOutside	绘图区外的右部	WestOutside	绘图区外的左部
NorthEastOutside	绘图区外的右上部	NorthWestOutside	绘图区外的左上部
SouthEastOutside	绘图区外的右下部	SouthWestOutside	绘图区外的左下部
Best	标注与图形的重叠最小处	BestOutside	绘图区外占用最小面积

用户还可以通过鼠标来调整图例标注的位置。

【例 3.12】使用 legend 命令进行图例标注。

绘图程序代码如下，绘图结果如图 3.12 所示。

```
x=-pi:pi/20:2.5*pi;
y1=cos(x);
y2=sin(x);
figure
plot(x,y1,'-ro',x,y2,'-.b');
legend('y1','y2','location','NorthWest');          %图例标注，左上角位置
figure
plot(x,y1,'-ro',x,y2,'-.b');
legend('y1','y2','location','NorthEast');          %图例标注，右上角位置
figure
plot(x,y1,'-ro',x,y2,'-.b');
legend('y1','y2', 'location','Best');              %图例标注，重叠最小处
figure
plot(x,y1,'-ro',x,y2,'-.b');
legend('y1','y2', 'location','Bestoutside');       %图例标注，绘图区外占用最小面积
```

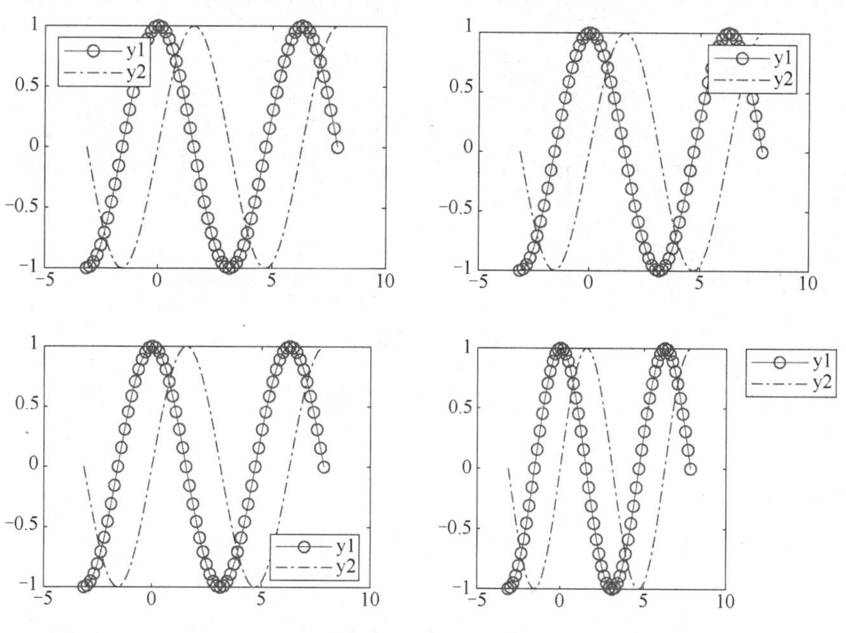

图 3.12　图例标注

3.1.3　多图叠绘、双纵坐标、多子图

1. 多图叠绘

使用 MATLAB 绘制图形时，常常需要将多个图形绘制在一幅图中。此时，用户可以选择使用 hold 属性来改变图形的叠绘情况。hold 命令的常见格式如表 3.5 所示。

表 3.5　hold 命令的常见格式

格　式	说　明
hold on	使用 plot 函数绘图时，原来的坐标轴不会被删除，新的曲线将被添加到原来的图形上，如果曲线超出当前的范围，坐标轴将重新绘制刻度
hold off	将当前图形窗口中的图形释放，绘制新的图形
hold	实现 hold 命令之间的切换

【例 3.13】多图叠绘示例。

绘图程序代码如下，绘图结果如图 3.13 所示。

```
t=0:0.1:2*pi;
x=sin(2*t);
y=cos(2*t)+0.5;
plot(t,x);
hold on;                     %上次绘图保留
plot(t,y,'m*-');
hold off;                    %解除上次绘图保留
grid on;
legend('x=sin(2*t)','y=cos(2*t)+0.5');
```

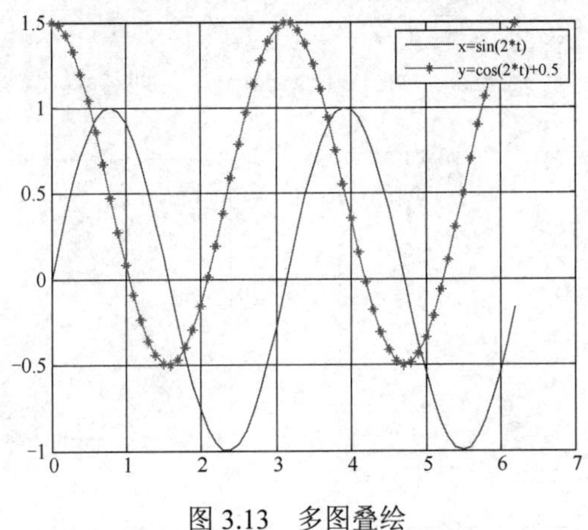

图 3.13　多图叠绘

在上面的示例中，使用了 hold on 和 hold off 命令，命令格式比较简单，可以很方便地实现多个图形的叠绘及其结果表示。

2. 双纵坐标绘制

在科学计算和分析中，常常需要将同一自变量的两个（或多个）不同量纲、不同数量级的函数曲线在一幅图形中绘制出来。此时，图形绘制会使用到双坐标轴。MATLAB 中提供 plotyy 函数来绘制双坐标轴的曲线。plotyy 函数的常见命令格式如表 3.6 所示。

表 3.6　plotyy 函数的常见命令格式

格　式	说　明
plotyy(x1,y1,x2,y2)	绘制两条曲线 x1-y1 和 x2-y2，两条曲线分别以左右纵轴为纵轴
plotyy(x1,y1,x2,y2,fun)	绘制两条曲线 x1-y1 和 x2-y2，两条曲线分别以左右纵轴为纵轴，曲线的类型由 fun 指定
plotyy(x1,y1,x2,y2,fun1,fun2)	绘制两条曲线 x1-y1 和 x2-y2，两条曲线分别以左右纵轴为纵轴，两条曲线的类型分别由 fun1 和 fun2 指定

表 3.6 中的坐标轴刻度和范围都自动产生，参数 fun、fun1 和 fun2 可以选择一些二维绘图命令，如 plot bar.linear 及其他 MATLAB 可以接受的绘图函数。

【例 3.14】利用 plotyy 函数绘制曲线 $y_1 = e^{-x_1/3}$ 和 $y_2 = \sin(2x_2)$。

绘图程序代码如下，绘图结果如图 3.14 所示。

```
x1=-3.5:0.1:3.5;
y1=exp(-x1);                %产生指数函数
x2=-3.5:0.1:3.5;
y2=sin(2*x2);               %产生正弦函数
plotyy(x1,y1,x2,y2);        %双纵坐标绘图
```

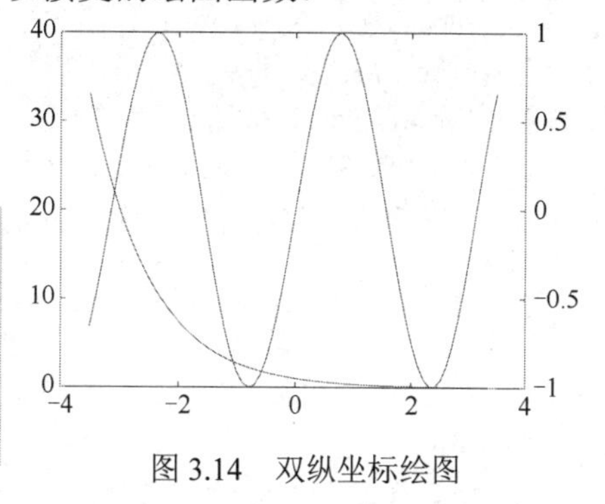

图 3.14　双纵坐标绘图

3. 多子图绘制

在一个图形窗口中可以包含多个坐标系。此时，可在一个图形窗口中绘制多个不同的子图来达到效果和目的。在 MATLAB 中可以使用 subplot 函数来绘制子图，该命令的常见格式如表 3.7 所示。

表 3.7　subplot 命令的常见格式

格　　式	说　　明
subplot(m,n,p)	将图形窗口分为 m×n 个子窗口，在第 p 个子窗口中绘制图形，子图的编号顺序为从左到右，从上到下，p 为子图编号
subplot(m,n,p,'replace')	若在绘制图形时，子图 p 已绘制坐标系，则删除原来的坐标系，用新坐标系代替
subplot(m,n,p,'align')	对齐坐标轴
subplot('position',[left bottom width height])	在指定位置创建新的子图，并将其设为当前坐标轴，所设置的 4 个参数均采用归一化的参数设置，范围为(0,1)，左下角坐标为(0,0)

【例 3.15】利用 subplot 绘制函数 sin(x)、2sin(2x)cos(x)、sin(x)/cos(x)的图形。

绘图程序代码如下，绘图结果如图 3.15 所示。

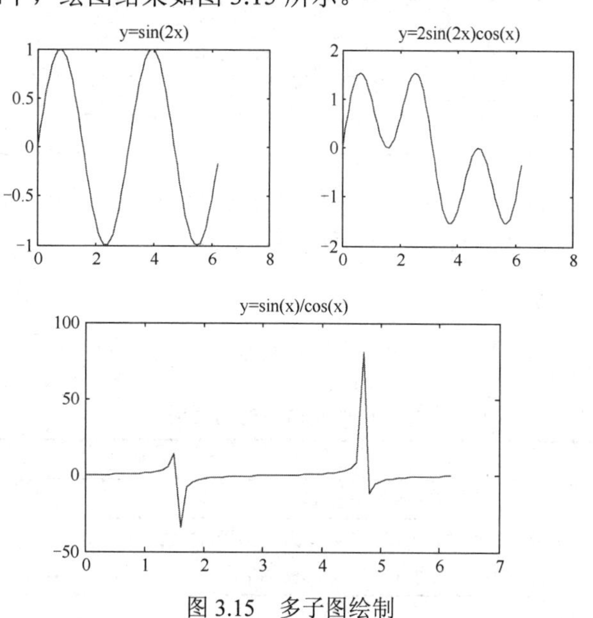

图 3.15　多子图绘制

```
x=0:0.1:2*pi;
y=sin(2*x);
subplot(2,2,1);                                   %两行两列绘制第一个子图
plot(x,y);
title('y=sin(2x)');
y=2*sin(2*x).*cos(x);
subplot(2,2,2);                                   %两行两列绘制第二个子图
plot(x,y);
title('y=2sin(2x)cos(x)');
y=sin(x)./cos(x);
subplot('position',[0.2 0.05 0.6 0.4]);           %指定位置绘制第三个子图
plot(x,y);
title('y=sin(x)/cos(x)');
```

3.1.4　特殊二维图形绘制

MATLAB 除了提供常用的二维曲线绘制和相关辅助功能，还提供条形图、矢量图、柱状图、饼状图等二维图形绘制功能。常用的特殊二维图形函数如表 3.8 所示。

表 3.8　常用的特殊二维图形函数

位置字符串	位　　置	位置字符串	位　　置
area	填充绘图	fplot	函数绘制
bar	条形图	hist	柱状图
barh	水平条形图	pareto	帕累托图
comet	彗星图	pie	饼状图
errorbar	误差带图	plotmatrix	分散矩阵绘制
ezplot	简单绘制函数图	ribbon	三维图的二维条状显示
ezpolar	简单绘制极坐标图	scatter	散射图
feather	矢量图	stem	离散序列火柴杆状图
fill	多边形填充	stairs	阶梯图
gplot	拓扑图	rose	极坐标系下的柱状图
compass	与 feather 同	quiver	功能类似的矢量图

表中的函数均有不同的调用方法。下面通过几个示例介绍其中的几个常用命令，其他函数的使用方法可以查阅 MATLAB 的帮助文件。

1．垂直条形图绘制

bar 命令用于绘制二维垂直条形图，用垂直条形显示矢量或矩阵中的值，调用格式见表 3.9。

表 3.9　bar 命令的调用格式

格　　式	说　　明
bar(y)	为每个 y 中的元素画一个条状
bar(x,y)	在指定的横坐标 x 上画出 y，其中 x 为严格单调递增矢量。若 y 为矩阵，则 bar 将矩阵分解成几个行矢量，在指定的横坐标处分别画出

（续表）

格　式	说　明
bar(...,width)	设置条形的相对宽度并控制一组内条形的间距。默认值为 0.8，若用户未指定 x，则同一组内的条形的间距很小，若设置 width 为 1，则同一组内的条形相互接触
bar(...,'style')	style 定义条的形状类型，可取值'group'或'stack'。其中'group'为默认显示模式。'group'表示若 y 为 n×m 阶矩阵，则 bar 显示 n 组，每组有 m 个垂直的条形图。'stack'表示将矩阵 y 的每个行矢量显示在一个条形中，条形的高度为该行矢量中的分量之和。其中同一条形中的每个分量用不同的颜色显示，从而可以显示每个分量在矢量中的分布
bar(...,'bar_color')	'bar_color'定义条的颜色

【例 3.16】使用 bar 命令绘制条形图。

绘图程序代码如下，绘图结果如图 3.16 所示。

```
y=round(rand(5,4)*10);
bar(y,'group','r');       %绘制条形图
title('bar exam')
```

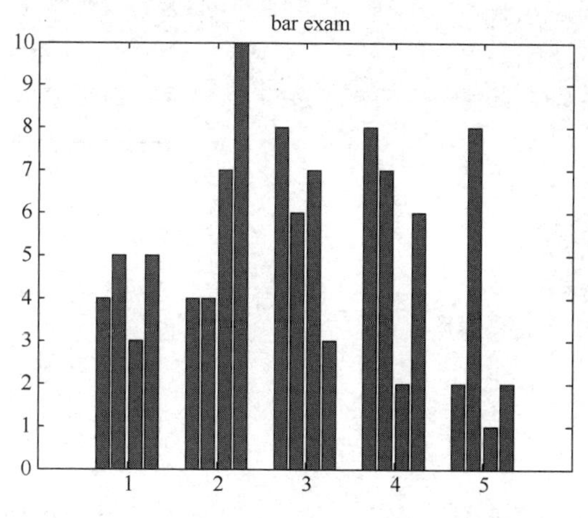

图 3.16　bar 命令绘制条形图

2. 饼状图绘制

pie 命令用于绘制饼状图，其调用格式如表 3.10 所示。

表 3.10　pie 命令的调用格式

格　式	说　明
pie(x)	为每个 x 中的元素画一个扇形
pie(x,explode)	explode 是与 x 同维的矩阵，若其中有非零元素，x 矩阵中相应位置的元素在饼图中对应的扇形将向外移出一些，加以突出
pie(...,labels)	labels 用于定义相应块的标注

【例3.17】使用pie命令绘制饼形图。

绘图程序代码如下，绘图结果如图 3.17 所示。

```
x=[7 18 24 19 9 2 ];
explode=[0 1 1 1 0 0];   %设置每个扇形区域是否突出显示
pie(x,explode,{'优秀','良好','中等','及格','不及格','缺考'}); %绘制饼状图
```

3. 等高线绘制

contour 命令用于绘制等高线，其调用格式如表 3.11 所示。

表 3.11 contour 命令的调用格式

格 式	说 明
contour(Z)	Z 必须是一个数值矩阵，是必须输入的变量
contour(Z,n)	n 为所绘图形等高线的条数
contour(Z,v)	v 为矢量，等高线条数等于该矢量的长度，且等高线的值为对应矢量的元素值
contour(X,Y,Z)	
contour(X,Y,Z,n)	c 为等高线矩阵
contour(X,Y,Z,v)	PropertyName 是等高线的属性参数
contour(...,'PropertyName',PropertyValue)	PropertyValue 是等高线的属性值

【例3.18】使用contour绘制等高线。

绘图程序代码如下，绘图结果如图 3.18 所示。

```
[X,Y]=meshgrid(-2:.2:2,-2:.2:3);                %网格化函数
Z=X.*exp(-X.^2-Y.^2);
[C,h]=contour(X,Y,Z,'ShowText','on');          %绘制等高线
```

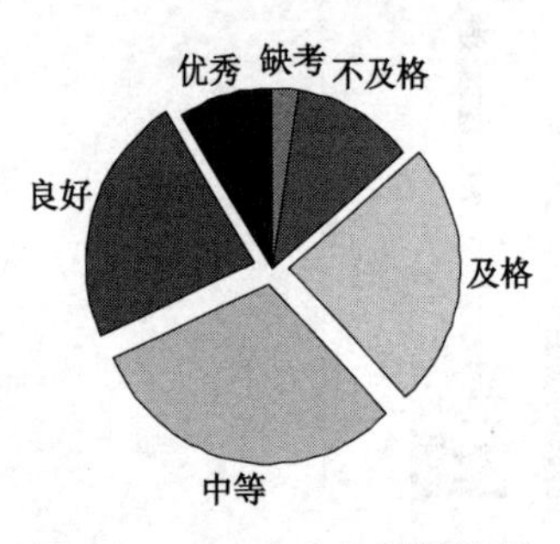

图 3.17 pie 命令绘制饼状图

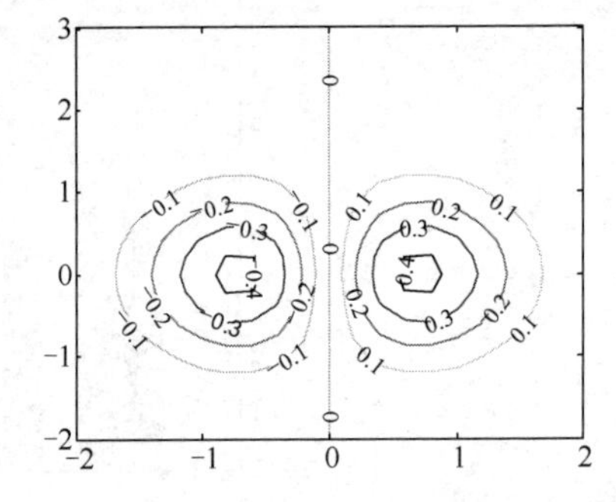

图 3.18 contour 命令绘制等高线

4. 矢量图绘制

quiver 命令用于绘制矢量图或速度图，并绘制矢量场的形状，其调用格式如表 3.12 所示。

表 3.12 quiver 命令的调用格式

格 式	说 明
quiver(x,y,u,v)	在坐标(x,y)处用箭头图形绘制矢量，(u,v)为相应点的速度分量。x、y、u、v 必须具有相同的大小
quiver(u,v)	以 u 或 v 矩阵的列和行的下标为 X 和 Y 轴的自变量，(u,v)为相应点的速度分量
quiver(...,scale)	scale 是用于控制图中矢量"长度"的实数，默认值为 1。有时需要设置较小的值，以免绘制的矢量彼此重叠
quiver(...,LineSpec)	LineSpec 用于设置矢量图中线条的线型、标记符号和颜色等

【例3.19】使用quiver绘制矢量图。

绘图程序代码如下，绘图结果如图 3.19 所示。

```
[X,Y]=meshgrid(-2:.2:2);                %网格化函数
```

```
Z=X.*exp(-X.^2 - Y.^2);
[DX,DY]=gradient(Z,.2,.2);            %求梯度的函数
contour(X,Y,Z,'ShowText','on');       %绘制等高线
hold on
quiver(X,Y,DX,DY);                    %绘制矢量图
```

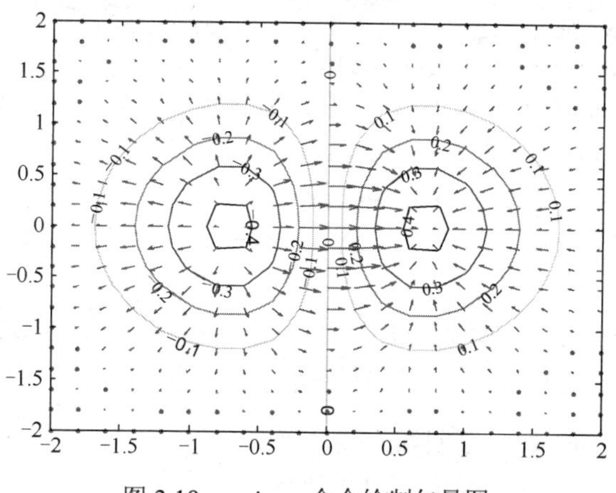

图 3.19 quiver 命令绘制矢量图

5. 极坐标图绘制

polar 命令用于绘制极坐标图。它接受极坐标形式的函数 rho=f(θ)，在笛卡儿坐标平面上画出该函数，且在平面上画出极坐标形式的格栅，其调用格式如表 3.13 所示。

表 3.13 polar 命令的调用格式

格　　式	说　　明
polar(theta,rho)	用极角 theta 和极径 rho 画出极坐标图形。极角 theta 是从 x 轴到半径的单位为弧度的矢量，极径 rho 是各数据点到极点的半径矢量
polar(theta,rho,LineSpec)	LineSpec 用于设置极坐标图中线条的线型、标记符号和颜色等

【例3.20】使用polar命令绘制极坐标图。

绘图程序代码如下，绘图结果如图 3.20 所示。

```
rho0=1;
theta=0:pi/20:4*pi;
rho=rho0+theta*rho0;
polar(theta,rho,':');            %绘制极坐标图
```

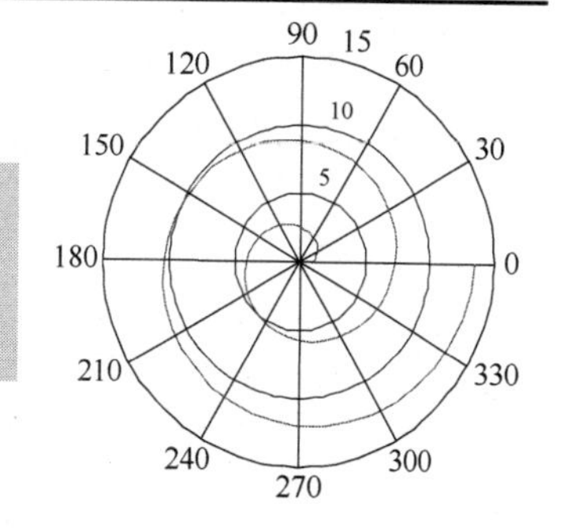

图 3.20 polar 命令绘制极坐标图

3.2 三维数据可视化

在实际工程中常遇到三维数据，为了将三维数据可视化，需要将结果表示成三维图形，MATLAB语言为此提供了相应的三维图形绘制功能。这些绘制功能与二维图形的绘制有很多相似之处，其中曲线的属性设置完全相同。最常用的三维图形是三维曲线图、三维网格图和三维曲面图，相应的MATLAB命令分别为plot3、mesh和surf，此外还可通过颜色来表现第四维。下面分别介绍它们的具体使用方法。

3.2.1 三维曲线绘制

与 plot 类似，plot3 是三维绘图的基本函数，但是用户需要输入第三个参数数组。plot3 函数的调用格式如下：

```
plot3(x,y,z,...)
plot3(x,y,z,LineSpec,...)
plot3(...,'PropertyName',PropertyValue,...)
```

其中，x、y、z 为相同维数的矢量或矩阵，在绘制过程中分别以对应列的元素作为 x、y、z 坐标，曲线的条数等于数组的列数。LineSpec 定义曲线线型、颜色和数据点等（见表 3.1），PropertyName 是线对象的属性名，PropertyValue 是相应属性的值。

当 x、y、z 是长度相同的矢量时，plot3 命令绘制一条分别以矢量 x、y、z 为 X、Y、Z 轴坐标值的空间曲线。

当 x、y、z 均为 m×n 的矩阵时，plot3 命令绘制 m 条曲线，其第 i 条曲线是分别以 x、y、z 及矩阵的第 i 列分量为 X、Y、Z 轴坐标值的空间曲线。

【例 3.21】利用 plot3 命令绘制螺旋线。

绘图程序代码如下，绘图结果如图 3.21 所示。

```
t=0:pi/50:10*pi;
x=cos(t);
y=sin(t);
z=t;
plot3(x,y,z);                    %绘制三维螺旋线
title('plot3 exam');
xlabel('x','fontsize',14);
ylabel('y','fontsize',14);
zlabel('z','fontsize',14);
grid on
```

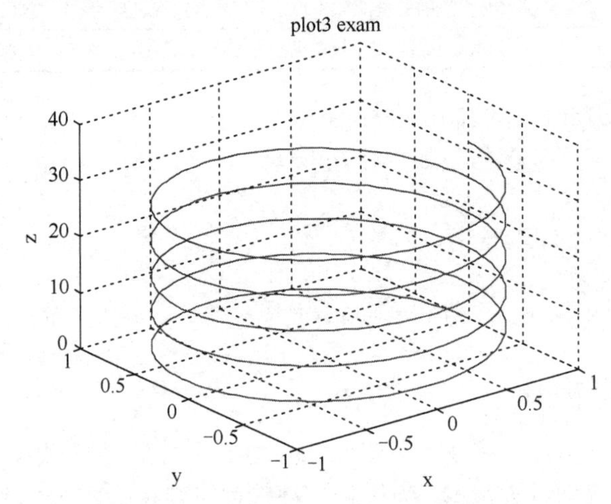

图 3.21　plot3 命令绘制螺旋线

【例 3.22】利用 plot3 命令绘制多条三维曲线。

绘图程序代码如下，绘图结果如图 3.22 所示。

```
x=0:pi/50:4*pi;
```

```
z1=sin(x);
z2=sin(x*2);
z3=sin(x*3);
y1=zeros(size(x));               %产生矢量长度与x的相同、值全部为0的矢量
y2=ones(size(x));                %产生矢量长度与x的相同、值全部为1的矢量
y3=y2*2+y1;
plot3(x,y1,z1,'-r*',x,y2,z2,'-bx',x,y3,z3,'-mh');  %绘制多条三维曲线
title('plot3 exam2');
xlabel('x','fontsize',14);
ylabel('y','fontsize',14);
zlabel('z','fontsize',14);
legend('x-y1-z1','x-y2-z2','x-y3-z3');
grid on;                         %打开网格
```

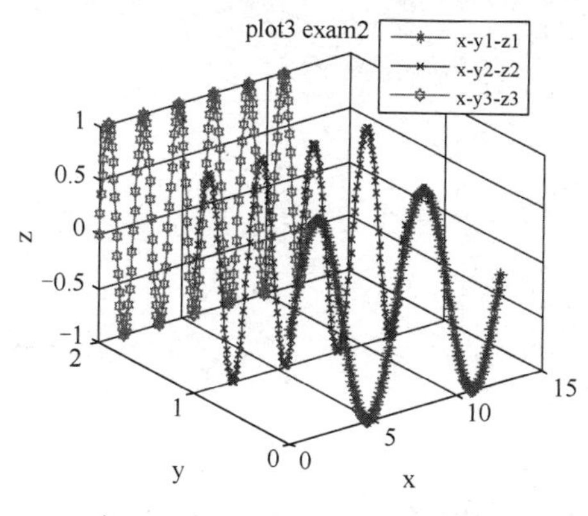

图 3.22　plot3 命令绘制多条三维曲线

3.2.2　三维网格绘制

在对三维数据进行分析处理时，常常还需要绘制三维曲线或曲面的网格图。在 MATLAB 中，网格图常通过 mesh 函数来绘制，该命令与 plot3 不同的是，可以绘出某一区间内的完整曲面，而不是单条曲线。函数 mesh 的常用格式如表 3.14 所示。

表 3.14　mesh 函数的常用格式

格　式	说　明
mesh(z)	此时，以 z 矩阵的列和行的下标为 X 和 Y 轴的自变量绘制网格图
mesh(x,y,z)	x 和 y 为自变量矩阵，z 为建立在 x 和 y 之上的函数矩阵
mesh(x,y,z,c)	此命令和上面的命令相比，c 用于指定矩阵 z 在各点的颜色

x 和 y 均须为矢量，x 和 y 的长度分别为 m 和 n 时，Z 必须为 m×n 矩阵，即[m,n]=size(Z)。MATLAB 提供一些内置函数来生成数据矩阵，用于 mesh 函数绘图，如 peaks、sphere 等。例如，peaks 返回高斯分布的数值范围，其中 x 和 y 的取值范围为[-3,3]。

【例 3.23】使用 mesh 函数绘制 peaks 网格面。

MATLAB 程序如下所示，绘制图形如图 3.23 所示。

```
[x,y,z]=peaks(30);          %产生三维网格
mesh(x,y,z);                %mesh绘制三维网格
title('mesh exam1');
```

```
xlabel('X');
ylabel('Y');
zlabel('Z');
grid on;
```

【例 3.24】使用 mesh 函数绘制自定义三维网格。

MATLAB 程序如下所示，绘制图形如图 3.24 所示。

```
x=-4:0.2:4;
y=x';
m=ones(size(y))*x;
n=y*ones(size(x));
p=sqrt(m.^2+n.^2)+eps;
z=sin(p)./p;
mesh(z);                    %绘制三维网格
title('mesh exam2');
grid on;
```

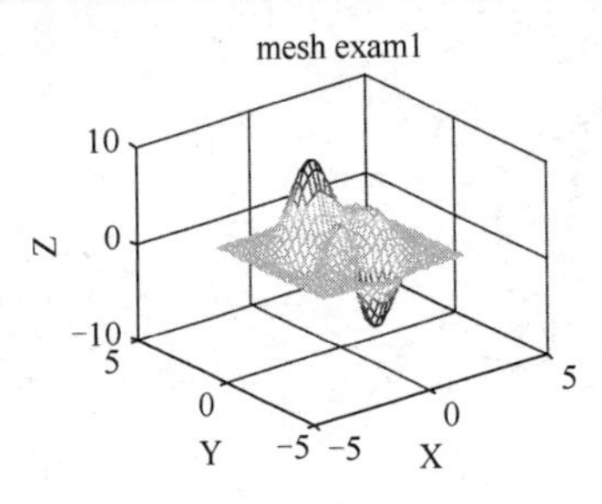

图 3.23　mesh 函数绘制 peaks 网格面

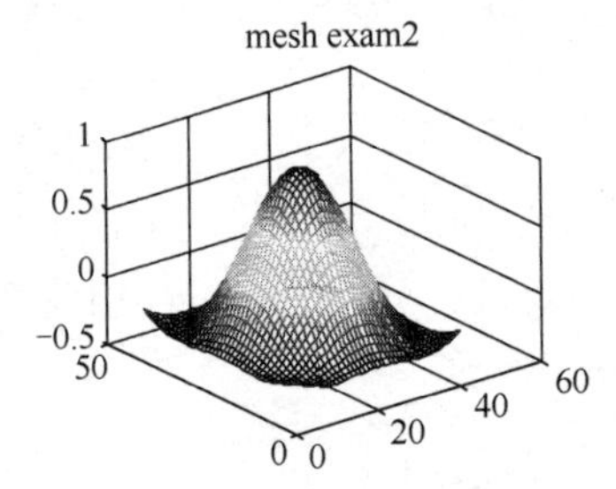

图 3.24　mesh 函数绘制自定义三维网格

在 MATLAB 中，系统还提供 mesh 函数的两个变体，即 meshz 和 meshc。这两个变体 mesh 函数的区别是，meshc 函数在三维曲面图的下方绘制等值线图，而 meshz 的作用是增加边界绘图功能。下面通过例子说明这两个函数的区别。

【例 3.25】使用 meshc 函数绘制三维网格图。

MATLAB 程序如下所示，绘制图形如图 3.25 所示。

```
[x,y,z]=peaks(30);          %产生三维网格点
meshc(x,y,z);               %meshc绘制三维网格
title('meshc exam');
xlabel('X');
ylabel('Y');
zlabel('Z');
grid on;
```

【例 3.26】使用 meshz 函数绘制三维网格图。

MATLAB 程序如下所示，绘制图形如图 3.26 所示。

```
[x,y,z]=peaks(30);
meshz(x,y,z);                       %使用surfz绘制三维网格曲面图
title('meshz exam');
xlabel('X');
ylabel('Y');
zlabel('Z');
```

```
grid on;
```

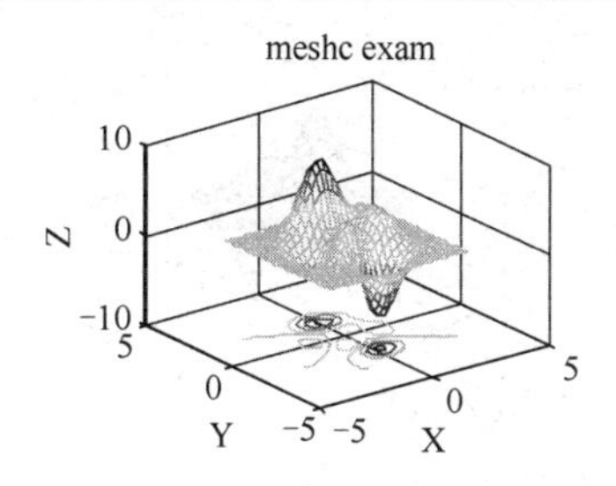

图 3.25 meshc 函数绘制三维网格图

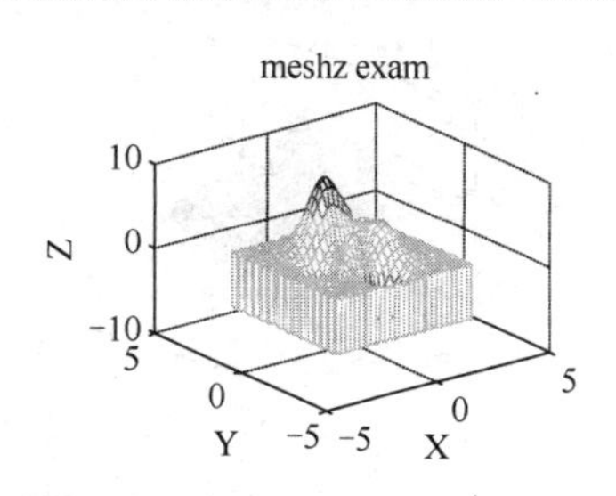

图 3.26 meshz 函数绘制三维网格图

3.2.3 三维曲面绘制

和 mesh 绘制的图形相比，surf 函数绘制的曲面图可使曲面上的所有网格都填充颜色。该命令的格式与 mesh 函数的相同，参数设置也大致相同。surf 函数的调用格式见表 3.15。

表 3.15 surf 函数的调用格式

格 式	说 明
surf(Z)	此时，以 z 矩阵的列和行的下标为 X 和 Y 轴的自变量绘制曲面图
surf(X,Y,Z)	x 和 y 为自变量矩阵，z 为建立在 x 和 y 之上的函数矩阵
surf(X,Y,Z,C)	此命令和上面的命令相比，c 用于指定矩阵 z 在各点的颜色
surf(...,'PropertyName',PropertyValue)	'PropertyName',PropertyValue 用于设置曲面图的颜色、线型等属性

X 和 Y 均须为矢量，当 X 和 Y 的长度分别为 m 和 n 时，Z 必须为 m×n 矩阵，也就是[m,n]=size(Z)。此时，网格线的顶点为(X(j),Y(i),Z(i,j))；若参数中未提供 X、Y，则将(i,j)作为 Z(I,j)的 X、Y 轴坐标值。

【例 3.27】使用 surf 命令绘制三维曲面。

MATLAB 程序如下所示，绘制图形如图 3.27 所示。

```
[x,y,z]=peaks(30);
surf(x,y,z);          %使用surf绘制三维填充曲面图
title('surf exam');
xlabel('X');
ylabel('Y');
zlabel('Z');
grid on;
```

此外，surf 函数也有一些变体。surfc 函数在绘制曲面图时，在底层绘制等值线图；surfl 函数在绘制曲面图时，考虑了光照效果；urfnorm 函数根据输入的数据 x、y 和 z 来定义各个表面的法线，同时在数据点处绘制曲面的法线矢量。

【例 3.28】使用 surfc 命令绘制三维曲面。

MATLAB 程序如下所示，绘制图形如图 3.28 所示。

```
[x,y,z]=peaks(30);
surfc(x,y,z);           % surfc绘制三维曲面
title('surfc exam');
```

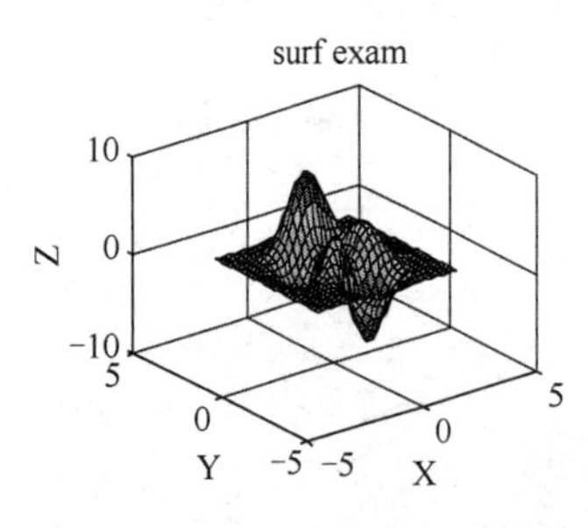

图 3.27　mesh 命令绘制三维曲面

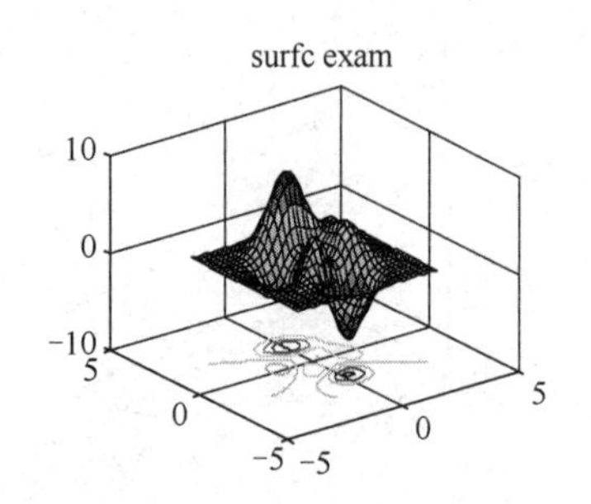

图 3.28　surfc 命令绘制三维曲面

【例 3.29】使用 surfl 命令绘制三维曲面。

MATLAB 程序如下所示，绘制图形如图 3.29 所示。

```
[x,y,z]=peaks(30);
surfl(x,y,z);                  % surfl绘制三维曲面
title('surfl exam');
```

【例 3.30】使用 surfnorm 命令绘制三维曲面。

MATLAB 程序如下所示，绘制图形如图 3.30 所示。

```
[x,y,z]=peaks(30);
surfnorm(x,y,z);               % surfnorm绘制三维曲面
title('surfl exam');
```

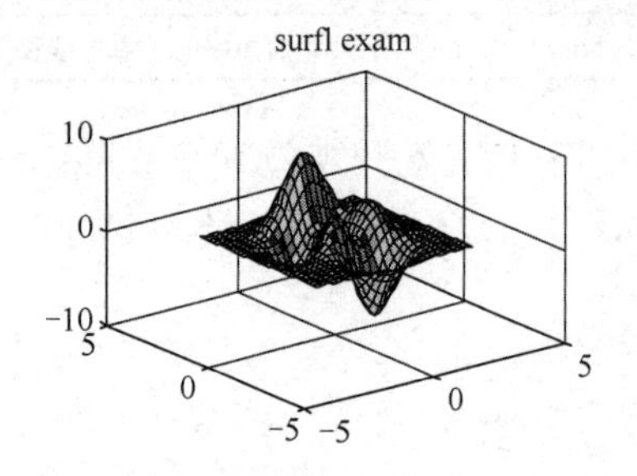

图 3.29　surfl 命令绘制三维曲面

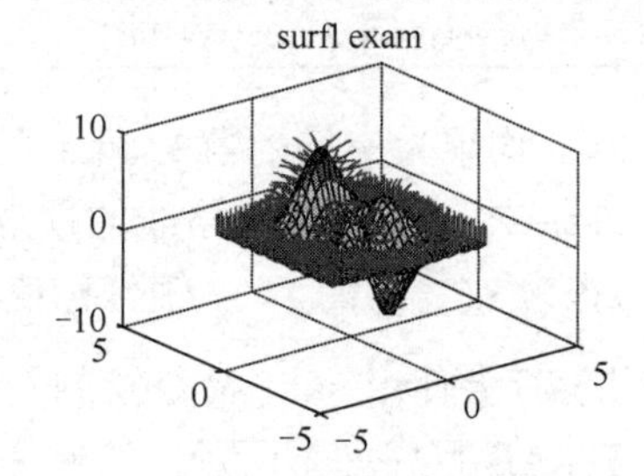

图 3.30　surfnorm 命令绘制三维曲面

3.2.4　准四维图形绘制

在进行三维图形的实际绘制时，前面介绍的网格图、曲面图和等值线图等的函数的自变量只有两个，利用 Z=z(x,y)的确定或不确定函数关系来绘制图形，实际上只是二维空间的三维显示。而在使用 MATLAB 进行运算、分析和处理时，常常会碰到更为复杂的图形，这些图形是通过三维空间中的坐标量和描述性质的矢量共同表现分析结果的。这些函数创建的图形需要输入三维坐标，分别代表一个坐标轴，第四个维度则是这些坐标处的标量数据。当自变量为 3 个时，定义域是整个三维空间，由于我们所处的空间和思维局限性，在计算机屏幕上只能表现出三个空间变量，因此不会有空间变量来表示函数的值。为此，MATLAB 通过颜色来表示存在于第四维空间的值，它由函数 slice 实现。

slice 函数是用切片来实现数据显示的命令，可用于显示三维函数的切面图、等位线图等，从而在空间坐标中将数据显示出来。slice 命令的常用格式如表 3.16 所示。

表 3.16　slice 命令的常用格式

格　式	说　明
slice(V,sx,sy,sz)	显示三元函数 V=V(X,Y,Z)确定的超立体在 x 轴、y 轴与 z 轴方向上的若干点(对应若干平面)的切片图，各点的坐标由数量矢量 sx、sy 与 sz 指定。其中 V 为三维数组（阶数为 m×n×p），默认的有 X=1:m、Y=1:n、Z=1:p
slice(X,Y,Z,V,sx,sy,sz)	显示三元函数 V=V(X,Y,Z)确定的超立体在 x 轴、y 轴与 z 轴方向上的若干点(对应若干平面)。也就是说，如果函数 V=V(X,Y,Z)中有一个变量如 X 取一定值 X0，则函数 V=V(X0,Y,Z)变成一立体曲面（不过是将该曲面通过颜色表示高度 V,从而显示在一个平面上而已）的切片图，各点的坐标由参量矢量 sx、sy 与 sz 指定。参量 X、Y 与 Z 为三维数组，用于指定立方体 V 的坐标。参量 X、Y、Z 必须有单调的、正交的间隔（如同用命令 meshgrid 生成的一样）。每点上的颜色由对超立体 V 的三维内插值确定
slice(V,XI,YI,ZI)	显示由参量矩阵 XI、YI 与 ZI 确定的超立体图形的切面图。参量 XI、YI 与 ZI 定义一个曲面，同时在曲面上的点计算超立体 V 的值。参量 XI、YI 与 ZI 必须为同型矩阵
slice(X,Y,Z,V,XI,YI,ZI)	沿着由矩阵 XI、YI 与 ZI 定义的曲面画穿过超立体图形 V 的切片
slice(...,'method')	指定内插的方法。'method'为如下方法之一：'linear'、'cubic'和'nearest'，其中'linear'指定使用三次线性内插法（默认状态）；'cubic'指定使用三次立方内插法；'nearest'指定使用最近点内插法

【例 3.31】使用 slice 命令绘制准四维图。

MATLAB 程序如下所示，绘制图形如图 3.31 所示。

```
[x,y,z,v]=flow;
xmin=min(min(min(x)));                 %取三维数据的最小值
xmax=max(max(max(x)));                 %取三维数据的最大值
sx=linspace(xmin+1.5,xmax-1.5,4);      %在指定区间内等间隔地产生指定的点数
slice(x,y,z,v,sx,0,0);                 %slice函数绘制切片图
shading interp;                        %颜色插值处理
title('slice exam');
```

构建立体对象的坐标系也可通过 meshgrid 函数来创建。在 meshgrid 的创建过程中，利用 x、y 和 z 数组将绘图空间网格化为三维栅格，即分别将这 3 个数组赋值为另外两个维度长度的三维数组。

切片命令 slice 也有一些变体，如 contourslice、streamslice 等。contourslice 命令在绘制的切片上显示等值线图，streamslice（流线切面图）命令在绘制的切片上同时绘制流线。

【例 3.32】使用 contourslice 绘制切面等位线图。

MATLAB 程序如下所示，绘制图形如图 3.32 所示。

```
[x,y,z,v]=flow;
xmin=min(min(min(x)));
xmax=max(max(max(x)));
sx=linspace(xmin+1.5,xmax-1.5,4);
vmin=min(min(min(v)));
vmax=max(max(max(v)));
sv=linspace(vmin+1,vmax-1,20);
```

```
contourslice(x,y,z,v,sx,0,0,sv);            % contourslice函数绘制等值线切片图
view([-45 30]);
title('contourslice exam');
grid on;
```

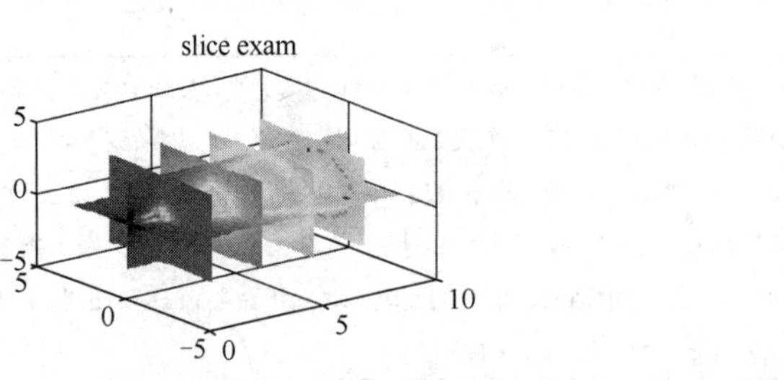

图 3.31　slice 命令绘制准四维图

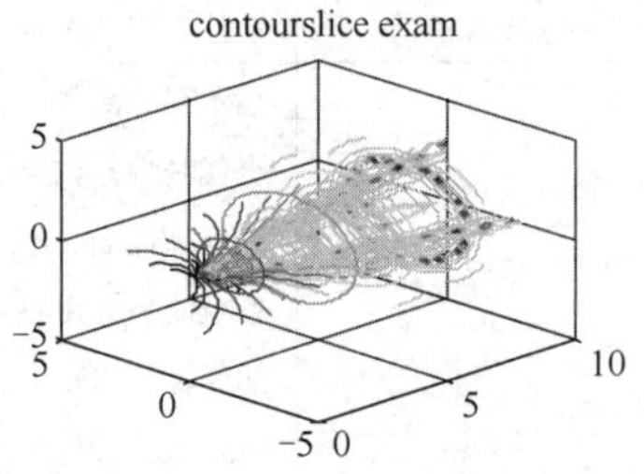

图 3.32　contourslice 命令绘制切面等位线图

3.2.5　其他特殊的三维图形

其他特殊的三维图形及相应的 MATLAB 函数如表 3.17 所示。

表 3.17　特殊的三维图形及相应的 MATLAB 函数

函 数 名	说　明	函 数 名	说　明
bar3	三维条形图	trisurf	三角形表面图
comet3	三维彗星轨迹图	trimesh	三角形网格图
ezgraph3	函数控制绘制三维图	waterfall	瀑布图
pie3	三维饼状图	cylinder	柱面图
scatter3	三维散射图	sphere	球面图
stem3	三维离散数据图	contour3	三维等高线
quiver3	矢量场	cplxmap	复数变量图

三维特殊图形的绘图命令函数名与二维特殊图形中的绘图命令函数名接近，只是在后面加了一个数字3，它代表绘制相应的三维图形，实现的功能和调用方法与对应的二维绘制函数的基本相同。这里介绍几种与二维特殊图形函数不一样的函数。

1. 圆柱图形绘制

MATLAB 提供 cylinder 函数绘制圆柱图形，其调用格式如表 3.18 所示。

表 3.18　cylinder 函数的调用格式

格　式	说　明
[X,Y,Z]=cylinder	返回一半径为 1、高为 1 的圆柱体的 x，y，z 轴的坐标值，圆柱体的圆周有 20 个距离相同的点
[X,Y,Z]=cylinder(r)	返回一半径为 r、高为 1 的圆柱体的 x，y，z 轴的坐标值，圆柱体的圆周有 20 个距离相同的点
[X,Y,Z]=cylinder(r,n)	返回一半径为 r、高为 1 的圆柱体的 x，y，z 轴的坐标值，圆柱体的圆周有指定的 n 个距离相同的点

【例 3.33】使用 cylinder 命令绘制圆柱图形。

MATLAB 程序如下所示，绘制图形如图 3.33 所示。

```
t=0:pi/10:2*pi;
```

```
[X,Y,Z]=cylinder(2+sin(t));          %产生圆柱体坐标点，通过正弦函数控制圆柱体的半径
surf(X,Y,Z);                         %绘制圆柱体
```

2. 球体绘制

MATLAB 提供 sphere 函数用于生成球体，其调用格式如表 3.19 所示。

表 3.19　sphere 命令的调用格式

格　式	说　明
sphere	生成三维直角坐标系中的单位球体，单位球体由 20×20 个面组成
sphere(n)	在当前坐标系中画出有 n×n 个面的球体
[X,Y,Z]=sphere(...)	返回三个阶为(n+1)*(n+1)的直角坐标系中的坐标矩阵。该命令不画图，只返回矩阵。用户可以用命令 surf(x,y,z)或 mesh(x,y,z)画出球体

【例 3.34】使用 sphere 命令绘制球体。

MATLAB 程序如下所示，绘制图形如图 3.34 所示。

```
[m,n,p]=sphere(30);          %产生球体坐标
t=abs(p);
surf(m,n,p,t)                %绘制球体
```

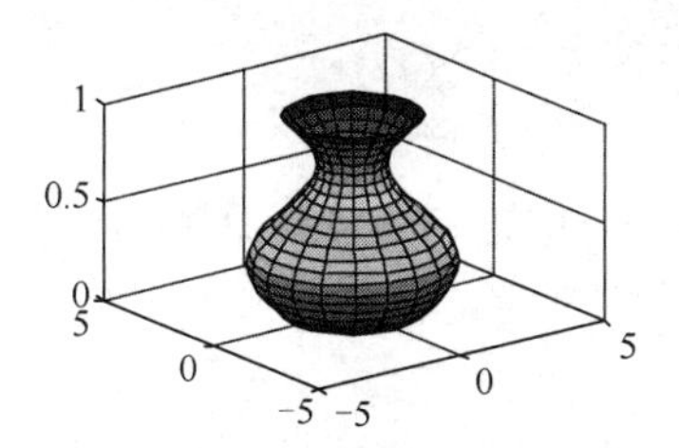

图 3.33　cylinder 命令绘制圆柱图形

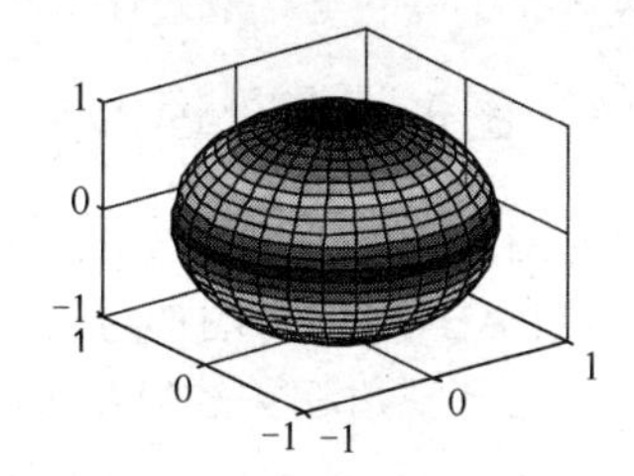

图 3.34　sphere 命令绘制球体

3. 瀑布图

MATLAB 提供 waterfall 命令生成球体，其调用格式如表 3.20 所示。

表 3.20　waterfall 命令的调用格式

格　式	说　明
waterfall(Z)	此时，以 Z 矩阵的列和行的下标为 X 和 Y 轴的自变量绘制瀑布图
waterfall(X,Y,Z)	X 和 Y 为自变量矩阵，Z 为建立在 X 和 Y 之上的函数矩阵
waterfall(...,C)	此命令和上面的命令相比，C 用于指定矩阵 Z 在各点的颜色

【例 3.35】使用 waterfall 命令绘制瀑布图。

MATLAB 程序如下所示，绘制图形如图 3.35 所示。

```
[X,Y,Z]=peaks(30);
waterfall(X,Y,Z);            %绘制瀑布图
```

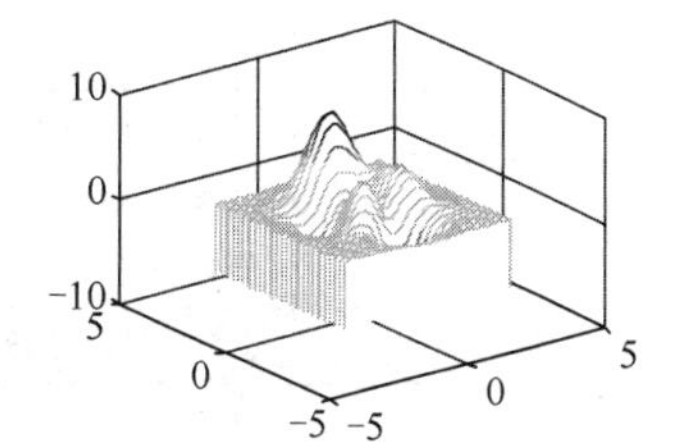

图 3.35　waterfall 命令绘制瀑布图

4. 复数变量图

在使用 MATLAB 进行数据处理、运算和分析时，经常会碰到要对复数变量图形进行绘制和分析的情形。在前面的介绍中，提到了根据复数实部和虚部绘图的方法，但 MATLAB 提供了更强大的复数绘

图功能，因此，可以直接用这些函数来绘制结构更为复杂的复数图形。MATLAB 中提供的常用复数绘图函数有 cplxmap、cplxgrid、cplxroot 等。使用这些函数绘制的图形常常以函数的实部为高度，以虚部为颜色，默认情况下的颜色变化范围是 HSV 颜色模式。其中，cplxgrid 函数与前面的 meshgrid 函数功能类似，可以产生数据网格点，但数据格式都是复数形式的。通过该函数可以产生一个复数矩阵 Z，该矩阵的维数是(m-1)×(2m-1)，即复数的极径范围是[0, 1]，复数的极角范围是[-π, π]。

【例 3.36】使用 cplxmap 函数绘制复数图形。

MATLAB 程序如下所示，绘制图形如图 3.36 所示。

```
z=cplxgrid(50);            %生成复数绘图的网格点
cplxmap(z,z.^2+z.^3);      %绘制函数z^2+z^3的图形
```

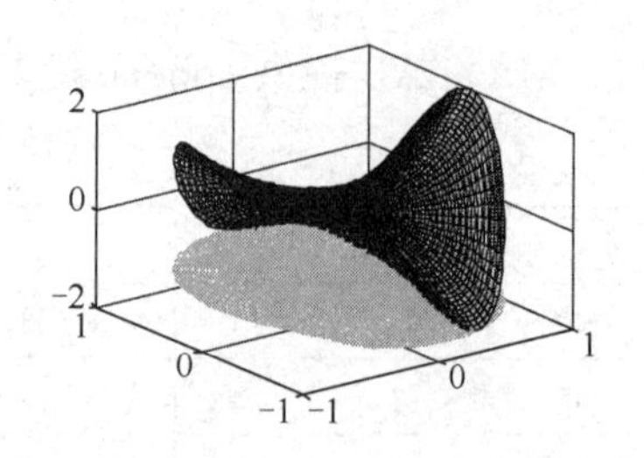

图 3.36　cplxmap 函数绘制复数图形

3.3　可视化图形修饰

MATLAB除了提供强大的绘图功能，还提供强大的图形修饰处理功能。下面具体介绍这些技术。

3.3.1　图形视角处理

三维视图表现的是一个空间内的图形，因此从不同的位置和角度观察图形会有不同的效果。MATLAB 提供对图形进行视觉控制的功能。所谓视觉，就是图形展现给用户的角度。下面介绍与视角相关的MATLAB命令。

1. 立体图观察点设置

MATLAB 提供 view 命令来指定立体图形的观察点。观察者（观察点）的位置决定了坐标轴的方向。用户可以用方位角（azimuth）和仰角（elevation）来确定观察点的位置，或者用空间中的一点来确定观察点的位置。view 命令的调用格式如表 3.21 所示。

表 3.21　view 命令的调用格式

格　式	说　明
view(az,el), view([az,el])	为三维空间图形设置观察点的方位角。方位角 az 与仰角 el 是按如下方法定义的两个旋转角度：作一过视点与 z 轴的平面，它与 xy 平面有一交线，该交线与 y 轴的反方向的、按逆时针方向（从 z 轴的方向观察）计算的、单位为度的夹角，就是观察点的方位角 az。若方位角为负值，则按顺时针方向计算；在过视点与 z 轴的平面上，用一直线连接视点与坐标原点，该直线与 xy 平面的夹角就是观察点的仰角 el。若仰角为负值，则观察点转移到曲面下面
view([x,y,z])	在笛卡儿坐标系中将视角设为沿矢量[x,y,z]指向原点，如 view([0 0 1])=view(0,90)，也就是在笛卡儿坐标系中将点(x,y,z）设置为视点。注意输入参量只能是方括号的矢量形式，而非数学中的点的形式
view(2)	设置默认的二维形式视点，其中 az=0，el=90，即从 z 轴上方观看所绘图形
view(3)	设置默认的三维形式视点，其中 az=-37.5，el=30
view(T)	根据转换矩阵 T 设置视点，其中 T 为 4×4 阶矩阵，如同用命令 viewmtx 生成的透视转换矩阵一样
[az,el]=view	返回当前的方位角 az 与仰角 el
T=view	返回当前的 4×4 阶转换矩阵 T

【例 3.37】使用 view 命令控制图形视角。

MATLAB 程序如下所示，绘制图形如图 3.37 所示。

```
t=0:0.02*pi:10*pi;
x=5*sin(t);
y=3*cos(t);
z=t/4;
subplot(2,2,1)
plot3(x,y,z);
grid on;
title('Default Az=-37.5,E1=30');
view(-37.5,30);                %设置视角
subplot(2,2,2);
plot3(x,y,z);
grid on;
title('Az=52.5,E1=30');
view(52.5,30);                 %设置视角
subplot(2,2,3);
plot3(x,y,z);
grid on;
title('Az=0,E1=90');
view(0,90);                    %设置视角
axis equal
subplot(2,2,4);
plot3(x,y,z);
grid on;
title('Az=0,E1=0');
view(0,0);                     %设置视角
axis equal
```

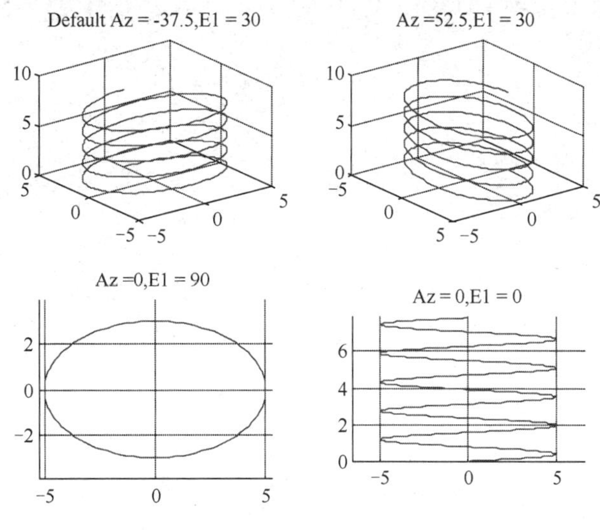

图 3.37　view 命令控制图形视角

2. 视点转换

MATLAB 提供 viewmtx 命令来转换视点，它计算一个 4×4 阶正交或透视转换矩阵，该矩阵将一个四维齐次矢量转换到一个二维视平面上，其调用格式如表 3.22 所示，参数 phi 的取值如表 3.23 所示。

表 3.22　viewmtx 命令的调用格式

格　式	说　明
T=viewmtx(az,el)	返回一个与视点的方位角 az 与仰角 el（单位都为度）对应的正交矩阵，未改变当前视点
T=viewmtx(az,el,phi)	返回一个透视的转换矩阵，其中参量 phi 是单位为度的透视角，为标准化立方体（单位为度）的对象视角与透视扭曲程度。phi 的取值如表 3.23 所示。用户可以通过使用返回的矩阵，用命令 view(T)改变视点的位置
T=viewmtx(az,el,phi,xc)	返回以标准化图形立方体中的点 xc 为目标点的透视矩阵（就像相机正对着点 xc 一样），目标点 xc 是视角的中心点。用户可用一个三维矢量 xc=[xc,yc,zc]指定该中心点，每个分量都在区间[0,1]上。默认值为 xc=[0 0 0]

表 3.23　参数 phi 的取值

phi 的值	说　明
0 度	正交投影
10 度	类似于远距离投影
25 度	类似于普通投影
60 度	类似于广角投影

【例 3.38】利用 viewmtx 命令进行视点转换并绘制视图。

MATLAB 程序如下所示，绘制图形如图 3.38 所示。

```
x=[0 1 1 0 0 0 1 1 0 0 1 1 1 1 0 0];
y=[0 0 1 1 0 0 0 1 1 0 0 0 1 1 1 1];
z=[0 0 0 0 0 1 1 1 1 1 1 0 0 1 1 0];
A=viewmtx(-37.5,30);           %viewmtx获取视角转换矩阵
[m,n]=size(x);
x4d=[x(:),y(:),z(:),ones(m*n,1)]';
x2d=A*x4d;                     %视点转换
x2=zeros(m,n); y2=zeros(m,n);
x2(:)=x2d(1,:);
y2(:)=x2d(2,:);
plot(x2,y2);
```

3. 三维视角变化

MATLAB 提供 rotate3d 命令来变化三维视角，即触发图形窗口的 rotate3D 选项，用户可以方便地用鼠标来控制视角的变化，且视角的变化值也会实时地显示在图形中。

【例 3.39】使用 rotate3d 命令绘制可旋转视图。

MATLAB 程序如下所示，绘制图形如图 3.39 所示。

```
surf(peaks(20));
rotate3d
```

用户通过鼠标任意旋转视图。

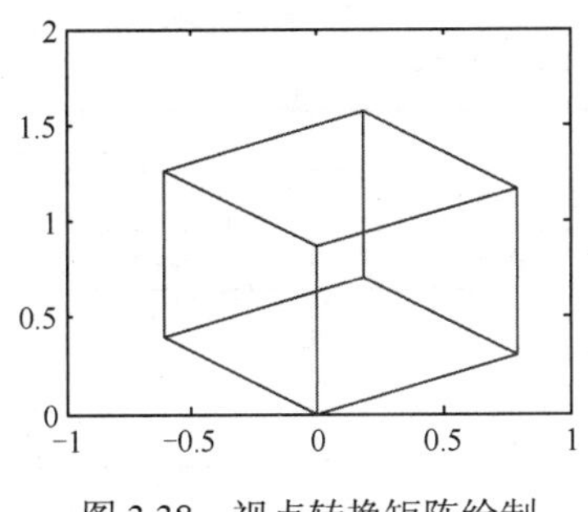

图 3.38 视点转换矩阵绘制

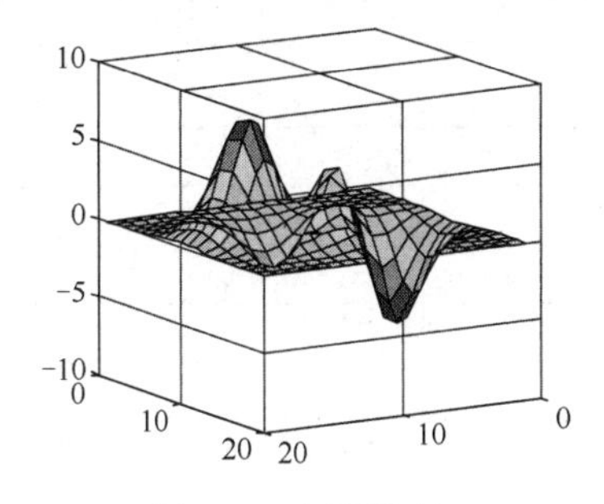

图 3.39 视图旋转

4. 三维透视命令

在MATLAB中使用mesh等命令绘制网格曲面时，系统在默认情况下会隐藏重叠在后面的网格，利用透视命令hidden可以看到被遮挡的区域，其调用格式为hidden on、hidden off。

【例 3.40】 使用 hidden 命令显示透视效果。

MATLAB 程序如下所示，绘制图形如图 3.40 所示。

```
figure(1)
mesh(peaks);
hidden on;                    %透视关闭，看不到被遮挡的区域
title('hidden on');
figure(2)
mesh(peaks);
hidden off;                   %透视开启，能看到被遮挡的区域
title('hidden off');
```

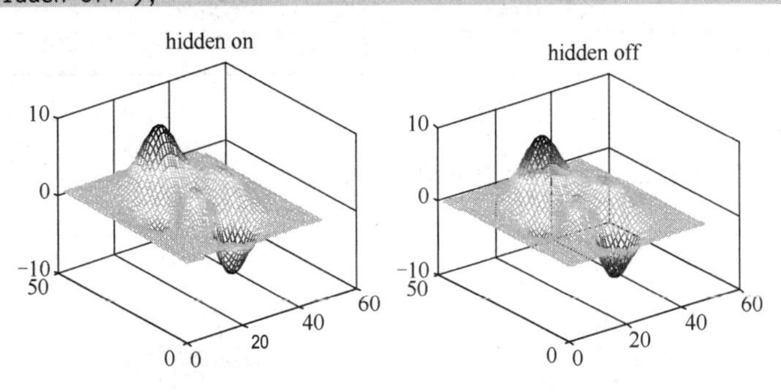

图 3.40 三维视图透视效果控制

3.3.2 图形色彩处理

图形的一个重要因素是其颜色，丰富的颜色变化可让图形更具表现力。在 MATLAB 中，colormap 是完成该项工作的主要函数。MATLAB 是采用颜色映像来处理图形颜色的，即 RGB 色系。计算机中的各种颜色都是通过三原色以不同比例调制出来的，三原色即红（Red）、绿（Green）、蓝（Blue）。每种颜色的值表示为一个 1×3 矢量[R G B]，其中 R、G、B 值的大小分别代表这三种颜色的相对亮度，因此它们的取值范围均须在区间[0,1]内。每种不同的颜色对应一个不同的矢量。表 3.24 给出了典型的颜色配比方案。

表 3.24　典型的配色配比方案

原　色			组合颜色
红（R）	绿（G）	蓝（B）	
0	0	0	黑色
1	1	1	白色
1	0	0	红色
0	1	0	绿色
0	0	1	蓝色
1	1	0	黄色
1	0	1	洋红色
0	1	1	青色
0.5	0.5	0.5	灰色

一般的线图函数（如 plot、plot3 等）不需要色图来控制其色彩显示，面图函数（如 mesh、surf 等）则需要调用色图。色图设定的函数为 colormap([R,G,B])，其中输入变量[R,G,B]为一个三列矩阵，行数不限，该矩阵被称为色图。表 3.25 给出了常用色图的名称及其产生函数。

表 3.25　常用色图的名称及其产生函数

色图名称	产生函数	色图名称	产生函数
红黄色图	autumn	饱和色图	hsv
蓝色调灰度色图	bone	粉红色图	pink
青红浓淡色图	cool	光谱色图	prism
线性灰度色图	gray	线性色图	lines
黑红黄白色图	hot		

1）colormap 函数

colormap 函数用于给图形着色，其使用如例 3.41 所示。

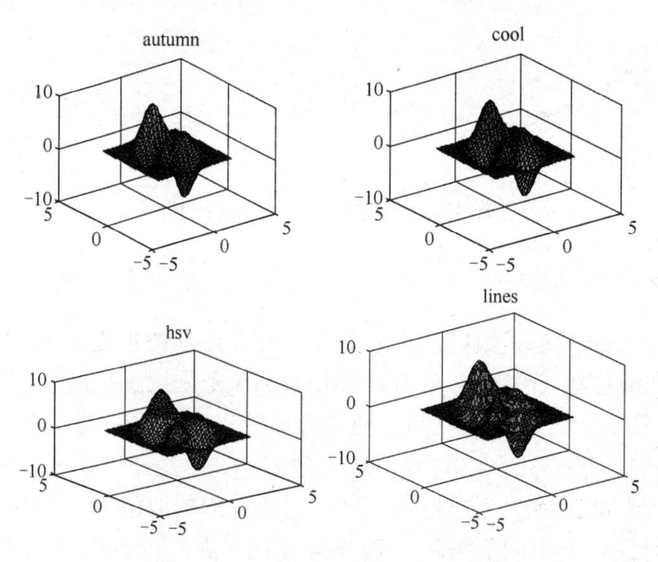

图 3.41　colormap 函数为图形着色

【例3.41】使用colormap函数为图形着色。

MATLAB 程序如下所示，绘制图形如图 3.41 所示。

```
[x,y,z]=peaks;
cmap1=autumn(size(x,1));          %产生红黄色图颜色
cmap2=cool(size(x,1));            %产生青红浓淡色图颜色
cmap3=hsv(size(x,1));             %产生饱和色图颜色
cmap4=lines(size(x,1));           %产生线性色图颜色
figure(1)
surf(x,y,z);
colormap(cmap1);                  %使用红黄色着色
title('autumn');
figure(2)
surf(x,y,z);
colormap(cmap2);                  %使用青红浓淡色着色
title('cool');
figure(3)
surf(x,y,z);
colormap(cmap3);                  %使用饱和色着色
title('hsv');
figure(4)
surf(x,y,z);
colormap(cmap4);                  %使用线性色图着色
title('lines');
```

2）colorbar 函数

该函数用于显示能指定颜色刻度的颜色标尺，其调用格式如表 3.26 所示。

表 3.26　colorbar 函数的调用格式

格　式	说　明
colorbar	更新最近生成的颜色标尺。若当前坐标轴没有任何颜色标尺，则在右边显示个垂直的颜色标尺
colorbar('vert')	增加一个垂直的颜色标尺到当前的坐标轴
colorbar('horiz')	增加一个水平的颜色标尺到当前的坐标轴
colorbar(...,'location')	'location'设置 colorbar 显示的位置，取值包括 North|South|East|West|NorthOutside|SouthOutside|EastOutside|WestOutside
colorbar(h)	用坐标轴 h 生成一个颜色标尺。若坐标轴的宽度大于高度，则颜色标尺水平放置
colorbar(...,'peer',axes_handle)	生成一个与坐标轴 axes-handle 有关的颜色标尺，代替当前的坐标轴

【例 3.42】使用 colorbar 函数绘制颜色标尺。

MATLAB 程序如下所示，绘制图形如图 3.42 所示。

```
surf(peaks(30))                                  %绘制三维曲面
colorbar('horiz','location','NorthOutside');     %绘制颜色标尺
```

3）rgbplot 函数

该函数用于画出色图，其常见调用格式为rgbplot(cmap)，画出维数为m×3的色图矩阵cmap的每一列，矩阵的第一列为红色强度，第二列为绿色强度，第三列为蓝色强度。

【例 3.43】使用 rgbplot 函数绘制彩色线条图。

MATLAB 程序如下所示，绘制图形如图 3.43 所示。

```
rgbplot(copper);
```

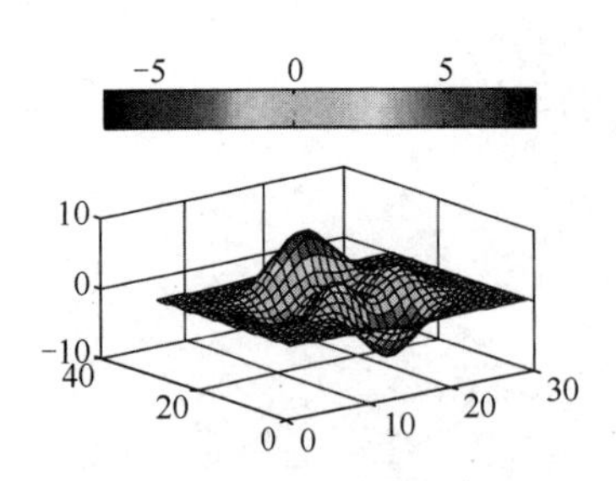

图 3.42　colorbar 函数绘制颜色标尺

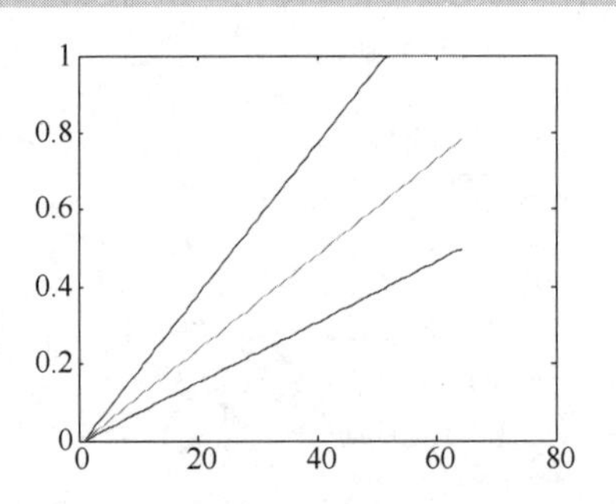

图 3.43　rgbplot 函数绘制彩色线条图

4）caxis 函数

该函数用于设置颜色轴刻度，控制数值与色彩间的对应关系以及颜色的显示范围，其调用格式如表 3.27 所示。

表 3.27　caxis 函数的调用格式

格　式	说　明
caxis([cmin cmax])	在[cmin cmax]范围内与色图的色值对应，并按此为图形着色。若数据点的值小于 cmin 或大于 cmax，则按等于 cmin 或 cmax 来着色
caxis auto	MATLAB 自动计算出色值的范围
caxis manual	按照当前的色值范围设置色图范围
caxis(caxis)	与 caxis manual 实现相同的功能
v=caxis	返回当前色图范围的最大值和最小值[cmin cmax]
colorbar(…,'peer',axes_handle)	生成一个与坐标轴 axes-handle 有关的颜色标尺，代替当前的坐标轴

5）shading 函数

该函数用于控制曲面图形的着色方式，其调用格式如表 3.28 所示。

表 3.28　shading 函数的调用格式

格　式	说　明
shading flat	平滑方式着色
shading faceted	以平面为着色单位，系统默认的着色方式
shading interp	以插值形式为图形的像点着色

【例 3.44】 使用 shading 函数着色。

MATLAB 程序如下所示，绘制图形如图 3.44 所示。

```
subplot(1,3,1);
sphere(16)
shading flat                    %平滑方式着色
title('Flat Shading')
subplot(1,3,2);
sphere(16)
```

```
shading faceted                %以平面为着色单位着色
title('Faceted Shading')
subplot(1,3,3);
sphere(16)
shading interp                 %以插值形式为图形的像点着色
title('Interpolated Shading')
```

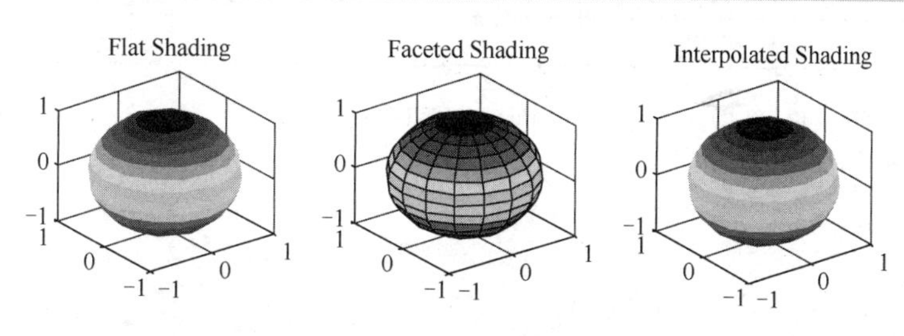

图 3.44　shading 函数着色

6）brighten 函数

该函数用于增亮或变暗色图。常用的调用格式为brighten(beta)，若0<beta<1，则增亮色图；若-1<beta<0，则变暗色图。改变的色图将代替原来的色图，但本质上是相同的颜色。

3.3.3　图形光照处理

MATLAB 语言提供了如表 3.29 所示的光照控制函数。本节只介绍其中几个常用的函数，其他函数的用法请读者查阅帮助。

表 3.29　MATLAB 中的图形光照控制函数

函数名	说明	函数名	说明
light	设置曲面光源	specular	镜面反射模式
surfl	绘制存在光源的三维曲面图	diffuse	漫反射模式
lighting	设置曲面光源模式	lightangle	球坐标系中的光源
material	设置图形表面对光照反映模式		

1）light 函数

该函数为当前图形建立光源，主要调用格式为light('PropertyName',Property Value,...)，Property Name是一些用于定义光源的颜色、位置和类型等的变量名，具体属性和相应的属性值请参照帮助文档。

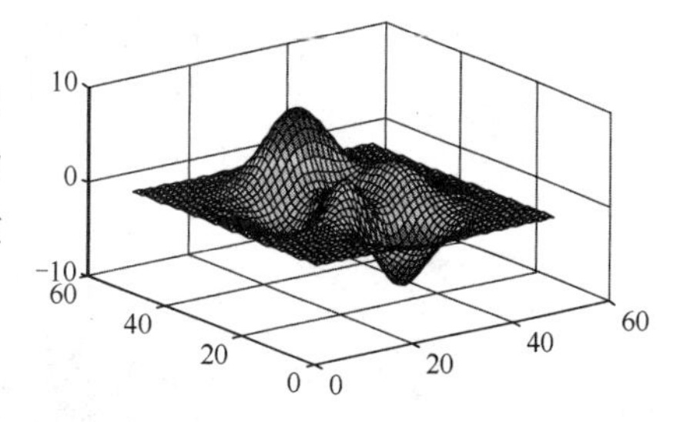

图 3.45　light 函数设置光源

【例 3.45】使用 light 函数为图形设置光源。

MATLAB 程序如下所示，绘制图形如图 3.45 所示。

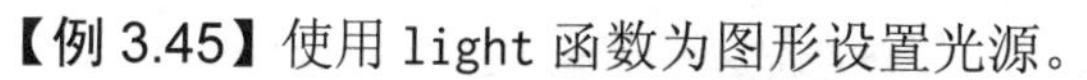

```
h=surf(peaks);
light('Position',[1 0 0],'Style','infinite');
```

2）lighting 函数

该函数用于设置曲面光源模式，其调用格式如表 3.30 所示。

表 3.30　lighting 函数的调用格式

函 数 名	说 明
lighting flat	平面模式，以网格为光照的基本单元。这是系统默认的模式
lighting gouraud	点模式，以像素为光照的基本单元
lighting phong	以像素为光照的基本单元，并考虑了各点的反射
lighting none	关闭光源

【例3.46】 使用lighting函数设置曲面的不同光源模式。

MATLAB 程序如下所示，绘制图形如图 3.46 所示。

```
subplot(2,2,1)
mesh(peaks);
light('Position',[1 0 0],'Style','infinite');
lighting none
title('lighting none');
subplot(2,2,2)
mesh(peaks);
light('Position',[1 0 0],'Style','infinite');
lighting flat
title('lighting flat');
subplot(2,2,3)
mesh(peaks);
light('Position',[1 0 0],'Style','infinite');
lighting gouraud
title('lighting gouraud');
subplot(2,2,4)
mesh(peaks);
light('Position',[1 0 0],'Style','infinite');
lighting phong
title('lighting phong');
```

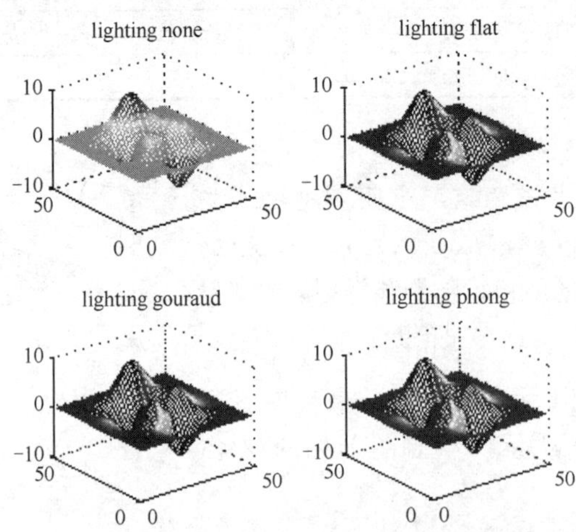

图 3.46　lighting 函数设置曲面的不同光源模式

3）material 函数

该函数用于设置图形表面对光照的反射模式，其调用格式如表 3.31 所示。

表 3.31　material 函数的调用格式

函 数 名	说　　明
material shiny	图形表面显示较为光亮的色彩模式
material dull	表面显示较为阴暗的色彩模式
material metal	表面呈现金属光泽的模式
material([ka kd ks])	[ka kd ks]用于定义图形的 ambient/diffuse/specular 三种反射模式的强度
material([ka kd ks n])	n 用于定义镜面反射的指数
material([ka kd ks n sc])	sc 用于定义镜面反射的颜色
material default	

【例 3.47】 使用 material 命令显示不同材质对光线的不同反射效果。

MATLAB 程序如下所示，绘制图形如图 3.47 所示。

```
cc=[0,1,0]; p=30;
subplot(2,2,1)
sphere(p);
title('material default ')
subplot(2,2,2)
sphere(p);
shading interp;
light('Position',[0 -2 1],'color',cc)
material dull;
title('material dull');
subplot(2,2,3)
sphere(p);
shading interp;
light('Position',[0 -2 1],'color',cc);
material shiny;
title('material shiny ');
subplot(2,2,4)
sphere(p);
shading interp;
light('Position',[0 -2 1],'color',cc);
material metal;
title('material metal');
colormap(jet);
```

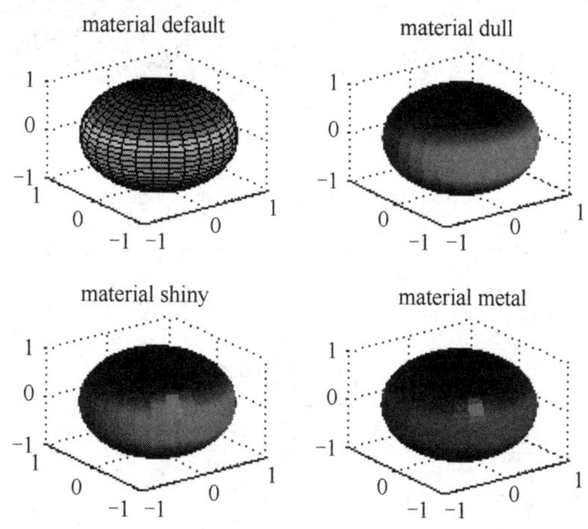

图 3.47　不同材质对光线的不同反射效果

3.3.4 图形裁剪与空间变换

1. 图形裁剪

通过图像的裁剪操作能够得到图像的部分图形，MATLAB 图像工具箱利用函数 imcrop 实现图像的裁剪，其调用格式如表 3.32 所示。

表 3.32 imcrop 函数的调用格式

函 数 名	说 明
I2=imcrop(I) I2=imcrop(I,rect)	用于对灰度图（包括二值图）进行裁剪，rect 指定裁剪的区域
X2=imcrop(X,map) X2=imcrop(X,map,rect)	用于对索引图进行裁剪，rect 指定裁剪的区域
RGB2=imcrop(RGB) RGB2=imcrop(RGB,rect)	用于对 RGB 图进行裁剪，rect 指定裁剪的区域

rect为四元素矢量[xmin ymin width height]，分别表示矩形的左下角、右下角、长度和宽度，这些值在空间坐标中指定。上述三种调用格式若不指定rect，则MATLAB允许用户通过鼠标选定裁剪区域。

【例 3.48】图形的裁剪示例。

MATLAB 程序如下所示，结果图形如图 3.48 所示。

```
I=imread('ckt-board.tif');                %读取一张图片
J=imcrop(I,[250,220,200,200]);            %对指定区域进行裁剪
subplot(1,2,1)
imshow(I);                                %显示图片
subplot(1,2,2)
imshow(J)                                 %显示图片
```

2. 图形空间变换

为使输入图像的像素位置映射到输出图像的新位置，需要对图像做旋转、平移、放大、缩小、拉伸或剪切等空间变换。图像空间变换是计算机图像处理的重要研究内容之一，MATLAB 提供了相应的图形空间变换方法。

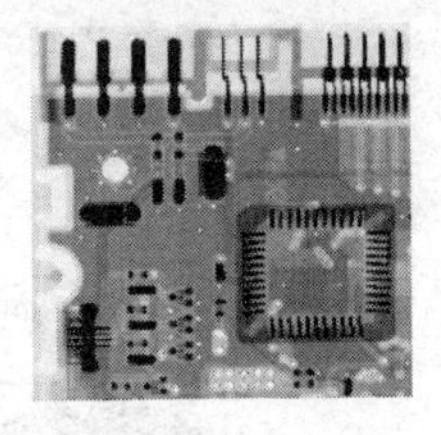
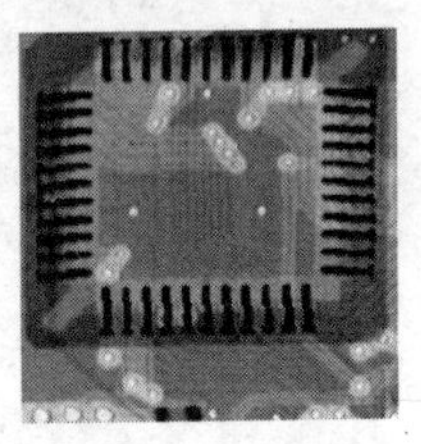

图 3.48 图形裁剪效果

图形空间变换步骤如下：

（1）定义空间变换矩阵，空间变换矩阵及说明如表 3.33 所示。

（2）创建变换结构体 TFORM，定义变换类型，如表 3.34 所示。

（3）执行变换。

表 3.33 空间变换矩阵及说明

变换类型	示 例	变换矩阵	说 明
平移		$\begin{bmatrix} 1 & 0 & 0 \\ 0 & 1 & 0 \\ t_x & t_y & 1 \end{bmatrix}$	t_x 指定沿 x 轴方向的位移 t_y 指定沿 y 轴方向的位移

（续表）

变换类型	示　例	变换矩阵	说　明
比例		$\begin{bmatrix} s_x & 0 & 0 \\ 0 & s_y & 0 \\ 0 & 0 & 1 \end{bmatrix}$	s_x 指定沿 x 轴方向的比例系数 s_y 指定沿 y 轴方向的比例系数
错切		$\begin{bmatrix} 1 & sh_y & 0 \\ sh_x & 1 & 0 \\ 0 & 0 & 1 \end{bmatrix}$	sh_x 指定沿 x 轴方向的错切系数 sh_y 指定沿 y 轴方向的错切系数
旋转		$\begin{bmatrix} \cos\theta & \sin\theta & 0 \\ -\sin\theta & \cos\theta & 0 \\ 0 & 0 & 1 \end{bmatrix}$	θ 指定旋转的角度

表 3.34　变换类型

变换类型	描　述
'affine'仿射变换	包括平移、旋转、比例和错切。变换后，直线仍是直线，平行线保持平行，但矩形有可能变为平行四边形
'projective'透视变换	变换后，直线仍是直线，但平行线汇聚并指向灭点（灭点可在图像内或图像外，甚至在无穷远点）
'box'	仿射变换的特例，每个维度独立进行平移和比例操作
'custom'	用户自定义变换，提供被 imtransform 调用的正映射和反映射函数
'composite'	两种或更多种变换的合成

【例 3.49】 图形空间变换。

MATLAB 程序如下所示，结果图形如图 3.49 所示。

```
I=imread('checkeboard.tif');
xform=[1 0.2 0
       0.1 1 0
       40 40 1];
tform_translate=maketform('projective',xform);          %创建变换结构体
[J xdata ydata]=imtransform(I,tform_translate);          %执行空间变换
subplot(1,2,1)
imshow(I);
subplot(1,2,2)
imshow(J)
```

图 3.49　图形空间变换

3.4 句柄绘图

在 MATLAB 中，绘图函数将不同的曲线或曲面绘制在图形窗口中，而图形窗口是由不同的对象（如坐标轴、曲线、曲面或文字等）组成的图形界面，每次创建一个对象时，MATLAB 就为它建立一个唯一的标识符（也称句柄），句柄中包含该对象的相关属性参数，可在后续程序中进行操作，获取属性值或改变其中的参数，以便达到不同的效果。利用句柄操作函数可以绘制出更精细、更生动、更有个性的图形，并且可以开发专用绘图函数。MATLAB 中常用的句柄操作函数如表 3.35 所示。

表 3.35 常用的句柄操作函数

函　数	说　明	函　数	说　明
findobj	按照指定属性获取图形对象的句柄	gco	获取当前的图形对象句柄
gcf	获取当前的图形窗口句柄	get	获取当前的句柄属性和属性值
gca	获取当前的轴对象句柄	set	设置当前句柄的属性值

3.4.1 句柄图形体系

1．图形对象

图形对象是用于数据可视化和界面制作的基本绘图要素。MATLAB 的图形对象包括计算机根屏幕、图形窗口、坐标轴、用户菜单、用户控件、曲线、曲面、文字、图像、光源、区块和方框等。系统将每个对象按树形结构组织起来，每个对象的属性少则 20 多个，多则近百个。对此，MATLAB 的自带资料中提供详尽的文字说明。因此，本章只对最常用的、不可或缺的及较难掌握的内容进行说明。

2．句柄

MATLAB 在创建每个图形对象时，都为该对象分配一个唯一的值，我们称其为图形对象句柄（Handle）。句柄唯一标识图形对象，不同对象的句柄不可能重复和混淆。每个图形必有的句柄包括根屏幕和图形窗（图）。根屏幕对象具有唯一性，句柄号为 0，图形窗对象可以有多个，句柄号为正整数，其他对象的句柄号为双精度浮点数，不能通过直接赋值的方式建立句柄。句柄图形体系如图 3.50 所示。

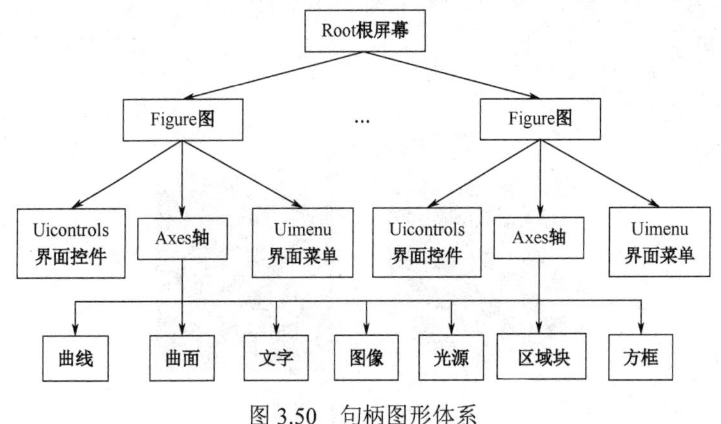

图 3.50 句柄图形体系

3.4.2　图形对象句柄的获取

对象句柄的获取主要有以下 5 种方法：由图形创建指令获取句柄、采用追溯法获取句柄、由当前对象获取句柄、根据对象特性获取句柄、根据对象“标签”获取句柄。

1）由图形创建指令获取句柄

任意一条绘图指令都可返回一个句柄，其句柄获取形式如下：

```
h=figure;
h=plot(…);
h=mesh(…);
```

2）采用追溯法获取图柄

已产生的句柄可通过 get 指令追溯，其句柄获取形式如下：

```
h_pa=get(h_now,'Parent');
h_ch=get(h_now,'Children');
```

3）从当前对象获取句柄

部分当前对象句柄获取指令如下：

```
gcf：返回当前图形窗口的句柄
gca：返回当前轴的句柄
gco：返回鼠标最近单击的图形对象句柄
```

4）根据对象特性获取句柄

根据对象的属性名称及相应属性值查询相关信息来获取句柄，句柄获取形式如下：

```
h=findobj('P1Name',P1Value);
h=findobj(h_ob,'P1Name',P1Value);
```

5）根据对象“标签”获取句柄

根据对象的标签值查询相关对应并获取句柄，其句柄获取形式如下：

```
Plot(x,y,'Tag','A4'); h_ax=fondobj(0,'Tag','A4');
Plot(x,y);set(gca,'Tag','A4'); h_ax=fondobj(0,'Tag','A4');
```

【例 3.50】采用追溯法查找所在图形窗句柄。

MATLAB 命令如下：

```
>> clf reset;
>> H_mesh=mesh(peaks(20))
>> H_grand_parent=get(get(H_mesh,'Parent'),'Parent')
>> disp('    图柄        轴柄'),disp([gcf gca])
H_mesh=
          174.0076
H_grand_parent=
          1
          图柄        轴柄
1.0   173.0056
```

【例 3.51】根据对象特性获取句柄。

MATLAB 命令如下：

```
>> clf reset;
```

```
>> t=(0:pi/100:2*pi)';
>> tt=t*[1 1];
>> yy=sin(tt)*diag([0.5 1]);
>> plot(tt,yy);
>> Hb=findobj(gca,'Color','b')
Hb=
  174.0088
```

3.4.3 对象属性的获取和设置

MATLAB 可通过句柄获取对象的属性并对属性进行设置，其调用格式如下：

```
get(Handle,PName);
```

Handle 为对象句柄，PName 为属性名称。若在调用 get 函数时省略属性名，则返回句柄的所有属性值：

```
set(Handle,P1Name,P1Value,P2Name,P2Value,…);
```

Handle 为对象句柄，P1Name、P2Name 为属性名称，P1Value、P2Value 为属性值。若在调用 set 函数时省略全部属性名和属性值，则显示句柄所有的允许属性。

【例 3.52】对象属性获取。

MATLAB 命令如下：

```
>>x=0:pi/10:2*pi;
>>h=plot(x,sin(x));
>>set(h,'color','r','linestyle',':','marker','P');
>>get(h,'linestyle')
ans=
   :
```

【例 3.53】对象所有属性获取。

将例 3.52 的属性获取语句改为

```
>>get(h)
```

运行结果如下：

```
    AlignVertexCenters: off
            Annotation: [1×1 matlab.graphics.eventdata.Annotation]
          BeingDeleted: off
            BusyAction: 'queue'
         ButtonDownFcn: ''
              Children: [0×0 GraphicsPlaceholder]
              Clipping: on
                 Color: [1 0 0]
             ColorMode: 'manual'
           ContextMenu: [0×0 GraphicsPlaceholder]
             CreateFcn: ''
       DataTipTemplate: [1×1 matlab.graphics.datatip.DataTipTemplate]
             DeleteFcn: ''
           DisplayName: ''
      HandleVisibility: 'on'
               HitTest: on
         Interruptible: on
```

```
              LineJoin: 'round'
             LineStyle: ':'
         LineStyleMode: 'manual'
             LineWidth: 0.5000
                Marker: 'pentagram'
       MarkerEdgeColor: 'auto'
       MarkerFaceColor: 'none'
         MarkerIndices: [1 2 3 4 5 6 7 8 9 10 11 12 13 14 15 16 17 18 19 20 21]
            MarkerMode: 'manual'
            MarkerSize: 6
                Parent: [1×1 Axes]
         PickableParts: 'visible'
              Selected: off
    SelectionHighlight: on
           SeriesIndex: 1
                   Tag: ''
                  Type: 'line'
              UserData: []
               Visible: on
                 XData: [1×21 double]
             XDataMode: 'manual'
           XDataSource: ''
                 YData: [1×21 double]
           YDataSource: ''
                 ZData: [1×0 double]
           ZDataSource: ''
```

【例 3.54】 对象属性设置。

MATLAB 命令如下，运行结果如图 3.51 所示。

```
>>x=0:pi/10:4*pi;
>>y=sin(x);
>>h=plot(x,y);
>>set(h,'color','r','linestyle',':','marker','P');
>>set(gca,'XGrid','on','GridLineStyle','-.','XColor',[0.5 0.5 0]);
>>set(gca,'YGrid','on','GridLineStyle','-.','XColor',[0 1 1]);
```

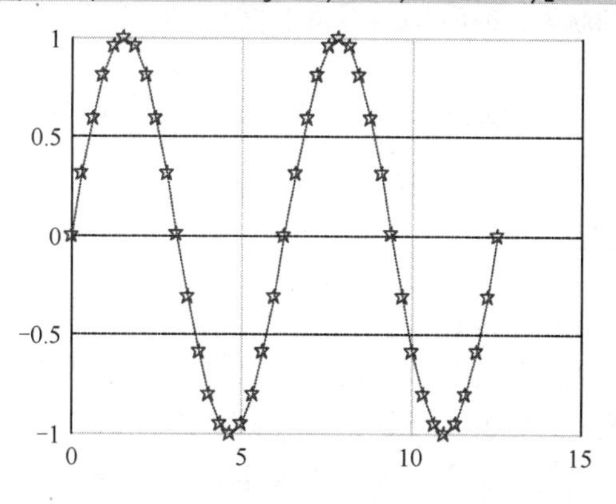

图 3.51　通过句柄设置图形属性

若需要修改MATLAB的默认属性，可使用下面的命令行：

```
set(ancestor,'Default<Object><Property>',<Property_Val>)
```

其中，ancestor是某一层次的图形对象句柄，该句柄距离根对象越近，影响的对象就越多，也就是说，若在根层次设置了默认属性，则所有对象都将继承这个默认属性，若在轴层次设置了默认属性，则轴层次以下的对象都将继承该默认属性。下面举例说明设置对象默认属性的方法。

【例 3.55】 设置修改对象的默认属性。

MATLAB 命令如下，运行结果如图 3.52 所示。

```
set(0,'DefaultFigureColor',[1 1 1]);
% 修改默认的坐标轴背景色
set(0,'DefaultAxesColor',[0 0 0.5]);
% 修改坐标线的色彩
set(0,'DefaultAxesXColor',[0.5 0 0]);
set(0,'DefaultAxesYColor',[0.5 0 0]);
% 修改文本的色彩
set(0,'DefaultTextColor',[0 0.5 0]);
X=linspace(-pi,pi,100);
Y=sin(X);
plot(X,Y,'yX');
grid on
title('Change The Default Properties');
legend('sin');
```

修改的默认属性在本次 MATLAB 会话期间都有效，若关闭 MATLAB 并再次启动，则这些默认属性就会恢复为“出厂设置”。因此，若希望设置的默认属性在每次启动 MATLAB 时都发挥作用，就要在 startup.m 文件中添加修改默认设置的指令。注意例 3.55 的代码，这里首先修改了默认属性值，然后进行了图形的绘制。

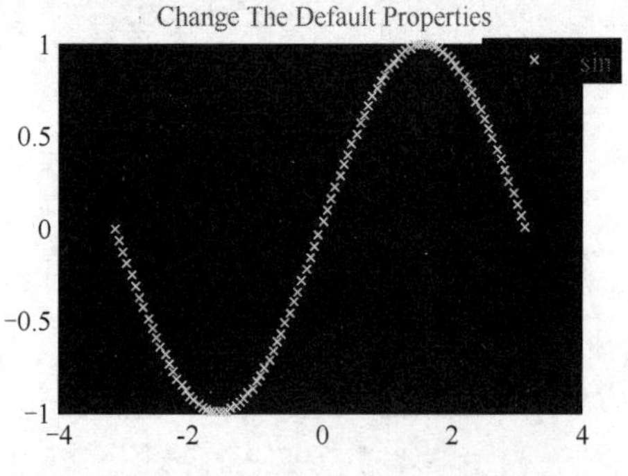

图 3.52 设置修改对象的默认属性

若希望将已经修改的默认属性值恢复为出厂设置，可以使用下面的命令行：

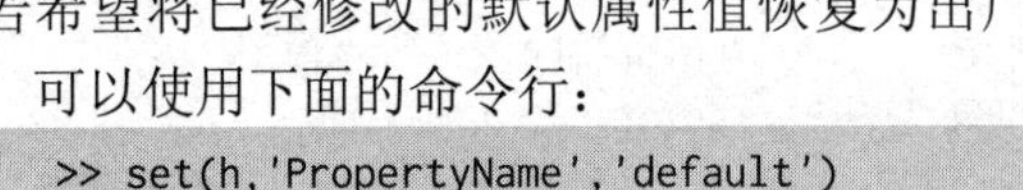

```
>> set(h,'PropertyName','default')
```

或

```
>> set(h,'PropertyName','factory')
>> set(h,'PropertyName','remove')
```

3.4.4 控制图形输出

MATLAB允许在同一次运行过程中打开多个图形窗口，所以当一个MATLAB程序创建图形窗口来显示图形用户界面并绘制数据时，有必要对某些图形窗口进行保护，以免成为图形输出的目标，而相应的输出窗口要做好接受绘制新图形的准备。

默认情况下，MATLAB的图形创建函数在当前的图形窗口和坐标轴中显示图形。用户可以通过在图形创建函数中使用明确的Parent属性直接指定图形的输出位置。例如：

```
plot(1:10,'Parent',axes_handle)
```

在上述代码中，axes_handle是目的坐标轴的句柄。

默认情况下，产生图形输出的函数将在当前的图形窗口中显示该图形，而不擦除或重置当前窗口的属性。然而，如果图形对象是坐标轴的子对象，那么为了显示这些图形，将擦除坐标轴并重置坐标轴的大多数属性。用户可以通过设置图形窗口和坐标轴的 NextPlot 属性来改变 MATLAB 的这种行为。MATLAB 的高级图形函数在绘制图形前要首先检查 NextPlot 属性，然后决定是添加还是擦除重置图形和坐标轴。而低级对象创建函数不检查 NextPlot 属性，只是简单地在当前窗口和坐标轴中添加新的图形对象。

NextPlot 属性的可能取值如表 3.36 所示。

表 3.36　NextPlot 属性的可能取值

NextPlot	图 形 窗 口	坐 标 轴
Add	添加新图形而不擦除或重置当前窗口	添加新的图形而不擦除或重置当前坐标轴
Replacechildren	删除所有子对象但不重置窗口属性，等同于 clf 函数	删除所有子对象但不重置坐标轴属性，等同于 cla 函数
Replace	删除所有子对象并将窗口重置为默认属性，等同于 clf 函数	删除所有子对象并将坐标轴重置为默认属性，等同于 cla 函数

hold on 命令等同于将图形和坐标轴的 NextPlot 属性都设置为 add，hold off 语句等同于将图形和坐标轴的 NextPlot 属性都设置为 replace。

MATLAB 提供的 newplot 函数可简化图形 M 文件设置 NextPlot 属性的编写过程。newplot 函数首先检查 NextPlot 属性值，然后根据属性值决定相应的行为。用户应在所有调用图形创建函数的 M 文件的开头定义 newplot 函数。当用户调用 newplot 函数时，有可能发生以下行为。

1）检查当前图形窗口的 NextPlot 属性

- 若不存在图形窗口，则创建一个窗口并设该窗口为当前窗口。
- 若 NextPlot 值为 add，则将该窗口设置为当前窗口。
- 若 NextPlot 值为 replacechildren，则删除窗口的子对象并设该窗口为当前窗口。
- 若 NextPlot 值为 replace，则删除窗口的子对象，重置窗口属性为默认值，并设该窗口为当前窗口。

2）检查当前坐标轴的 NextPlot 属性

- 若不存在坐标轴，则创建一个坐标轴并设该坐标轴为当前坐标轴。
- 若 NextPlot 值为 add，则将该坐标轴设为当前坐标轴。
- 若 NextPlot 值为 replacechildren，则删除坐标轴的子对象，并设该坐标轴为当前坐标轴。
- 若 NextPlot 值为 replace，则删除坐标轴的子对象，重置坐标轴属性为默认值，并设该坐标轴为当前坐标轴。

默认情况下，图形窗口的 NextPlot 值为 add，坐标轴的 NextPlot 值为 replace。下面给出一个类似于 plot 的绘图函数 my_plot，该函数在绘制多个图形时循环使用不同的线型，而不使用不同的颜色，具体代码设置如下：

```
function my_newplot(x,y)
%newplot返回当前坐标轴的句柄
```

```
cax=newplot;
LSO=['- ';'--';': ';'-.'];
set(cax,'FontName','Times','FontAngle','italic')
line_handles=line(x,y,'Color','b');
style=1;
for i=1:length(line_handles)
      if style>length(LSO),style=1;end
      set(line_handles(i),'LineStyle',LSO(style,:))
      style=style+1;
end
grid on
```

函数 my_plot 使用低级函数 line 语法来绘制数据，虽然 line 函数不检查图形窗口和坐标轴的 NextPlot 属性值，但是 newplot 的调用使得函数 my_plot 与高级函数 plot 执行相同的操作，即每次用户调用该函数时，函数都对坐标轴进行清除和重置。my_plot 函数使用 newplot 函数返回的句柄访问图形窗口和坐标轴。该函数还设置坐标轴的字体属性并禁止使用图形窗口的菜单。调用 my_plot 函数的语句如下，绘图结果如图 3.53 所示。

```
my_newplot(1:10,peaks(10))
```

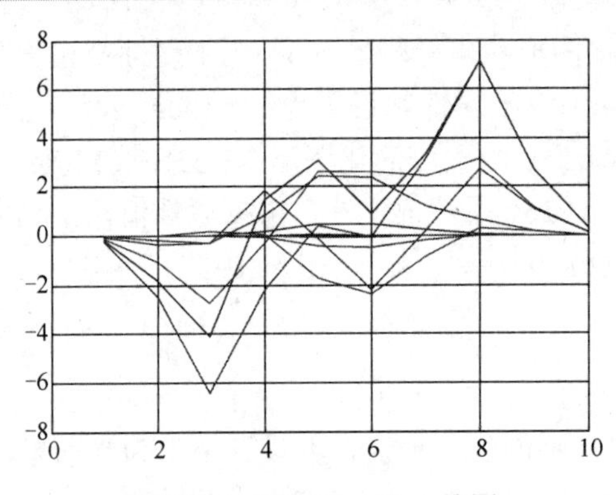

图 3.53　使用 NextPlot 绘图

习题 3

1. 用红色点画线方式绘制函数 $y=\sin(x)+\cos(10x)$ 在$[-\pi,\pi]$上的曲线，并以函数为标题。
2. 用多子图方式分别绘制曲线 $y_1=\sin(x+1)$，$y_2=e^{0.2x}$，$y=y_1+y_2$ 在$[0, 5\pi]$上的曲线。
3. 采用多图叠绘的方式分别绘制正弦曲线 $y_1=\sin(x+1)$、余弦曲线 $y_2=\cos(x)+1$ 在区间$[0, 2\pi]$上的曲线，要求两条曲线中，一条用实线，一条用虚线，一条用红色，一条用绿色，线宽均设为 2，并为两条曲线添加图例“正弦曲线”和“余弦曲线”。
4. 假设某专业共有大四学生 120 人，其中考研学生 18 人，出国学生 12 人，工作学生 72 人，创业学生 6 人，留级学生 12 人。分别以柱状图和饼状图绘出该专业学生各状态的比例。
5. 绘制三维曲线$\begin{cases}x=3t\sin t\\y=3t\cos t\\z=t\end{cases}$，其中 $t\in[1,50]$。
6. 在 XY 平面内选择区域$[0,6]\times[0,6]$绘制二维高斯函数 $z=e^{-((x-3)^2+(y-3)^2)}$ 的三维网格曲面。

7. 在 XY 平面内选择区域 $[-6,6]\times[-6,6]$ 绘制函数 $z=\sin(\sqrt{x^2+y^2})/\sqrt{x^2+y^2}$ 的三维曲面。
8. 用 sphere 函数产生球表面坐标，绘制不透明网线图、透明网线图、表面图。
9. 绘制 peaks 函数的表面图，用 colormap 函数改变预置的色图，观察色彩的分布情况。
10. 绘制光照处理后的球面，取三个不同光照位置进行比较，并在同一幅图中用多子图的方式表达。
11. 用 MATLAB 默认属性绘制曲线 $\begin{cases}x=\sin(t)\\y=\cos(t)\\z=t\end{cases}$，然后用图形句柄操作将曲线的颜色改为绿色，将线型改为虚线，将线宽设置为 2。
12. 绘制一条曲线用根据对象“标签”中的线型属性获取曲线句柄，并修改曲线线型。
13. 读取一张.fig 格式的图片，获取其中的标题句柄，并根据句柄修改标题。

实验 3　数据可视化

实验目的

1. 熟悉与掌握 plot 和 subplot 函数的使用方法。
2. 熟悉与掌握画图属性的设置。
3. 熟悉与掌握 mesh 和 surf 函数的使用方法。
4. 熟悉与掌握句柄绘图方法。

实验内容

1. 构造三个函数，可自行构造或使用简单的三角函数，周期函数至少出现两个完整的周期，点数为 2000。⑴使用 plot 命令分别将三个函数绘制成三幅图形。⑵使用 subplot 命令将三个函数绘制在一幅图中。
2. 将上述三个函数绘制在一幅图中（提示：使用 hold on），并分别设置三个函数曲线的属性，要求：⑴将第一条曲线设为默认线型、线宽，将第二条曲线设为虚线、线宽为 3，第三条曲线设为点画线、线宽为 2。⑵将第一条曲线的颜色设为黑色，将第二条曲线的颜色设为绿色，并设置“*”标记，将第三条曲线的颜色设为红色，并设置圆圈标记。⑶对三条曲线分别用函数公式设置为图例标注。
3. 马鞍面是一种曲面，又称双曲抛物面，其形状类似于马鞍（提示：马鞍面方程 $z=x^2-2y^2$）。分别使用 mesh 函数和 surf 函数绘制马鞍面形状三维曲线（提示：先使用 meshgrid 函数生成网格矩阵）。
4. 绘制一张图片，图片中包含两条曲线（默认属性绘制），要求通过句柄方式修改图片中曲线的属性（提示：可以通过搜索法和追溯法获取曲线句柄，使用 set 命令修改曲线属性）。⑴将第一条曲线的颜色改为红色，线宽改为 2。⑵将第二条曲线的颜色改为绿色，线型改为虚线。

第 4 章　MATLAB 程序设计

MATLAB 程序设计是 MATLAB 的核心，本章学习的好坏直接影响编程能力的高低。本章主要围绕 M 文件的建立和运行展开讲解，重点突出三种控制结构：顺序结构、条件结构和循环结构，介绍几种控制指令。本章的另一个重点是函数的创建和调用，介绍多种函数的创建和调用方式、函数的可调性、局部变量与全局变量的不同之处、函数句柄的使用等。本章最后介绍程序的常用调试方法，详细介绍 Editor 的程序调试方法，并给出编写高效程序的注意事项。

4.1　M 文件

4.1.1　M 文件的创建、打开和运行

1．M 文件的创建

M 文件的创建有多种方式：菜单方式、命令方式、右键菜单方式等。

（1）菜单创建 M 文件的步骤：单击快捷工具栏上的“新建”图标，选择下拉菜单中的“脚本”或“函数”，新建和保存 M 文件，如图 4.1 所示。

（2）命令方式创建 M 文件的步骤：在命令窗口键入“edit 文件名”，如 edit file.m。

（3）右键菜单创建 M 文件的步骤：在当前文件夹 Current Folder 的窗口下，单击右键，在 New File 的扩展菜单中选择 Script 或 function。

注意，M 文件的命名规则和变量的命名规则相同。

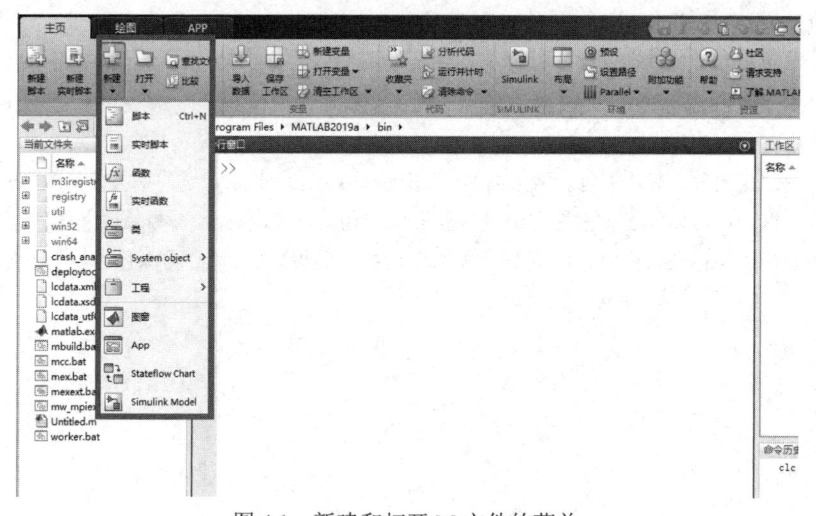

图 4.1　新建和打开 M 文件的菜单

2. M 文件的打开

M 文件的打开同样有多种方式：菜单方式、命令方式、右键菜单方式等。

（1）菜单方式打开 M 文件的步骤：单击快捷工具栏上的图标，弹出“打开文件”窗口，选择需要打开的 M 文件，如图 4.2 所示。

（2）命令方式打开 M 文件的步骤：在命令窗口键入“edit 文件名”，该文件名为已有的 M 文件，如果没有该文件，则该命令创建 M 文件。

（3）右键菜单打开 M 文件的步骤：在当前文件夹 Current Folder 的窗口下，右键单击需要打开的文件，在右键菜单中选择 open，然后在窗口中选择需要打开的 M 文件。

在当前文件夹 Current Folder 的窗口下，双击需要打开的 M 文件。

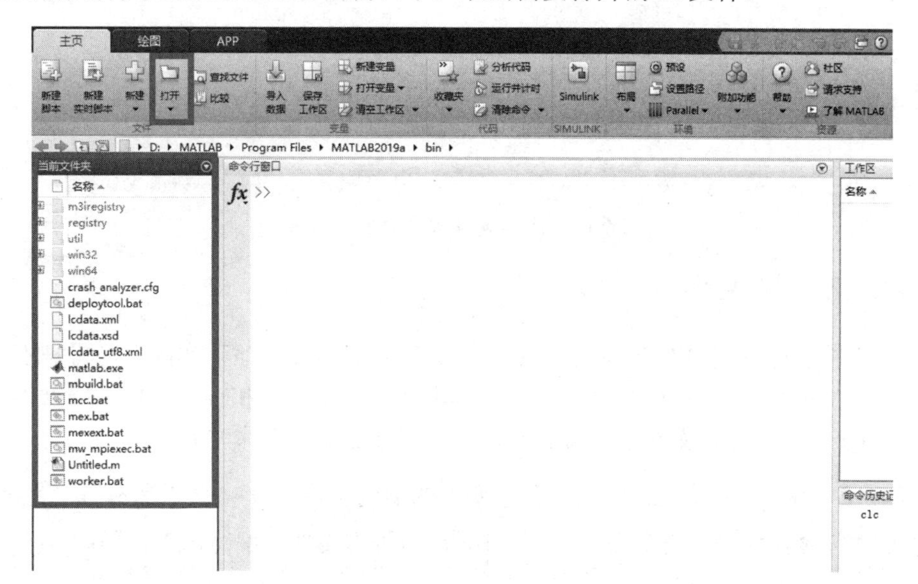

图 4.2　新建和打开 M 文件的快捷工具栏

3. M 文件的运行

运行已有的 M 文件同样有多种方式。

（1）最常用的方式是利用命令调用 M 文件。对于脚本文件，在命令窗口或程序中直接键入文件名，单独形成一个表达式。对于函数文件，在命令窗口或程序中键入返回值、函数名和输入变量，与 MATLAB 内建函数的调用方式相同，如 sin 函数的调用。

（2）在编辑器环境下运行的步骤：首先打开需要运行的 M 文件，然后在编辑器环境下单击“运行”按钮，或按键盘上的 F5 快捷键。但要注意的是，M 函数文件不一定可以直接运行，若函数文件有输入变量，则需要采用命令的方式调用，而不能采用单击“运行”按钮或按 F5 快捷键的方式。

（3）在 MATLAB 的当前文件夹窗口中，左键单击选定运行的 M 文件，然后按 F9 快捷键；或者，右键单击要运行的 M 文件，然后单击右键菜单中的“运行”或按 F9 快捷键；或者双击要运行的 M 文件进入 Editor 环境，然后单击“运行”按钮，或者按键盘上的 F5 快捷键，如图 4.3 所示。

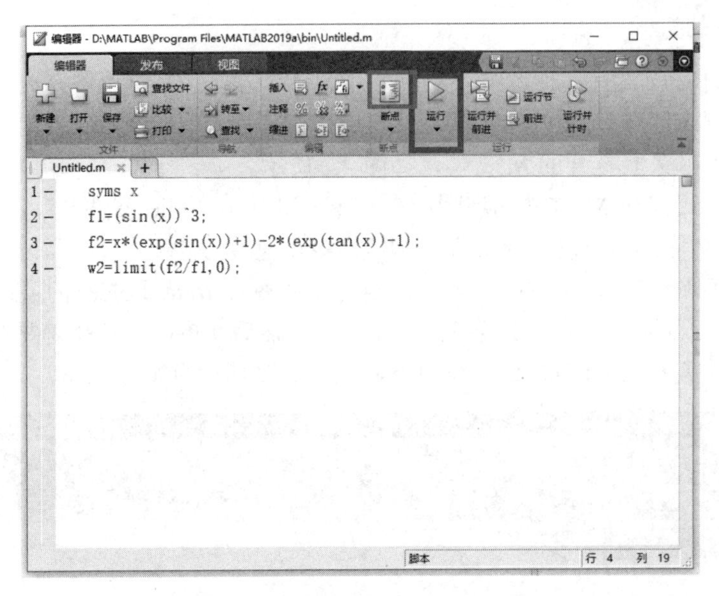

图 4.3　编辑器环境及“运行”按钮

4.1.2　M 脚本文件

脚本文件实际上是存放在一起的多条指令。运行脚本文件时，实际上与将脚本文件的内容复制后，粘贴到命令行运行是等价的。脚本文件没有输入和输出参数，可以使用基工作空间中的变量，在脚本文件中定义的变量也直接存储在基工作空间中。

【例 4.1】利用 M 脚本文件实现 x 和 y 变量的值的交换。

建立 M 脚本文件，并将其命名为 m4_1.m，在脚本文件中编写以下代码：

```
x=1;
y=[1,2];
temp=y;
y=x;
x=temp;
```

在编辑器界面中，单击“运行”按钮运行程序，得到如下结果：

```
y=
     1
x=
     1     2
```

保存到硬盘上后，可在命令窗口或程序中直接键入脚本文件名，执行程序。

4.1.3　M 函数文件

函数文件就像一个包装好的黑盒子，通过输入/输出参数和外界交换信息，我们可以向函数传递参数，并取得函数返回的参数，而函数文件运行时，有一个独立的变量存储空间，函数内部定义的变量不会影响基工作空间的内容，基工作空间的变量也不会影响函数内部的变量。函数文件必须以函数定义为第一行内容。

M 函数文件必须以 fuction 开始，且必须有函数名，可以有输入变量和输出变量。如例 4.1 所示，函数名为 exchange，输入变量为 x 和 y，输出变量为 x 和 y，但该函数执行后，x 和 y 的值被互换。

【例 4.2】利用函数实现两个变量的值的互换。

建立 M 函数文件，并将其命名为 exchange.m，在函数文件中编写以下代码：

```
function[x,y]=exchange(x,y)
temp=y;
y=x;
x=temp;
```

4.2　MATLAB 的结构化程序设计

MATLAB 语言和 C 语言类似，具有三种基本控制结构：顺序结构、选择结构和循环结构。复杂的大型程序中的语句都由这三种基本结构组成。掌握和精通结构化程序设计是学好 MATLAB 的关键。

4.2.1　顺序结构

MATLAB 的编程语言本质上是一种解释性语言，用户可以直接在 MATLAB 的命令提示符下输入语句执行，也可以编写各种应用程序，然后回到 MATLAB 环境中进行编译执行，最后输出处理结果。在 MATLAB 流程控制中，不包含其他流程控制结构语句时，默认按顺序执行。

MATLAB 程序中最常见的是顺序结构，几乎所有程序设计中都会用到顺序结构。该结构就是一个程序从第一行一直运行到最后一行，即程序从头到尾运行。

【例 4.3】绘制正弦曲线。

```
clc;
clear;
close;
x=1:0.01:10;
y=sin(x);
plot(x,y);
```

运行结果如图 4.4 所示。

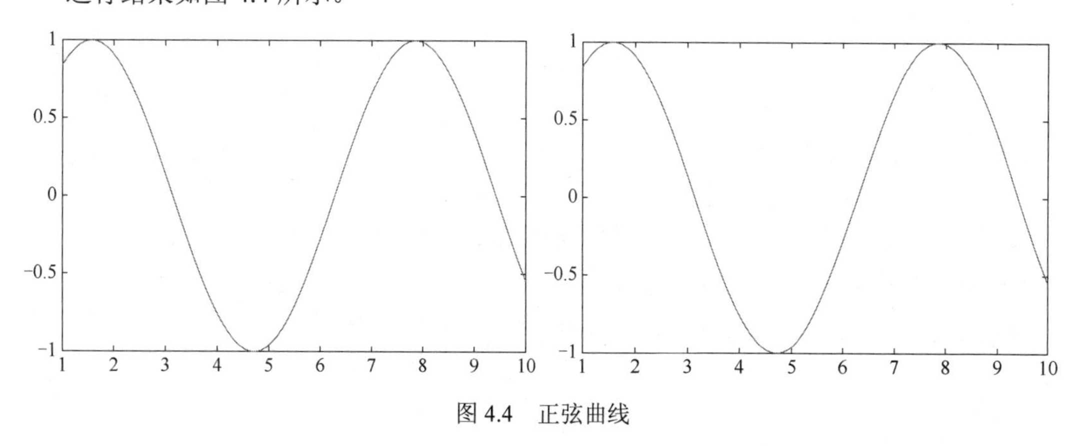

图 4.4　正弦曲线

4.2.2 条件控制结构

分支结构的执行是依据一定的条件选择执行路径，而不是严格按照语句出现的物理顺序。分支结构的程序设计方法的关键在于构造合适的分支条件和分析程序流程，根据不同的程序流程选择适当的分支语句。分支结构适合于带有逻辑或关系比较等条件判断的计算，设计这类程序时往往都要先绘制其程序流程图，然后根据程序流程写出源程序，进而把程序设计分析与语言分开，使得问题简单化，易于理解。

1. if 条件控制结构

if 条件语句，根据表达式的情况判断是否满足条件来确定程序下一步的运行。大致可分为三步进行。

① 计算 if 后面的表达式。

② 判断表达式计算结果是否为 0。结果为 0，判断值为假；结果为 1，判断值为真。

③ 若判断值为真，则执行其后的执行语句组；否则跳过，执行下一个条件表达式或结束该选择语句。

1）单分支结构

```
if 表达式
    语句组
end
```

条件成立时，执行语句组，执行完后继续执行 if 语句的后续语句；条件不成立时，直接执行 if 语句的后续语句。

【例 4.4】 判断 x 是否被 3 整除，若整除则输出 x 的值。

程序如下：

```
x=24;
if rem(x,3)==0
    disp(x);
end
```

运行结果：

```
24
```

2）双分支结构

```
if 表达式
    语句组1
else
    语句组2
end
```

条件成立时，执行语句组 1，否则执行语句组 2。语句组 1 或语句组 2 执行后，再执行 if 语句的后续语句。

【例 4.5】 从键盘输入 x 的值，计算分段函数 $y=\begin{cases}\ln x, & x\leqslant 0\\ \sqrt{x}, & x>0\end{cases}$ 的值。

程序如下：

```
x=input('请输入x的值:');
if x<=0
    y=log(x);
else
    y=sqrt(x);
end
y
```

运行结果：

```
请输入x的值:8
y=
    2.8284
```

3）多分支结构

```
if 表达式1
    语句组1
elseif 表达式2
    语句组2
elseif 表达式3
    语句组3
    …
else
    语句组n
end
```

关键字 if 或 elseif 后面的条件表达式为条件，通常是由关系运算或与逻辑运算式组成的逻辑判断语句，若 if 或 elseif 后面的表达式的值为真，则执行紧跟其后的语句内容，否则跳过，并根据选择语句的表达形式执行后面的 elseif 表达式语句、跟在 else 后的执行语句或 end 语句。多分支 if 语句的执行过程结构框图如图 4.5 所示。

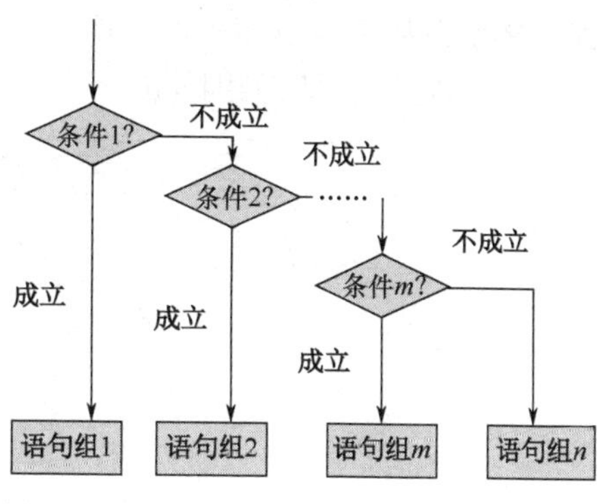

图 4.5　多分支 if 语句的执行过程结构框图

【例 4.6】输入一个字符，若为大写字母，则输出对应的小写字母；若为小写字母，则输出对应的大写字母；若为数字字符，则输出对应的数值；若为其他字符，则原样输出。

程序如下：

```
c=input('请输入一个字符','s');
if c>='A' & c<='Z'
    disp(setstr(abs(c)+abs('a')-abs('A')));
elseif c>='a'& c<='z'
    disp(setstr(abs(c)- abs('a')+abs('A')));
elseif c>='0'& c<='9'
    disp(abs(c)-abs('0'));
else
    disp(c);
```

```
    end
```

运算结果：

```
    请输入一个字符ha
    HA
```

2. switch-case 条件控制结构

switch-case 语句又称开关语句，它可使程序在不同的情况下进行相应的操作。

语法格式为

```
switch 表达式
    case 常量表达式1
        语句组1
    case 常量表达式2
        语句组2
        …
    case 常量表达式n
        语句组n
    otherwise
        语句组n+1
end
```

switch 后面的表达式为开关条件，它可以是数字或字符串。当表达式的值与某个 case 后面的常量表达式的值相等时，就执行相应的语句组；若没有值与所有常量表达式的值相等，则执行 otherwise 后面的语句组。与 C 语言的 switch 不同的是，在 MATLAB 中，当程序执行完某个 case 语句组后，会直接跳出 switch 语句而执行后续的语句。switch 语句的执行过程结构框图如图 4.6 所示。

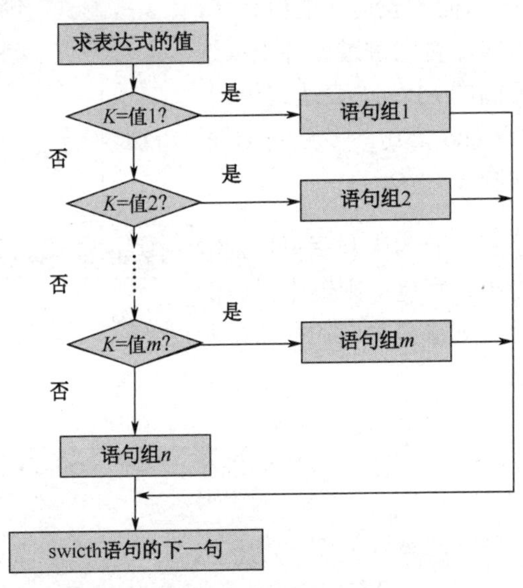

图 4.6　switch 语句的执行过程结构框图

【例 4.7】某新开楼盘对所售房子打折销售，标准如下（价格用 price 表示，单位为万元）：

```
price<50            没有折扣
50≤price<70         3%折扣
```

```
    70≤price<100        5%折扣
    100≤price<250       8%折扣
    250≤price<500       10%折扣
    500≤price           14%折扣
```

输入所售房子的价格，求其实际销售价格。

程序如下：

```
price=input('请输入房子价格');
switch fix(price/10)
   case num2cell(0:4)                     %价格小于50
      rate=0;
   case {5,6}                             %价格大于等于50但小于70
      rate=3/100;
   case num2cell(7:9)                     %价格大于等于70但小于100
      rate=5/100;
   case num2cell(10:24)                   %价格大于等于100但小于250
      rate=8/100;
   case num2cell(25:49)                   %价格大于等于250但小于500
      rate=10/100;
   otherwise                              %价格大于等于500
      rate=14/100;
end
price=price*(1-rate)                      %输出房子实际销售价格
```

运行结果：

```
请输入房子价格250
price=
   225
```

4.2.3　循环控制结构

1. for 循环结构

for 循环主要用于以固定取值或循环次数的重复执行过程，其语法格式如下：

```
for 循环变量=表达式
    语句组
end
```

for 循环必须与 end 成对出现，执行 for 循环时，程序首先计算表达式的结果，若结果为标量或行数组，则将表达式的第一个值赋给循环变量，并执行语句组，然后将表达式的第二个值赋给循环变量，并执行语句组，以此类推，直到表达式的所有值被取尽，循环结束，执行 end 之后的命令。

注意，若表达式的计算结果为列数组或矩阵，则循环变量每次循环取值为一列数组。

【例 4.8】 计算 1 到 999 之间的所有偶数之和。

创建一个 M 文件，并将其命名为 ch4_6.m，然后输入以下代码：

```
s1=0;
for m=2:2:999
    s1=s1+m;
```

```
end
s1
s2=sum(2:2:999)                       %矢量计算
```

再后在命令窗口键入：

```
>> ch4_6
```

运行结果：

```
s1=
      249500
s2=
      249500
```

【例 4.9】利用 for 循环计算一个矩阵各行数据之和。

创建一个 M 文件，并将其命名为 ch4_7.m，然后输入以下代码：

```
A=magic(5);
s1=0;
for m=A
    s1=s1+m;
end
s1
s2=sum(A,2)                         %矢量计算
```

再后在命令窗口键入：

```
>> ch4_7
```

运行结果：

```
s1=
    65
    65
    65
    65
    65
s2=
    65
    65
    65
    65
    65
```

for 循环可以嵌套使用，实现二重或多重循环，其语法格式如下：

```
for 循环变量1=表达式1
    for循环变量2=表达式2
        语句组
    end
end
```

for 循环嵌套中 for 与 end 成对出现，有几个 for 就必须有几个 end 与之对应，初学者最容易出现的错误是丢失 end。

【例 4.10】利用 for 循环计算一个矩阵的所有数据之和。

创建一个 M 文件，并将其命名为 ch4_8.m，然后输入以下代码：

```
A=magic(5);
s1=0;
for m=A
    for n=m'                      %有无单撇号的结果如何，思考原因
       s1=s1+n;
    end
end
s1
s2=sum(sum(A))                    %矢量计算
```

再后在命令窗口键入：

```
>> ch4_8
```

运行结果：

```
s1=
   325
s2=
   325
```

注意：*循环的嵌套不宜超过 4 重，因为循环嵌套越多，执行效率就越低。所以，编程熟练之后应该尽量避免多重循环的出现，建议使用矢量计算或调用 MATLAB 自带的内建函数。*

另外，需要注意的是循环变量在循环体内不能被改变。

2. while 循环结构

while 循环主要在不能或不易确定循环次数的情况下使用，其语法格式为

```
while 表达式
    语句组
end
```

while 与 end 必须成对出现，两者之间的语句组为循环体。当表达式为真时，执行语句组；当表达式为假时，跳出循环。

【例 4.11】 利用 while 循环求 100 到 200 之间第一个能被 23 整除的数。

创建一个 M 文件，并将其命名为 ch4_9.m，然后输入以下代码：

```
flag=1;
n=100;
while flag
    if rem(n,23)==0
        n
        flag=0;
    else
        n=n+1;
    end
end
```

再后在命令窗口键入：

```
>> ch4_9
```

运行结果：

```
n=
   115
```

4.2.4 其他常用语句

1. continue 和 break 语句

continue 和 break 语句一般与 for 循环和 while 循环配合使用，实现循环的灵活控制。continue 语句用在循环中表示当前次循环不再继续向下执行，而执行下一次循环。Break 语句用在循环中表示跳出整个循环，执行循环之后的语句。

【例 4.12】利用 for 循环和 break 语句求区间[100,200]内第一个能被 23 整除的整数。

程序如下：

```
for n=100:200
      if rem(n,23)~=0
           continue
      end
      break
end
n
```

或程序如下：

```
for n=100:200
      if rem(n,23)==0
           break
      end
end
n
```

运行结果：

```
n=
   115
```

2. pause 语句

pause 语句实现暂停功能，其调用格式如下：

```
pause 或 pause(时间)
```

当 pause 之后没有时间设定时，暂停至单击鼠标左键或按键盘任意键后，继续执行后面的语句；当 pause 之后有时间设定时，暂停设定值秒数后继续执行后面的语句。

【例 4.13】利用 pause 语句演示 $y = 2\sin x + 3\sin(2x)$ 受随机噪声影响的实时图像。

程序如下：

```
x=0:pi/20:6*pi;
y=2*sin(x)+3*sin(2*x);
for n=1:100
    y2=y+rand(size(y));
    plot(x,y2);
    pause(0.03)
end
```

运行结果如图 4.7 所示，图中信号随噪声动态变化。可修改暂停的时间改变动态变化的快慢。

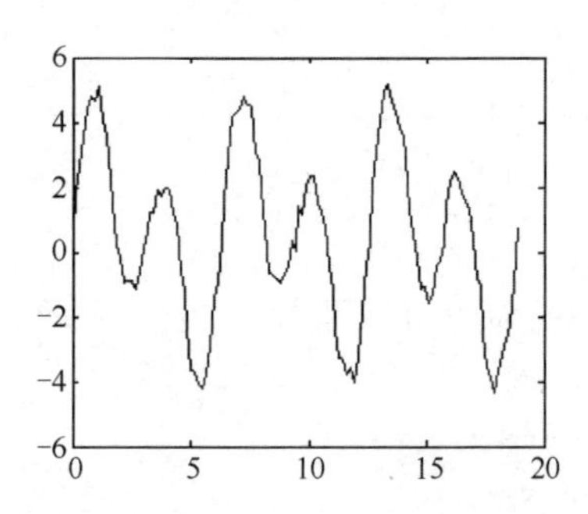

图 4.7　pause 语句演示信号受随机噪声影响的实时图像

3. input 和 keyboard 语句

常用的键盘控制函数有 input 和 keyboard。

input 函数执行时，“控制权”交给键盘；待输入结束，按下回车键，“控制权”交还给 MATLAB，其调用格式如下：

```
v=input('message')                    %输入数据，不能输入字符
```

或

```
v=input('message','s')                %不管键入什么，总以字符串形式赋给变量v
```

其中，message 是提示用的字符串，该字符串会显示在命令窗口中。

Keyboard 用于程序调试和运行中的变量修改。执行到此语句时，将停止文件的执行，显示提示符“K>>”并把控制权交给键盘，等待用户的输入。

当用户输入 return 指令并按回车键时，将控制权交回给程序，程序继续运行。

【例 4.14】利用 input 函数从键盘输入两个变量 x 和 y，若 y 的取值为 0，则利用 keyboard 指令在命令窗口中重新为 y 赋不为 0 的值，然后计算 x/y，若 y 的取值不为 0，则直接计算 x/y。

程序如下：

```
x=input('enter the value of''x'':');
y=input('enter the value of''y'':');
if y==0
    keyboard
    n=x/y;
else
    n=x/y;
end
disp(n);
```

运行结果：

```
enter the value of'x':7
enter the value of'y':0
>> y=1;
>> return
     7
```

注意：keyboard 和 return 语句往往是配合使用的。

4. error 和 warning 语句

常用的错误和警告对话框提示函数有 error 和 warning，warning 让程序继续执行，error 终止程序 。

【例 4.15】测试 warning 和 error 的不同之处。

程序如下：

```
a=input('请输入你的代号007！ ');
if a==7
      warning('你输入了007，但你不是007！ ');
end
b=input('请输入你的真实代号！ ');
```

```
 if b~=1
% error('你的真实代号错误');
      errordlg('你的真实代号错误','错误提示');        %显示出错对话框
else
disp(['你的真实代号是00',b])
end
```

运行结果：

```
请输入你的代号007！ 007
Warning: 你输入了007，但你不是007！
请输入你的真实代号！007
```

产生的错误信息如图 4.8 所示。

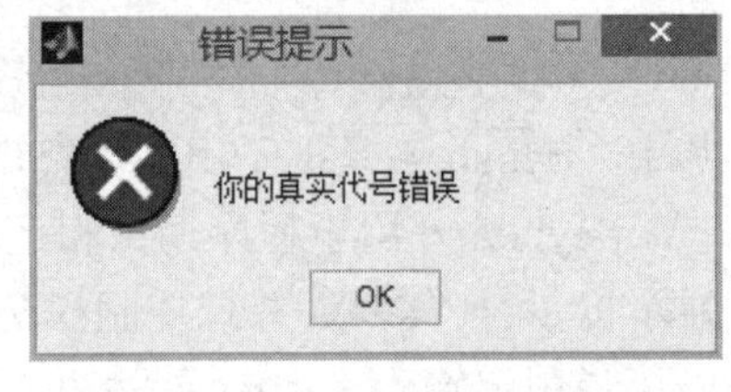

图 4.8　例 4.15 产生的错误信息

5. try 和 catch 语句

try 的作用是让 MATLAB 尝试执行一些语句，执行过程中如果出错，则执行 catch 部分的语句。其语法格式如下：

```
try
      尝试执行的语句块
catch
      出错后执行的语句块
end
```

可以利用 MATLAB 自带的 lasterr 变量记录出错的提示和信息。

【例 4.16】 利用 try 和 catch 尝试执行两个矩阵相乘，若不能直接相乘，则执行其他操作。

程序如下：

```
clear
a=magic(4);
b=eye(3);
try
    c=a*b         %执行该语句段出现错误，转而执行catch之后的语句段
catch
    c=a(1:3,1:3)*b
end
lasterr
```

运行结果：

```
c=
    16     2     3
     5    11    10
     9     7     6


ans=
'Error using  *
Incorrect dimensions for matrix multiplication. Check that the number of columns in the
first matrix matches the number of rows in the second matrix. To perform elementwise
multiplication, use '.*'.'
```

6. echo 指令查询语句

echo 指令控制是否在命令窗口中显示 M 文件执行的每条命令。

常用的相关 echo 指令设置如下：

```
echo on            — 打开所有命令文件的显示方式
echo off           — 关闭所有命令文件的显示方式
echo               — 在以上二者间切换
```

echo 对于命令文件函数文件有所不同。命令文件用法简单，函数对所有命令起作用；函数文件用法较复杂，具体请用 help 命令进行查询：

```
echo file on     — 打开file函数文件的显示方式
echo file off    — 关闭file函数文件的显示方式
echo file        — 切换file函数文件的显示方式
echo on all      — 打开所有函数文件的显示方式
echo off all     — 关闭所有函数文件的显示方式
```

表 4.1 列出了控制程序流的常用指令和函数。

表 4.1　控制程序流的常用指令和函数

函数和指令	使 用 说 明
v=input('message') v=input('message','s')	指令执行时，“控制权”交给键盘；输入结束，按下回车键，“控制权”交还给 MATLAB。message 是提示用字符串。对于第二种格式，不管键入什么，总以字符串形式赋给变量 v
keyboard	遇到 keyboard 时，将“控制权”交给键盘，用户可从键盘输入各种 MATLAB 指令。仅当用户输入 return 指令后，“控制权”才交还给程序
break	break 指令，或导致包含该指令的 while、for 循环终止，或导致 if-end、switch-case 等中断
continue	跳过位于它之后的循环体中的其他指令，而执行循环的下一次迭代
pause pause(n)	第一种格式使程序暂停执行，等待用户按任意键继续；第二种格式使程序暂停 n 秒后，再继续执行
return	结束 return 指令所在函数的执行，而把控制转至主调函数或指令窗。否则，只有待整个被调函数执行完毕，才会转出。结束键盘模式
error	error 终止程序
warning	warning 程序继续执行
try…catch…end	try 的作用是让 MATLAB 尝试执行一些语句，执行过程中若出错，则执行 catch 部分的语句
echo	指令查询语句

4.3　函数

4.3.1　函数的创建

函数的创建有多种方式：第一种方式是利用 function 建立函数文件，第二种方式是利用 inline 建立内联函数，第三种方式是利用@建立无名函数。

1. 利用 function 建立函数文件

创建函数首先需要创建函数的 M 文件，创建函数的 M 文件可依照 4.1.1 节的方法。创建 M 文件后将其保存到硬盘上，并以函数名命名该文件，如果函数名与文件名不同，MATLAB 函数按照文件名进行调用，为避免混淆，通常以函数名命名文件。例如，函数名是 sub，则函数文件名命名为 sub.m。

在函数的 M 文件中，函数的声明由 function 开始，其后必须有函数名，输入变量和输出变量根据需要确定有无。其基本结构如下：

```
function 输出形参表=函数名(输入形参表)
注释说明部分
函数体语句
```

其中，以 function 开头的一行为引导行，表示该 M 文件是一个函数文件。函数名的命名规则与变量名的相同。输入形参为函数的输入参数，输出形参为函数的输出参数。当输出形参多于一个时，应该用方括号括起来。注释说明部分需要将%加在行首。

【例 4.17】利用 function 建立函数 f1，实现两个矩阵的相减运算和相加运算。

程序如下：

```
function [c,d]=f1(a,b)
% 求a,b之差的函数，返回值c为a-b,d=a+b。

    if (size(a)~=size(b))
        warning('a,b必须为相同行列数的矩阵、矢量或标量.');
        c=NaN;    % 当a,b行列数不匹配时，返回非数常量NaN
        d=NaN;
    else
        c=a-b;    % 当a,b行列数一致时，返回同a,b同样行列数的差值矩阵c。
        d=a+b;    % 当a,b行列数一致时，返回同a,b同样行列数的和值矩阵d。
    end
end
```

在硬盘上建立 f1.m 文件，运行结果如下：

```
>> A=[1,2;3,4];
>> B=[1,1;2,2];
>> [C,D]=f1(A,B)
D=
     0     1
     1     2
D=
     2     3
     5     6
```

2. 利用 inline 建立内联函数

在 MATLAB 命令窗口、程序或函数中创建局部函数时，可用 inline，其优点是不必将其存储为一个单独的文件。在运用时有几点限制：不能调用另一个 inline 函数，只能由一个 MATLAB 表达式组成，并且只能返回一个变量，因此，它显然不允许[u,v]这种形式。因此，任何要求逻辑运算或乘法运算以求得最终结果的场合，都不能应用 inline。除了这些限制，在许多情况下使用该函数非常方便。

【例 4.18】求解 $f(x)=x^2\cos(ax)-b$，其中 a、b 是标量，x 是矢量。

在命令窗口输入：

```
>> Fofx=inline('x.^2*cos(a*x)-b');
%或>> Fofx=inline('x.^2*cos(a*x)-b','x','a','b');
>> g=Fofx([pi/3,1],4,1)
```

运行结果：

```
g=
   -3.5000   -3.4597
```

3．利用@创建匿名函数

在 MATLAB 7.0 以后的版本中，出现了一种新的函数类型——匿名函数，它不但能够完成原来版本中内联函数（inline）的功能，还提供了其他更方便的功能。

匿名函数的基本用法如下：

```
handle=@(arglist)anonymous_function
```

其中，handle 为调用匿名函数时使用的名字。arglist 为匿名函数的输入参数，输入参数可以是一个，也可以是多个，用逗号分隔。anonymous_function 为匿名函数的表达式。

【例 4.19】创建匿名函数 x^2+y^2，求(x,y)取$(1,2)$的值。

```
>> f=@(x,y)x^2+y^2;
>> f(1,2)
ans=
5
```

当然，输入也可以为数组：

```
>> f=@(x,y)x.^2+y.^2; %注意需要点(.)运算
>> a=1:1:10;
>> b=10:-1:1;
>> f(a,b)
ans=
101    85    73    65    61    61    65    73    85   101
```

匿名函数的表达式中也可以有参数的传递，比如：

```
>> a=1:5;
>> b=5:-1:1;
>> c=0.1:0.1:0.5;
>> f=@(x,y)x.^2+y.^2+c;
>> f(a,b)
ans=
26.1000   20.2000   18.3000   20.4000   26.5000
```

其中，c 作为表达式中的已知参数，进行了数据传递。

上面都是单重匿名函数，也可以构造多重匿名函数，例如：

```
>> f=@(x,y)@(a) x^2+y^+a;
>> f1=f(2,3)
>> f2=f1(4)
f1=
@(a)x^2+y^+a
f2=
 85
```

每个@后的参数从它后面开始起作用，一直到表达式的最后。

4.3.2 函数的调用与可调性

1. 函数调用

无论是以何种方式创建的函数，其调用格式都基本相同：

```
V_out=function_name(V_input)
```

其中，V_input 和 V_out 分别为输入变量和输出变量，function_name 是函数名，它必须和被调用的函数名相同。若函数没有输入或输出变量，则 V_input 和 V_out 可以省略。注意实参与形参的数量要匹配，但名字可以不同。

【例 4.20】建立主函数，利用主函数产生 3 名学生 3 门课程的成绩，利用子函数统计各门课程成绩的平均分和最高分，并将统计结果返回给主函数，主函数在命令窗口显示统计结果。

程序如下：

```
function main
%主函数
stu(1).chi=80;stu(1).math=78;stu(1).eng=91;
stu(2).chi=84;stu(2).math=74;stu(2).eng=88;
stu(3).chi=85;stu(3).math=76;stu(3).eng=98;
%调用子函数
stu1=stat(stu);
disp(['中文成绩的平均分为： ' num2str(stu1(1).mean)])
disp(['中文成绩的最高分为： ' num2str(stu1(1).max)])
disp(['数学成绩的平均分为： ' num2str(stu1(2).mean)])
disp(['数学成绩的最高分为： ' num2str(stu1(2).max)])
disp(['英语成绩的平均分为： ' num2str(stu1(3).mean)])
disp(['英语成绩的最高分为： ' num2str(stu1(3).max)])

function stu1=stat(stu)
%子函数
stu1(1).mean=mean([stu(1:3).chi]);
stu1(1).max=max([stu(1:3).chi]);
stu1(2).mean=mean([stu(1:3).math]);
stu1(2).max=max([stu(1:3).math]);
stu1(3).mean=mean([stu(1:3).eng]);
stu1(3).max=max([stu(1:3).eng]);
```

运行结果：

```
>> main
中文成绩的平均分为：83
中文成绩的最高分为：85
数学成绩的平均分为：76
数学成绩的最高分为：78
英语成绩的平均分为：92.3333
英语成绩的最高分为：98
```

2．函数的输入和输出参数的可调性

在调用函数时，常常出现输入变量数和函数定义的变量数不同导致程序出错的情形。我们希望函数可以根据实际输入和输出参数的多少运行不同的代码，实现不同的功能，降低出错的概率，这就是程序的可调性。在实现函数的可调性时，需要运用 nargin 和 nargout 两个 MATLAB 预留变量，这两个变量在函数调用时，自动记录输入变量和输出变量的个数，在函数内部可以访问这两个变量，从而根据这两个变量的值做相应的处理。

【例 4.21】 建立一个函数，该函数可以根据给定的圆心位置和半径画圆。若没有输入，则在原点画一个半径为 1 的圆，线为红色实线，并返回圆的面积和周长。

主程序代码：

```
function main
%主函数
center=[1,2];
R=2;
str='-b';
[S,L]=hui(center,R,str);
[S,L]=hui(center,R);
[S]=hui(center);
hui;
```

子程序代码：

```
function [S,L]=hui(center,R,str)
%绘制圆
%中心：center
%半径：R
%线的颜色：str

switch nargin % 函数体，必不可少
    case 0
        center=[0,0];
        R=1;
        str='-r'; % 正100边形 — 近似为圆
    case 1
        R=1;str='-r';
    case 2
        str='-r';
    otherwise
        error('输入量太多。');
end
t=0:2*pi/1000:2*pi;
x=R*sin(t)+center(1);
y=R*cos(t)+center(2);
plot(x,y,str);
axis equal square
box on
S=pi*R^2;
L=2*pi*R;
```

运算结果如图 4.9 所示。

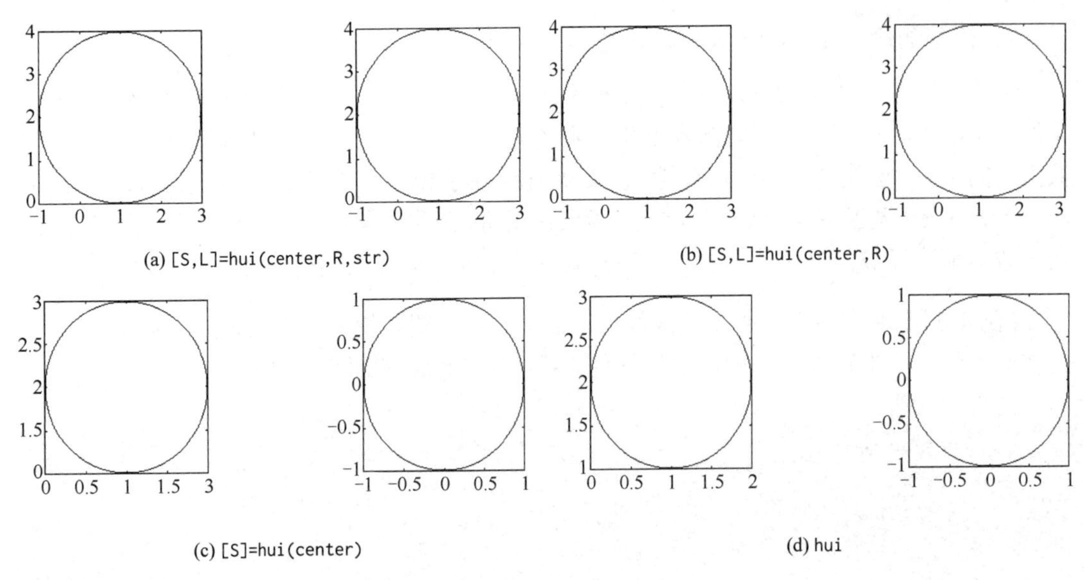

(a) [S,L]=hui(center,R,str)　　(b) [S,L]=hui(center,R)

(c) [S]=hui(center)　　(d) hui

图 4.9　不同形式函数调用的结果

4.3.3　局部变量与全局变量

在 MATLAB 运行时，由于函数文件的调用可以产生一些中间变量，这些中间变量有的只在当前所调用的函数中起作用，有的则在整个 M 文件的运行过程中都会使用，所以就使得变量有局部变量和全局变量之分。

如果一个函数内的变量没有特别声明，那么这个变量只在函数内部使用，即为局部变量。如果两个或多个函数共用一个变量（或者说在子程序中也要用到主程序中的变量），那么可以用 global 将它声明为全局变量。全局变量的使用可以减少参数传递，合理利用全局变量可以提高程序执行的效率。

如果需要用到其他函数的变量，就需要以在主程序与子程序中分别声明全局变量的方式来实现变量的传递，否则函数体内使用的都为局部变量。可以用下面的例子进行说明。

【例 4.22】创建和使用全局变量。

创建一个 test.m 文件，并输入以下代码：

```
global a
x=1:100;
a=2;
c=prods(x)
```

再创建一个 prods.m 文件，输入以下代码：

```
function result=prods(x)
global a
result=a*sum(x);
```

在 MATLAB 命令窗口输入以下代码：

```
>> test
```

执行结果如下：

```
c=
     10100
```

使用全局变量的优点：

（1）传递大数据的参数：采用函数传参数的方式，系统会浪费过多的时间来复制数据，而采用 global 方式共享数据，代码的效率会大大提高。

（2）过多的常量需要传递：如果每个量都作为函数的参数传递，代码参数列表就会很长；而采用 global，代码的可读性提高，函数调用也方便。

4.3.4　函数句柄

函数句柄（Function handle）是 MATLAB 的一种数据类型。引入函数句柄是为了使“函数调用”像“变量调用”一样方便灵活，提高函数的调用速度，提高软件的重用性，扩大子函数和私用函数的可调用范围，迅速获得同名重载函数的位置、类型信息。MATLAB 中函数句柄的使用使得函数也可以成为输入变量，并且能方便地调用，提高函数的可用性和独立性。

【例 4.23】利用函数句柄验证矩阵平方和点次方的差异。

创建 main.m 文件，键入以下程序：

```
function main
Y1=ftest(@f1,[1,2;2,2])
Y2=ftest(@f2,[1,2;2,2])

function F=ftest(f,X)
F=f(X);

function y=f1(X)
y=X.^2;

function y=f2(X)
y=X^2;
```

运行结果：

```
Y1=
     1     4
     4     4
Y2=
     5     6
     6     8
```

在 main 函数中，@f1 和@f2 为函数 f1 和 f2 的句柄，在两次调用中，ftest 函数中的 f 实际使用了 f1 和 f2 两个函数名，而不是函数名 f。

利用 class(@f1)可以判断变量的类型，得到 ans=function_handle，即函数句柄。

4.4　MATLAB 程序的调试

4.4.1　程序调试的基本概念

常见的程序错误大致分为语法错误和逻辑错误两类。

① 语法错误包括常见的拼写错误。譬如，应该是 sum()，但写成了 smu()，程序运行时会提示这样的错误；又如，6/0 会造成错误，对于这样的错误，程序不一定报错，但是结果显示完全不正常。

② 逻辑错误常常是非常隐蔽的错误，是对算法考虑不周造成的。一般程序可以顺利通过，显示的结果也是正常数值，但是与先验的预期不符。

常见调试程序方法如下：

（1）将中间显示结果输出到命令窗口，并注释部分语句。

（2）使用 MATLAB 的调试菜单（Debug），通过图形界面操作来实现程序调试，包括设置断点、控制程序单步运行等。

（3）使用键盘终止函数 keyboard 中断程序的运行，使程序的运行处于调试状态，命令窗口的提示符变成“K>>”，利用命令操作方式来实现程序调试。

4.4.2 M 编辑器的程序调试

1. M 编辑器的程序调试的几种途径

M 编辑器是 MATLAB 程序编写、调试和运行的综合性开发平台。程序的调试可通过菜单、快捷工具栏和快捷键三种途径进行，其中利用菜单调试程序的功能最全，但常用的功能三种途径都具备。程序调试的几种方法对比如表 4.2 所示。

表 4.2 程序调试的几种方式对比

工具栏按钮	菜 单 项	快 捷 键	功 能 描 述	替 代 函 数
	Run	F5	运行程序	
	Set/Clear Breakpoint	F12	设置或清除断点	dbstop
	Clear Breakpoints in All Files	无	清除所有断点	
	Step	F10	单步运行，不进入函数	dbstep
	Step In	F11	单步运行，遇到函数时进入函数单步执行	dbstep in
	Step Out	Shift + F11	停止单步运行。如果在函数中，跳出函数；如果不在函数中，直接运行到下一个断点处	dbstep out
	Continue	F5	直接运行到下一个断点所在的位置	dbcont
	Exit Debug Mode	Shift + F5	推出调试模式	dbquit out
	Go Until Cursor	无	直接运行到光标所在的位置	

2. 程序调试的一般步骤

程序调试遵循的一般步骤如下：

（1）程序运行前，通篇仔细检查语法和逻辑错误，并改正。

（2）在关键或易出问题的行设置断点。

（3）运行程序，或使用快捷键 F5。

（4）在问题区域单步执行（F10），查看结果的便捷方法是：将鼠标放在要观察的变量上停留片刻，就会显示变量的值，当矩阵太大时，只显示矩阵的维数，可借助变量编辑器查看结果。

（5）需要跟踪函数内部的结果时，进入函数内部（F11），检查无问题则跳出函数（Shift + F11）。

（6）定位问题后，退出调试模式，修改程序。

对于较大的程序，特别是存在许多子程序的情况，需要先对各个子程序分别进行调试，保证各自准确运行，然后进行综合运行调试。

4.4.3　程序的性能优化

MATLAB 是一种强大的计算工具，其方便的矩阵运算与工具箱为编程人员提供了极大的便利，但其性能的缺失使得处理一些计算量大的问题时的效率不高。MATLAB 程序的优化应从如下几个方面展开：

（1）矩阵提前分配空间，矩阵第一次使用后避免改变矩阵的维数。

（2）尽量使用矩阵运算，少使用循环。

（3）将调用多次的计算代码写成函数形式，而不要写在脚本程序中，因为在 MATLAB 中函数是被翻译成微码的，执行效率更高。

（4）如果无法避免使用循环，可以使用混合编程技术实现该段代码，这种方法在循环次数很大时可将性能提升数十倍甚至上百倍。

对于特定的算法，首先想到的不应是自己编写代码，而是查看 MATLAB 帮助文档，在 MATLAB 自带的函数库中寻找是否存在现有函数。这样做有两个方面的考虑：一方面，MATLAB 自带的很多函数并不是真正的脚本文件，而是使用其他高级编程语言编译而成的函数文件（这种函数文件的显著特点是打开该函数对应的 M 文件，会发现内容中只有注释而没有实际的代码，熟悉混合编程的读者看到这一点时会很熟悉，因为进行混合编程时，一般会创建一个和对应函数名相同的 M 文件，以用于保存注释信息。MATLAB 的开发者也使用了这一规范，用户看到的只是该函数的注释，而实际的计算代码是保密的。使用这些函数远比自己编写要高效。另一方面，使用自带函数可以显著提高开发效率，减少编程者的工作量。

习题 4

1. 说明函数文件和命令文件的不同之处，它们各用在什么场合？
2. 用 input 函数实现键盘 3 行 3 列矩阵数据和 2 行 10 列字符矩阵的输入，利用 disp 函数显示它们。
3. 计算分段函数 $y=\begin{cases}\ln x, & x\leqslant 0\\ \sqrt{x}, & x>0\end{cases}$ 的值，其中 $x=-10$ 和 20。
4. 若个人所得税和月收入（income）满足以下关系：

　1）　income<4000　　　　无须缴税

　2）　4000≤income<10000　　　　5%扣税

3） 10000≤income<30000 10%折扣

4） 30000≤income<50000 20%折扣

5） 50000≤income 30%折扣

6） 输入本月收入，求实际缴纳的个人所得税（要求分别用 if 和 switch 语句实现）。

5. 利用 randn 函数产生满足呈正态分布的某班 40 名同学的综合测评总分[500, 700]，然后根据总分成绩给出奖学金等级，“甲等”为前 10%（包括 10%），“乙等”为前 10%～30%（包括 30%），“丙等”为前 30%～60%（包括 60%）。
6. 利用 while 循环求 100 到 200 之间第二个能被 31 整除的数。
7. 若某个数等于其各个真因子之和，则称该数为完数，如 6 = 1 + 2 + 3，所以 6 是完数。求区间[1, 500]上的全部完数。
8. 用筛选法求区间[1, 1000]上的全部素数。
9. 利用循环语句和 pause 语句实现二维平面上布朗运动的动态仿真。
10. 利用命令文件和函数文件实现三维直角坐标到圆柱坐标的转换。

实验 4 程序设计

实验目的

1. 熟悉与掌握 input 和 disp 函数的使用方法。
2. 熟悉与掌握 if 和 switch 语句的使用方法。
3. 熟悉与掌握 for、while 和 try 条件语句的使用方法。
4. 熟悉与掌握函数文件和命令文件的创建及运行方法。

实验内容

1. 从键盘输入（使用 input 函数）一个百分制成绩，要求输出（使用 disp 函数）成绩对应的等级 A、B、C、D、E。其中 90～100 分为 A 级，80～89 分为 B 级，70～79 分为 C 级，60～69 分为 D 级，0～59 分为 E 级。要求：⑴判断输入成绩是否为 0～100 分的成绩，若是，则输出成绩对应的等级，否则给出错误提示信息。⑵分别利用 if 和 switch 条件语句实现上述要求。
2. 分别写出用 for 和 while 循环语句计算 $K=\sum_{i=0}^{1000000} 0.2^i = 1+0.2+0.2^2+\cdots+0.2^{1000000}$ 的程序。此外，写出避免循环的数值、符号计算程序（提示：sum 和“指数采用数组”配合；tic、toc 可用以记录计算所花的时间）。
3. 若两个连续自然数的乘积减 1 是素数，则称两个连续自然数是亲密数对，该素数是亲密数。例如 $2\times3-1=5$，由于 5 是素数，所以 2 和 3 是亲密素数。求区间[2, 100]上：⑴所有亲密数对；⑵统计所有亲密数对的对数和所有亲密素数之和。
4. 编写一个函数 M 文件，其功能如下：没有输入量时，画单位圆；输入量是大于 2 的自然数 N 时，画正 N 边形，图名应反映显示多边形的真实边数；输入量是“非自然数”时，给出“出错提示”。此外，函数 M 文件应有 H1 行、帮助说明和程序编写人姓名。

第 5 章　MATLAB 数值计算

数值计算是有效使用数字计算机求数学问题近似解的方法与过程，主要研究如何利用计算机更好地求解各种数学问题，包括连续系统离散化和离散形式方程的求解，并且考虑误差、收敛性和稳定性等问题。数值计算的研究领域包括数值逼近、数值微分和数值积分、数值代数、最优化方法、常微分方程数值解法、积分方程数值解法、偏微分方程数值解法、计算几何、计算概率统计等。MATLAB 提供了功能强大的命令和函数来解决这类数据分析和处理问题。本章主要介绍如何利用 MATLAB 进行线性方程组求解、非线性方程求解、插值与拟合、数值微分、数值积分、数据统计分析等。

5.1　线性方程组求解

科学计算中最常遇到的问题之一是线性方程组的求解。本节介绍求解线性方程组的多种常用方法。

5.1.1　直接求解法

一个线性方程组通常可以表示为

$$\boldsymbol{Ax}=\boldsymbol{b} \tag{5.1}$$

在通常情况下，变量和方程的数量一样多。此时，$\boldsymbol{A}$ 为已知的 n 阶方阵，$\boldsymbol{b}$ 是含 n 个分量的已知列矢量，$\boldsymbol{x}$ 是含 n 个分量的未知列矢量。

例如，线性方程组

$$\begin{cases} 5x_1+4x_2-4x_3=11 \\ 2x_1-5x_2+6x_3=15 \\ -x_1+2x_2-3x_3=-9 \end{cases} \tag{5.2}$$

可以表示为

$$\begin{bmatrix} 5 & 4 & -4 \\ 2 & -5 & 6 \\ -1 & 2 & -3 \end{bmatrix} x=\begin{bmatrix} 11 \\ 15 \\ -9 \end{bmatrix} \tag{5.3}$$

1. 逆矩阵解法

对于方程组 $\boldsymbol{Ax}=\boldsymbol{b}$，根据线性代数知识可知 $\boldsymbol{x}=\boldsymbol{A}^{-1}\boldsymbol{b}$，其中 $\boldsymbol{A}^{-1}$ 为矩阵 $\boldsymbol{A}$ 的逆矩阵。

基于这一点，我们很容易通过矩阵运算求解线性方程组的解。

【例 5.1】采用逆矩阵解法求解式（5.3）所示方程组的解。

MATLAB 程序如下：

```
A=[5 4 -4;2 -5 6;-1 2 -3];
b=[11;15;-9];
x=inv(A)*b;              %inv表示求逆
```

运算结果如下：

```
x =
    3.0000
    3.0000
    4.0000
```

2．高斯消元法和列主元素法

高斯消元法是将一般线性方程组 $\boldsymbol{Ax}=\boldsymbol{b}$ 中的矩阵 $\boldsymbol{A}$ 变换为三角（上三角）形式 $\boldsymbol{A}^{-1}$，构成三角形方程组 $\boldsymbol{A}'\boldsymbol{x}=\boldsymbol{b}'$。一般高斯消元法包括两个过程：先将方程组化为同解的上三角形方程组，再按相反顺序求解上三角形方程组，前者被称为消元过程，后者被称为回代过程。消元过程实际上是对增广矩阵 $\overline{\boldsymbol{A}}=[\boldsymbol{A}\ \ \boldsymbol{b}]$ 做初等行变换。具体过程请参考线性代数知识。

高斯法消元法求解线性方程组解的 MATLAB 程序代码如下：

```
function X=gaus(A,b)
     B=[A b];
    n=length(b);
    X=zeros(n,1);
 %%%%%%%%%%%%%%%消元过程%%%%%%%%%%%%%%%%
    for p=1:n-1
      for k=p+1:n
          m=B(k,p)/B(p,p);
          B(k,p:n+1)=B(k,p:n+1)-m*B(p,p:n+1);
      end
    end
 %%%%%%%%%%%%%%%消元过程%%%%%%%%%%%%%%%%

 %%%%%%%%%%%%%%%回代过程%%%%%%%%%%%%%%%%
        b=B(1:n,n+1);
        A=B(1:n,1:n);
        X(n)=b(n)/A(n,n);
        for q=n-1:-1:1
            X(q)=(b(q)-sum(A(q,q+1:n)*X(q+1:n)))/A(q,q);
        end
 %%%%%%%%%%%%%%%回代过程%%%%%%%%%%%%%%%%
end
```

【例 5.2】使用高斯消元法求方程组 $\begin{cases}5x_1+4x_2-4x_3=11\\2x_1-5x_2+6x_3=15\\-x_1+2x_2-3x_3=-9\end{cases}$ 的解。

解：将方程组写成 $\boldsymbol{Ax}=\boldsymbol{b}$ 的形式，分别写出 $\boldsymbol{A}$ 和 $\boldsymbol{b}$，在 MATLAB 工作窗口输入程序：

```
>>A=[5 4 -4;2 -5 6;-1 2 -3];
>>b=[11;15;-9];
>>x=gaus(A,b);      %高斯消元法求解方程
```

运算结果如下：

```
x =
    3.0000
    3.0000
    4.0000
```

由上述计算结果可以看出，采用高斯消元法求得的结果与逆矩阵法的一致。

列主元素消去法是为控制舍入误差而提出的一种算法，在高斯消去法的消元过程中，若主对角线上的元素很小，则会导致其他元素量级的巨大增长和舍入误差的扩散，最后使得计算结果不可靠。列主元素消去法此时需要进行初等行变换，将系数较大的列移至前面。使用列主元素消去法计算，基本上能够控制舍入误差的影响，且选择主元素比较方便。列主元素消去法的具体过程请参考线性代数的相关知识。

列主元素消去法的 MATLAB 代码如下：

```
function X=liezhu(A,b)
    B=[A b];
    n=length(b);
    X=zeros(n,1);
    C=zeros(1,n+1);
 %%%%%%%%%%%%%%消元过程%%%%%%%%%%%%%%%%
    for p=1:n-1

        [Y,j]=max(abs(B(p:n,p)));       %查找系数最大的行
        C=B(p,:);
        B(p,:)=B(j+p-1,:);              %进行行交换
        B(j+p-1,:)=C;
      for k=p+1:n
          m=B(k,p)/B(p,p);
          B(k,p:n+1)=B(k,p:n+1)-m*B(p,p:n+1);
      end
    end
 %%%%%%%%%%%%%%消元过程%%%%%%%%%%%%%%%%

 %%%%%%%%%%%%%%回代过程%%%%%%%%%%%%%%%%
        b=B(1:n,n+1);
        A=B(1:n,1:n);
        X(n)=b(n)/A(n,n);
        for q=n-1:-1:1
            X(q)=(b(q)-sum(A(q,q+1:n)*X(q+1:n)))/A(q,q);
        end
 %%%%%%%%%%%%%%回代过程%%%%%%%%%%%%%%%%
end
```

【例 5.3】使用列主元素消去法求方程组$\begin{cases}10x_1-7x_2=7\\-3x_1+2.099x_2+6x_3=3.901\\5x_1-x_2+5x_3=6\end{cases}$的解。

将方程组写成 $\boldsymbol{Ax}=\boldsymbol{b}$ 的形式，分别写出 $\boldsymbol{A}$ 和 $\boldsymbol{b}$，在 MATLAB 工作窗口输入程序：

```
>>A=[10 -7 0;-3 2.099 6;5 -1 5];
>>b=[7;3.901;6];
>>x=liezhu(A,b)
```

运算结果如下：

```
x =
    -0.0000
    -1.0000
     1.0000
```

对于例 5.3 所示的方程组，直接采用高斯消元法时，若计算过程中有舍入误差，则会导致最终计算结果产生较大的偏差，读者可按照高斯消元法自行计算。

使用高斯消元法和列主元素消去法时，同样需要满足线性方程组有解的条件，且其条件同逆矩阵法的一致。

3．*LU* 分解法

LU 分解是矩阵分解的一种，它将一个矩阵分解为一个下三角矩阵和一个上三角矩阵的乘积。设 $\boldsymbol{A}$ 是一个方阵，$\boldsymbol{A}$ 的 ***LU*** 分解是将它分解成如下形式：

$$\boldsymbol{A}=\boldsymbol{LU} \tag{5.4}$$

其中 $\boldsymbol{L}$ 和 $\boldsymbol{U}$ 分别为下三角矩阵和上三角矩阵。***LU*** 分解主要应用在数值分析中，用来解线性方程、求反矩阵或计算行列式。***LU*** 分解的思想源于高斯消元法，在高斯消元法的消元过程中，每一步都要进行一次初等行变换，初等行变换等价于在等式两边同时乘以一个下三角矩阵 $\boldsymbol{L}_k$，因此高斯消元法等价于

$$\begin{aligned}&\boldsymbol{Ax}=\boldsymbol{b}\\&\boldsymbol{L}_1\boldsymbol{Ax}=\boldsymbol{L}_1\boldsymbol{b}\\&\boldsymbol{L}_2\boldsymbol{L}_1\boldsymbol{Ax}=\boldsymbol{L}_2\boldsymbol{L}_1\boldsymbol{b}\\&\qquad\vdots\\&\boldsymbol{L}_{n-1}\cdots\boldsymbol{L}_1\boldsymbol{Ax}=\boldsymbol{L}_{n-1}\cdots\boldsymbol{L}_1\boldsymbol{b}\end{aligned} \tag{5.5}$$

令 $\boldsymbol{L}_{n-1}\cdots\boldsymbol{L}_1\boldsymbol{A}=\boldsymbol{U},\boldsymbol{L}_{n-1}\cdots\boldsymbol{L}_1\boldsymbol{b}=\boldsymbol{y}$，则 $\boldsymbol{Ux}=\boldsymbol{y}$；令 $(\boldsymbol{L}_{n-1}\cdots\boldsymbol{L}_1)^{-1}=\boldsymbol{L}_1\cdots\boldsymbol{L}_n^{-1}=\boldsymbol{L}$，则 $\boldsymbol{Ly}=\boldsymbol{b}$，且 $\boldsymbol{A}=\boldsymbol{LU}$，即 $\boldsymbol{Ax}=\boldsymbol{b}$ 可以分解为$\begin{cases}\boldsymbol{Ux}=\boldsymbol{y}\\\boldsymbol{Ly}=\boldsymbol{b}\end{cases}$，其中 $\boldsymbol{L}$ 和 $\boldsymbol{U}$ 都是三角矩阵，$\boldsymbol{L}$ 是下三角矩阵，$\boldsymbol{U}$ 是上三角矩阵，分解后方程组的解可表示为

$$\boldsymbol{x}=\boldsymbol{U}^{-1}\boldsymbol{L}^{-1}\boldsymbol{b} \tag{5.6}$$

LU 分解的好处是，对三角矩阵求逆比较简单，运算量较小。有关 ***LU*** 分解的详细过程请参考线性代数知识。

LU 分解的 MATLAB 程序代码如下：

```
function [L,U]=LUDecomp(A)
    [n n]=size(A);
    for j=1:n
        U(1,j)=A(1,j);
    end
    for k=2:n
        for i=2:n
             for j=2:n
                  L(1,1)=1;L(i,i)=1;
                 if i>j
                     L(1,1)=1;L(2,1)=A(2,1)/U(1,1); L(i,1)=A(i,1)/U(1,1);
                     L(i,k)=(A(i,k)- L(i,1:k-1)*U(1:k-1,k))/U(k,k);
                 else
                     U(k,j)=A(k,j)-L(k,1:k-1)*U(1:k-1,j);
                 end
             end
        end
    end
```

【例 5.4】 用 ***LU*** 分解法求线性方程组 $\begin{cases} x_1 + 2x_3 = 8 \\ x_2 + x_4 = 5 \\ x_1 + 2x_2 + 4x_3 + 3x_4 = 25 \\ x_2 + 3x_4 = 7 \end{cases}$ 的解。

解：将方程组写成 $\boldsymbol{Ax} = \boldsymbol{b}$ 的形式，分别写出 $\boldsymbol{A}$ 和 $\boldsymbol{b}$，在 MATLAB 工作窗口输入程序：

```
>> A=[1 0 2 0;0 1 0 1;1 2 4 3;0 1 0 3];
>> b=[8;5;25;7];
>> [L,U]=LUDecomp(A)              %调用LU分解函数
>> x=inv(U)*inv(L)*b
```

运算结果如下：

```
 L =
1     0     0     0
0     1     0     0
1     2     1     0
0     1     0     1

 U =
1     0     2     0
0     1     0     1
0     0     2     1
0     0     0     2

 x =
2
4
3
1
```

5.1.2 迭代法

以上线性方程组的直接求解法是数学上的解析求解，而数值求解法主要采用迭代方式实现。迭代法的基本思想是，将 n 元线性方程组

$$\begin{cases} a_{11}x_1 + a_{12}x_2 + \cdots + a_{1n}x_n = b_1 \\ a_{21}x_1 + a_{22}x_2 + \cdots + a_{2n}x_n = b_2 \\ \quad\vdots \\ a_{n1}x_1 + a_{n2}x_2 + \cdots + a_{nn}x_n = b_n \end{cases} \tag{5.7}$$

改写成等价的方程组

$$\begin{cases} x_1 = m_{11}x_1 + m_{12}x_2 + \cdots + m_{1n}x_n + g_1 \\ x_2 = m_{21}x_1 + m_{22}x_2 + \cdots + m_{2n}x_n + g_2 \\ \quad\vdots \\ x_n = m_{n1}x_1 + m_{n2}x_2 + \cdots + m_{nn}x_n + g_n \end{cases} \tag{5.8}$$

迭代法从某个取定的初始矢量 $\boldsymbol{x}^{(0)}$出发，按照适当的迭代公式逐次计算矢量 $\boldsymbol{x}^{(1)}, \boldsymbol{x}^{(2)}, \cdots$，使得矢量序列$\{\boldsymbol{x}^{(k)}\}$收敛于方程组的精确解。迭代法是一类逐次近似的方法，其优点是算法简便，程序易于实现。由此建立方程组的迭代公式为

$$\boldsymbol{x}^{(k+1)} = \boldsymbol{M}\boldsymbol{x}^{(k)} + \boldsymbol{g}, \quad k = 0,1,2,\cdots \tag{5.9}$$

对任意取定的初始矢量 $\boldsymbol{x}^{(0)}$，由上式可逐次算出迭代矢量 $\boldsymbol{x}^{(k)}, k = 1, 2, \cdots$，若矢量序列$\{\boldsymbol{x}^{(k)}\}$收敛于 $\boldsymbol{x}^*$，即

$$\boldsymbol{x}^* = \boldsymbol{M}\boldsymbol{x}^* + \boldsymbol{g} \tag{5.10}$$

则 $\boldsymbol{x}^*$是方程组 $\boldsymbol{x} = \boldsymbol{M}\boldsymbol{x} + \boldsymbol{g}$ 的解，也就是方程组 $\boldsymbol{A}\boldsymbol{x} = \boldsymbol{b}$ 的解。

这种求解线性方程组的方法被称为迭代法，若迭代序列$\{\boldsymbol{x}^{(k)}\}$收敛，则称其为迭代法收敛，否则称其为迭代法发散。

1．雅可比迭代法

雅可比迭代法由方程组（5.5）中的第 k 个方程解出 $\boldsymbol{x}^{(k)}$，得到等价方程组：

$$\begin{cases} x_1 = -\frac{a_{12}}{a_{11}}x_2 - \frac{a_{13}}{a_{11}}x_3 - \cdots - \frac{a_{1n}}{a_{11}}x_n + \frac{b_1}{a_{11}} \\ x_2 = -\frac{a_{21}}{a_{22}}x_1 - \frac{a_{23}}{a_{22}}x_3 - \cdots - \frac{a_{2n}}{a_{22}}x_n + \frac{b_2}{a_{22}} \\ \quad\vdots \\ x_n = -\frac{a_{n1}}{a_{nn}}x_1 - \frac{a_{n2}}{a_{nn}}x_2 - \cdots - \frac{a_{nn-1}}{a_{nn}}x_{n-1} + \frac{b_n}{a_{nn}} \end{cases} \tag{5.11}$$

进而得到迭代公式

$$\begin{cases} x_1^{(k+1)} = -\frac{a_{12}}{a_{11}}x_2^{(k)} - \frac{a_{13}}{a_{11}}x_3^{(k)} - \cdots - \frac{a_{1n}}{a_{11}}x_n^{(k)} + \frac{b_1}{a_{11}} \\ x_2^{(k+1)} = -\frac{a_{21}}{a_{22}}x_1^{(k)} - \frac{a_{23}}{a_{22}}x_3^{(k)} - \cdots - \frac{a_{2n}}{a_{22}}x_n^{(k)} + \frac{b_2}{a_{22}} \\ \quad\vdots \\ x_n^{(k+1)} = -\frac{a_{n1}}{a_{nn}}x_1^{(k)} - \frac{a_{n2}}{a_{nn}}x_2^{(k)} - \cdots - \frac{a_{nn-1}}{a_{nn}}x_{n-1}^{(k)} + \frac{b_n}{a_{nn}}, k = 1,2,3,\cdots \end{cases} \tag{5.12}$$

式（5.10）被称为雅可比迭代法，简称 J 迭代法。J 迭代法也记为

$$x_i^{(k+1)} = \frac{1}{a_{ii}}\left(b_i - \sum_{j=1}^{i-1} a_{ij}x_j^{(k)} - \sum_{j=i+1}^{n} a_{ij}x_j^{(k)}\right),\ i=1,2,\cdots,n,\ k=0,1,2,\cdots \tag{5.13}$$

J 迭代法的迭代矩阵为

$$\boldsymbol{M}_J = \begin{bmatrix} 0 & -\frac{a_{12}}{a_{11}} & \cdots & -\frac{a_{1n}}{a_{11}} \\ -\frac{a_{21}}{a_{22}} & 0 & \cdots & -\frac{a_{2n}}{a_{22}} \\ \vdots & \vdots & \ddots & \vdots \\ -\frac{a_{n1}}{a_{nn}} & -\frac{a_{n2}}{a_{nn}} & \cdots & 0 \end{bmatrix} \tag{5.14}$$

若记 $\boldsymbol{g} = \left[\frac{b_1}{a_{11}}, \frac{b_2}{a_{22}}, \cdots, \frac{b_n}{a_{nn}}\right]^{\mathrm{T}}$，则 J 迭代法可以写成

$$\boldsymbol{x}^{(k+1)} = \boldsymbol{M}_J \boldsymbol{x}^{(k)} + \boldsymbol{g},\ k=0,1,2,\cdots \tag{5.15}$$

用雅可比迭代法解线性方程组 $\boldsymbol{Ax}=\boldsymbol{b}$ 的 MATLAB 程序如下：

```
function X=jacdd(A,b,X0,detx,maxN)
  %A,b为方程组Ax=b中的矩阵A和矢量b
  %X0为x的初始值
  %detx为迭代终止条件，若两次迭代X的距离（2范数）小于detx，则停止迭代
  %maxN为最大迭代次数，若经过maxN次迭代仍不收敛，则停止迭代
  [n m]=size(A);
  for k=1:maxN
      for j=1:m
         X(j)=(b(j)-A(j,[1:j-1,j+1:m])*X0([1:j-1,j+1:m]))/A(j,j);
      end
      djwcX=norm(X'-X0);
      xdwcX=djwcX/(norm(X')+eps);
      X0=X';
      if (djwcX<detx)&(xdwcX<detx)
          return
      end
  end
  if (djwcX>detx)&(xdwcX>detx)
      disp('雅可比迭代次数已经超过最大迭代次数maxN')
  end
```

【例 5.5】用雅可比迭代法求线性方程组 $\begin{cases} 10x_1 + 3x_2 + x_3 = 14 \\ 2x_1 - 10x_2 + 3x_3 = -5 \\ x_1 + 3x_2 + 10x_3 = 14 \end{cases}$ 的近似解。

MATLAB 程序如下：

```
A=[10 3 1;2 -10 3;1 3 10];
b=[14;-5;14];
X0=[0;0;0];
detx=0.00001;
```

```
maxN=20;
X=jacdd(A,b,X0,detx,maxN)     %调用雅可比迭代法函数
```

运行结果如下：

```
X =
1.0000    1.0000    1.0000
```

由雅可比迭代法得到的结果与方程组的精确解[1 1 1]十分接近，雅可比迭代法的计算量非常小，通过 20 次以下的迭代即得到了与精确解非常近似的解。但是，雅可比迭代法并不是任意情况下都能收敛，并能得到较好的近似解。对于线性方程组 $\boldsymbol{Ax}=\boldsymbol{b}$，雅可比迭代法收敛必须满足：若矩阵 $\boldsymbol{A}$ 为严格对角占优阵，则雅可比迭代法收敛。判断雅可比迭代法收敛的 MATLAB 程序如下：

```
function X=jacddPD(A)
 [n m]=size(A);
 for j=1:m
     X(j)=sum(abs(A(:,j)))-2*(abs(A(j,j)));
 end
 for i=1:n
     if X(i)>=0
         disp('系数矩阵A不是严格对角占优的，此雅可比迭代不一定收敛')
         return
     end
 end
 if X(i)<0
     disp('系数矩阵A是严格对角占优的，此方程组有唯一解，且雅可比迭代收敛')
 end
```

【例 5.6】用雅可比迭代法收敛条件判断以下线性方程组是否收敛。

（1）$\begin{cases}10x_1-x_2-2x_3=7.2\\-x_1+10x_2-2x_3=8.3\\-x_1-x_2+5x_3=4.2\end{cases}$；（2）$\begin{cases}10x_1-x_2-2x_3=7.2\\-x_1+10x_2-2x_3=8.3\\-x_1-x_2+0.5x_3=4.2\end{cases}$

（1）在 MATLAB 工作窗口输入程序：

```
>>A=[10 -1 -2;-1 10 -2;-1 -1 5];
>>a=jacddPD(A)
```

运行结果如下：

```
系数矩阵A是严格对角占优的，此方程组有唯一解，且雅可比迭代收敛
a =
    -8    -8    -1
```

（2）在 MATLAB 工作窗口输入程序：

```
>>A=[10 -1 -2;-1 10 -2;-1 -1 0.5];
>>a=jacddPD(A)
```

运行结果如下：

```
系数矩阵A不是严格对角占优的，此雅可比迭代不一定收敛
a =
        -8.0000    -8.0000    3.5000
```

2. 高斯-塞德尔迭代法

在雅可比迭代法中，若充分利用每步迭代得到的新值 $x_i^{(k+1)}$，则可得到如下迭代公式：

$$\begin{cases} x_1^{(k+1)} = -\frac{a_{12}}{a_{11}}x_2^{(k)} - \frac{a_{13}}{a_{11}}x_3^{(k)} - \cdots - \frac{a_{1n}}{a_{11}}x_n^{(k)} + \frac{b_1}{a_{11}} \\ x_2^{(k+1)} = -\frac{a_{21}}{a_{22}}x_1^{(k)} - \frac{a_{23}}{a_{22}}x_3^{(k)} - \cdots - \frac{a_{2n}}{a_{22}}x_n^{(k)} + \frac{b_2}{a_{22}} \\ \vdots \\ x_n^{(k+1)} = -\frac{a_{n1}}{a_{nn}}x_1^{(k+1)} - \frac{a_{n2}}{a_{nn}}x_2^{(k+1)} - \cdots - \frac{a_{nn-1}}{a_{nn}}x_{n-1}^{(k+1)} + \frac{b_n}{a_{nn}}, k=1,2,3,\cdots \end{cases} \tag{5.16}$$

式（5.16）被称为高斯-塞德尔（Gauss-Seidel）迭代法，简称 G-S 迭代法。

G-S 迭代法也可记为

$$x_i^{(k+1)} = \frac{1}{a_{ii}}\left(b_i - \sum_{j=1}^{i-1} a_{ij}x_j^{(k+1)} - \sum_{j=i+1}^{n} a_{ij}x_j^{(k)}\right),\ \ i=1,2,\cdots,n,\ \ k=0,1,2,\cdots \tag{5.17}$$

G-S 迭代法的 MATLAB 程序如下：

```
function X=gsdd(A,b,X0,detx,maxN)
%A,b为方程组Ax=b中的矩阵A和矢量b
%X0为x的初始值
%detx为迭代终止条件，若两次迭代X的距离（2范数）小于detx，则停止迭代
%maxN为最大迭代次数，若经过maxN次迭代仍不收敛，则停止迭代
[n m]=size(A);
X=X0';
for k=1:maxN
    for j=1:m
        if j==1
            X(1)=(b(1)-A(1,2:m)*X0(2:m))/A(1,1);
        elseif j==m
            X(m)=(b(m)-A(m,1:m-1)*X(1:m-1)')/A(m,m);
        else
            X(j)=(b(j)-A(j,1:j-1)*X(1:j-1) -A(j,j+1:m)*X(j+1:m)')/ A(j,j);
        end
    end
    djwcX=norm(X'-X0);
    xdwcX=djwcX/(norm(X')+eps);
    X0=X';
    if (djwcX<detx)&(xdwcX<detx)
        return
    end
end
if (djwcX>detx)&(xdwcX>detx)
    disp('雅可比迭代次数已经超过最大迭代次数maxN')
end
```

【例 5.7】 用 G-S 迭代法求线性方程组 $\begin{cases} 10x_1 + 3x_2 + x_3 = 14 \\ 2x_1 - 10x_2 + 3x_3 = -5 \\ x_1 + 3x_2 + 10x_3 = 14 \end{cases}$ 的近似解。

MATLAB 代码如下：

```
A=[10 3 1;2 -10 3;1 3 10];
b=[14;-5;14];
X0=[0;0;0];
detx=0.00001;
maxN=20;
X=gsdd(A,b,X0,detx,maxN)    %调用Gauss-Seidel迭代函数
```

运行结果如下：

```
X =
1.0000    1.0000    1.0000
```

以上结果表明 G-S 迭代法在 20 次迭代内可以很好地收敛并十分接近精确结果（精确结果为[1 1 1]）。例 5.8 和例 5.6 分别用雅可比迭代法和 G-S 迭代法对同一方程组进行了迭代求解，从 MATLAB 的显示结果来看，似乎效果完全一样。为了更好地查看两种算法的效果差别，我们改变 MATLAB 结果显示的精度（默认情况只显示小数点后 4 位），并将迭代次数改为 8，分别用雅可比迭代法和 G-S 迭代法对上述方程组再进行求解，结果如下。

雅可比迭代法显示的结果：

```
雅可比迭代次数已经超过最大迭代次数maxN
X =
   1.000138710000000   0.999118200000000   1.000138710000000
```

G-S 迭代法显示的结果：

```
X =
   1.000001301799667   1.000000930880776   0.999999590555801
```

可以看出，如果最多只迭代 8 次，那么雅可比迭代法还没有收敛至迭代终止条件，而 G-S 迭代法已达到迭代终止条件。由以上结果也可看出 G-S 迭代法与精确结果更为接近。

G-S 迭代法的收敛条件与雅可比迭代法的一致，可以通过上述雅可比迭代法收敛判断程序对 G-S 迭代法的收敛性进行判断。

3. 超松弛迭代法

将雅可比迭代法的迭代公式（5.15）改写成

$$x_i^{(k+1)} = x_i^{(k)} + \frac{1}{a_{ii}}\left(b_i - \sum_{j=1}^{i-1} a_{ij}x_j^{(k)} - \sum_{j=i+1}^{n} a_{ij}x_j^{(k)}\right),\ i=1,2,\cdots,n,\ k=0,1,2,\cdots \tag{5.18}$$

或写成矢量形式

$$\boldsymbol{x}^{(k+1)} = \boldsymbol{x}^{(k)} + \boldsymbol{D}^{-1}(\boldsymbol{b} + \boldsymbol{L}\boldsymbol{x}^{(k+1)} + (\boldsymbol{U} - \boldsymbol{D})\boldsymbol{x}^{(k)}),\ k=0,1,2,\cdots \tag{5.19}$$

构造迭代公式

$$x_i^{(k+1)} = x_i^{(k)} + \frac{\omega}{a_{ii}}\left(b_i - \sum_{j=1}^{i-1} a_{ij}x_j^{(k)} - \sum_{j=i+1}^{n} a_{ij}x_j^{(k)}\right),\ i=1,2,\cdots,n,\ k=0,1,2,\cdots \tag{5.20}$$

此迭代法被称为 SOR 松弛迭代法，其中参数 ω 被称为松弛因子，当 $\omega > 1$ 时被称为超松弛迭代，当 $\omega < 1$ 时被称为欠松弛迭代。其矩阵形式为

$$\boldsymbol{x}^{(k+1)} = \boldsymbol{x}^{(k)} + \omega\boldsymbol{D}^{-1}\left(\boldsymbol{b} + \boldsymbol{L}\boldsymbol{x}^{(k+1)} + (\boldsymbol{U} - \boldsymbol{D})\boldsymbol{x}^{(k)}\right),\ k=0,1,2,\cdots \tag{5.21}$$

式中 $\boldsymbol{L}$、$\boldsymbol{U}$ 分别为矩阵 $\boldsymbol{A}$ 的下三角矩阵（不含对角线元素）和上三角矩阵（不含对角线元

素），$\boldsymbol{D}$ 为矩阵 $\boldsymbol{A}$ 的对角矩阵。整理可得

$$\boldsymbol{x}^{(k+1)} = (\boldsymbol{D} - \omega \boldsymbol{L})^{-1}[(1-\omega)\boldsymbol{D} + \omega \boldsymbol{U}]\boldsymbol{x}^{(k)} + \omega(\boldsymbol{D} - \omega \boldsymbol{L})^{-1}\boldsymbol{b}, \quad k = 0,1,2,\cdots \tag{5.22}$$

因此，SOR 方法的迭代矩阵为

$$\mathfrak{I}_{\omega} = (\boldsymbol{D} - \omega \boldsymbol{L})^{-1}[(1-\omega)\boldsymbol{D} + \omega \boldsymbol{U}] \tag{5.23}$$

有关 SOR 迭代法原理及推导过程的详细内容，请参见数值分析相关的内容。SOR 迭代法的 MATLAB 代码如下：

```
function X=sordd(A,b,X0,omg,detx,maxN)
  %A,b为方程组Ax=b中的矩阵A和矢量b
   %X0为x的初始值
   %omg为松弛系数
   %detx为迭代终止条件，若两次迭代X的距离（2范数）小于detx，则停止迭代
   %maxN为最大迭代次数，若经过maxN次迭代仍不收敛，则停止迭代
  [n m]=size(A);
  D=diag(diag(A));
  U=-triu(A,1);
  L=-tril(A,-1);
  jX=A\b;
  iD=inv(D-omg*L);
  B2=iD*(omg*U+(1-omg)*D);
  H=eig(B2);
  mH=norm(H,inf);
   for k=1:maxN
       iD=inv(D-omg*L); B2=iD*(omg*U+(1-omg)*D);
       f2=omg*iD*b;
       X=B2*X0+f2; X0=X;
       djwcX=norm(X-jX,inf);
       xdwcX=djwcX/(norm(X,inf)+eps);
       if (djwcX<detx)|(xdwcX<detx)
           return;
       end
   end
   disp('迭代次数已经超过最大迭代次数');
```

【例 5.8】 用 SOR 迭代法求线性方程组 $\begin{cases} 4x_1 - 2x_2 - x_3 = 10 \\ -2x_1 + 17x_2 + 10x_3 = 3 \\ -4x_1 + 10x_2 + 9x_3 = -7 \end{cases}$ 的解，该方程组的精确解是 $\boldsymbol{x}^* = (2,1,-1)^{\mathrm{T}}$。

取 $\omega = 1.5$，MATLAB 代码如下：

```
A=[4 -2 -1;-2 17 10;-4 10 9];
b=[10;3;-7];
X=sordd(A,b,X0,1.5,0.0001,20)       %调用SOR迭代法函数
```

计算结果如下：

```
X =
```

```
    2.7646
    0.6828
   -0.3076
```

SOR 迭代法在 20 次迭代内收敛，取得了较为接近精确解的结果。取 $\omega=1.1$，做相同的运算，结果如下：

```
迭代次数已经超过最大迭代次数
X =
    2.7643
    0.6826
   -0.3076
```

以上结果表明，当 $\omega=1.1$ 时，20 次迭代的结果与精确解还有较大的误差。测试表明，要想达到预设的误差范围，迭代次数需达到 50 以上。可见 SOR 迭代法的收敛速度与系数 ω 有关。SOR 迭代法收敛的充要条件为 $\rho(\mathfrak{I}_\omega)<1$，即 SOR 方法的迭代矩阵的谱半径小于 1。判断 SOR 迭代法收敛的 MATLAB 程序如下：

```
function H=sorddPD(A,omg)
    D=diag(diag(A));
    U=-triu(A,1);
    L=-tril(A,-1);
    iD=inv(D-omg*L);
    B2=iD*(omg*U+(1-omg)*D);
    H=eig(B2);
    mH=norm(H,inf);
    if mH>=1
        disp('因为谱半径不小于1，所以超松弛迭代序列发散，谱半径mH和B的所有特征值H如下：')
    else
        disp('因为谱半径小于1，所以超松弛迭代序列收敛，谱半径mH和B的所有特征值H如下：')
    end
```

【例 5.9】 取 $\omega=1.15$ 和 3，分别判断方程组 $\begin{cases}5x_1+x_2-x_3-2x_4=4\\2x_1+8x_2+x_3+3x_4=1\\x_1-2x_2-4x_3-x_4=6\\-x_1+3x_2+2x_3+7x_4=-3\end{cases}$ 使用 SOR 迭代法的收敛性。

（1）取 $\omega=1.15$ 时，在 MATLAB 工作窗口输入程序：

```
>>A=[5 1 -1 -2;2 8 1 3;1 -2 -4 -1;-1 3 2 7];
>>H=sorddPD(A,1.15)              %调用收敛性判断函数
```

运行结果如下：

```
因为谱半径小于1，所以超松弛迭代序列收敛，谱半径mH和B的所有特征值H如下：
mH =
    0.1596
H =
   0.1049 + 0.1203i
   0.1049 - 0.1203i
  -0.1295 + 0.0556i
  -0.1295 - 0.0556i
```

（2）取 $\omega=3$ 时，在 MATLAB 工作窗口输入程序：

```
>>A=[5 1 -1 -2;2 8 1 3;1 -2 -4 -1;-1 3 2 7];
>>H=sorddPD(A,3)
```

运行结果如下：

```
因为谱半径不小于1，所以超松弛迭代序列发散,谱半径mH和B的所有特征值H如下：
mH =
    3.6574
H =
  -3.6574 + 0.0000i
  -0.1248 + 1.6647i
  -0.1248 - 1.6647i
  -1.5697 + 0.0000i
```

SOR 迭代法收敛的快慢与松弛因子 ω 的选择密切相关。但是，如何选取最佳松弛因子，即选取 $\omega=\omega^*$ 使得 $\rho(\mathfrak{I}_\omega)$ 最小，是一个尚未很好地解决的问题。实际上，可采用试算的方法来确定较好的松弛因子。经验上取 $1.4<\omega<1.6$ 。

5.2　非线性方程求解

非线性方程（组）也是科学计算中最常遇到的一个问题。线性方程组的求解相对较为容易，非线性方程组通常很难求其解析解，更常通过数值分析求其近似解。本节介绍几种用于求解非线性方程（组）的方法以及 MATLAB 实现。

5.2.1　非线性方程数值求解的基本原理

与线性方程相比，非线性方程问题无论是从理论上还是从计算公式上都要复杂得多。对于一般的非线性方程 $f(x)=0$ ，计算方程的根既无章可循也无直接法可言。例如，求解高次方程组 $5x^5-7x^4+3x^2-x+3=0$ 的根，求解含有指数和正弦函数的超越方程 $\mathrm{e}^x-\cos(\pi x)=0$ 的零点等。

在解方程方面，牛顿提出了方程求根的一种迭代方法，这种方法被后人称为牛顿算法。牛顿算法可以说是数值计算方面最有影响的计算方法。对于方程 $f(x)=0$ ，若 $f(x)$ 是线性函数，则它的求根是容易的。牛顿法实质上是一种线性方法，其基本思想是将非线性方程 $f(x)$ 逐步迭代为某种线性方程来求解。解非线性方程组只是非线性方程的一种延伸和扩展：

$$\begin{cases} f_1(x_1,\cdots,x_n)=0 \\ \quad\vdots \\ f_n(x_1,\cdots,x_n)=0 \end{cases} \tag{5.24}$$

式中 $f_1,\cdots,f_n$ 均为 $x_1,\cdots,x_n$ 的多元函数。若用矢量记 $\boldsymbol{x}=(x_1,\cdots,x_n)^{\mathrm{T}}\in R^n$, $\boldsymbol{F}=(f_1,\cdots,f_n)^{\mathrm{T}}$ ，则式（5.24）可以写成

$$\boldsymbol{F}(x)=0 \tag{5.25}$$

当 $n\geqslant 2$ 且 $f_1,\cdots,f_n$ 中至少有一个是自变量 $x_1,\cdots,x_n$ 的非线性函数时，方程组（5.25）为非线性方程组。非线性方程组的求根问题是前面介绍的方程求根的直接推广，实际上只要将单变量函数 $f(x)$ 视为矢量函数 $F(\boldsymbol{x})$ ，就可将单变量方程求根方法推广到方程组（5.25）。

若已给出方程组(5.25)的一个近似根 $\boldsymbol{x}^{(k)}=(x_1^k,\cdots,x_n^k)^{\mathrm{T}}$，将函数 $F(\boldsymbol{x})$ 的分量 $f_i(\boldsymbol{x}),i=1,\cdots,n$ 在 $\boldsymbol{x}^{(k)}$ 处用多元函数泰勒展开，并取其线性部分，则可表示为

$$F(\boldsymbol{x})\approx F(\boldsymbol{x}^{(k)})+F'(\boldsymbol{x}^{(k)})(\boldsymbol{x}-\boldsymbol{x}^{(k)}) \tag{5.26}$$

令上式左端为零，得到线性方程组

$$F'(\boldsymbol{x}^{(k)})(\boldsymbol{x}-\boldsymbol{x}^{(k)})\approx -F(\boldsymbol{x}^{(k)}) \tag{5.27}$$

式中，

$$F'(\boldsymbol{x})=\begin{bmatrix} \dfrac{\partial f_1(x)}{\partial x_1} & \dfrac{\partial f_1(x)}{\partial x_2} & \cdots & \dfrac{\partial f_1(x)}{\partial x_n} \\ \dfrac{\partial f_2(x)}{\partial x_1} & \dfrac{\partial f_2(x)}{\partial x_2} & \cdots & \dfrac{\partial f_2(x)}{\partial x_n} \\ \vdots & \vdots & \ddots & \vdots \\ \dfrac{\partial f_n(x)}{\partial x_1} & \dfrac{\partial f_n(x)}{\partial x_2} & \cdots & \dfrac{\partial f_n(x)}{\partial x_n} \end{bmatrix} \tag{5.28}$$

称 $F'(\boldsymbol{x})$ 为 $F(\boldsymbol{x})$ 的雅可比矩阵，求解线性方程组（5.27），并记解为 $\boldsymbol{x}^{(k+1)}$，可得

$$\boldsymbol{x}^{(k+1)}=\boldsymbol{x}^{(k)}-F'(\boldsymbol{x}^{(k)})^{-1}F(\boldsymbol{x}^{(k)}),\quad k=0,1,\cdots \tag{5.29}$$

这就是解非线性方程组（5.27）的基本思想，即牛顿法思想。牛顿法的主要思想是用 $\boldsymbol{x}^{(k+1)}=\boldsymbol{x}^{(k)}-F'(\boldsymbol{x}^{(k)})^{-1}F(\boldsymbol{x}^{(k)}),k=0,1,\cdots$ 进行迭代 。因此，先要算出 $F(\boldsymbol{x})$ 的雅可比矩阵 $F'(\boldsymbol{x})$，再求它的逆 $F'(\boldsymbol{x})^{-1}$，当它达到设定精度时即停止迭代。算法步骤如下：

（1）首先定义方程组 $F(\boldsymbol{x})$，确定步长 $\Delta\boldsymbol{x}$ 和精度 $\delta\boldsymbol{x}$ 。

（2）求 $F(\boldsymbol{x})$ 的雅可比矩阵 $F'(\boldsymbol{x})$，可用

$$\frac{\partial f_i(x_1,\cdots,x_j,\cdots,x_n)}{\partial x_j}=\frac{f_i(x_1,\cdots,x_j+\Delta x,\cdots,x_n)-f_i(x_1,\cdots,x_j,\cdots,x_n)}{\Delta x}$$

求出雅可比矩阵。

（3）求雅可比矩阵 $F'(\boldsymbol{x})$ 的逆 $F'(\boldsymbol{x})^{-1}$ 。

（4）用式（5.27）进行迭代运算。

（5）当精度达到设定的阈值 $\delta\boldsymbol{x}$ 时停止迭代，否则重复步骤（2）～（4）。

5.2.2 非线性方程求根的 MATLAB 命令

1. solve 命令求解非线性方程

求非线性方程 $f(x)=0$ 的根时，可用 MATLAB 命令 solve 求解，调用格式如下：

```
x=solve('f(x)==0', 'x');
```

求非线性方程组 $\begin{cases} f_1(x_1,\cdots,x_n)=0 \\ \vdots \\ f_n(x_1,\cdots,x_n)=0 \end{cases}$ 的根可用以下 MATLAB 命令：

```
E1=sym('f1(x1,...,xn)==0')
      ⋮
En=sym('fn(x1,...,xn)==0')
```

【例 5.10】解非线性方程 $2x^5+17x^4-x^3-157x^2-x+140=0$。

根据 solve 命令的调用格式，在 MATLAB 工作窗口输入程序：

```
>>syms x
>> x=solve(2*x^5+17*x^4-x^3-157*x^2-x+140)
```

运行结果如下：

```
x =
   -7
  -4
  -1
   1
 5/2
```

【例 5.11】解非线性方程组 $\begin{cases}x^2y-x^2+xy-x-6y+6=0\\-x^2y+y^2-3xy-2x+3y+2=0\end{cases}$。

根据 solve 命令解方程组的调用格式，在 MATLAB 工作窗口输入程序：

```
>> syms x y
>> E1= x^2*y-x^2+x*y-x-6*y+6==0;
>> E2= -x*y^2+y^2-3*x*y-2*x+3*y+2==0;
>> [x,y]=solve(E1,E2)
```

运行结果如下：

```
x =
  1
  2
  2
 -3
 -3
y =
  1
 -1
 -2
 -1
 -2
```

2. 多项式方程求解

若 $f(x)$ 为多项式，则可分别用如下命令求方程 $f(x)=0$ 的根，或求导数 $f'(x)$，其调用格式见表 5.1。

表 5.1　命令的调用格式

命　令	功　能
xk=roots(fa)	输入多项式 $f(x)$ 的系数 fa（按降幂排列），运行后输出 xk 为 $f(x)=0$ 的全部根
dfa=polyder(fa)	输入多项式 $f(x)$ 的系数 fa（按降幂排列），运行后输出 dfa 为多项式 $f(x)$ 的导数 $f'(x)$ 的系数
dfx=poly2sym(dfa)	输入多项式 $f(x)$ 的导数 $f'(x)$ 的系数 dfa（按降幂排列），运行后输出 dfx 为多项式 $f(x)$ 的导 $f'(x)$

【例 5.12】解多项式方程 $2x^5+17x^4-x^3-157x^2-x+144=0$，并求其导数。

（1）求方程的根。在 MATLAB 工作窗口输入程序：

```
>> fa=[2,17,-1,-157,-1,140];
```

```
>> xk=roots(fa)
```

运行结果如下：

```
xk =
   -7.0000
   -4.0000
    2.5000
   -1.0000
1.0000
```

（2）求方程的导数。以多项式系数方式显示，在 MATLAB 工作窗口输入程序：

```
>> fa=[2,17,-1,-157,-1,140];
>> dfa=polyder(fa)
```

运行结果如下：

```
dfa =
    10    68    -3  -314    -1
```

以多项式符号表达式形式显示，再在 MATLAB 工作窗口输入程序：

```
>> dfx=poly2sym(dfa)
```

运行结果如下：

```
dfx =
10*x^4 + 68*x^3 - 3*x^2 - 314*x - 1
```

这两类求方程根的方法都有缺点，roots(fa)命令只能求 $f(x)$为多项式时方程 $f(x)=0$ 的根，而 solve 命令不能求出 x 对应的方程 $f(x)=0$ 的全部根。下面介绍求方程的根的近似值方法。

3. fsolve 命令求解非线性方程

如果非线性方程（组）是多项式形式，那么求这种方程（组）的数值解时可以直接调用上面介绍的 roots 命令。如果非线性方程（组）含有超越函数，那么无法使用 roots 命令，而需要调用 MATLAB 中提供的另一个命令 fsolve 来求解。同时，fsolve 命令也可用于多项式方程（组）求解，但其计算量明显比 roots 命令的大。

fsolve 命令使用最小二乘法解非线性方程（组）

$$F(\boldsymbol{X})=\mathbf{0} \tag{5.30}$$

的数值解，其中 $\boldsymbol{X}$ 和 $F(\boldsymbol{X})$可以是矢量或矩阵。此种方法需要输入方程的解 $\boldsymbol{X}$ 的初始值（矢量或矩阵 $\boldsymbol{X}_0$），即使程序中的迭代序列收敛，也不一定收敛到 $F(\boldsymbol{X})=\mathbf{0}$ 的根。fsolve 命令的调用格式如下：

```
X=fsolve(F,X0)
```

其中 F 表示非线性方程组函数文件，X0 表示 X 的初始值。

【例 5.13】使用 fsolve 命令求方程 $2x^5+17x^4-x^3-157x^2-x+144=0$ 的实根。

（1）建立 MATLAB 函数文件并保存为 Fun1.m，函数文件代码如下：

```
function F=Fun1(x)
          F=2*x^5+17*x^4-x^3-157*x^2-x+140;
```

（2）假设取初始值 X0=0，在 MATLAB 工作窗口输入命令：

```
>> X0=0.5;
```

```
>> X=fsolve('Fun1',X0),F=Fun1(X)
```

运行结果如下：

```
X =
   1.000000000000001
F =
    -3.126388037344441e-13
```

通过上述运行结果可以看出 fsolve 命令可求解给定初始值附近一个解的近似值。

【例 5.14】求方程组$\begin{cases} x^3 - y^2 = 0 \\ e^{-x} - y = 0 \end{cases}$的一个实根。

（1）建立 MATLAB 函数文件并保存为 Fun2.m，函数文件代码如下：

```
function F=Fun2(X)
          x=X(1);y=X(2);F(1)=x^3-y^2;
          F(2)=exp(-x)-y;
```

（2）取初始值矢量 X0=(1,1)，在 MATLAB 工作窗口输入命令：

```
>> X0=[1,1];
>> X=fsolve('Fun2',X0),F=Fun2(X)
```

运行结果如下：

```
X =
   0.648844236109663   0.522649455145584
F =
   1.0e-06 *
   0.219551996138989   0.032079490175363
```

【例 5.15】求方程 $\sin(2x+1)=0$ 的两个实根。

取两个实根的初始值为 X0=(-1,1)，在 MATLAB 工作窗口输入命令：

```
>> fun=inline('sin(2*x+1)');
>> X=fsolve(fun,[-0.9 0.9],optimset('Display','off')),F=fun(X)
```

运算结果如下：

```
X =
  -0.499999988313669   1.070796326794895
F =
   1.0e-07 *
   0.233726610288087   0.000000027869999
```

5.2.3　非线性方程数值解法及 MATLAB 实现

非线性方程（组）的数值解法很多，包括逐步搜索法、二分法、牛顿法、割线法等，本节只介绍逐步搜索法和二分法。

1. 逐步搜索法

逐步搜索法也称试算法，是求方程 $f(x)=0$ 的根的近似值的一种常用方法。逐步搜索法依赖于寻找连续函数 $f(x)$ 满足 $f(a)$ 与 $f(b)$ 异号的区间[a, b]。一旦找到区间，无论区间多大，通过某种方法总会找到一个根。

逐步搜索法确定方程 $f(x)=0$ 的根 x^*的范围的步骤如下：

步骤 1：取含 $f(x)=0$ 的根的区间[a, b]，即 $f(a)*f(b)<0$。

步骤 2：从 a 开始，按某个预定的步长 h（如取 $h=(b-a)/n$，n 为正整数），不断地向右跨步，每跨一步进行一次搜索，即检查节点 $x_k=a+kh$ 上的函数 $f(x_k)$ 值的符号，若 $f(x_{k-1})*f(x_k)<0$，则可以确定一个有根区间 $[x_{k-1},x_k]$。

步骤 3：继续向右搜索，直到找出$[a,b]$上的全部有根区间 $[x_{k-1},x_k],k=1,2,\cdots,n$。

步长 h 的选取要根据函数 $f(x)$ 的性质来定。一般来说，对振荡剧烈、零点密集的函数，h 要选得小一些，但这要计算较多的函数值。

【例 5.16】 用逐次搜索法确定方程 $x^3-3x^2-x+3=0$ 根的范围。

（1）首先用 MATLAB 程序选取有根区间[-6, 6]，取 $h=2$，输入程序：

```
>> x=-6:2:6,y=x.^3-3*x.^2-x+3
```

输出结果如下：

```
x =
            -6    -4    -2     0     2     4     6
y =
          -315  -105   -15     3    -3    15   105
```

从上面的数据可以看出 $f(-2)*f(0)<0,f(0)*f(2)<0,f(2)*f(4)<0$，所以该三次多项式方程的三个根分别在三个区间(-2, 0), (0, 2)和(2, 4)之间。

（2）在(−2, 4)内取 $h=0.3$，进一步进行搜索，在 MATLAB 工作窗口输入命令：

```
>> x=-2:0.3:4,y=x.^3-3*x.^2-x+3
```

输出结果如下：

```
x =
  Columns 1 through 11
   -2.0000   -1.7000   -1.4000   -1.1000   -0.8000   -0.5000   -0.2000
    0.1000    0.4000    0.7000    1.0000
  Columns 12 through 21
    1.3000    1.6000    1.9000    2.2000    2.5000    2.8000    3.1000
    3.4000    3.7000    4.0000
y =
  Columns 1 through 11
  -15.0000   -8.8830   -4.2240   -0.8610    1.3680    2.6250    3.0720
    2.8710    2.1840    1.1730         0
  Columns 12 through 21
   -1.1730   -2.1840   -2.8710   -3.0720   -2.6250   -1.3680    0.8610
    4.2240    8.8830   15.0000
```

从上述运算结果可以看出，1.0 是方程组的一个根，另外两个根分布在区间$[-1.1,-0.8]$和$[2.8,3.1]$，根的分布区间相比 $h=2$ 时有所缩小，如果继续缩小步长，可进一步缩小根的分布区间，直至等于或接近方程的精确解。

由例 5.16 可见，在具体运用上述方法时，步长 h 的选取很关键。显然，只要步长 h 取得足够小，利用这种方法就可得到具有任意精度的近似根。不过当 h 缩小时，所要搜索的步数相应增多，计算量增大。因此，我们有必要研究一种机械化算法。

收敛判定准则 设方程 $f(x)=0$ 中的函数 $y=f(x)$ 在闭区间$[a,b]$上连续，开区间 (x_{k-1},x_k) 和 (x_k,x_{k+1}) 都是$[a,b]$的子区间。

（1）若 $f(x_{k-1})*f(x_k)<0$，则该方程在 (x_{k-1},x_k) 内至少有一个根。

（2）若 $f(x_{k-1})*f(x_k)\geqslant 0$，而 $|f(x_k)|<\varepsilon$（其中 ε 是给定的精度）且 $(f(x_{k+1})-f(x_k))*(f(x_k)-f(x_{k-1}))<0$，则 x_k 是这个方程的近似解。

根据逐步搜索法的计算步骤和其收敛判定准则，编写算法代码如下：

```
function r=StepSearch(a,b,h,tol)
% 输入量——a和b是闭区间[a,b]的左、右端点；
%h是步长；
%tol是预先给定的精度，
%是方程在[a,b]上的实根的近似值，其精度是tol；
X=a:h:b;n=(b-a)/h+1;m=0;
Y=funs(X);%funs函数根据实际求解方程组确定
X(n+1)=X(n);Y(n+1)=Y(n);
k=2;
while(k<=n)
    sk=Y(k)*Y(k-1);
     if sk<=0
        m=m+1;
        if(abs(Y(k))<abs(Y(k-1)))  %取更接近精确解的一个解
            r(m)=X(k);
            k=k+1;
        else
            r(m)=X(k-1);
        end
     else
         xielv=(Y(k+1)-Y(k))*(Y(k)-Y(k-1));
        if (abs(Y(k))<tol)&( xielv<=0)
            m=m+1;r(m)=X(k);
     end
  end
    k=k+1;
end
```

【例 5.17】使用逐步搜索法求方程 $2x^5+17x^4-x^3-157x^2-x+144=0$ 的实根。

（1）建立方程函数文件 funs.m，代码如下：

```
function y=funs(x)
    y=2*x.^5+17*x.^4-x.^3-157*x.^2-x+140;
```

（2）取步长 h=0.001，精度 tol=0.00001，在 MATLAB 工作窗口输入命令：

```
>>X=StepSearch(-10,10,0.001,0.00001)
```

运行结果如下：

```
X =
          -7.0000   -4.0000   -1.0000    1.0000    2.5000
```

逐步搜索法的原理比较简单，按照设定步长逐个计算函数 $y=f(x)$ 的值，取最接近 $f(x)=0$ 的 x 值作为方程的近似解。但是，逐步搜索法难以确定方程根的所在区间和步长，区间设得过小会很容易漏掉一些根，区间设得过大会导致计算量增大，步长设得过大会导致解不够精确，步长设得过小会导致计算量增大。

2. 二分法

假定方程 $f(x)=0$ 在区间 $[a,b]$ 内有唯一的实根 x^*。此时，$[a,b]$ 即为有根区间。

二分法的基本思想：首先确定有根区间，然后平分有根区间，通过判断区间端点处的函数值符号，逐步将有根区间缩小，直至有根区间足够小，便可求出满足给定精度要求的根 x^* 的近似值。

二分法求解非线性方程 $f(x)=0$ 的根的过程如下。取 $x_0=\frac{a+b}{2}$，将 x_0 代入方程 $f(x_0)$，判断它的正负号，并用 x_0 替换与它同方向的区间端点，依次循环得到

$$[a,b]\supset[a_1,b_1]\supset\cdots\supset[a_k,b_k] \tag{5.31}$$

其中，每段的长度都是前一段长度的一半，即

$$b_k-a_k=\tfrac{1}{2}\left(b_{k-1}-a_{k-1}\right)=\cdots=\tfrac{1}{2^k}(a-b) \tag{5.32}$$

因此，如果二分过程无限进行下去，则有根区间 (a_k,b_k) 最终必收敛于一点 x^*，该点就是所求方程的根。

算法步骤如下。

步骤 1：输入有根区间的端点 a、b 及预先给定的精度 ε。

步骤 2：$x=\frac{a+b}{2}$。

步骤 3：若 $f(x)=0$，则输出，计算结束；若 $f(a)f(x)<0$，则 $b=x$，转向步骤 4；否则 $a=x$，转向步骤 4；

步骤 4：若 $b-a<\varepsilon$，则输出方程满足精度的根 x，结束；否则转向步骤 2。

二分法的 MATLAB 实现代码如下：

```
function [k,x,err,yx]=erfen(a,b,abtol)
a(1)=a; b(1)=b;
ya=fun(a(1)); yb=fun(b(1));                    %fun为待求方程函数
if ya* yb>0
    disp('注意: ya*yb>0,请重新调整区间端点a和b.'), return
end
max1=-1+ceil((log(b-a)-log(abtol))/log(2));
for k=1:max1+1
    ya=fun(a);
    yb=fun(b);
    x=(a+b)/2;
    yx=fun(x);
    err=abs(b-a)/2;

    if yx==0
        a=x; b=x;
    elseif yb*yx>0
        b=x; yb=yx;
    else
        a=x; ya=yx;
    end
    if b-a<abtol
        return
    end
end
```

建立方程函数文件 fun.m，代码如下：

```
function y=fun(x)
y=x^3-x+4;
```

【例 5.18】确定方程 $x^3-x+4=0$ 的实根的分布情况，并用二分法求开区间(−2, −1)内的实根的近似值，要求精度为 0.001。

（1）用作图法确定方程根的分布。

在 MATLAB 工作窗口输入如下程序：

```
>>x=-4:0.1:4;
>>y=x.^3-x +4; plot(x,y)
>>grid,gtext('y=x^3-x+4')
```

画出函数 $f(x)=x^3-x+4$ 的图像。由图像可以看出，曲线的两个驻点 $\pm\sqrt{3}/3$ 都在 x 轴的上方，在在(−2, −1)内曲线与 x 轴只有一个交点，则该方程有唯一一个实根，且在(−2, −1)内。

（2）用二分法的主程序计算。

在 MATLAB 工作窗口输入程序：

```
>> [k,x,err,yx]=erfen(-2,-1,0.001)
```

运行结果如下：

```
k =
     9
x =
   -1.7959
wuca =
   9.7656e-04
yx =
0.0037
```

5.3　MATLAB 数据插值与拟合

插值是定义一个在特定点取给定值的函数的过程。在实际的科研或工程研究中，常常需要在已有数据点的情况下获得这些数据点之间的中间点的数据。要更加光滑准确地得到这些点的数据，就需要使用不同的插值方法进行数据插值。MATLAB 中提供了多种数据插值函数，如 interpl 函数实现一维数据插值，interp2 函数实现二维数据插值，还包括拉格朗日插值、牛顿插值等。这些插值函数在获得数据的平滑度、时间复杂度和空间复杂度方面性能相差较大。有时，为了完成比较复杂的函数插值功能，用户还需要编写函数文件来实现数值插值过程。

5.3.1　一维插值

一维数据插值可以得到函数 $y=f(x)$，在进行插值时，随着数据点数的增多，以及数据点之间距离的缩短，插值会变得越来越精确。但在数据量比较有限的情况下，通过合理地选择插值方法，也可以得到令人满意的插值结果。

MATLAB 中的一维插值函数 interp1 可在一定程度上实现对插值数据结果的描述。常用的 interpl 函数的命令格式如表 5.2 所示。

在表 5.2 所列 interpl 函数的各种格式中，有些格式需要提供插值的方法，即需要设置不同的 method。其中，method 的选项如表 5.3 所示。

表 5.2 interp1 函数的命令格式

格　式	说　明
yi=interp1(x,y,xi)	其中，x 必须是矢量，y 可以是矢量或矩阵。若 y 也是矢量，则和变量 x 具有相同的长度。参数 xi 可以是标量、矢量或矩阵
yi=interp1(y,xi)	默认情况下，x 变量选择 1:n，n 为矢量 y 的长度
yi=interp1(x,y,xi,method)	在该函数中，需要输入插值函数采用的插值方法，见表 5.3
yi=interp1(x,y,xi,method,'extrap')	当数据范围超出插值运算范围时，可以采用外推方法插值
yi=interp1(x,y,xi,method,extrapval)	超出数据范围的插值数据结果返回数值，此时数值为 NaN 或 0
yi=interp1(x,y,xi,method,'pp')	返回数值 pp 为分段多项式，method 指定产生分段多项式形式

表 5.3 interp1 插值函数可用的插值算法

算　法	说　明
nearest	最邻近插值方法，在已知数据点附近设置插值点，对插值点的数据四舍五入，超出范围的数据点返回 0
linear	线性插值方法，interp1 函数的默认插值方法，通过直线直接连接相邻的数据点，超出范围的数据返回 NaN
spline	三次样条插值，采用三次样条函数获得插值数据点，当已知点为端点时，插值函数至少有一阶或二阶导数
pchip	分段三次埃尔米特（Herit）多项式插值
cubic	三次多项式插值，与分段三次 Herit 多项式插值相同

【例 5.19】 分别使用不同的插值算法对函数 $y=\dfrac{3}{x^2+1}+2x$ 在区间[-5, 5]内进行插值。

MATLAB 程序如下，结果如图 5.1 所示。

```
x=-5:1:5;                              %已知数据点x坐标
y=3./(x.^2+1)+sin(x)*2;                %已知数据点y坐标
x0=-5:0.05:5;                          %已知数据点x坐标
y0=3./(x0.^2+1)+sin(x0)*2;             %已知数据点y坐标
x1=-5:0.2:5;
y1=interp1(x,y,x1,'linear');           %线线插值
y2=interp1(x,y,x1,'spline');           %三次样条插值
y3=interp1(x,y,x1,'pchip');            %三次埃尔米特插值
y4=interp1(x,y,x1,'nearest');          %最邻近插值

figure(1)
plot(x0,y0,'-',x,y,'og',x1,y1,'*r');
legend('被插值曲线','已知离散数据点','线性插值数据点','location','NorthWest');
title('interp with linear')
figure(2)
plot(x0,y0,'-',x,y,'og',x1,y1,'*r');
legend('被插值曲线','已知离散数据点','线性插值数据点','location','NorthWest');
title('interp with spline')
figure(3)
plot(x0,y0,'-',x,y,'og',x1,y1,'*r');
legend('被插值曲线','已知离散数据点','线性插值数据点','location','NorthWest');
title('interp with pchip')
figure(4)
plot(x0,y0,'-',x,y,'og',x1,y1,'*r');
legend('被插值曲线','已知离散数据点','线性插值数据点','location','NorthWest');
title('interp with cubic')
```

从上述插值结果来看，最邻近插值显然误差最大，在样本点比较稀疏的情况下不适用，效果最好的是三次样条插值，曲线光滑性较好，插值点与被插值函数数据基本重合。线性插值和三次埃尔米特插值效果也不错。线性方法得到的曲线有一定的光滑性，但数据是不连续的，两个数据点之间常常通过直线直接连接，但执行速度比较快。因此，在用 interp1 函数进行插值时，默认的方法是采用 linear（线性）方法来插值。实际上，不同的插值方法适合于不同的被插值曲线。

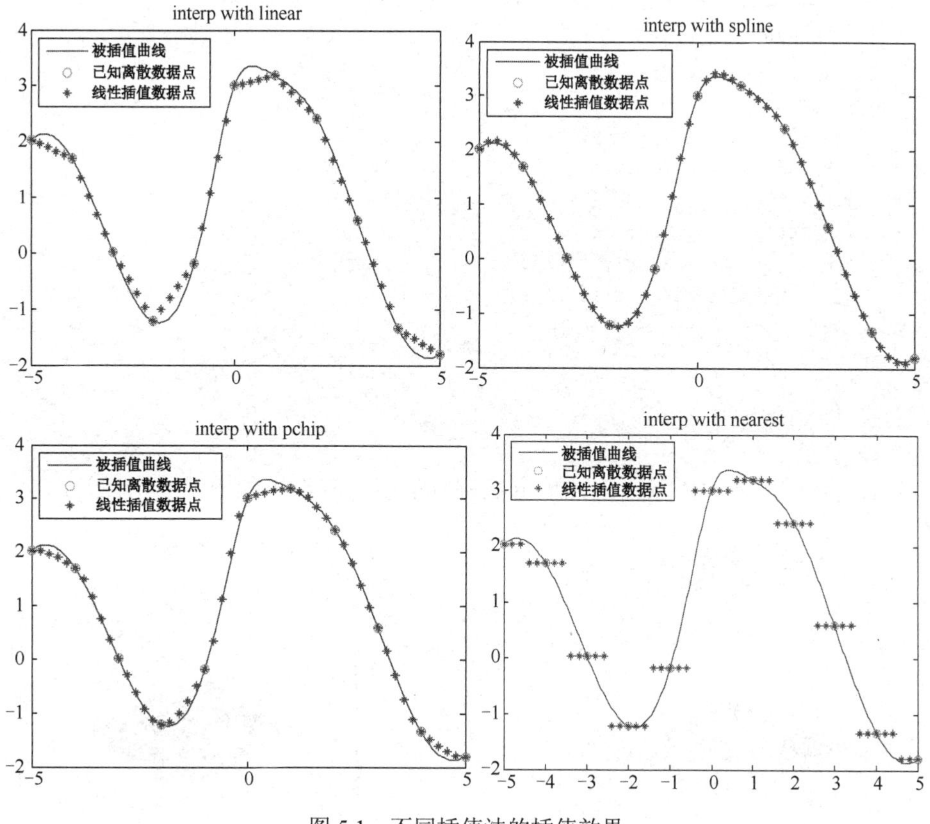

图 5.1　不同插值法的插值效果

5.3.2　二维插值

二维插值函数经过插值后，可以得到一个插值曲面，二维插值的基本思想和一维插值的相同。二维函数插值得到的函数 $z = f(x, y)$ 是自变量 x 和 y 的二维函数。MATLAB 提供 interp2 命令进行二维插值，interp2 命令的调用格式如表 5.4 所示。

表 5.4　interp2 命令的调用格式

格　　式	说　　明
zi=interp2(x,y,z,xi,yi)	原始数据 x、y 和 z 确定插值函数 z=f(x,y)，返回的数值 zi 是(xi,yi)根据插值函数计算得到的结果
yi=interp2(z,xi,yi)	如果 z 的维数是 n×m，那么 x=1:n，y=1:m，即根据下标确定
yi=interp2(z,ntimes)	在 z 的两点之间进行递归插值 ntimes 次
yi=interp2(x,y,z,xi,yi,method)	选择适用不同的插值方法进行插值

在使用上述插值格式进行数据插值时，需要保证 x 和 y 是同维数的矩阵，在行向和列向都以单调递增方式增加，即 x 和 y 必须是 plaid 矩阵，xi 和 yi 数据序列一般可以通过 meshgrid 函数来创建。此外，method 插值方法和表 5.3 所列的方法相同。

【例 5.20】 二次样条插值实例。

设节点 (x,y,z) 中的 $x=-3:1:3$，$y=x$，$z=7-3x^3\mathrm{e}^{-x^2-y^2}$，作 z 在插值点 $x_i=-3.9:0.5:5$，$y_i=-4.9:0.5:4.5$ 处的二元样条插值。MATLAB 程序如下，结果如图 5.2 所示。

```
[x,y]=meshgrid(-3:0.2:3);
z=7-3*x.^3.*exp(-x.^2-y.^2);
[x0,y0]=meshgrid(-3:0.5:3);
z0 =7-3*x0.^3.*exp(-x0.^2-y0.^2);
xi=-3.9:0.5:5;
yi=-4.9:0.5:4.5;
[xi,yi]=meshgrid(xi,yi);
zi=interp2(x0,y0,z0,xi,yi,'spline');
plot3(x,y,z,'r.','markersize',12)
hold on
mesh(xi,yi,zi);
hold off
title('二元样条插值')
grid on
```

对于上述示例，若改为双三次插值方法进行插值，其结果如图 5.3 所示。

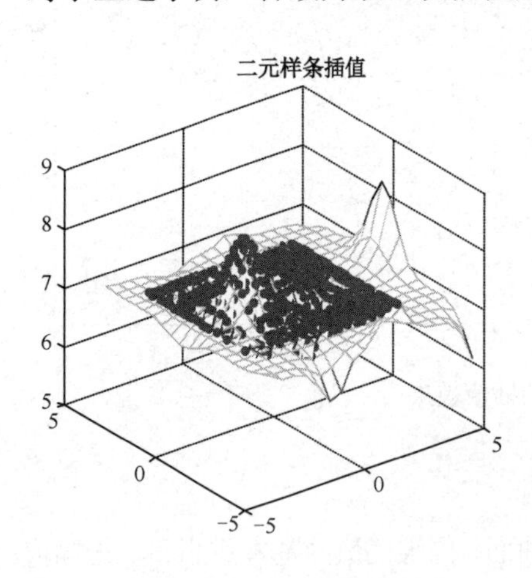

图 5.2　二次样条插值效果

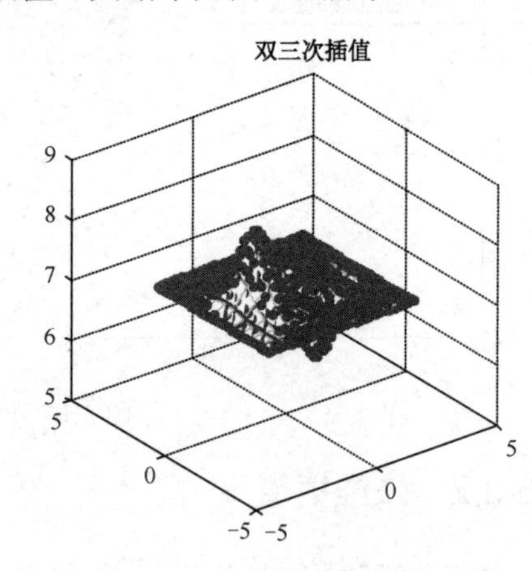

图 5.3　双三次插值效果

5.3.3　曲线拟合

在实际科研和工程研究中，测量得到的原始数据是带有一定噪声的数据。此时，如果根据插值方法来使用，会带来较大的误差。因此，可以使用曲线拟合的方法，寻求平滑曲线来表现两个函数变量之间的关系和变化趋势，得到拟合曲线表达式 $y=f(x)$。在进行曲线拟合时，已经假定所有的测量数据都包含噪声数据，通过拟合得到的曲线也只反映函数变量之间的变化关系和趋势。因此，拟合曲线并不要求经过每个已知数据点，而按照整体拟合数据误差最小的原则进行拟合。在 MATLAB 中，曲线拟合方法使用最小方差函数来进行多项式拟合。多项式拟合函数 polyfit 可以用来计算拟合得到的多项式的系数。默认的拟合目标是方差最小，即最小二乘法拟合数据。此时，判断的依据是通过拟合曲线得到的数据和原始数据之间的平均误差是否达到最小。函数 polyval 可以根据多项式系数和 x 坐标算出拟合曲线上相应的 y 坐标。Polyfit 函数和 polyval 函数的调用格式如表 5.5 所示。

表 5.5 polyfit 函数和 polyval 的调用格式

格　式	说　明
[p]=polyfit(x,y,n)	x 和 y 为已知的测量数据，n 为拟合多项式次数，当 n 为 1 时，进行最佳直线拟合（线性回归），当 n 为 2 时，需要选择最佳的二次多项式拟合
[p,S]=polyfit(x,y,n)	p 为多项式系数，S 为结构体，用于进行误差估计或预测
[p,S,mu]=polyfit(x,y,n)	mu 为 x 的均值和标准差
y=polyval(p,x)	y 是拟合曲线上对应 x 的纵坐标
[y,delta]=polyval(p,x,S)	delta 为误差估计值
y=polyval(p,x,[],mu)	
[y,delta]=polyval(p,x,S,mu)	多项式数据计算，S 是方差，mu 是比例，delta 是误差范围

在表 5.5 中，参数 μ 满足 $\hat{x}=\frac{x-\mu_1}{\mu_2}$，其中 $\mu_1=\text{mean}(x),\mu_2=\text{std}(x)$，$\mu\in[\mu_1,\mu_2]$。通过以上的数据拟合后，得到拟合曲线的多项式

$$y=p_1x^n+p_2x^{n-1}+\cdots+p_nx+p_{n+1} \tag{5.33}$$

【例 5.21】给出一组数据点 (x_i,y_i)，如表 5.6 所示，试用最小二乘法求拟合曲线。

表 5.6 数据点 (x_i,y_i)

x_i	-2.5	-1.7	-1.1	-0.8	0	0.1	1.5	2.7	3.6
y_i	-192.9	-85.50	-36.15	-26.52	-9.10	-8.43	-13.12	6.50	68.04

MATLAB 程序如下，结果如图 5.4 所示。

```
x=[-2.5 -1.7  -1.1  -0.8  0  0.1  1.5  2.7  3.6];
y=[-192.9 -85.50 -36.15 -26.52 -9.10 -8.43 -13.12  6.50  68.04];
n=3;
p=polyfit(x,y,n);
xi=linspace(-3,4,100);
yi=polyval(p,xi);
plot(x,y,'k*-',xi,yi,'r--');
legend('原始曲线','拟合曲线','location','northwest')
xlabel('x');
ylabel('y=f(x)');
title('三次多项式曲线拟合')
```

由图可以看出，通过三次曲线拟合后能有效逼近原始数据曲线。拟合多项式的次数越高，精度相对越高，误差越小，同时计算量也越大。因此，在进行曲线拟合时，有必要选择合适的多项式次数。

【例 5.22】曲线拟合误差分析。

MATLAB 程序如下，结果如图 5.5 所示。

```
x=0:0.1:1;
y=[2.1,2.3,2.5,2.9,3.2,3.3,3.8,4.1,4.9,5.4,5.8];
n=3;[a,S]=polyfit(x,y,n);
[ye,delta]=polyval(a,x,S);
plot(x,y,'b+');axis([0,1,1,6]);hold on
errorbar(x,ye,delta,'r');hold off
title('三阶曲线拟合误差')
```

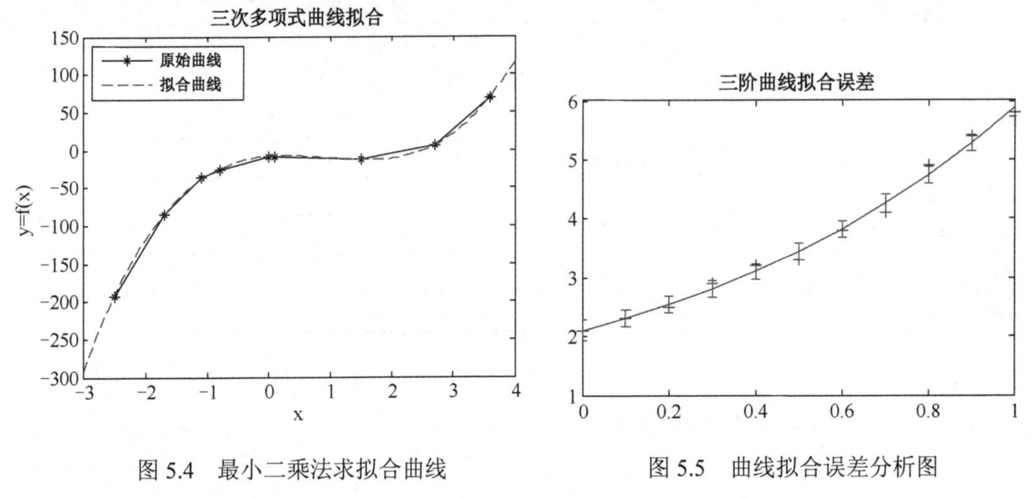

图 5.4　最小二乘法求拟合曲线　　　　图 5.5　曲线拟合误差分析图

5.4　数值微积分

微积分是高等数学中最基本的运算。一方面它是非常重要的数学工具，另一方面它在实际问题中有许多应用。数值微分是可导函数在某点的值的一类近似计算方法，例如，遇到离散数据或者图形表示的函数时，就只能采用数值方法。数值积分是求积分的近似值的一类近似计算方法。函数的微积分计算可分为数值微积分和符号微积分两类，本章重点介绍数值微积分。

5.4.1　数值微分计算

导数的数值计算，或称数值微分（也称数值求导），是指用离散方法近似地计算函数 $y=f(x)$ 在某点的导数值。当然，通常只有函数以离散数值形式给出时，才有必要使用这种方法。本节介绍一元函数的数值导数及其 MATLAB 程序。

根据导数的定义有

$$f'(x)=\lim_{h\to 0}\frac{f(x+h)-f(x)}{h} \tag{5.34}$$

式中，Δx 和 Δy 分别称为自变量 x 和因变量 y 的增量，也称差分，也可用差分的商 $\Delta y/\Delta x$ 作为微商（导数）的近似，从而有下面求导数的近似值的定理。

定理 5.1（精度为 $O(h)$的前差公式和后差公式）设函数 $y=f(x)$ 在 $[a,b]$ 上有二阶连续导数，且 $x-h,x,x+h\in[a,b]$，则有

$$f'(x) \approx \frac{f(x+h)-f(x)}{h} \tag{5.35}$$

$$f'(x) \approx \frac{f(x)-f(x-h)}{h} \tag{5.36}$$

式中，h（$h>0$）是绝对值很小的增量，估计导数 $f'(x)$ 的近似公式的截断误差为

$$R(f,h) = -\frac{h}{2} f''(\xi_i) = O(h),\ i=1,2 \tag{5.37}$$

式中，$\xi_i \in [a,b], i=1,2$。式（5.35）和式（5.36）分别被称为前差公式和后差公式。

【例 5.23】 设 $f(x)=\sin(5x^2-21)$。

（1）分别利用前差公式和后差公式计算 $f'(0.79)$ 的近似值，取 4 位小数点计算，其中步长分别取 $h=0.1, 0.01, 0.001, 0.0001, x\in[0,1]$。

（2）将（1）中计算的 $f'(0.79)$ 的近似值分别与精确值比较。

代码如下：

```
x=0.79;
h=[0.1,0.01,0.001,0.0001];
x1=x+h;
x2=x-h;
y=sin(5*x.^2-21);
y1=sin(5*x1.^2-21);
y2=sin(5*x2.^2-21);
yF=(y1-y)./h                              %前向数值求导
yT=(y-y2)./h                              %后向数值求导

syms x
f=sin(5*x.^2-21);
dy=diff(f,x);                             %理论导数符号表达式
dyl=eval(subs(dy,x,0.79))                 %理论导数

detF=yF-dyl                               %前向求导误差
detT=yT-dyl                               %后向求导误差
```

运行结果如下：

```
yF =
    1.4660    4.2285    4.4425    4.4632

yT =
    5.9689    4.6867    4.4883    4.4678

dyl =
    4.4655

detF =
   -2.9995   -0.2370   -0.0230   -0.0023
```

```
detT =
    1.5034    0.2212    0.0228    0.0023
```

由以上运行结果可以看出，步长 h 越小，误差越小，当 $h=0.0001$ 时，利用前差公式和后差公式计算的 $f'(0.79)$ 近似值与精确值很接近，但后差公式比前差公式计算的结果的误差小。

定理 5.2（精度为 $O(h^2)$ 的中心差商公式）设函数 $y=f(x)$ 在 $[a,b]$ 上有三阶连续导数，且 $x-h,x,x+h\in[a,b]$，则有

$$f'(x)\approx\frac{f(x+h)-f(x-h)}{2h} \tag{5.38}$$

式中，h（$h>0$）是绝对值很小的增量，估计导数 $f'(x)$ 的近似公式的截断误差为

$$R(f,h)=-\frac{h^2}{6}f'''(\xi)=O(h^2),\xi=(a,b) \tag{5.39}$$

式（5.39）被称为中心差商公式，它是数值求导中最常用的公式。

【例 5.24】 设 $f(x)=\sin(5x^2-21)$。

（1）用差商求导公式计算 $f'(0.79)$ 的近似值，取 4 位小数点计算，其中步长分别取 $h=0.1$, $0.01, 0.001, 0.0001, x\in[0,1]$。

（2）将（1）中计算的 $f'(0.79)$ 的近似值与精确值比较。

代码如下所示：

```
x=0.79;
h=[0.1,0.01,0.001,0.0001];
x1=x+h;
x2=x-h;
y=sin(5*x.^2-21);
y1=sin(5*x1.^2-21);
y2=sin(5*x2.^2-21);
yCS=(y1-y2)./(2*h)                    %差商数值求导
syms x
f=sin(5*x.^2-21);
dy=diff(f,x);                         %理论导数符号表达式
dyl=eval(subs(dy,x,0.79))             %理论导数
detF=yCS-dyl                          %差商求导误差
```

运行结果如下：

```
yCS =
    3.7174    4.4576    4.4654    4.4655
dyl =
    4.4655
dety =
   -0.7481   -0.0079   -0.0001   -0.0000
```

从上述运算结果可以看出，差商求导的误差远小于前向求导和后向求导的误差。

5.4.2 数值积分计算

如果被积函数 $f(x)$ 的原函数不易求出，或者根本不能表示为初等函数，那么只能用定

积分的数值方法求定积分的近似值。数值积分的基本思想是，用数值方法近似地求函数 $f(x)$ 在闭区间 $[a,b]$ 上的定积分 $I=\int_0^x f(x)\ \mathrm{d}x$，此时

$$I=\int_0^x f(x)\ \mathrm{d}x=\lim_{n\to\infty}\sum_{k=1}^{n} f(\xi_k)\frac{b-a}{n} \tag{5.40}$$

式中，$\xi\subset[x_{k-1},x_k]\subset[a,b],k=1,2,\cdots,n$，当 n 的取值充分大时，I 的数值积分就是

$$\int_a^b f(x)\ \mathrm{d}x\approx I_n=\sum_{k=1}^{n} f(\xi_k)\frac{b-a}{n} \tag{5.41}$$

$$\int_a^b f(x)\ \mathrm{d}x=\sum_{k=1}^{n} f(\xi_k)\frac{b-a}{n}+R[f] \tag{5.42}$$

式（5.41）和式（5.42）都被称为数值求积公式，其中 $R[f]$ 表示截断误差，称为数值求积公式的余项。如果数值求积公式对 n 次多项式精确成立，则称此公式具有 n 次代数精度。显然，ξ_k 的取值不同，数值积分 I_n 的结果就不同，当然，定积分 I 的值是一样的。这种做法相当于用相对简单的阶梯函数 $f(\xi_k),k=1,2,\cdots,n$ 代替 $f(x)$ 进行积分。实际上，不同数值积分方法的区别主要是选择什么样的简单函数来代替 $f(x)$，以便既能保证一定的精度，又能使计算量小。MATLAB 函数的数值积分基于两种基本的数值积分法则，即中点法则和梯形法则。令 $h=b-a$ 为区间的长度。

按中点法则，积分近似为一个长为 h、高为中点处被积函数值的矩形的面积 M:

$$M=hf\left(\frac{a+b}{2}\right) \tag{5.43}$$

按梯形法则，积分近似为一个直角腰长为 h、两底边长分别为两端点处被积函数值的梯形面积 T:

$$T=h\frac{f(a)+f(b)}{2} \tag{5.44}$$

通过检验积分法则对多项式函数的效果，可以估计它的准确性。数值积分法则的阶数是指该法则不能准确计算的多项式的最低次数。若用一个 p 阶的数值积分法则对一个光滑函数在长为 h 的小区间上积分，那么泰勒级数分析表明，误差正比于 h^p。前面提到的中点法则和梯形法则对 x 的常数和线性函数都是完全准确的，但对 x 的二次函数就不准确，因此它们都是二阶的，（用.f{a}或.f{b}）代替中点处的函数值得到的矩形法则仅有一阶准确度。

这两种数值积分法则的准确性可以通过计算一个简单的积分来检验：

$$\int_0^1 x^2\mathrm{d}x=\frac{1}{3} \tag{5.45}$$

中点法则计算的结果为

$$M=1\times\left(\frac{1}{2}\right)^2=\frac{1}{4} \tag{5.46}$$

梯形法则计算的结果为

$$T = 1\times\left(\frac{0+1^2}{2}\right) = \frac{1}{2} \tag{5.47}$$

因此，M 的误差为 1/2，而 T 的误差为−1/6。这两个误差正负号相反，且让人惊讶的是中点法则的准确性竟然是梯形法则的 2 倍。

可以证明，上述现象具有普遍性。在小区间上对光滑函数进行积分，M 的准确性基本上是 T 的 2 倍，同时正负号相反。有了这样的误差估计，我们就可以将这两者加以结合得到新的积分法则，得到的新法则通常要比前两者更准确。如果 T 的误差正好是 M 的误差的 2 倍，那么求解

$$S - T = -2(S - M) \tag{5.48}$$

中的 S，将给出积分的准确值。总之，上述方程的解

$$S = \frac{2}{3}M + \frac{1}{3}T \tag{5.49}$$

通常是比 M 或 T 更准确的积分近似值。这样得到的积分法则被称为辛普森法则。也可以由区间两个端点 a、b 和中点 $c = (a+b)/2$ 处的函数值插值出一个二次函数，然后对此二次函数积分来推导出辛普森法则：

$$S_1 = \frac{h}{6}(f(a) + 4f(c) + f(b)) \tag{5.50}$$

可以证明，用 S 可以准确地计算三次多项式的积分，但对四次多项式则不行。因此辛普森法则的阶数为 4。

我们可用整个区间的两半 $[a,c]$ 和 $[c,b]$ 将上述过程多执行一次。令 d 和 e 分别为这两个子区间的中点：$d = (a+c)/2, e = (c+b)/2$。在两个子区间上分别应用辛普森法则，得到整个区间 $[a,b]$ 上的数值积分公式：

$$S_2 = \frac{h}{12}(f(a) + 4f(d) + 2f(c) + 4f(e) + f(b)) \tag{5.51}$$

这就是复合（composite）数值积分法则的一个例子。

【例 5.25】用 MATLAB 和矩形公式计算定积分 $\int_0^{\pi/2} \mathrm{e}^{\sin x}\mathrm{d}x$。

将积分范围 $[0, \pi/2]$ 按步长 $\pi/40$ 等分为 20 份，并求和。输入 MATLAB 程序如下：

```
h=pi/40;
x=0:h:pi/2;
y=exp(sin(x));
z=sum(y(1:20))*h
```

运行结果如下：

```
z =
     3.0364
```

【例 5.26】用 MATLAB 和梯形公式计算定积分 $\int_0^{\pi/2} \mathrm{e}^{\sin x}\mathrm{d}x$，分别取 $h = \pi/8000, \pi/800, \pi/80$ 计算积分结果并与精确值比较，然后观察 h 对计算结果的有效数字和绝对误差的影响。

先取 $h = \pi/8000$，输入 MATLAB 程序如下：

```
h=pi/8000;
a=0;b=pi/2;
x=a:h:b;
n=length(x);
y=exp(sin(x));
z1=(y(1)+y(n))*h/2;
z2=sum(y(2:n-1))*h';
z8000=z1+z2

syms t
f=exp(sin(t));
intf=int(f,t,a,b);
Fs=double(intf)
wc8000=abs(z8000-Fs)
```

运行结果如下：

```
z8000 =
    3.104379005004513

Fs =
    3.104379017855555

wc8000 =
      1.285104200832166e-08
```

分别将步长取为 $h=\pi/800$ 和 $h=\pi/80$，运行后屏幕依次显示用梯形公式计算定积分 I 的值 z800 和 z80，以及与精确值的近似值 F 的绝对误差 wc800、wc80：

$h=\pi/800$ 的运行结果如下：

```
z800 =
    3.104377732750816
Fs =
    3.104379017855555
wc800 =
      1.285104739068288e-06
```

$h=\pi/80$ 的运行结果如下：

```
z80 =
    3.104250507382553
Fs =
    3.104379017855555
wc80 =
      1.285104730022191e-04
```

由输出的结果可以看出，步长 h 越小，用梯形公式计算定积分 I 的结果具有的有效数字的位数就越多，绝对误差就越小，精度就越高。下面的推论也给出了误差与步长 h 的关系。

用 MATLAB 和梯形公式计算数值积分与估计误差时，除了使用例 5.26 和例 5.27 中编写的 MATLAB 计算程序，还可使用 MATLAB 提供的两个计算函数：一个是梯形数值积分函数 trapz；另一个是累加梯形数值积分函数 cumtrapz。它们的调用格式如表 5.7 所示。

表 5.7　积分函数的调用格式

函　数	调 用 格 式	说　明
trapz	Z=trapz(Y)	输入 Y，输出为按梯形公式计算的 Y 的积分的近似值（单位步长） 如果输入 Y 是矢量，则 Z 是 Y 的积分 如果输入 Y 是矩阵，则行矢量 Z 是 Y 的每列的积分
	Z=trapz(X,Y)	输入 X、Y 为同长度的数组，输出为按梯形公式计算的 Y 对 X 的积分（步长不一定相等）
	Z=trapz(X,Y,DIM)	输出为按梯形公式计算的 Y 的每个 DIM 的积分，其中 X 的长度必须和 size(Y, DIM) 相同
cumtrapz	Z=cumtrapz(Y)	输入 Y，输出用梯形方法计算的 Y 的累加积分的近似值（单位步长） 如果输入 Y 是矢量，则 Z 是 Y 的积分 如果输入 Y 是矩阵，则行矢量 Z 是 Y 的每列的积分
cumtrapz	Z=cumtrapz(X,Y)	输入 X、Y 为同长度的数组，输出为按梯形公式计算的 Y 对 X 的累加积分（步长不一定相等）
	Z=cumtrapz(X,Y,DIM)	输出为按梯形公式计算的 Y 的每个 DIM 的累加积分，其中 X 的长度必须和 size(Y, DIM) 相同

【例 5.27】分别用 trapz 和 cumtrapz 函数计算积分 $\int_0^{\pi/2} e^{-x}e^{\sin x}dx$，精确到$10^{-4}$，并与矩形公式的结果比较。

将积分范围$[0,\pi/2]$按步长$\pi/40$等分为 20 份。输入 MATLAB 程序如下：

```
h=pi/40;
x=0:h:pi/2;
y=exp(-x).*sin(x);
z1=sum(y(1:20))*h;
z2=sum(y(2:21)*h);
z=(z1+z2)/2,z3=trapz(y)*h,z3h=trapz(x,y)
z3c=cumtrapz(y)*h
```

运行结果如下：

```
z =
    0.3954
z3 =
    0.3954

z3h =
    0.3954

z3c =
  Columns 1 through 11
    0         0.0028    0.0109    0.0234    0.0395    0.0586    0.0798
    0.1028    0.1270    0.1519    0.1771
  Columns 12 through 21
    0.2023    0.2273    0.2517    0.2755    0.2983    0.3201    0.3408
    0.3602    0.3785    0.3954
```

显然，函数 trapz 和 cumtrapz 分别计算的结果都与矩形公式计算的结果的平均数相等，但函数 cumtrap 计算的结果展示了每次累加计算过程的结果。

MATLAB 系统还提供使用自适应辛普森公式计算数值积分的函数 quad，其调用格式如表 5.8 所示。

表 5.8　函数 quad 的调用格式

调用格式	说　明
Q=quad('fun',a,b)	计算函数 Y=fun(X)在区间(a,b)上的数值积分，自动选择步长，输出数值积分值，其中函数 Y=fun(X)是以 fun.m 文件命名的 M 文件函数（或库函数，如'sin'和'log'），或 F=inline('fun')形式，或数组，函数 Y=fun(X)接受矢量的自变量，返回结果是矢量 Y，即在 X 的每个元素处的积分估计值
Q=quad('fun',a,b,tol)	同上，但指定绝对误差限为 tol，默认值为 10^{-6}
Q=quad('fun',a,b,tol,TRACE)	输入量非零数 TRACE，以动态形式显示递归求积分的整个过程的[fcnt a b -a Q]的值
Q=quad('fun',a,b,tol,TRACE,P1,P2,…)	此命令规定对函数 fun(X,P1,P2,…)附加的参数 P1、P2 直接通过传递 tol 或 TRACE 的空矩阵使用默认值

习题 5

1. 分别用逆矩阵法和 **LU** 分解法求解线性方程组 $\begin{cases} x_1+4x_2-2x_3+2x_4=10 \\ 2x_1+x_2-4x_3+x_4=5 \\ 5x_1+2x_2-x_3-x_4=21 \\ -x_1+3x_2-2x_3+3x_4=1 \end{cases}$。
2. 分别用 solve、roots 求解非线性方程 $x^4-3x^3+2x^2-2x+5=0$。
3. 设节点 (x,y,z) 中的 $x=-3:0.5:3, y=x, z=7-3x^3\mathrm{e}^{-x^2-y^2}$，作 z 在插值点 $x=-3.9:0.5:5$，$y=-4.9:0.5:4.5$ 处的二元样条插值、双三次插值结果。
4. 已知数据 $x=[-1,-0.96,-0.62,0.1,0.4,1], y=[-1,-0.1512,0.386,0.4802,0.8838,1]$，分别使用 2～5 次多项式对其进行多项式拟合，绘出拟合曲线，并分别计算拟合误差。
5. 求下列函数的一阶导数和二阶导数。

   (1) $y=x^3+2\sin(x^2-x)+\cos(x-5)$；(2) $y=a\mathrm{e}^{x^2+2x}+\tan\dfrac{x^3}{b}$

   对(1)中的函数分别使用前差公式、后差公式和中心差商公式求 $x=1$ 处的导数，并分别取补偿为 $h=0.1, 0.01, 0.001, 0.0001$。
6. 求下列常微分方程在给定初始条件下的特解。

   (1) $\left(\dfrac{\mathrm{d}y}{\mathrm{d}x}\right)^2+y^2=\cos x, y(0)=0$;　(2) $\dfrac{\mathrm{d}^3w}{\mathrm{d}t^3}=-w,\ w(0)=1,\ \dfrac{\mathrm{d}w}{\mathrm{d}t}|_{t=0}=1;\ \dfrac{\mathrm{d}^2w}{\mathrm{d}t^2}|_{t=0}=1$;

   (3) $\dfrac{\mathrm{d}^2f(x)}{\mathrm{d}x^2}=4\dfrac{\mathrm{d}f(x)}{\mathrm{d}x}, f(0)=1, \dfrac{\mathrm{d}f(x)}{\mathrm{d}x}|_{x=\pi/2}=0$
7. 求由函数 $y=f(x)=6x^5+\cos x, x=-2, x=3$ 和 $y=0$ 围成的曲边梯形的面积，并画出它们的图形。
8. 用 MATLAB 的 trapz 和 cumtrapz 函数计算 $y=\int_0^{\pi/2}\mathrm{e}^{-2x}\sin 3x\mathrm{d}x$ 的数值积分，并与精确值比较。

实验 5　数值计算

实验目的

1. 熟悉与掌握线性方程组的直接求解和迭代求解方法。

2. 熟悉与掌握非线性方程组的求解方法。
3. 熟悉与掌握插值和拟合数值计算方法。
4. 熟悉与掌握微分和积分的数值计算方法。
5. 熟悉与掌握数据统计分析和假设检验方法。

实验内容

1. 求线性方程组 $\begin{cases} 27x_1+6x_2-x_3=85 \\ 6x_1+15x_2+2x_3=5 \\ x_1+x_2+54x_3=110 \end{cases}$ 的根。⑴使用 ***LU*** 分解方法求该方程组的根；⑵分别使用雅可比迭代法和 G-S 迭代法求该方程组的根。要求精确到 0.001，并比较两种迭代法的迭代次数。
2. 求多项式方程 $x^3-3x+1=0$ 的根。⑴使用 `solve` 命令求该方程的根；⑵分别使用逐步搜索法和二分法求该方程的根。要求精确到 0.0001，并比较计算速度（可用 `tic` 和 `toc` 命令计算运行时间）。
3. 设函数 $f(x)=\dfrac{1}{1+x^2}$ 定义在区间[-5, 5]上，取 n = 10，按等距节点分别采用线性插值法、三次样条插值法、三次埃尔米特插值法、三次多项式插值法进行插值，并分别计算平均误差的大小。
4. 计算⑴～⑷所示微分方程的通解及⑸～⑻所示的积分式。

(1) $\dfrac{\mathrm{d}^6y}{\mathrm{d}t^6}=-at^7+\cos 5t$

(2) $\dfrac{\mathrm{d}^2y}{\mathrm{d}t^2}=7x(\sin 3x+\cos 3x)$

(3) $\dfrac{\mathrm{d}^2y}{\mathrm{d}t^2}+\beta\dfrac{\mathrm{d}x}{\mathrm{d}t}+\gamma x=\dfrac{F(t)}{m}$

(4) $\dfrac{\mathrm{d}^2y}{\mathrm{d}t^2}+2\dfrac{\mathrm{d}x}{\mathrm{d}t}+y=\sin x$

(5) $\int_1^{\mathrm{e}} 2x^3\ln^3 5x\mathrm{d}x$

(6) $\int_1^{\pi} x^2\cos 2x\mathrm{d}x$

(7) $\int_1^{a} x^2\sqrt{a^2-x^2}\mathrm{d}x$

(8) $\int_1^{8}\dfrac{1}{\sqrt{2x-1}+\sqrt[3]{2x-1}}\mathrm{d}x$

第 6 章　MATLAB 符号运算

数值运算对于工程运算来说有着非常重要的作用，在数学、物理等基础学科的研究中，数值运算对各种符号形式的公式、表达式及公式的推导同样有着非常重要的作用。MathWorks公司和加拿大的Maple公司于20世纪90年代初共同开发了符号运算软件，并在MATLAB 5.1之后的版本中向用户提供较完整的 Symbolic Math（符号数学）工具箱。符号运算与数值运算的区别主要是，在运算时无须事先对变量赋值，而只需将所得结果以标准的符号形式表示出来。使用符号变量进行运算能最大限度地减少运算过程中因舍入造成的误差，同时符号变量也便于进行运算过程的演示。本章主要介绍 MATLAB 符号运算的相关知识。

6.1　符号对象的创建

参与符号运算的对象可以是符号变量、符号表达式或符号矩阵。与数值运算不同的是，符号变量在引用之前要先定义。在面向对象的程序设计中，符号数学工具箱定义了一种新的数据类型，叫 sym 类。sym 类的实例就是符号对象，符号对象是一种数据结构，用来存储代表符号的字符串。

本节介绍如何借助 MATLAB 的符号数学工具箱来创建和运算符号变量、符号表达式与符号矩阵，同时介绍 MATLAB 的默认符号变量及其设置方法。

6.1.1　符号常量和符号变量

符号常量和符号变量是符号对象中构成符号表达式和符号函数的基本元素。MATLAB 提供两个创建符号对象的命令 sym 和 syms。sym 用于创建单个符号对象，syms 用于创建多个符号对象。下面分别介绍符号变量和符号常量。

1. 符号变量

1）用 sym 命令创建

```
sym a
sym b
```

以上代码创建了符号变量a和b。

2）用 sym 命令创建

```
符号变量名=sym('符号字符串')
```

其中，符号字符串已用单引号括起。例如，x=sym('x')建立一个符号变量x。

上述两种方法创建的符号变量可用于基本运算，如加、减、乘、除等。但是，符号运算的性质与数值运算不同，符号运算实际上将符号变量直接代入运算式中，得到符号表达式，而数值运算中的数值变量必须先赋值，后参与运算，运算过程是数值与数值之间的计算，结果也是相同类型的数值。

【例 6.1】符号运算和数值运算的区别。

（1）符号运算

在 MATLAB 命令窗口中输入如下代码：

```
>>x=sym('x')
>>y=sym('y')
>>x+y
```

程序运行结果：

```
ans=
      x+y
```

（2）数值运算

在 MATLAB 命令窗口中输入如下代码：

```
>>x=10
>>y=20
>>x+y
```

程序运行结果：

```
ans=
        30
```

2. 符号常量

符号常量与数值常量的区别是，在计算时，数值运算是通过将数值代入来参与运算的，得到的结果是根据具体数据类型得到的相应数据类型的近似结果；而符号常量在参与运算时，仅把符号常量代入运算过程，得到的是精确的数学表达式。

【例 6.2】符号常量和符号变量的创建。

在 MATLAB 命令窗口中输入如下代码：

```
>>a=log(2);
>>b=1;
>>x=str2sym('log(2)');
>>y=sym('1');
>>f1=a^2+b
>>f2=x^2+y
```

程序运行结果：

```
f1=
     1.4805
f2=
     log(2)^2+1
```

6.1.2 符号表达式与符号函数

符号表达式是含有符号变量或符号常量的表达式。符号表达式由符号变量、函数和算术运算符组成，符号表达式的书写格式与数值表达式的相同。符号表达式的建立有两种方法：(1)利用 sym 命令创建符号表达式；(2)使用已定义的符号变量创建符号表达式。

1. 利用 sym 命令创建

```
y=str2sym('sin(x)+cos(x)')
```

2. 利用已定义的符号变量创建

```
syms x %或者sym x
y=sin(x)+cos(x);
```

表 6.1 给出了一般符号表达式和 MATLAB 符号表达式的对照。

表 6.1　一般符号表达式和 MATLAB 符号表达式的对照

一般符号表达式	MATLAB 符号表达式
$y=\frac{1}{\sqrt{x}}$	syms x; y= 1/sqrt(x)
$\cos(x^2)+\sin(x)$	syms x; cos(x^2)+sin(x)
$y=\frac{1}{2x^n}$	syms x n; 1/(2*x^n)

将表达式中的自变量定义为符号变量后，赋给符号函数名，即生成符号函数。例如，有一个数学表达式，其用符号表达式生成符号函数 fxy 的过程为

```
>> syms a b c x y
>> fxy=(a*x^2+b*y^2)/c^2
```

生成符号函数 fxy 后，即可用于微积分等符号计算。

【例 6.3】 符号函数 fxy=(a*x^2+b*y^2)/c^2，分别求该函数对 x、y 的导数和对 x 的积分。

在 MATLAB 命令窗口中输入如下代码：

```
>>syms a b c x y
>>fxy=(a*x^2+b*y^2)/c^2
>>diff(fxy,x)
>>diff(fxy,y)
>>int(fxy,x)
```

程序运行结果：

```
fxy=
    (a*x^2+b*y^2)/c^2
ans=
    (2*a*x)/c^2
ans=
    (2*b*y)/c^2
ans=
    (x*(a*x^2+3*b*y^2))/(3*c^2)
```

6.1.3　符号矩阵

元素中含有符号对象的矩阵被称为符号矩阵，其创建形式与 MATLAB 数值矩阵的相同，创建方法同样是采用 sym 和 syms 命令。

1. 先利用[]后利用 sym 命令创建

```
>>M=str2sym('[a,b;c,d]')
  M=
    [a,b]
    [c,d]
```

2．先利用 sym 命令后利用[]创建

```
>>syms a b c d e f
>>M2=[a,b;c,d;e,f]
  M2=
     [a,b]
     [c,d]
     [e,f]
```

3．利用字符串方式创建

```
>>M3='[a,b]'
   M3=
     [a,b]
```

上述三种方法创建的符号矩阵与数值矩阵形式一样，不同的是，其中的矩阵元素是符号变量或符号常量。

除了创建符号矩阵，还可采用 subs 函数对符号矩阵进行修改，其调用形式为

```
A=sym('old')
A1=subs(A,'old','new')
```

该函数表示 A 矩阵中的 old 元素被 new 元素替换。

【例 6.4】利用 subs 函数修改符号矩阵。

在 MATLAB 命令窗口中输入如下代码：

```
>>syms a b c
>>A=[a,2*b;3*a,0]
>>A1=subs(A, a, c)
```

程序运行结果：

```
A=
    [a,2*b]
    [3*a,0]
A1=
    [c,2*b]
    [3*c,4*b]
```

6.2 符号对象的运算

MATLAB 可以实现微积分运算、线性代数计算、表达式化简、求解代数方程和微分方程、不同精度的转换和积分变换。符号计算的结果可以图形化显示，MATLAB 的符号运算功能十分完整和方便。

6.2.1 符号表达式的基本运算

由于重载技术，数值运算中所用到的基本运算符号和运算函数均可用于符号表达式的运算，换句话说，符号表达式的基本运算与数值的基本运算相同，因此符号运算简单且易于实现。表 6.2 列出了基本的运算符号。

表 6.2 基本的运算符号

指 令 类 型	指 令 符 号	说 明
基本运算符	+、-、*、/、\、^	分别实现加、减、乘、左除、右除、幂运算
关系运算符	==、~=	判断是否等于和不等于，若为真，则返回 1，否则返回 0。注意：符号对象的关系运算中只有等于和不等于符号，没有大于和小于符号
三角函数、双曲函数和反函数	Sin()、cos()、tan()、cot()、cosh()、asin()、acosh()等	除 atan2 只能用于数值运算外，其他三角函数均可用于符号运算，且用法相同
指数、对数函数	sqrt、exp、log、log2、log10	分别为平方根、指数和对数函数，用法与数值运算相同
复数函数	conj、real、imag、abs	分别为复数的共轭、实部、虚部和求模函数，用法与数值运算的相同

【例 6.5】符号表达式的创建。

在 MATLAB 命令窗口中输入如下代码：

```
>>syms a b c d
>>d=sqrt(a)+b^c
```

程序运行结果：

```
d=
    b^c+a^(1/2)
```

6.2.2 符号矩阵的基本运算

符号矩阵的基本运算包括两种：一种是矩阵与矩阵之间的运算，如 A*B。由线性代数知识可知，两个矩阵相乘时必须满足一定的条件，即矩阵 A 的列数要与矩阵 B 的行数相同，也就是要有 $A_{m\times n}$ 和 $B_{n\times l}$。另一种是矩阵与矩阵之间对应位置的元素运算，如 A.*B，读做 A 点乘 B，这里矩阵 A 的大小和矩阵 B 的大小必须相同，结果是 A、B 矩阵相同位置上的元素相乘后得到的值在对应位置组合成的新矩阵，其大小也与 A、B 矩阵的大小相同。

除“.*”外，还有“./”、“.\”和“.^”，但是由于矩阵的加法和减法本来就是对应元素相加减，因此只有“A+B”和“A-B”，而没有“A.+B”和“A.-B”。

【例 6.6】矩阵的加法。

在 MATLAB 命令窗口中输入如下代码：

```
>> syms a b c d
>> A=[a,b;c,d];
>> B=A;
>> C=A+B
```

程序运行结果：

```
C=
   [ 2*a,2*b]
   [ 2*c,2*d]
```

【例 6.7】矩阵乘法和点乘的区别。

在 MATLAB 命令窗口中输入如下代码：

```
>>syms a b c d
```

```
>>A1=[a,b;c,d]
>>B1=A1
>>C1=A1*B1            %A1乘以B1
>>C2=A1.*B1           %A1点乘B1
```

程序运行结果：

```
C1=
   [a^2+b*c,a*b+b*d]
   [a*c+c*d,d^2+b*c]
C2=
   [a^2,b^2]
   [c^2,d^2]
```

6.2.3 其他符号运算

除了前两节介绍的符号基本运算，符号运算还包括其他一些运算，下面分别介绍。

1．同类项合并

在 MATLAB 符号工具箱中，collect 函数用于对符号表达式进行同类项合并。

【例 6.8】已知数学表达式 $y=(x^2+x\mathrm{e}^{-t}+1)(x+\mathrm{e}^{-t})$，试合并其同类项。

在 MATLAB 命令窗口输入如下代码：

```
>>syms x t;
>>y=sym((x^2+x*exp(-t)+1)*(x+exp(-t)));
>>y1=collect(y)              %默认合并x同幂项系数
>>y2=collect(y,exp(-t))      %合并y变量中的exp(-t)同幂项系数
```

程序运行结果：

```
y1=x^3+2*exp(-t)*x^2+(exp(-2*t)+1)*x+exp(-t)
y2=x*exp(-2*t)+(2*x^2+1)*exp(-t)+x*(x^2+1)
```

即 $y_1=x^3+2\mathrm{e}^{-t}x^2+[1+(\mathrm{e}^{-t})]x+\mathrm{e}^{-t}, y_2=x(\mathrm{e}^{-t})^2+(2x^2+1)\mathrm{e}^{-t}+(x^2+1)x$。

【例 6.9】合并多项式 $(x^3+x+1)(x^2+1)x$ 的同类项。

在 MATLAB 命令窗口输入如下代码：

```
>>syms x;
>>f=(x^3+x+1)*(x^2+1);
>>g=collect(f)
```

程序运行结果：

```
g=
   1+x^5+2*x^3+x^2+x
```

2．表达式展开

在 MATLAB 符号工具箱中，用 expand 函数可将符号表达式展开。

【例 6.10】试将表达式 $y(x)=\cos(3\arccos x)$ 展开。

在 MATLAB 命令窗口中输入：

```
>>syms x;
>>y=cos(3*acos(x));
```

```
>>y1=expand(y)          %展开
```

程序运行结果：

```
y1=
     4*x^3-3*x
```

即 $y=\cos(3\arccos x)=4x^3-3x$ 。

【例 6.11】 将矩阵$\begin{bmatrix} e^{(x+y)} & \ln(x^2y^2) \\ 2^{(x+2)}+1 & \lg(100y^2) \end{bmatrix}$的各元素展开。

在 MATLAB 命令窗口输入如下代码：

```
>>syms x y;
>>f=[exp(x+y), log(x^2*y^2);2^(x+2)+1, log10(100*y^2)]
>>expand(f)
```

程序运行结果：

```
f=
       [exp(x+y),log(x^2*y^2)]
       [2^(x+2)+1,log(100*y^2)/log(10)]


ans=
       [exp(x)*exp(y),log(x^2*y^2)]
       [4*2^x+1,1/log(10)*log(100)+1/log(10)*log(y^2)]
```

3．因式分解

在 MATLAB 符号工具箱中，可用 factor 函数对符号表达式进行因式分解。

【例 6.12】 已知数学表达式 $y(x)=x^4-5x^3+5x^2+5x-6$ ，试对其进行因式分解。

在 MATLAB 命令窗口中输入：

```
>>syms x;
>>y=x^4-5*x^3+5*x^2+5*x-6
>>y1=factor(y)    %将符号表达式y转换为多个因式相乘的形式，各多项式的系数均为有理数
```

程序运行结果：

```
y=x^4-5*x^3+5*x^2+5*x-6
y1=(x-1)*(x-2)*(x-3)*(x+1)
```

即 $y=x^4-5x^3+5x^2+5x-6=(x-1)(x-2)(x-3)(x+1)$ 。

【例 6.13】 对 x^3-a^3 进行因式分解。

在 MATLAB 命令窗口输入如下代码：

```
>>syms x a
>>f=factor(x^3-a^3)
```

程序运行结果：

```
f=
   -(a-x)*(a^2+a*x+x^2)
```

4．表达式通分

在 MATLAB 符号工具箱中，可用 numden 函数对符号表达式进行通分。

【例 6.14】已知数学表达式 $y(x)=\dfrac{x+3}{x(x+1)}+\dfrac{x-1}{x^2(x+2)}$，试对其进行通分。

在 MATLAB 命令窗口中输入：

```
>>syms x;
>>y=((x+3)/(x*(x+1)))+((x-1)/(x^2*(x+2)));
>>[n,d]=numden(y)    %提取有理多项式的分子、分母多项式。其中y是符号表达式，
                     %n是符号表达式y的分子，d是符号表达式y的分母
```

程序运行结果：

```
n=x^3+6*x^2+6*x-1
d=x^2*(x+1)*(x+2)
```

即 $y=\dfrac{x+3}{x(x+1)}+\dfrac{x-1}{x^2(x+2)}=\dfrac{x^3+6x^2+6x-1}{x^2(x+1)(x+2)}$。

【例 6.15】求 $f(x)=\dfrac{1}{x^3}+\dfrac{3}{x^2}+\dfrac{12}{x}+8$ 的分子和分母。

在 MATLAB 命令窗口输入如下代码：

```
>>syms x
>>f=1/(x^3)+6/x/x+12/x+8
>>[n,d]=numden(f)
```

程序运行结果：

```
f=
    1/x^3+6/x^2+12/x+8
n=
    1+6*x+12*x^2+8*x^3
d=
    x^3
```

5. 表达式化简

在 MATLAB 符号工具箱中，可用 simplify 函数对符号表达式进行化简。

【例 6.16】已知数学表达式 $y(x)=2\cos^2 x-\sin^2 x$，试对其进行化简。

在 MATLAB 命令窗口中输入：

```
>>syms x;
>>y=2*cos(x)^2-sin(x)^2;
>>y1=simplify(y)
```

程序运行结果：

```
y1=
3*cos(x)^2-1
```

即 $y=2\cos^2 x-\sin^2 x=3\cos^2 x-1$。

【例 6.17】化简 $f(x)=\dfrac{x}{x^2+x+1}+\dfrac{1}{x-1}$。

在 MATLAB 命令窗口中输入：

```
>>syms x;
>>f=x/(x^2+x+1)+1/(x-1);
```

```
>>simplify(f)
```

程序运行结果：

```
ans=
        (2*x^2+1)/(x^2+x+1)/(x-1)
```

6.3　符号函数的微积分应用

微积分是高等数学中的基础内容和核心内容，在数学计算上举足轻重。MATLAB 作为数学计算的有力工具，在微积分计算上也具有非常强大的功能。

6.3.1　符号函数的极限与连续性

1. 符号函数的极限

MATLAB 符号工具箱中求极限的函数是 `limit`，在运算时，表达式中的变量必须是符号变量。`limit` 函数的功能是计算符号函数在某点的极限，其调用格式如下。

（1）`limit(f)`：数学表达式为 $\lim\limits_{x\to 0} f(x)$，求函数 f 在默认自由符号变量趋于 0 时的极限。

（2）`limit(f,a)`：数学表达式为 $\lim\limits_{x\to a} f(x)$，求函数 f 在默认自由符号变量趋于 a 时的极限。

（3）`limit(f,x,a)`：数学表达式为 $\lim\limits_{x\to a} f(x)$，求函数 f 在 x 趋于 a 时的极限。

（4）`limit(f,x,a,left)`：数学表达式为 $\lim\limits_{x\to a^-} f(x)$，求函数 f 在 x 左趋于 a 时的极限。

（5）`limit(f,x,a,right)`：数学表达式为 $\lim\limits_{x\to a^+} f(x)$，求函数 f 在 x 右趋于 a 时的极限。

【例 6.18】采用 `limit` 函数求下列表达式的极限。

（1）$\lim\limits_{x\to 0}\dfrac{x(\mathrm{e}^{\sin x}+1)-2(\mathrm{e}^{\tan x}-1)}{\sin^3 x}$

在 MATLAB 命令窗口中输入：

```
>>syms x                                            %定义符号变量
>>f=(x*(exp(sin(x))+1)-2*(exp(tan(x))-1))/sin(x)^3  %确定符号表达式
>>w=limit(f)                                        %求函数的极限
```

程序运行结果：

```
f=
    (x*(exp(sin(x))+1)-2*exp(tan(x))+2)/sin(x)^3
w=
    -1/2
```

（2）$\lim\limits_{x\to 0}\dfrac{\sin x}{x}$ 和 $\lim\limits_{x\to 0}\dfrac{\tan x-\sin x}{x^3}$

在 MATLAB 命令窗口中输入：

```
>>syms x;
>> limit([sin(x)/x   (tan(x)-sin(x))/x^3],x,0)
```

程序运行结果：

```
ans=
     [1,1/2]
```

从本例中可以看出，在调用 limit 函数求极限时，可以以矩阵的形式求多个表达式的极限问题。

2．判断连续性

判断符号函数在某点的连续性，实际上是求极限的一个应用。函数 $f(x)$ 在点 x_0 连续的充要条件是 $\lim\limits_{x \to x_0} f(x) = f(x_0)$，因此可用求函数极限的方式来判断其连续性。

在 MATLAB 中可以编写下列代码：

```
        syms x
        f=input('f=')
        x0=input('x0=')
        z=limit(f,x,x0)
        x=x0
        f1=eval(f)
    if z==f1
          '函数在该点连续'
    else   '函数在该点不连续'
    end
```

【例 6.19】 判断下列函数的连续性。

（1）$f(x) = \dfrac{1}{x+5}$ 在点 $x_0 = 5$ 的连续性

在 MATLAB 命令窗口中输入：

```
>> syms x
>> f=input('f=')
>> x0=input('x0=')
>> z=limit(f,x,x0)
>> x=x0
>> f1=eval(f)
>> if z==f1
      '函数在该点连续'
   else
       '函数在该点不连续'
   end
```

运行时输入：

```
f=1/(x+5)
x0=5
```

程序运行结果：

```
z=
1/10
f1=
0.1000
'函数在该点连续'
```

（2）$f(x) = \log(x-1)$ 在点 $x_0 = 1$ 的连续性

在 MATLAB 命令窗口中输入：

```
>> syms x
>> f=input('f=')
>> x0=input('x0=')
>> z=limit(f,x,x0)
>> x=x0
>> f1=eval(f)
>> if z==f1
        '函数在该点连续'
   else
        '函数在该点不连续'
   end
```

运行时输入：

```
f=log(x-1)
x0=1
```

程序运行结果：

```
f=
    log(x-1)
x0=
    1
'函数在该点不连续'
```

6.3.2　符号函数的微分

在 MATLAB 中，对符号函数进行微分运算，即求导运算，可采用微分函数 diff，其调用格式为

```
diff(f,t,n)
```

其中，f 表示符号函数；t 表示待求导的符号变量，调用时可省略，这时系统会根据 findsym 函数找到默认的变量对 f 求导；n 表示对指定的变量进行 n 阶求导，一般是一个数值，当省略时，默认值为 1，即进行一阶求导。

【例 6.20】 求下列函数的微分或偏微分。

（1）　设函数 $f(x)=\sin 2x$，求 $\frac{\mathrm{d}f}{\mathrm{d}x}$ 和 $\frac{\mathrm{d}^5 f}{\mathrm{d}x^5}$

在 MATLAB 命令窗口中输入：

```
>>syms x
>>f=sin(2*x)
>>f1=diff(f)
>>f5=diff(f,5)
```

程序运行结果：

```
f1=
2*cos(2*x)
f5=
32*cos(2*x)
```

（2）设函数 $f(x)=ax^4+b\ln c$，求 $\frac{\mathrm{d}f}{\mathrm{d}x}$、$\frac{\mathrm{d}^3 f}{\mathrm{d}x^3}$ 和 $\frac{\mathrm{d}f}{\mathrm{d}c}$

在 MATLAB 命令窗口中输入：

```
>>syms x a b c
>>f=a*x^4+b*log(c);
>>f11=diff(f,'x')
>>f13=diff(f,'x',3)
>>f12=diff(f,'c')
```

程序运行结果：

```
f11=
        4*a*x^3
f13=
        24*a*x
f12=
        b/c
```

③ 设函数 $f(x,y)=x\mathrm{e}^{3y}$，求 $\dfrac{\partial f}{\partial x}$、$\dfrac{\partial f}{\partial y}$ 和 $\dfrac{\partial^2 f}{\partial x\partial y}$

在 MATLAB 命令窗口中输入：

```
>>syms x y
>>f=x*exp(3*y);
>>f1=diff(f,'x')
>>f2=diff(f,'y')
>>f12=diff(diff(f,'x'),'y')
```

程序运行结果：

```
f1=
      exp(3*y)
f2=
      3*x*exp(3*y)
f12=
      3*exp(3*y)
```

6.3.3 符号函数的积分

高等数学中的积分分为两种：不定积分和定积分。在 MATLAB 中，同样可对符号函数进行不定积分和定积分运算，调用函数均为 int 函数，只是调用时的参数有所不同。下面介绍两种调用的区别。

1. 不定积分

不定积分就是在没有上下限的情况下，求一个函数的原函数。调用格式如下：

```
int(f,t)
```

其中，f 表示符号函数；t 表示待求积分的变量，当它被省略时，由系统根据 findsym 函数找到默认符号变量对函数 f 进行不定积分运算。注意，在高等数学中，求不定积分得到的原函数在书写时都要加常数 C，C 为任意常数，表示有无穷多个原函数，但是在 MATLAB 中，运用 int 函数求得的不定积分结果不加常数 C。

【例 6.21】求不定积分。

设函数 $f(x)=\sin^3(x)$，求不定积分 $\int f(x)\mathrm{d}x$。

在 MATLAB 命令窗口中输入：

```
>>syms x
```

```
>>f=(sin(x)^3);
>>int(f)
```

程序运行结果：

```
ans=
        cos(3*x)/12-(3*cos(x))/4
```

2. 定积分

定积分就是在有上下限的情况下，求一个函数的原函数，此时的原函数只有一个。调用格式如下：

```
int(f,t,a,b)
```

其中，f 表示符号函数；t 表示待求积分的变量，当它被省略时，由系统根据 findsym 函数找到默认符号变量对函数 f 进行定积分运算；a 和 b 分别表示积分上限和积分下限。

【例 6.22】求定积分。

（1）已知符号表达式 $f(x)=\cos(x-\pi/6)\sin(x+\pi/6)$，求 $s=\int_0^{2\pi} f(x)\mathrm{d}x$

在 MATLAB 命令窗口中输入如下代码：

```
>>syms x;
>>f=cos(x-pi/6)*sin(x+pi/6);
>>s=int(f,x,0,2*pi)        %求符号定积分，执行结果为符号表达式
>>double(s)                %将符号表达式转换为双精度数值
```

程序运行结果：

```
s=
        1/2*pi*3^(1/2)
ans=
        2.7207
```

（2）求积分 $\int_1^2 \int_{\sqrt{x}}^{x^2} \int_{\sqrt{xy}}^{x^2 y} (x^2+y^2+z^2)\mathrm{d}z\mathrm{d}y\mathrm{d}x$

在 MATLAB 命令窗口中输入如下代码：

```
>>syms x y z
>>f2=int(int(int(x^2+y^2+z^2,z,sqrt(x*y),x^2*y),y,sqrt(x),x^2),x,1,2)
```

程序运行结果：

```
f2=
-6072064/348075*2^(1/2)+64/225*2^(3/4)+14912/4641*2^(1/4)+1610027357/
6563700
```

6.4　符号级数应用

6.4.1　级数求和

在 MATLAB 中，级数求和采用 symsum 函数。第 3 章中介绍过 sum 函数，该函数只能计算有穷级数的和，即有穷个数值的和，而 symsum 函数既可计算一个符号表达式的有穷个级数的和，又可计算无穷个级数的和。其调用格式为

```
symsum(s,v,a,b)
```

其中，参数 s、a、b 与前面的定义相同；v 表示指定的符号变量，当它被省略时，将采用系统默认的变量；b 可以是 inf，此时表示无穷级数求和。

【例 6.23】级数求和。

（1）求$\frac{1}{1^2}+\frac{1}{2^2}+\frac{1}{3^2}+\frac{1}{4^2}+\cdots$

在 MATLAB 命令窗口中输入如下代码：

```
>>syms k
>>symsum(1/k^2,1,Inf)          %k值从1到无穷大
```

程序运行结果：

```
ans=
        1/6*pi^2
```

结果为$\frac{1}{1^2}+\frac{1}{2^2}+\frac{1}{3^2}+\frac{1}{4^2}+\cdots=\pi^2/6$。

（2）计算$\sum_{n=1}^{\infty}\frac{1}{2^n},\sum_{n=1}^{\infty}\frac{1}{n^2},\sum_{n=1}^{\infty}\frac{x^n}{n\times 2^n}$

在 MATLAB 命令窗口中输入如下代码：

```
>>syms n x;
>>symsum([1/2^n,1/n^2,x^n/(n*2^n)],n,1,inf)
```

程序运行结果：

```
ans=
    [1,    1/6*pi^2,          -log(1-1/2*x)]
```

6.4.2 泰勒级数

若$f(x)$在点$x=x_0$有任意阶导数，则称幂级数

$$\sum_{n=0}^{\infty}\frac{f^n(x_0)}{n!}(x-x_0)^n=f(x_0)+f'(x_0)(x-x_0)+\frac{f''(x_0)}{2!}(x-x_0)^2+\cdots \tag{6.1}$$

为$f(x)$在点x_0的泰勒级数。

在工程应用中，当不便求一个函数$f(x)$的值时，往往可以通过泰勒级数的定义首先将其展开为式（6.1）中等号右侧的形式，后后计算这个级数的和，将其作为函数的近似值。泰勒级数展开的项数越多，级数求和的值就越接近函数的精确值。

在 MATLAB 中，使用 taylor 函数对某个符号函数进行展开，其调用格式如下：

```
taylor(f,v,n,v0)
```

其中，f 表示待展开的符号函数；v 表示展开的符号变量，被省略时由系统默认为自由变量；n 表示展开级数的项数，省略时 n 默认为 5；v0 表示函数 f 在点 v=v0 的展开，被省略时 v0=0，即在点 0 展开。

6.4.3 函数的傅里叶级数展开式

给定某函数$f(x)$，其中$x\in[-l,l]$，可对该函数在区间上进行延拓，使得

$$f(x)=f(kT+x) \tag{6.2}$$

其中 k 为任意常数，即把函数 $f(x)$ 延拓成周期 $T=2l$ 的周期函数。这样，就可根据需要将其写成下面的级数形式：

$$f(x)=\frac{a_0}{2}+\sum_{n=1}^{+\infty}\left(a_n\cos\frac{n\pi}{l}+b_n\sin\frac{n\pi}{l}\right) \tag{6.3}$$

该级数被称为傅里叶级数，其中

$$\begin{cases} a_n=\dfrac{1}{l}\int_{-l}^{l}f(x)\cos\dfrac{n\pi x}{l}\mathrm{d}x, n=0,1,2,\cdots \\ b_n=\dfrac{1}{l}\int_{-l}^{l}f(x)\sin\dfrac{n\pi x}{l}\mathrm{d}x, n=0,1,2,\cdots \end{cases} \tag{6.4}$$

称 a_n,b_n 为傅里叶级数。

【例 6.24】 设 $f(x)$ 是周期为 2π 的函数，它在 $[-\pi,\ \pi)$ 上的表达式为 $f(x)=\begin{cases}-x,-\pi<x<0\\ x,0\leqslant x\leqslant\pi\end{cases}$，将 $f(x)$ 展开成傅里叶级数，并画出部分和逼近 $f(x)$ 的图形。

计算傅里叶级数：

$$a_n=\frac{1}{\pi}\left[\int_{-\pi}^{0}(-x)\cos nx\mathrm{d}x+\int_{0}^{\pi}x\cos nx\mathrm{d}x\right],n=1,2,\cdots$$

$$b_n=\frac{1}{\pi}\left[\int_{-\pi}^{0}(-x)\sin nx\mathrm{d}x+\int_{0}^{\pi}x\sin nx\mathrm{d}x\right],n=1,2,\cdots$$

计算 $f(x),x\in[-\pi,\pi]$ 及部分和 s_1,s_2,s_3,s_4，其中

$$s_m=\frac{a_0}{2}+\sum_{n=1}^{m}(a_n\cos n\pi+b_n\sin n\pi)$$

作图，结果如图 6.1 所示。

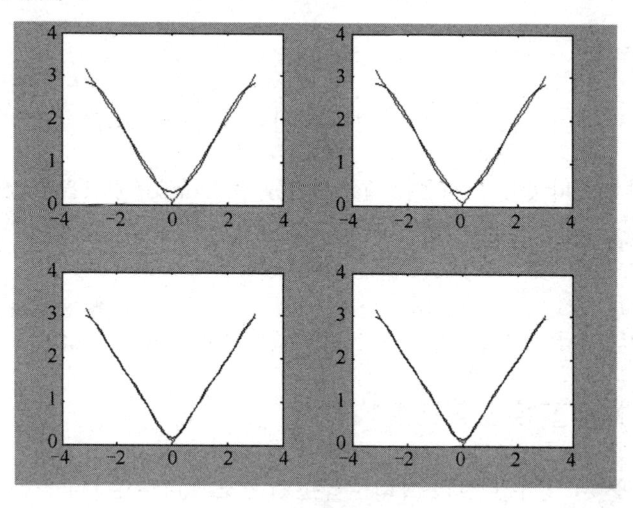

图 6.1　函数傅里叶级数

在 MATLAB 中输入如下程序：

```
syms n x
```

```
an=(int((-x)*cos(n*x),-pi,0)+int(x*cos(n*x),0,pi))/pi
bn=(int((-x)*sin(n*x),-pi,0)+int(x*sin(n*x),0,pi))/pi
x=-pi:0.2:pi;
f=eval('sign(x)').*x;
for m=1:4
    sn=pi/2;
    for n=1:m
        s=eval(an*cos(n*x));
        sn=sn+s;
    end
    subplot(2,2,m)
    plot(x,f,'r')
    hold on
    plot(x,sn)
    hold off
end
```

程序运行结果：

```
an=
    -(2*(2*sin((pi*n)/2)^2 - pi*n*sin(pi*n)))/(pi*n^2)
bn=
    0
```

6.5 符号积分变换

6.5.1 傅里叶变换及其逆变换

傅里叶变换和傅里叶逆变换是一个变换对，其关系如下。

1. 傅里叶变换

$$F(\omega)=\mathcal{F}\left[f(t)\right]=\int_{-\infty}^{\infty}f(t)\mathrm{e}^{-\mathrm{j}\omega t}\,\mathrm{d}t \tag{6.5}$$

2. 傅里叶逆变换

$$f(t)=\mathcal{F}^{-1}\left[F(\omega)\right]=\frac{1}{2\pi}\int_{-\infty}^{\infty}F(\omega)\mathrm{e}^{\mathrm{j}\omega t}\,\mathrm{d}\omega \tag{6.6}$$

MATLAB 提供傅里叶变换和逆变换函数，分别为 fourier 和 ifourier，调用格式如下：

```
F=fourier(f,t,w)
```

返回值 F 表示时域函数 f(t)经傅里叶变换后的频域函数 F(w)。

```
f=ifourier(F,w,t)
```

返回值 f 表示频域函数 F(w)经傅里叶逆变换后的时域函数 f(t)。

6.5.2 拉普拉斯变换及其逆变换

类似于傅里叶变换，拉普拉斯变换和拉普拉斯逆变换同样是一个变换对，其关系如下。

1. 拉普拉斯变换

$$F(s)=L[f(t)]=\int_{0}^{+\infty}f(t)\mathrm{e}^{-st}\mathrm{d}t \tag{6.7}$$

2. 拉普拉斯逆变换

$$f(t)=L^{-1}[F(s)]=\frac{1}{2\pi \mathrm{i}}\int_{\beta-\mathrm{i}\infty}^{\beta+\mathrm{i}\infty}F(s)\mathrm{e}^{st}\mathrm{d}t \tag{6.8}$$

MATLAB 提供拉普拉斯变换和逆变换函数，分别为 laplace 和 ilaplace，调用格式如下：

```
F=laplace(f,t,s)
```

返回值 F 表示时域函数 f(t)经拉普拉斯变换后的频域函数 F(s)。

```
f=ilaplace(F,s,t)
```

返回值 f 表示频域函数 F(s)经拉普拉斯逆变换后的时域函数 f(t)。

6.5.3　Z 变换及其逆变换

类似于傅里叶变换，离散因果序列的 Z 变换及其逆变换是一个变换对。Z 变换的公式为

$$X(Z)=Z\{x[n]\}=\sum_{n=-\infty}^{+\infty}x[n]Z^{-n} \tag{6.9}$$

MATLAB 中采用围线积分法求逆 Z 变换，公式为

$$x[n]=\frac{1}{2\pi j}\int_{c}X(Z)Z^{n-1}\mathrm{d}Z,\quad c\subset(R_{X-},R_{X+}) \tag{6.10}$$

根据 Z 变换对的公式，MATLAB 提供 Z 变换和逆 Z 变换函数，分别为 ztrans 和 iztrans，调用格式如下：

```
F=ztrans(f,n,z)
```

表示求时域函数 f(n)的 Z 变换 F，其中 f 是以 n 为自变量的时域序列，F 是 Z 变换后返回的以复频率 z 为自变量的频域函数。

```
f=iztrans(F,z,n)
```

表示求频域函数 F(z)的 Z 逆变换 f，其中 F 是以复频率 z 为自变量的频域函数，f 是以 n 为自变量的时域序列。

【例 6.25】 对序列 $3\left(1-\left(\frac{1}{2}\right)^n\right)$ 进行 Z 变换。

在 MATLAB 命令窗口中输入如下代码：

```
>>syms n z
>>fn=3*(1-(1/2)^n);
>>F=simplify(ztrans(fn,n,z))
>>pretty(F)
```

程序运行结果：

```
F=
(3*z)/(2*z^2-3*z+1)
              3z
         --------------
               2
          2z-3z+1
```

【例 6.26】 求采样周期为 T 的正弦函数 $\sin(\omega nT)$ 的 Z 变换及其反变换。

在 MATLAB 命令窗口中输入如下代码：

```
>>syms n w T z
>>fwn=sin(w*n*T);
>>Fw=ztrans(fwn,n,z)
>>pretty(Fw)
>>inv_Fw=iztrans(Fw,z,n)
```

程序运行结果：

```
    Fw=
(z*sin(T*w))/(z^2-2*cos(T*w)*z+1)
          zsin(Tw)
      ---------------------
          2
        z-2cos(Tw)z+1
inv_Fw=
sin(T*n*w)
```

【例 6.27】求序列 $f(n)\delta(n-k)$ 的 Z 变换及其反变换。

在 MATLAB 命令窗口中输入如下代码：

```
>>syms n z
>>k=sym('k','positive');
>>fd=strsym('f(n)*kroneckerDelta(n-k,0)')
>>FD=ztrans(fd,n,z)
>>inv_FD=iztrans(FD,z,n)
```

程序运行结果：

```
fd=
f(n)*kroneckerDelta(n-k,0)
FD=
piecewise([k in Z_,f(k)/z^k],[Otherwise,0])
inv_FD=
piecewise([k in Z_,f(k)*kroneckerDelta(k - n,0)],[Otherwise,0])
```

6.6 符号方程求解

6.6.1 符号代数方程

代数方程是指不涉及微分的普通方程，通常包括线性方程、非线性方程等。MATLAB 提供求解代数方程的 solve 函数。

1. 求解代数方程

求解单个代数方程，其调用格式如下：

```
g=solve(eq,v)
```

其中，返回值 g 表示求解方程得到的结果；eq 表示待求解的符号方程，是一个符号表达式；v 表示指定的方程变量，省略 v 时由 findsym 函数确定默认的自由变量。

2. 求解代数方程组

求解多个代数方程组成的代数方程组时，其调用格式如下：

```
g=solve(eq1,eq2,...,v1,v2,...)
```

其中，返回值 g 表示求解方程组得到的结果，是一个 n 维列矢量，方程组中方程的数量决定 n 的大小；eq1,eq2,...表示方程组中的各个方程，均为符号表达式；v1,v2,...表示指定的各个方程的变量，省略时由 findsym 函数确定默认的自由变量。

【例 6.28】求解代数方程 $x^2 - x - 2 = 0$。

在 MATLAB 命令窗口中输入如下代码：

```
>> syms x
>> s=solve(x^2-x-2==0)
```

程序运行结果：

```
s=
    -1
     2
```

【例 6.29】求解代数方程组 $\begin{cases} x + a + b = 0 \\ ax + by = 0 \end{cases}$。

在 MATLAB 命令窗口中输入如下代码：

```
>> syms x y a b
>>s=solve(x+a+b==0,a*x+b*y==0,x,y)
>>aa=s.x
>>bb=s.y
```

程序运行结果：

```
s=
        x: [1x1 sym]
        y: [1x1 sym]
aa=
        - a - b
bb=
       (a*(a+b))/b
```

本例中的返回值 s 是一个结构体，元素 s.x 和 s.y 分别是两个解，输入 s.x 和 s.y 可以查看解的结果。

6.6.2　符号常微分方程

含有参数、未知函数和未知函数导数（或微分）的方程，被称为微分方程。未知函数是一元函数的微分方程被称为常微分方程。

MATLAB 提供求解常微分方程的 dsolve 函数，它与 solve 代数函数的用法类似。

1. 求解常微分方程

求解单个常微分方程，其调用格式如下：

```
g=dsolve(eq,con,v)
```

其中，返回值 g 表示求解方程得到的结果；eq 表示待求解的常微分方程，在 MATLAB 中用 Dny 表示 y 的 n 阶导数，如 Dy 表示 y'，D2y 表示 y''；con 表示常微分方程的初始条件，当没有初始条件时，求得的解是通解；v 表示指定的方程变量，v 省略时由 findsym 函数确定默认的自由变量。

【例 6.30】求解常微分方程 $\frac{\mathrm{d}y}{\mathrm{d}x} + 5xy = x\mathrm{e}^{-x^2}$。

在 MATLAB 命令窗口中输入如下代码：

```
>>dsolve('Dy+5*x*y=x*exp(-x^2)')
```

程序运行结果：

```
ans=
        (exp(-x^2)*(C1*exp(-5*t*x) + 1))/5
```

说明：这里省略了方程变量，系统自动识别为 x，结果中 C2 表示任意常数，所得结果为通解。

【例 6.31】求解微分方程 $xy'+2y-\mathrm{e}^{x}=0$，其中 $y|_{x=1}=2\mathrm{e}$。

在 MATLAB 命令窗口中输入如下代码：

```
>> dsolve('x*Dy+2*y-exp(x)=0','y(1)=2*exp(1)','x')
```

程序运行结果：

```
ans=
       (2*exp(1))/x^2 + (exp(x)*(x - 1))/x^2
```

说明：本例中给出初始条件 $y|_{x=1}=2\mathrm{e}$，得到的结果为唯一的特解。

2. 求解常微分方程组

求解多个常微分方程组成的常微分方程组时，其调用格式如下：

```
g=dsolve(eq1,eq2,...,con1,con2,...,v1,v2,...)
```

其中，返回值 g 表示求解常微分方程组所得到的结果，它是一个 n 维列矢量，方程组中方程的数量决定 n 的大小；eq1,eq2,...表示方程组中的各个微分方程，均为符号表达式；con1,con2,...表示常微分方程的初始条件，没有初始条件时，求得的解是通解；v1,v2,...表示指定的各个方程的变量，省略时由 findsym 函数确定默认的自由变量。

【例 6.32】求常微分方程组 $\begin{cases}\dfrac{\mathrm{d}x}{\mathrm{d}t}-3x+2y=0\\ \dfrac{\mathrm{d}y}{\mathrm{d}t}-2x+y=0\end{cases}$ 的通解。

在 MATLAB 命令窗口中输入如下代码：

```
>>[x,y]=dsolve('Dx-3*x+2*y=0','Dy-2*x+y=0','t')
```

程序运行结果：

```
x=
      C13*exp(t)+(C14*exp(t))/2+C14*t*exp(t)
y=
      C13*exp(t)+C14*t*exp(t)
```

【例 6.33】求微分方程组 $\begin{cases}\dfrac{\mathrm{d}x}{\mathrm{d}t}+2x-\dfrac{\mathrm{d}y}{\mathrm{d}t}=10\cos t,\ \ x|_{t=0}=2\\ \dfrac{\mathrm{d}x}{\mathrm{d}t}+\dfrac{\mathrm{d}y}{\mathrm{d}t}+2y=4\mathrm{e}^{-2t},\ \ y|_{t=1}=0\end{cases}$ 的解。

在 MATLAB 命令窗口中输入如下代码：

```
>>[x,y]=dsolve('Dx+2*x-Dy=10*cos(t)','Dx+Dy+2*y=4*exp(-2*t)','x(0)=2','
   y(0)=0','t')
```

程序运行结果：

```
x=
     4*cos(t)-2/exp(2*t)+3*sin(t)+i*exp(t*(i-1))-i/exp(t*(i+1))
```

```
y=
    exp(t*(i-1))+1/exp(t*(i+1))-2*cos(t)+sin(t)
```

习题 6

1. 已知符号函数 $y=5x^3+3y^2+x+9$，分别对 x、y 进行二阶微分，并对 x 进行定积分计算，其中 x 的积分区间为 (0,1)。
2. 已知 $f(x)=\dfrac{1}{x^3}+2x^2, g(y)=\sin y+\cos y$，求复合函数 $f(g(y))$。
3. 计算下列各式的不定积分：(1) $\int\dfrac{x-1}{x^4+1}\mathrm{d}x$；(2) $\int\sin^3 2x\cos x\,\mathrm{d}x$。
4. 求微分方程组 $\begin{cases}\dfrac{\mathrm{d}x}{\mathrm{d}t}+3x-y, x|_{t=0}=1\\ \dfrac{\mathrm{d}y}{\mathrm{d}t}-8x+y, y|_{t=0}=4\end{cases}$ 的特解。
5. 将函数 $\sin^2 x$ 展开成 x 的泰勒级数，取前 4 项写出展开式。

实验 6　符号运算

实验目的

1. 熟悉与掌握符号对象的创建，包括符号常量、变量、表达式、函数及矩阵的创建。
2. 熟悉与掌握符号运算的基本运算。
3. 熟悉符号运算中微积分、级数及积分变换的应用。
4. 熟悉符号运算中符号方程的求解。

实验内容

1. 使用两种形式的符号表达式（因式和嵌套式）表示 $g=x^3-6x^2+11x-6$。
2. 求函数 $x^2+y^2+z^2$ 的三重积分。内积分上下限都是函数，对 z 积分的下限是 $\sqrt{xy}$，积分上限是 x^2y；对 y 积分的下限是 $\sqrt{x}$，积分上限是 x^2；对 x 积分的下限是 1，上限是 2。
3. 计算下列定积分：(1) $\int_0^{\pi/2}\sin ax\mathrm{d}x$；(2) $\int_2^3\dfrac{x}{\ln x}\mathrm{d}x$。
4. 求 $\lim\limits_{x\to 0}(1+x)^{1/x}$ 的极限。
5. 在 MATLAB 中，设多项式 $f(x)=(x^2+x)(x-1)$，$g(x)=x^2+2x+1$。(1)求 $f(x)+g(x)$ 的展开式，并求方程 $f(x)+g(x)=0$ 的根。(2)求 $f(x)/g(x)$ 的商式和余式。
6. 求二元函数 $f(x,y)=xy^2-y^3$ 的所有一阶偏导数和二阶偏导数。
7. 计算 $f(x)=1/(5+\cos x)$ 的 5 阶泰勒级数展开式和 $f(x)=\mathrm{e}^{x\sin x}$ 的 12 阶泰勒级数展开式。
8. 时域信号 `x=sin(t)+sin(1.5*t+1)+5*cos(0.5*t)+2*randn(size(t))`，其时间范围为 `t=0:1e-3:20`，使用 MATLAB 分析频率 `w=[0:1e-2:2]`范围内的频谱情况。
9. 求解代数方程组 $\begin{cases}x-y^2+z=10\\ x+y-5z=0\\ 2x-4y+z=0\end{cases}$。
10. 将 $f(x)=1-x^2$，$-1/2\leqslant x\leqslant 1/2$ 展开成傅里叶级数。

第 7 章　MATLAB GUI 设计

本章主要介绍图形用户界面（GUI）的设计，以便更好地进行人机交互。MATLAB GUI 的创建通常有两种方式：⑴使用 M 文件编辑方式创建；⑵使用 GUIDE 快速地生成 GUI。在 MATLAB 的新版本中，使用 App Designer 来创建新的 APP，实现人机交互，但仍支持 GUI 的使用。由于使用 GUIDE 方式设计过程直观、简便，所以本章着重介绍这种方式。

7.1　GUI 基本介绍

图形用户界面（Graphical User Interface，GUI，也称图形用户接口）是指采用图形方式显示的计算机操作界面，是由窗口、光标、按钮、菜单、文字说明等对象构成的用户界面。用户通过一定的方法（如鼠标或键盘）选择、激活这些图形对象，使计算机产生某种动作或变化，譬如实现计算、绘图等。类似于微软公司的 Visual Basic、Visual C++，MATLAB 同样为用户提供进行人机交互的图形用户界面——MATLAB GUI。

7.1.1　GUI 简介

图形用户界面是一种人与计算机通信的界面显示格式，它允许用户使用鼠标、键盘等输入设备操纵屏幕上的图标或菜单选项，进而选择命令、调用文件、启动程序或执行其他一些日常任务。

MATLAB 为表现其基本功能而设计的演示程序 demo 是使用图形界面的最好范例。MATLAB 的用户在指令窗中运行 demo 打开图形界面后，只需用鼠标进行选择和单击，就可浏览丰富多彩的内容。

本章主要介绍通过 GUIDE 开发环境开发 GUI 的方法。

打开可视化界面编辑环境的方式有两种：⑴在命令窗口中输入 `guide` 或 `guide Filename` 命令即可打开 GUIDE Quick Star 界面，如图 7.1 所示。⑵通过 MATLAB 菜单栏，依次选择 File→New→GUI，打开 GUIDE Quick Star 界面。

在 GUIDE Quick Star 界面中有两个选项卡，分别为 Create New GUI 和 Open Existing GUI，其中 Create New GUI 中的 Blank GUI 选项创建空白的可视化文件；GUI with Uicontrols 选项创建带有控件的可视化界面；GUI with Axes and Menu 选项创建带有坐标轴和菜单的可视化界面；Modal Question Dialog 选项创建带有模态问题对话框的可视化界面。用户可以根据需要，选择相应的选项并保存路径后，单击 OK 按钮。通过 GUIDE Quick Star 创建一个完整的 GUI 时，会生成同名的.fig 和.M 文件，其中.fig 文件保存的是 GUI 的外观设计信息，可在这个文件界面上进行控件的添加、删除、缩放、移动位置等控件布局操作。控件的回调函数，即控件所要执行的功能，则全部在 M 文件中编辑。图 7.2 所示是一个空白的可视化界面。

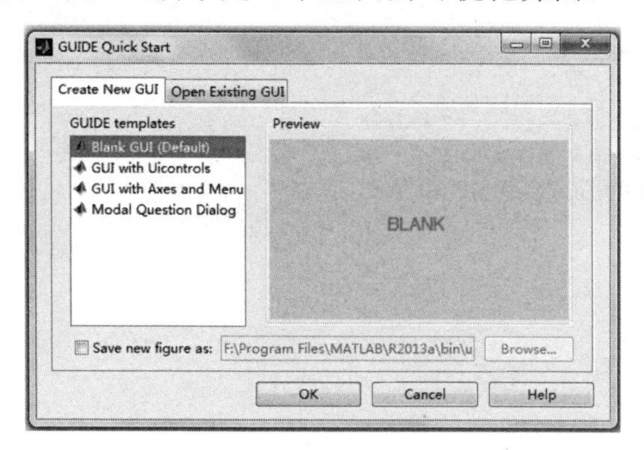

图 7.1　GUIDE Quick Star 界面

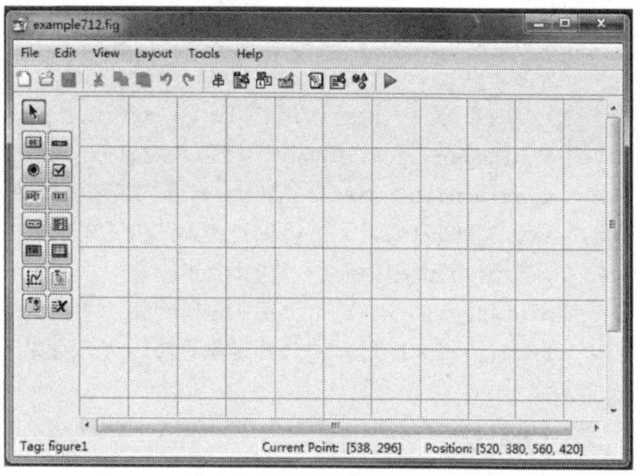

图 7.2　一个空白的可视化界面

7.1.2　入门示例

为快速掌握 MATLAB GUI 的设计，下面来看一个完整的入门示例：设计一个能够根据用户的选择显示正弦波、矩形波、锯齿波的 GUI 界面。

首先打开 MATLAB 程序，选择菜单栏中的 File→New→GUI，打开 GUIDE Quick Star 界面，选择 Blank GUI，创建一个空白界面。

从左侧控件面板区将三个 Push Button 控件、一个 Axes 控件和一个 Static Text 控件拖放到中间设计面板区，如图 7.3 所示。

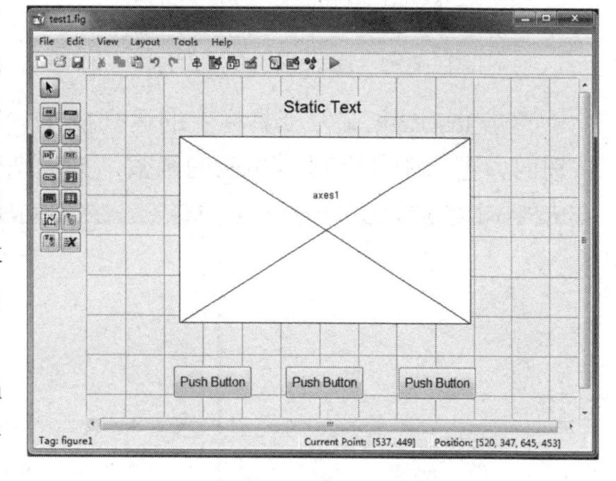

图 7.3　入门实例设计界面

将三个 Push Button 按钮的 String 属性和 Tag 属性分别改为“正弦函数”和 fun1、“矩形函数”和 fun2、“锯齿函数”和 fun3；将 Static Text 标签的 String 属性改为“显示函数”，其他选择默认值。

选中“正弦函数”按钮，单击右键选择 View Callbacks→ButtonDownFcn，进入 M 文件中编辑回调函数，此时系统会自动生成一个空的 fun1_ButtonDownFcn 函数，这个步骤表示当鼠标单击该按钮时，在坐标轴控件中会显示正弦函数。因此，需要在 fun1_ButtonDownFcn 函数下编写如下代码：

```
function fun1_Callback(hObject, eventdata, handles)
% hObject    handle to fun1 (see GCBO)
% eventdata  reserved - to be defined in a future version of MATLAB
% handles    structure with handles and user data (see GUIDATA)
axes(handles.axes1) %将axes1作为当前坐标轴，函数图形在当前坐标轴中绘制
x=0:pi/100:2*pi;    %确定函数的自变量范围
y=sin(x);           %生成正弦函数
plot(x,y);          %绘制正弦函数
axis([0 8 -1 1]);   %制定坐标轴X，Y的范围
```

同理，对“矩形函数”按钮和“锯齿函数”按钮的 ButtonDownFcn 函数编写如下代码：

```
function fun2_Callback(hObject, eventdata, handles)
% hObject    handle to fun2 (see GCBO)
% eventdata  reserved - to be defined in a future version of MATLAB
% handles    structure with handles and user data (see GUIDATA)
axes(handles.axes1);%将axes1作为当前坐标轴，函数图形在当前坐标轴中绘制
x=0:0.00001:10;       %确定函数的自变量范围
y=0.5*square(2*x);    %生成矩形函数
plot(x,y);            %绘制矩形函数
axis([0 8 -1 1])      %制定坐标轴X，Y的范围

function fun3_Callback(hObject, eventdata, handles)
% hObject    handle to fun3 (see GCBO)
% eventdata  reserved - to be defined in a future version of MATLAB
% handles    structure with handles and user data (see GUIDATA)
axes(handles.axes1);      %将axes1作为当前坐标轴，函数图形在当前坐标轴中绘制
x=0:0.00001:10;           %确定函数的自变量范围
y=0.5*sawtooth(2*x);      %生成锯齿函数
plot(x,y);                %绘制锯齿函数
axis([0 8 -1 1])          %制定坐标轴X，Y的范围
```

单击 test1.fig 文件工具栏上的运行按钮 ▶ 即可运行 GUI 界面。当单击要显示的函数按钮时，窗口中就会显示相应的函数，如图 7.4 所示。

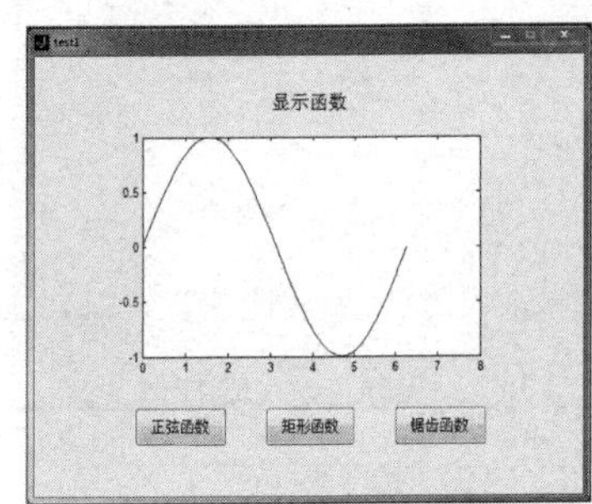

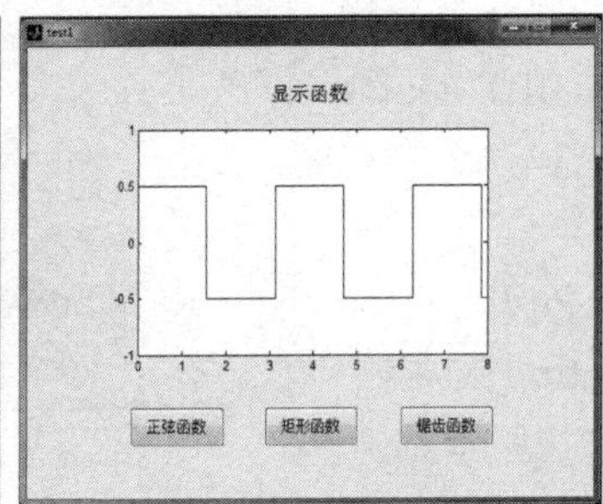

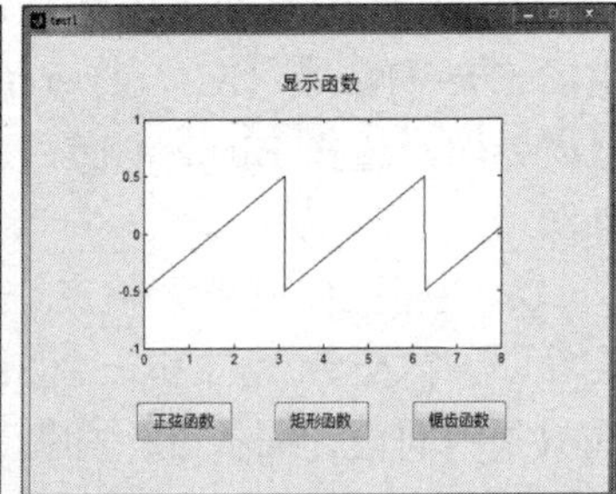

图 7.4　入门实例界面

7.1.3　控件创建

在图形用户界面中，控件是必不可少的基本元素，本节着重介绍常用的 GUI 控件及其相关属性。表 7.1 所示为 MATLAB GUI 中的一些常用控件。

表 7.1　一些常用控件

控件名称	属性名称	图标样式	功能描述
按钮	Push Button	OK	用户单击按钮时返回 true，单击按钮事件立即触发
单选按钮	Radio Button		为用户提供由两个或多个互斥选项组成的选项集，每组单选按钮中只能有一个被选中
开关按钮	Toggle Button	TGL	为用户提供选中或不选中的控件
按钮组	Button Group		容器控件，将一组单选按钮、复选框等组织在一起

（续表）

控件名称	属性名称	图标样式	功能描述
编辑框	Edit Text	EDIT	供用户创建和编辑文本或图形
静态文本	Static Text	TXT	只用于显示文本，不能接收用户的输入
列表框	List Box		供用户在下拉列表框中选择输入值，可选多个值
滚动条	Slider		用户通过鼠标或键盘移动滚动条上的方块位置来改变滚动条的当前值
复选框	Check Box		为用户提供由两个或多个选项组成的选项集，每组复选框中的选项可选多个
弹出式菜单	Popup Menu		与 List Box 控件的功能类似，但只能选择一个值
坐标轴	Axes		输出图形、函数等的区域
面板	Panel		与 Button Group 控件的功能类似
表格	Table		输入数据的区域，可进行数据传递
ActiveX 控件	ActiveX Control		可在应用程序和网络计算机上重复使用的程序对象

每种控件都有其属性，下面分类列举它们的常规属性。

1．控件风格和外观

（1）BackgroundColor：设置控件背景颜色，使用[R G B]或颜色定义。

（2）CData：在控件上显示的真彩色图像，使用矩阵表示。

（3）ForegroundColor：文本颜色。

（4）String：控件上的文本，以及列表框和弹出菜单的选项。

（5）Visible：控件是否可见。

2．对象的常规信息

（1）Enable：表示控件的使能状态，设置为 on 表示可选，设置为 off 表示不可选。

（2）Style：控件对象类型。

（3）Tag：控件表示（用户定义）。

（4）TooltipString：提示信息显示。当鼠标指针位于控件上时，显示提示信息。

（5）UserData：用户指定数据。

（6）Position：控件对象的尺寸和位置。

（7）Units：设置控件位置及大小的单位。

（8）有关字体的属性，如 FontAngle、FontName 等。

3．控件回调函数的执行

（1）BusyAction：处理回调函数的中断，有两种选项：Cancel，取消中断事件；queue，排队（默认设置）。

（2）ButtonDownFcn：按钮按下时的处理函数。

（3）CallBack：连接程序界面与整个程序系统的实质性功能的纽带。属性值应为一个可以直接求值的字符串，在对象被选中和改变时，系统将自动地对字符串进行求值。

（4）CreateFcn：在对象产生过程中执行的回调函数。

（5）DeleteFcn：删除对象过程中执行的回调函数。

（6）Interruptible：指定当前的回调函数在执行时是否允许中断而去执行其他函数。

4．控件当前状态信息

（1）ListboxTop：在列表框中显示的最顶层的字符串的索引。

（2）Max：最大值。

（3）Min：最小值。

（4）Value：控件的当前值。

7.2 GUI 创建

前面大致介绍了 MATLAB GUI，本节详细介绍如何设计功能完善的图形用户界面，包括菜单设计、对话框设计和其他设计。

7.2.1 菜单设计

菜单在标准图形用户界面中必不可少，它不仅可使终端用户操作起来更加便捷，而且可使用户界面的归类看起来整洁、条理清晰。菜单分为标准菜单和弹出式菜单。设计菜单时，首先要选择菜单栏中的 Tools→Menu Editor（见图 7.5），打开如图 7.6 所示的菜单编辑器界面。

在 Menu Editor 界面中有两个选项卡：标准菜单 Menu Bar 和弹出式菜单 Context Menus，工具栏中从左到右依次为创建新菜单、子菜单、弹出式子菜单，箭头←表示下级菜单变为上级菜单，箭头→表示上级菜单变为下级菜单，箭头↑和↓表示在同级移动菜单的位置，X 表示删除选中的菜单。

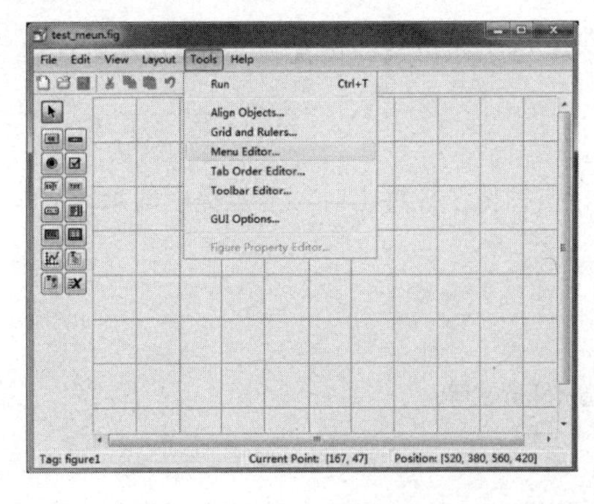

图 7.5 选择 Menu Editor

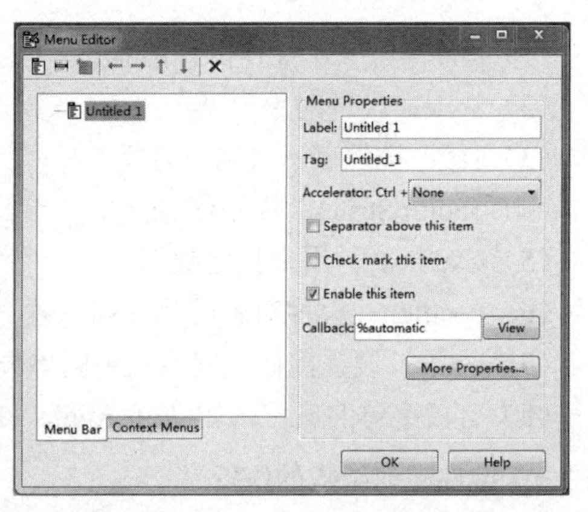

图 7.6 Menu Editor 界面

1．标准菜单

创建新菜单后，会出现图 7.7(a)右侧的相关属性，Label 是菜单名称，Tag 是标示，Accelerator 表示快捷键，Separator above this item 表示在选中的菜单上方添加分隔栏，Enable this item 表示菜单是否可用，Callback 表示菜单选项的回调函数，More Properties 表示更多的属性设置。图 7.7(b)中创建了标准菜单 File、Tools 和 help，其中 Files 包括子菜单 New、Open 和 Close。

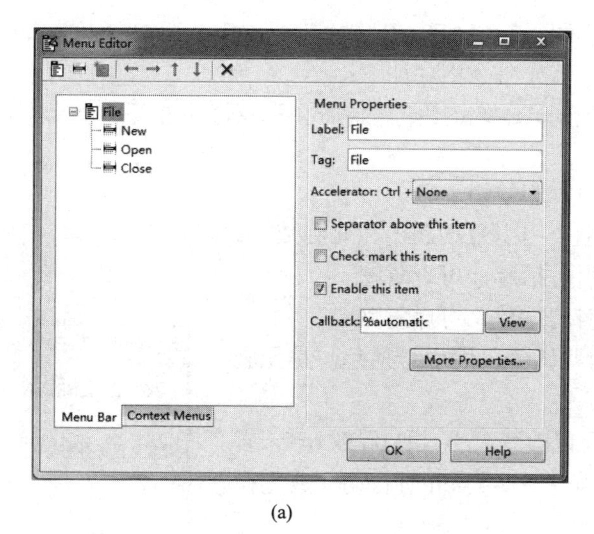

(a)

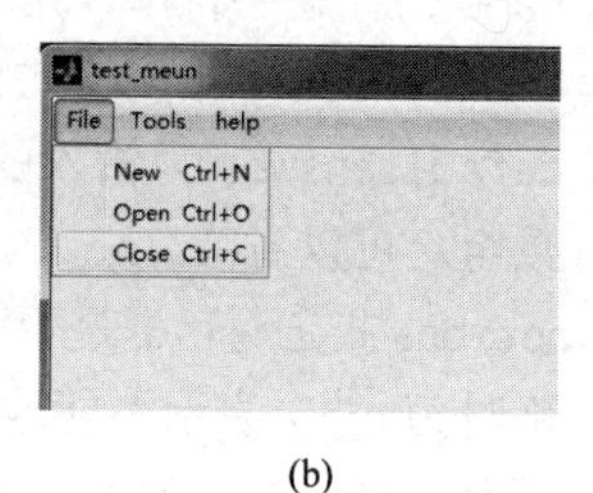

(b)

图 7.7　标准菜单创建

2．弹出式菜单

弹出式菜单与标准菜单的创建方法类似，区别在于弹出式菜单右面的属性只有 Tag 和 Callback，如图 7.8 所示。要想在编辑栏中实现鼠标右键单击，可在出现的弹出式菜单中，将编辑框 Edit Text 的属性 UIContextMenu 设置为菜单的 Tag 名。

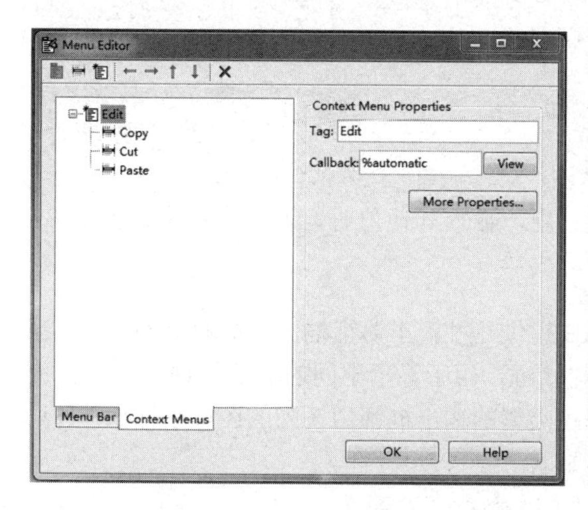

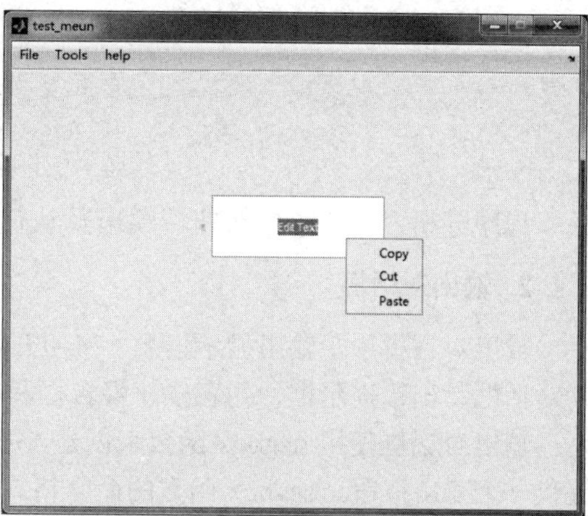

图 7.8　弹出式菜单创建

7.2.2 对话框设计

在 Windows 应用程序中，对话框是实现人机交互的界面之一。MATLAB GUI 提供了相关的函数来创建对话框。输入对话框用于接收用户输入，输出对话框用于输出信息，以便提示用户；每种对话框都有对应的提示信息和按钮。

1. 输入对话框

输入对话框作为用户输入的界面，在 MATLAB 中用 inputdlg 函数来创建，同时提供 OK 和 Cancel 两个按钮。inputdlg 函数命令格式如下：

```
Answer=inputdlg(prompt,name,numlines,defaultanswer,options)
```

说明：

（1）Answer 是用户的输入，为元胞数组。

（2）prompt 为提示信息字符串，用引号括起，为元胞数组。

（3）name 为标题字符串，用引号括起，可以省略。

（4）numlines 用于指定输入值的行数，可以省略。

（5）defaultanswer 为输入的默认值，用引号括起，是元胞数组，可以省略。

（6）options 指定对话框是否可以改变大小，取 on 或 off，省略时为 off，表示不能改变大小，为 on 时自动变成无模式对话框，可以改变大小。

图 7.9　例 7.1 的输入对话框

【例 7.1】使用 inputdlg 函数输入正弦函数的振幅和频率，输入对话框如图 7.9 所示。

```
>> prompt={'请输入正弦函数的振幅:','请输入正弦函数的频率:'};
>> name='输入';
>> numlines=1;
>> defaultanswer={'5','10'};
>>answer=inputdlg(prompt,name,numlines,defaultanswer)
```

运行结果：

```
answer=
    '5'
    '10'
```

程序分析：单击 OK 按钮，输出默认值，用户输入其他值时，输出会相应地改变。

2. 输出对话框

输出对话框用于输出显示信息。MATLAB 提供几种输出对话框，包括输出消息框、帮助对话框、出错提示框、列表框、警告框和提示框，用于显示不同的输出信息。

输出对话框使用 msgbox 函数来创建，每种类型的输出框都由不同的图标来标识，且只提供一个 OK 按钮。msgbox 函数的命令格式如下：

```
H=msgbox(message,title,icon,icondata,iconcmap,createmode)
```

说明：

（1）H 为输出对话框的句柄。

（2）message 为显示的信息，可以是字符串或数组。

（3）title 为标题字符串，用引号括起，可以省略。

（4）icon 为显示的图标，可取值为'none'（无图标）、'error'（报错图标）、'help'（帮助图标）、'warn'（警告图标）或'custom'（自定义图标），也可省略。

（5）当 icon 使用'custom'时，用 icondata 定义图标的数据，用 iconcmap 定义图标的颜色。

（6）createmode 为对话框的产生模式，可以省略。

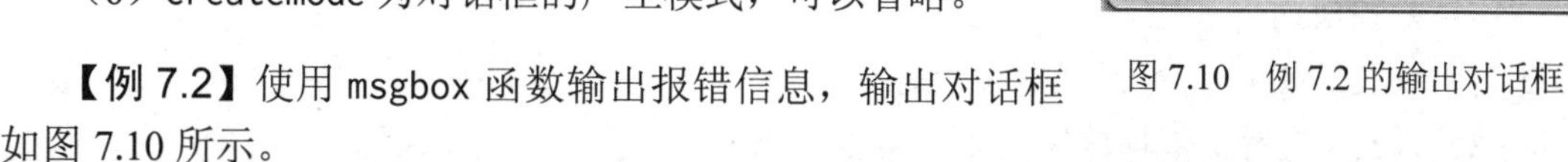

图 7.10　例 7.2 的输出对话框

【例 7.2】使用 msgbox 函数输出报错信息，输出对话框如图 7.10 所示。

```
>>message='密码错误，请重新输入!';
>>title='出错';
>>icon='error';
>>h=msgbox(message,title,icon)
h=
0.0057
```

除了使用上述 Msgbox 函数创建输出对话框，MATLAB 还提供几个专用的输出对话框函数，这些函数及属性如表 7.2 所示。

表 7.2　专用的输出对话框函数

函　数　名	功　　能	图　　标	按 钮 显 示
errordlg	出错对话框		仅 OK 按钮
warndlg	警告对话框		仅 OK 按钮
helpdlg	帮助对话框		仅 OK 按钮
questdlg	提问对话框		一个或多个按钮，默认为 OK、No 和 Cancel 三个按钮
listdlg	列表对话框	无	OK 和 Cancel 按钮

【例 7.3】使用 questdlg 函数输出提问信息，提问对话框如图 7.11 所示。

```
>>question='是否继续？';
>>title='提问';
>>choice=questdlg(question,title,'Yes','No','Yes')
choice=
No
```

图 7.11　例 7.3 的提问对话框

7.2.3　文件管理框

MATLAB 提供文件管理框的设计，可实现打开、保存文件和浏览文件夹等功能。

1. 打开和保存文件

打开文件对话框使用 uigetfile 函数创建，保存文件对话框使用 uiputfile 函数创建，用户可在文件管理对话框中实现路径和文件类型的选择。函数命令格式如下：

```
[Filename,Pathname]=uigetfile(Filterspec,Title,x,y)
[Filename,Pathname]=uiputfile(Filterspec,Title,x,y)
```

说明：

（1）Filename 为用户选择的文件名，Pathname 为文件所在路径，可省略，如取消选择，返回值均为 0。

（2）Filterspec 为对话框中显示的文件名。

（3）Title 为对话框标题字符串，可以省略。

（4）X、Y 表示对话框在屏幕上的位置，单位是像素，可以省略。

【例 7.4】 使用 uigetfile 函数和 uiputfile 函数创建打开文件对话框与保存文件对话框，对话框如图 7.12 所示。

```
>>[filename,pathname]=uigetfile('*.*','打开文件')
>>[filename,pathname]=uiputfile('*.m','保存文件')
```

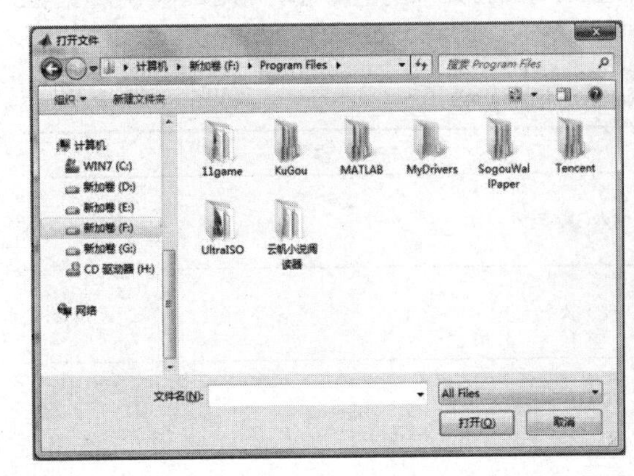

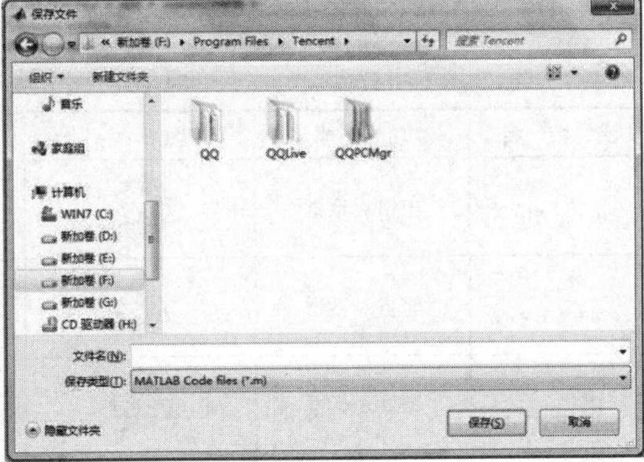

图 7.12　例 7.4 创建的对话框

程序分析：如果用户选中某个文件，那么返回的是该文件名和所在路径；如果选择“取消”，那么返回 0。注意，这里的“打开”和“保存”不是真正意义上的打开和保存，后续还需要使用专用命令实现文件的相关操作。

2. 浏览文件夹

MATLAB 使用 uigetdir 函数来打开浏览文件夹对话框，命令格式如下：

```
Directoryname=uigetdir(Startpath,Title)
```

说明：Directoryname 是用户选择的路径，Startpath 是开始路径，title 是对话框标题。

【例 7.5】 使用 uigetdir 函数创建浏览对话框，如图 7.13 所示。

```
>> directoryname=uigetdir('F:\Program Files');
```

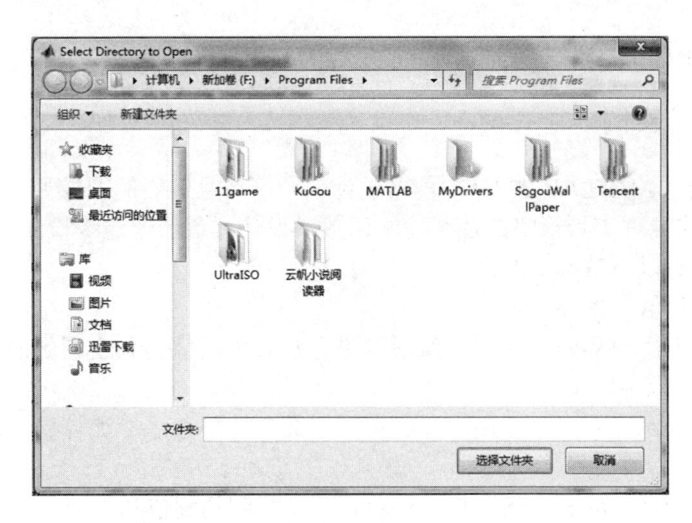

图 7.13　例 7.5 创建的浏览对话框

7.3　GUI 的 M 文件

控件的功能执行主要通过回调函数实现，每个控件都有几种回调函数。右键单击控件，在出现的菜单中选择 View Callbacks，会出现 Callback、CreateFcn、DeleteFcn、ButtonDownFcn、KeyPressFcn 选项。

Callback 是最常用、最一般的回调函数，它在控件默认操作下执行，如按钮控件在单击按钮时执行 Callback，滚动条控件在拉动滑块时执行 Callback。

CreateFcn 在控件对象创建时发生，一般为初始化样式、颜色、初始值等。DeleteFcn 在空间对象被清除时发生。

ButtonDownFcn 和 KeyPressFcn 分别在鼠标单击和按键事件时发生。

选中上述函数后，会自动跳转到相应的 Editor 中编辑代码，GUIDE 会自动生成相应的函数体、函数名。函数名一般是控件 Tag + Call 类型名，参数有三个，分别是 hObject、eventdata 和 handles，其中 hObject 是发生事件的源控件，eventdata 是事件数据结构，handles 是传入的对象句柄。

7.4　GUI 实例

7.4.1　MATLAB GUI 设计步骤

本节主要进行实战训练。首先总结 MATLAB GUI 设计的一般步骤：

（1）利用 GUIDE 向导的模板创建初始界面，在界面上布置控件、菜单栏和工具栏，可以借助 MATLAB 提供的界面设计器、菜单编辑器与工具栏编辑器来进行设计。

（2）利用属性编辑器、菜单编辑器和工具栏编辑器为每个对象赋属性值，最重要的属性是 Tag，它将作为对象的标识出现在对象浏览器和 M 文件编辑器中。

（3）利用 M 文件编辑器编写初始化函数，结束自函数、对象回调函数以及用到的子函数，设计具有强大功能的图形用户界面。

（4）利用 M 文件的调试方法得到正常运行的 GUI。

7.4.2 设计实例

【例 7.6】利用 MATLAB 的 GUI 程序设计一个简单且实用的图像处理程序。该程序利用 MATLAB 图像处理工具箱中的边缘检测函数，设计具备图像边缘检测功能的用户界面。这个设计程序具有以下基本功能：

（1）图像的读取和保存。

（2）设计图形用户界面，让用户对图像进行从彩色图像到灰度图像的转换，并显示原图像和灰度图像。

（3）设计图形用户界面，让用户能够根据需要来选择边缘检测算子，即选择边缘检测的方法。

（4）设计图形用户界面，让用户能够自行设定检测的阈值和方向。

（5）显示边缘检测后的图像，并与原图像和灰度图像进行对比。

（6）其他功能。

根据上述分析完成如下步骤，界面设计如图 7.14 所示，保存为 gui_shili.fig 文件。

（1）建立 5 个静态文本，用于标注相应控件的提示。

（2）建立 3 个坐标轴对象，用于显示原图像、灰度图像和边缘检测后的图像。

（3）建立 1 个按钮，用于将原图像转换为灰度图像。

（4）建立 1 个文本编辑框，用于输入数据。

（5）建立 1 个列表框，用于选择检测方向。

（6）建立菜单，选项包括“文件”（打开、保存、退出）、“检测方法”（sobel、prewitt、roberts、canny）和“帮助”。

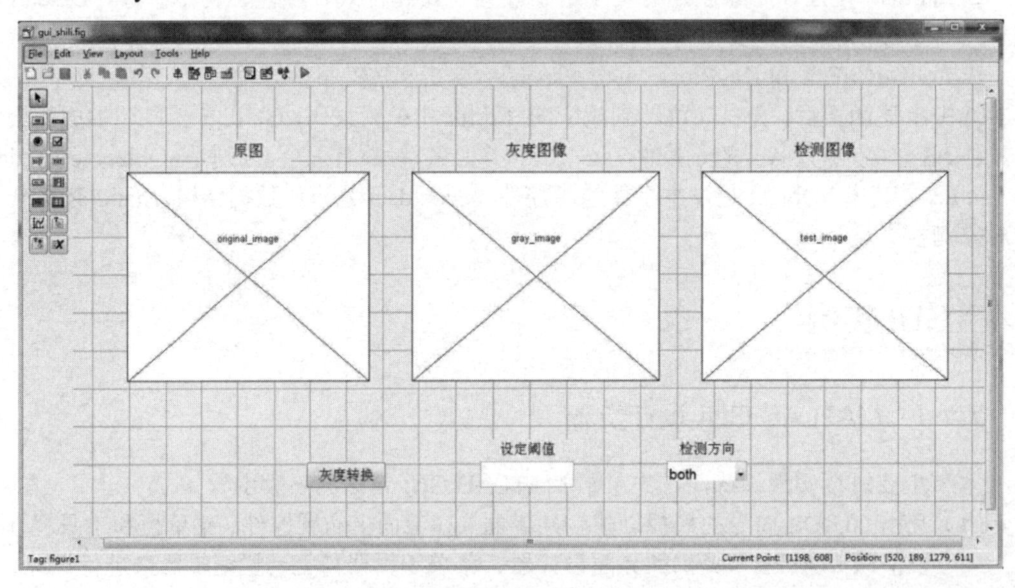

图 7.14 图像处理程序设计

（7）设置各控件的相关属性，为便于编辑和维护，为控件设置新的 Tag 属性。五个静态文本框的 string 属性分别为“原图像”“灰度图像”“检测图像”“设定阈值”和“检测方向”。三个坐标轴的 Tag 标识分别为 original_image、gray_image 和 test_image。按钮控件的 string 属性为“灰度转换”，Tag 标识为 rgbtogray。文本编辑框的 Tag 标识为 thresh_value。列表框的 string 属性为 horizontal、vertical、both，Tag 标识为 direction。图 7.15 显示了列表框的属性设置。

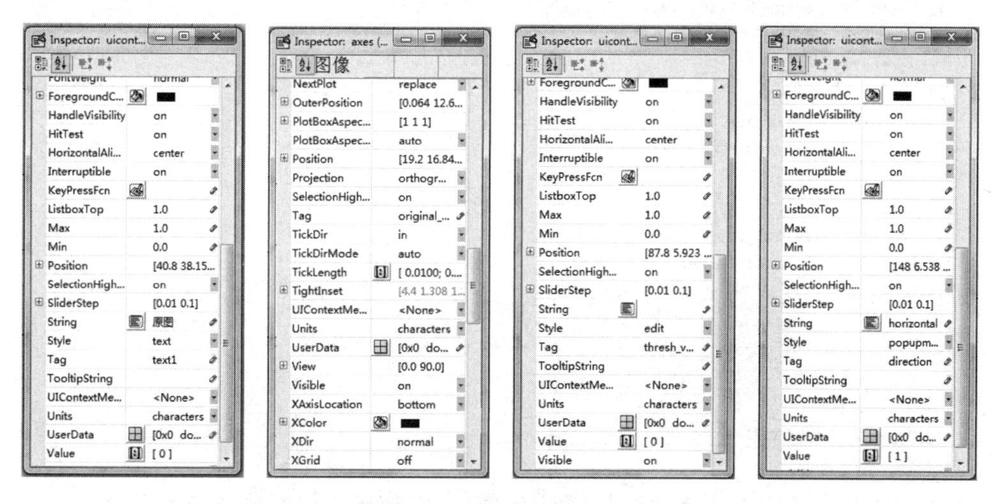

图 7.15　列表框的属性设置

（8）创建菜单，如图 7.16 所示。建立一级菜单“文件”，设置三个子菜单项“打开”“保存”和“退出”。建立一级菜单“检测方法”，设置四个子菜单项 Sobel、Prewitt、Roberts、Canny。建立一级菜单“帮助”，无子菜单项。菜单设计效果如图 7.17 所示。

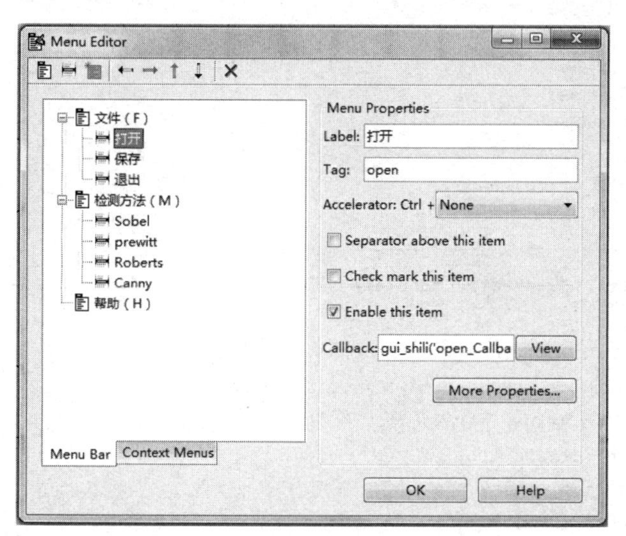

图 7.16　创建菜单

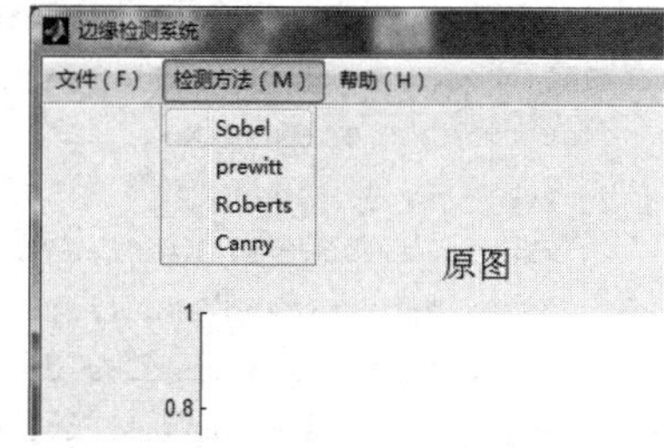

图 7.17　菜单设计效果

（9）编写代码完成程序中的变量赋值、输入、输出等工作，打开 gui_shili.m 文件，在对应函数位置添加如下程序，其他代码不变。

以下程序是菜单栏中子菜单打开选项的代码，主要用于选择打开并显示图像。

```
% --------------------------------------------------------------------
function open_Callback(hObject, eventdata, handles)
% hObject    handle to open (see GCBO)
% eventdata  reserved - to be defined in a future version of MATLAB
% handles    structure with handles and user data (see GUIDATA)
[filename,pathname]=uigetfile({'*.jpg';'*.bmp';'*.tif';'*.*'},'载入图像');
if isequal(filename,0)||isequal(pathname,0)
     errordlg('没有选中文件','出错');
     return;
else
file=[pathname,filename];
global S    %设置一个全局变量S，保存初始图像路径，以便之后的还原操作
S=file;
x=imread(file);
set(handles.original_image,'HandleVisibility','ON');
axes(handles.original_image);
imshow(x);
% set(handles.original_image,'HandleVisibility','OFF');
% axes(handles.original_image);
% imshow(x);
handles.img=x;
guidata(hObject,handles);
end
```

以下程序是菜单栏中子菜单保存选项的代码，主要用于保存处理后的图像。

```
% --------------------------------------------------------------------
function save_Callback(hObject, eventdata, handles)
% hObject    handle to save (see GCBO)
% eventdata  reserved - to be defined in a future version of MATLAB
% handles    structure with handles and user data (see GUIDATA)
 [sfilename ,sfilepath]=uiputfile({'*.jpg';'*.bmp';'*.tif';'*.*'},...
     '保存图像文件','untitled.jpg');
 if ~isequal([sfilename,sfilepath],[0,0])
     sfilefullname=[sfilepath ,sfilename];
     imwrite(handles.img,sfilefullname);
 else
     msgbox('你按了取消键','保存失败');
 end
% --------------------------------------------------------------------
function sobel_Callback(hObject, eventdata, handles)
% hObject    handle to open (see GCBO)
% eventdata  reserved - to be defined in a future version of MATLAB
% handles    structure with handles and user data (see GUIDATA)
v1=str2double(get(handles.thresh_value,'string'));
contents=get(handles.direction,'string');
v2=contents{(get(handles.direction,'value'))};
edge_sobel=edge(handles.img,'sobel',v1,v2);
set(handles.test_image,'HandleVisibility','ON');
axes(handles.test_image);
imshow(edge_sobel)
handles.img=edge_sobel;
guidata(hObject,handles);
```

```
% --------------------------------------------------------------------
function prewitt_Callback(hObject, eventdata, handles)
% hObject    handle to prewitt (see GCBO)
% eventdata  reserved - to be defined in a future version of MATLAB
% handles    structure with handles and user data (see GUIDATA)
v1=str2double(get(handles.thresh_value,'string'));
contents=get(handles.direction,'string');
v2=contents{(get(handles.direction,'value'))};
edge_prewitt=edge(handles.img,'prewitt',v1,v2);
set(handles.test_image,'HandleVisibility','ON');
axes(handles.test_image);
imshow(edge_prewitt)
handles.img=edge_prewitt;
guidata(hObject,handles);
% --------------------------------------------------------------------
function Roberts_Callback(hObject, eventdata, handles)
% hObject    handle to Roberts (see GCBO)
% eventdata  reserved - to be defined in a future version of MATLAB
% handles    structure with handles and user data (see GUIDATA)
v1=str2double(get(handles.thresh_value,'string'));
contents=get(handles.direction,'string');
v2=contents{(get(handles.direction,'value'))};
edge_roberts=edge(handles.img,'roberts',v1,v2);
set(handles.test_image,'HandleVisibility','ON');
axes(handles.test_image);
imshow(edge_roberts)
handles.img=edge_roberts;
guidata(hObject,handles);
% --------------------------------------------------------------------
function Canny_Callback(hObject, eventdata, handles)
% hObject    handle to Canny (see GCBO)
% eventdata  reserved - to be defined in a future version of MATLAB
% handles    structure with handles and user data (see GUIDATA)
v1=str2double(get(handles.thresh_value,'string'));
contents=get(handles.direction,'string');
v2=contents{(get(handles.direction,'value'))};
edge_canny=edge(handles.img,'canny',v1,v2);
set(handles.test_image,'HandleVisibility','ON');
axes(handles.test_image);
imshow(edge_canny)
handles.img=edge_canny;
guidata(hObject,handles);

function rgbtogray_Callback(hObject, eventdata, handles)
% hObject    handle to rgbtogray (see GCBO)
% eventdata  reserved - to be defined in a future version of MATLAB
% handles    structure with handles and user data (see GUIDATA)
gray=rgb2gray(handles.img);
set(handles.gray_image,'HandleVisibility','ON');
axes(handles.gray_image);
imshow(gray);
handles.img=gray;
guidata(hObject,handles);
```

（10）执行程序后，单击菜单栏中的“文件”，打开图片 rice.jpg，在原图像位置会显示彩色图像，单击“灰度转换”按钮，在灰度图像位置会显示转换后的灰度图像，在“设定阈值”框中输入 0.1，选择“检测方向”为 both，再在“检测方法”菜单中选择 Canny，在“检测图像”位置显示边缘检测后的图像，最后在“文件”菜单中选择“保存”，保存最终分割后的边缘检测图，如图 7.18 所示。

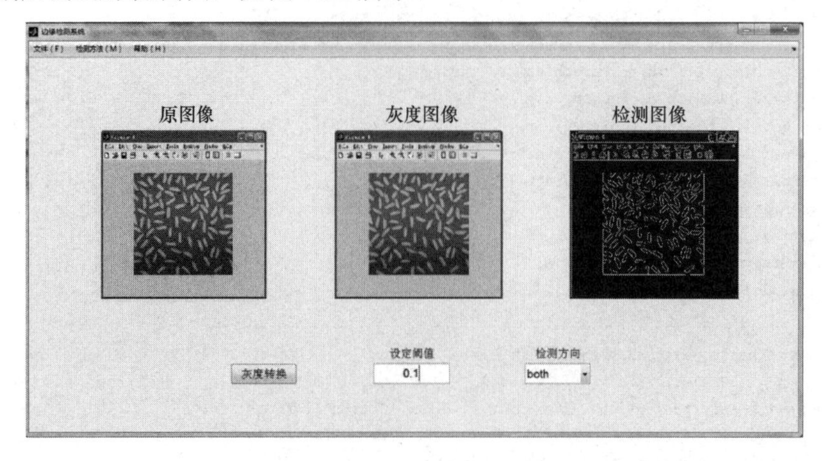

图 7.18　图像处理运行结果

习题 7

1. 设计一个加法计算器。
2. 编写程序实现：用户输入周期和频率绘制正弦信号，并绘制相应的余弦函数、正切函数、余切函数的图形。

实验 7　GUI 设计

实验目的

1. 熟悉与掌握 MATLAB GUI 的菜单设计。
2. 熟悉与掌握 MATLAB GUI 的对话框设计。
3. 熟悉与掌握 MATLAB GUI 的文件管理框设计。
4. 熟悉与掌握 MATLAB GUI 的 M 文件编写，主要是回调函数的使用和编写。

实验内容

1. 设计一个用户登录欢迎界面：当用户正确输入账号和密码后，系统自动弹出对话框“欢迎登录本系统！”，输入错误账号或密码时，弹出对话框“输入有误，请重新输入账号和密码！”。账号和密码可由设计者制定一个或多个。
2. 设计一个成绩判断系统：当用户输入分数时，系统弹出相应的对话框。输入 90～100 之间的分数，弹出对话框显示“优秀”；输入 89～80 之间的分数，弹出对话框显示“良好”；输入 79～70 之间的分数，弹出对话框显示“中等”；输入 69～60 之间的分数，弹出对话框显示“合格”；输入低于 60 的分数，弹出对话框显示“不合格”。
3. 设计一个图像滤波系统，其功能如下：用户在计算机上选择一幅图像对其进行滤波，界面按钮包括“中值滤波”“均值滤波”“高斯滤波”“双边滤波”等，结果可让用户保存到计算机中。
4. 设计一个带有菜单的函数绘制界面，其功能如下：可供用户在菜单中选择所要绘制的函数类型、输入函数的频率和幅值。用户不输入时，以设计的默认值绘制函数图像。

第 8 章　MATLAB Simulink 仿真

Simulink 是 MATLAB 的重要组成部分，它提供建立系统模型、选择仿真参数和数值算法、启动仿真程序对系统进行仿真、设置不同的输出方式来观察仿真结果等功能，可以使非常复杂的系统输入变得容易且直观。用户不需要花费大量时间去编程，只需了解各个模块的功能，并将所需模块连接起来就可构成所需的系统模型，进而进行模拟仿真。

8.1　Simulink 的基本操作

8.1.1　Simulink 的启动

打开 MATLAB，在命令窗口中输入 `simulink` 后，按回车键，或用鼠标单击 MATLAB 主窗口中工具栏上的 Simulink 快捷键命令按钮，即可启动 Simulink，如图 8.1 所示。

图 8.1　Simulink 启动方式

8.1.2　Simulink 模型窗口的建立

Simulink 启动后，会在桌面弹出 Simulink 开始操作界面（Simulink Start Page），单击右

侧对应的 Blank Model，即可打开模型编辑窗口。也可直接在 MATLAB 主菜单中选择 File 菜单中新建菜单项的 Simulink Model 命令打开模型编辑窗口。在打开的编辑窗口中也可新建模型编辑窗口，用户可在模型窗口选择模块库中的仿真模块来建模与仿真，如图 8.2 和图 8.3 所示。

图 8.2　Simulink 开始操作界面

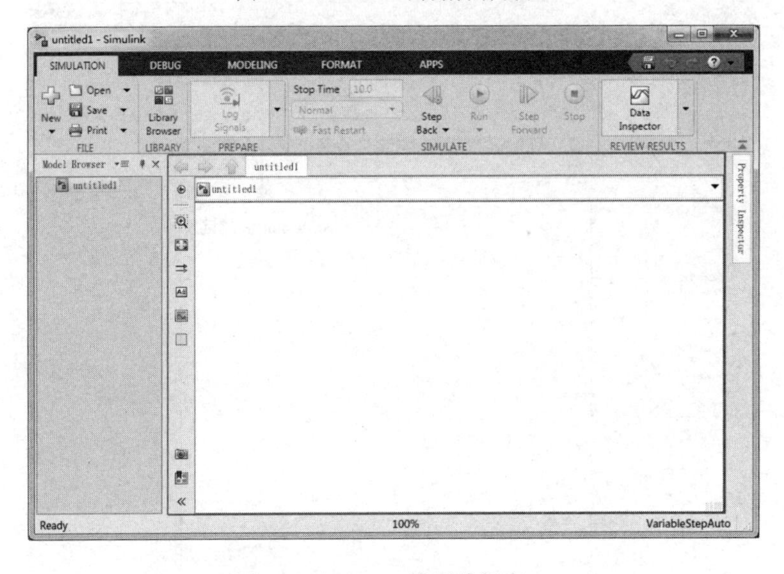

图 8.3　Simulink 模型编辑窗口

8.2　Simulink 模块库与系统仿真

在 Simulink 模型编辑窗口中单击菜单中的 Library Browser 按钮，即可打开 Simulink 模块库浏览器（Simulink Library Browser）窗口，如图 8.4 所示。

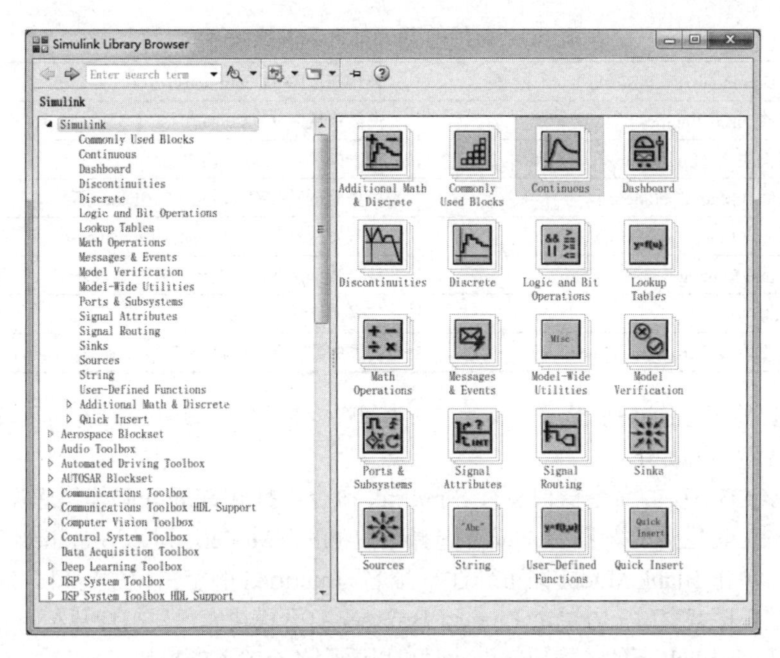

图 8.4　Simulink 模块库浏览器窗口

Simulink 的典型模型通常由输入、状态和输出三部分组成。其中，输入模块为系统提供信号源，状态模块是被模拟的系统，是系统建模的核心部分，输出模块则是信号的接收显示模块。在 Simulink 的空白模型窗口中，Simulink 的模型主要是由功能模块和信号线连接构成的。在 Simulink 中，将两个模块相连非常简单，在每个允许输出的模块口都有一个输出符号“>”表示离开该模块，输入端也有一个输入符号“>”表示进入该模块。如果要将两个模块连接起来，只需在前一个模块的输出口处用鼠标左键单击（显示十字图标），然后拖动鼠标至另一个模块的输入口并松开鼠标左键，Simulink 会自动地将两个模块用线连接起来。

模块库中的模块可以直接用鼠标拖曳（用鼠标左键选中模块，并按住左键不放），然后放到模型窗口中处理。在模型窗口中选中模块后，模块的四个角都会出现黑色标记，这时可对该模块进行复制、删除、移动、命名、转向、设置模块属性等操作。

Simulink 模块库浏览器（Simulink Library Browser）窗口左侧列出的是模块库和工具箱，右侧列出的是左侧模块对应的子模块库；要打开一个子模块库，可单击左侧对应的模块库名，或双击右侧的模块库名；要查找某个模块，可通过搜索栏直接搜索，退出时关闭所有模型窗口和模块库窗口即可。

8.2.1　Simulink 模块库

Simulink 模块库中提供了大量模块。单击模块库浏览器中 Simulink 前面的▷，可看到 Simulink 模块库中包含的子模块库，单击所需的子模块库，在右侧窗口中可看到相应的基本模块，选择所需的基本模块后，可用鼠标将其拖至模型编辑窗口中。同样，也可单击对应模块，使用组合键 Ctrl + I 将其添加到模型编辑窗口中。常用的 Simulink 公共模块库如表 8.1 所示。

表 8.1　常用的 Simulink 公共模块库

通用模块库（Commonly Used Blocks）	连续模块库（Continuous）
非线性模块库（Discontinuities）	离散模块库（Discrete）
逻辑和位运算模块库（Logic and Bit Operations）	查表模块库（Look-Up Table）
数学运算模块库（Math Operations）	模型验证模块库（Model Verification）
模型扩充模块库（Model-Wide Utilities）	信号属性模块库（Signal Attributes）
信号路由（Signal Routing）	端口和子系统库（Ports and Subsystems）
接收模块（Sinks）	信号源模块（Source）
用户定义函数模块（User-Defined Functions）	附加的数学和离散模块库（Additional Math & Discrete）

【例 8.1】 使用 Simulink 设计一个简单的模型，将一个时间信号输出到示波器中。

本例的解题步骤如下：

（1）在 MATLAB 的命令窗口运行 Simulink 命令，打开 Simulink 模块库浏览器窗口。

（2）单击工具栏上的图标，或者选择菜单 File→Model，进入 Simulink Start Page 界面，单击 Blank Model 即可新建一个名为 untitled 的空白模型窗口。

（3）在空白模型窗口上方单击 Library Browser 打开模块库，单击打开左侧的 Simulink，打开 Simulink 下的子模块库，此时可以看到各个输入源模块。

（4）使用鼠标单击所需的输入信号源模块 Clock（时间信号），将其拖至空白模型窗口 untitled 中，Clock 模块就被添至 untitled 窗口；也可使用鼠标选中 Clock 模块，单击鼠标右键，在快捷菜单中选择 add block to model 'untitled'命令，将 Clock 模块添至 untitled 窗口。

（5）用同样的方法打开接收模块库 Commonly Used Blocks，选择其中的 Scope 模块（示波器）并拖至 untitled 窗口。

（6）在 untitled 窗口中，将鼠标指向 Clock 右侧的输出端，当光标变为十字时，按住鼠标并拖向 Scope 模块的输入端，松开鼠标按键，就完成了两个模块间的信号线连接，即创建了一个简单的模型，如图 8.5 所示。

（7）开始仿真。单击 untitled 模型窗口中的“开始仿真”图标▶，或者选择菜单 Simulink→Run，仿真开始。双击 Scope 模块，出现示波器显示屏，如图 8.6 所示。

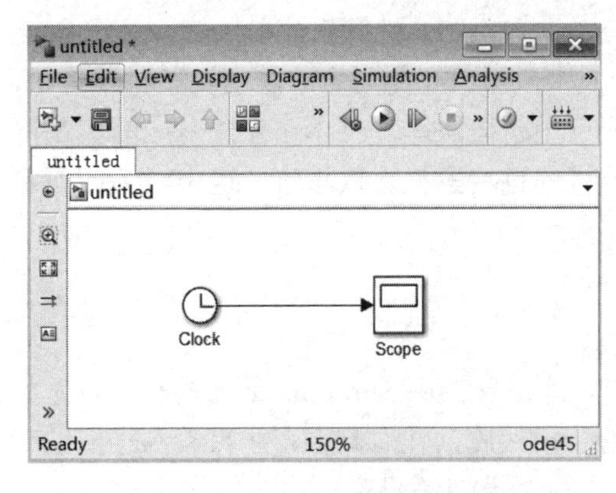

图 8.5　Simulink 模型窗口

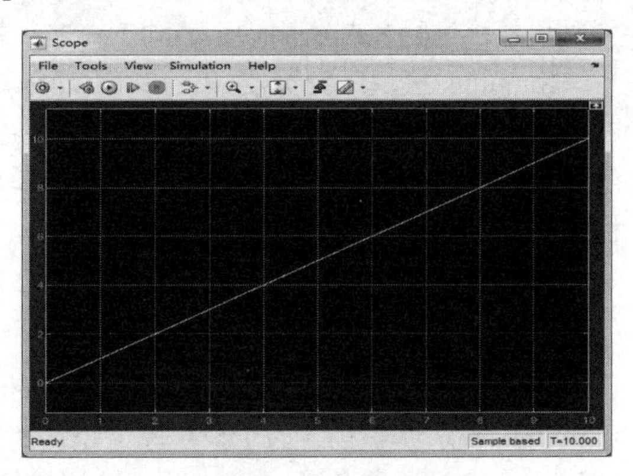

图 8.6　仿真结果

（8）保存模型，单击工具栏上的图标，该模型保存为 Ex0801.mdl 文件。

1．模块的参数设置

Simulink 中几乎所有模块的参数都可进行设置，只需双击要设置的模块，或者在模块上按鼠标右键并在弹出的快捷菜单中选择相应模块的参数设置命令，就会弹出模块参数对话框。模块参数对话框由两部分组成，上面一部分是模块功能说明，下面一部分用来设置模块参数。同样，先选择要设置的模块，再在模型图表窗口的 Block Parameters 菜单下选择相应模块的参数设置命令，也可打开模块参数对话框。图 8.7 所示为 Sine Wave（正弦波形）模块参数设置对话框，Sine type 为正弦类型，包括 Time based 和 Sample based 选项；Time 为时间范围，包括 Use simulation time 和 Use external signal 选项；Amplitude 为正弦幅值；Bias 为幅值偏移值；Frequency 为正弦频率；Phrase 为初始相角；Sample time 为采样时间。

2．模块的属性设置

选定要设置属性的模块，在模块上按鼠标右键并在弹出的快捷菜单中选择 Properties，或者先选择要设置的模块，后在模型图表窗口的 Diagram 菜单中选择 Properties 命令，将打开模块属性对话框。该对话框中包含 General、Block annotation 和 Callbacks 三个选项卡。其中，在 General 选项卡中可以设置 3 个基本属性：(1)说明（Description），是对模块在模型中用法的注释；(2)优先级（Priority），规定模块在模型中相对于其他模块执行的优先顺序；(3)标记（Tag），是用户为模块添加的文本格式标记，如图 8.8 所示。

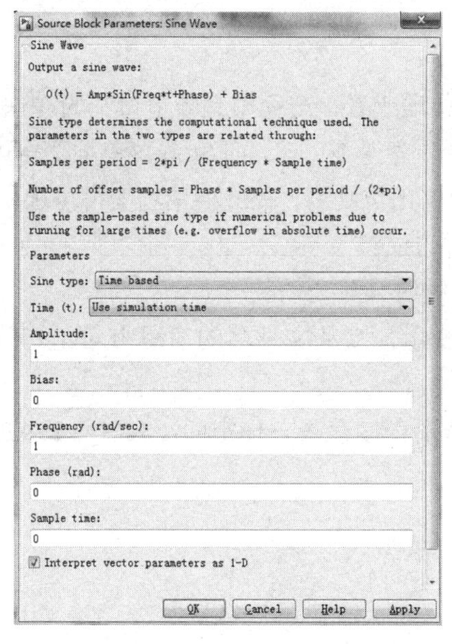

图 8.7　Sine Wave 模块参数设置对话框

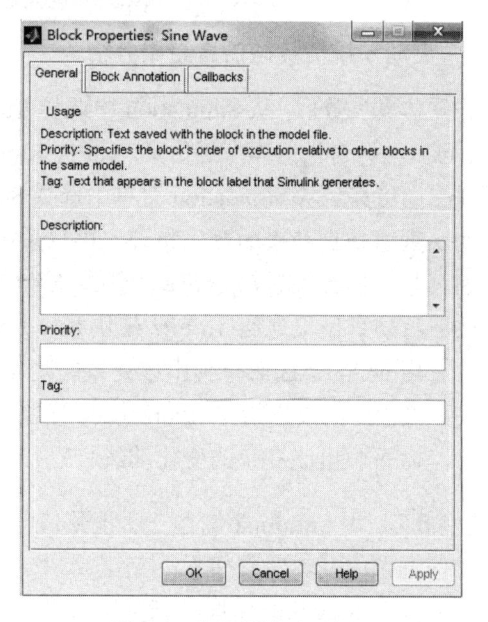

图 8.8　模块属性对话框

8.2.2　Simulink 环境下的仿真运行

1．设置仿真参数

在系统仿真过程中，需要先对仿真算法、输出模式等各种仿真参数进行设置。具体方法如下：打开系统仿真模型，从模型编辑窗口的 Simulation 菜单中选择 Model Configuration

Parameters 命令，或者直接单击菜单栏上的快捷键⚙，打开一个仿真参数对话框，在其中便可对仿真参数进行设置。在该对话框中，仿真参数设置包括仿真器参数设置（Solver）、工作空间数据输入/输出设置（Data Import/Export）、优化设置（Optimization）等 9 个选项，如图 8.9 所示。

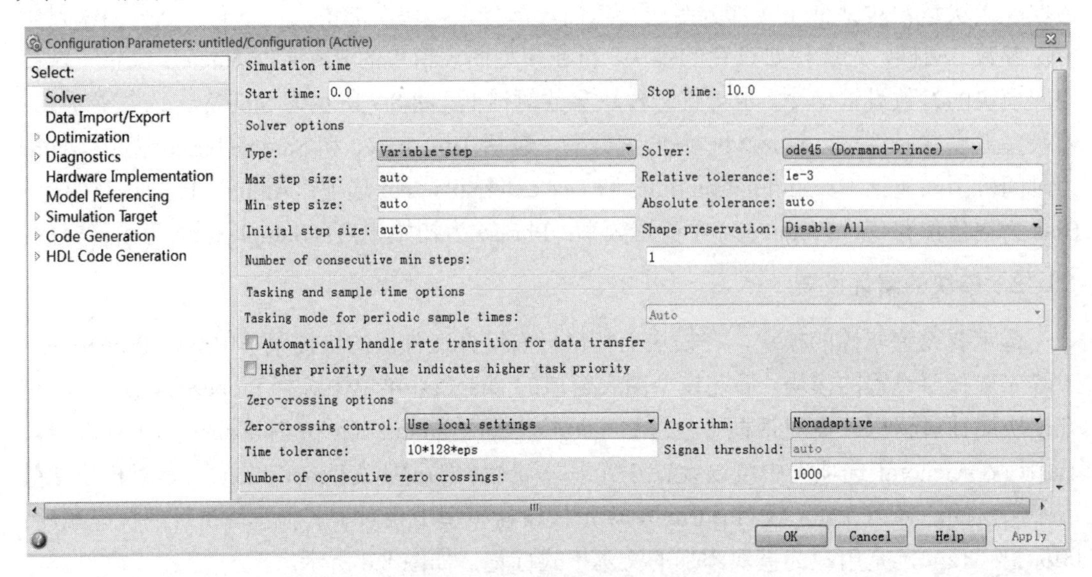

图 8.9　仿真参数设置对话框

2．启动系统仿真与仿真结果分析

设置仿真参数后，从 Simulation 中选择 Run 菜单项或者单击模型编辑窗口中的▶快键按钮，便可启动针对当前模型的仿真。此时，Run 菜单项变得不可选，而 Stop 菜单项变得可选，可随时中止仿真。从 Simulation 菜单中选择 Stop 项停止仿真后，Run 菜单项变得可选。

为了观察仿真结果的变化轨迹，可以采用三种方法：

（1）将输出结果送给 Scope 模块或 XY Graph 模块。

（2）将仿真结果送给 To File 模块并作为返回变量，默认文件名的后缀为.mat，然后使用 MATLAB 命令画出该变量的变化曲线。

（3）将输出结果送给 To Workspace 模块，将结果直接存入工作空间，然后用 MATLAB 命令画出该变量的变化曲线。

【例 8.2】 用 Simulink 创建一个正弦信号的仿真模型。

本例解题的基本步骤如下：

（1）打开 Simulink 模块库浏览器窗口，如图 8.10 所示。

（2）新建一个名为 untitled 的空白模型窗口。

（3）用鼠标单击 Sources 子模块库中的输入信号源模块 Sine Wave（正弦信号），将其拖至空白模型窗口 untitled，如图 8.11 所示。

（4）同理，打开接收模块库 Sinks，选择 Scope 模块（示波器）并拖至 untitled 窗口。

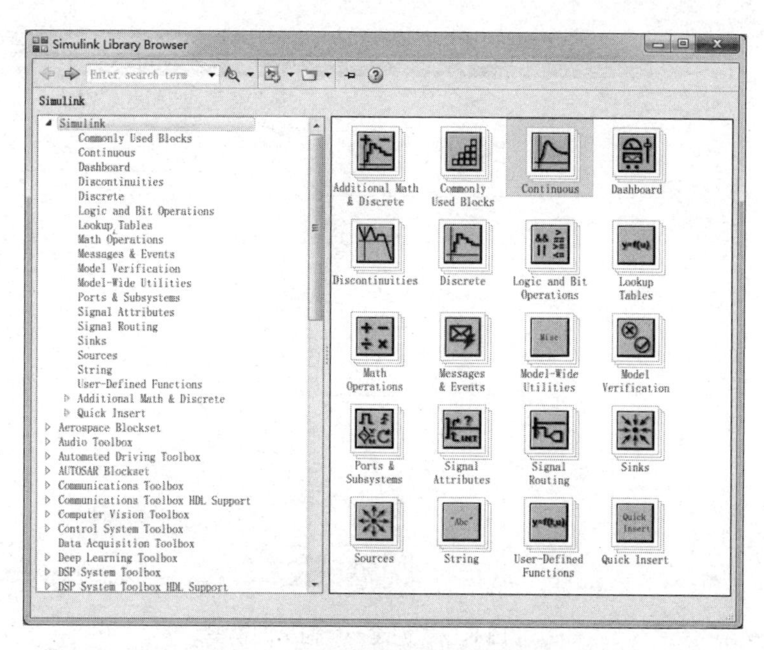

图 8.10　Simulink 模块库浏览器窗口

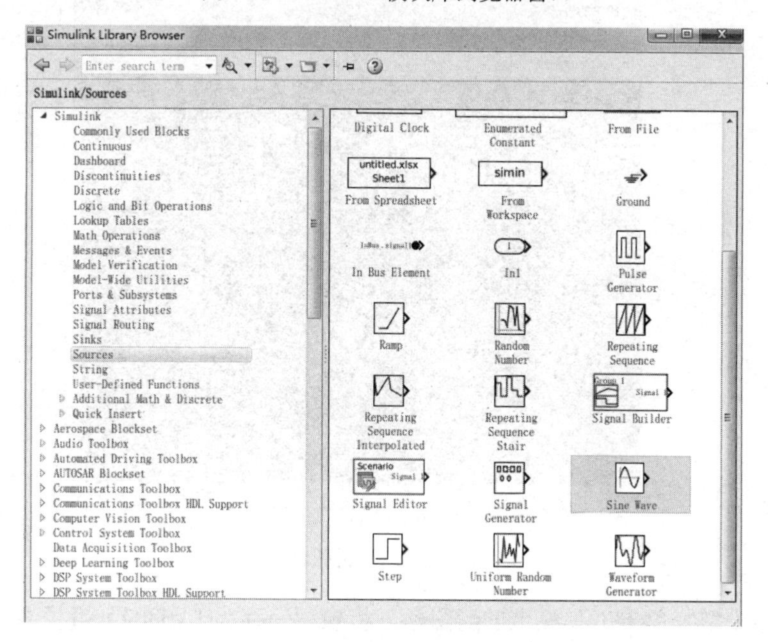

图 8.11　拖放输入信号源模块界面

（5）在 untitled 窗口中，将鼠标指向 Sine Wave 右侧的输出端，当光标变为十字时，按住鼠标并拖向 Scope 模块的输入端，松开鼠标，即可连接两个模块，创建一个简单的模型，如图 8.12 所示。

（6）开始仿真。单击 untitled 模型窗口中的“开始仿真”图标▶，或者选择菜单 Simulink→Run，开始仿真。双击 Scope 模块，出现示波器显示屏，可以看到正弦波形，如图 8.13 所示。

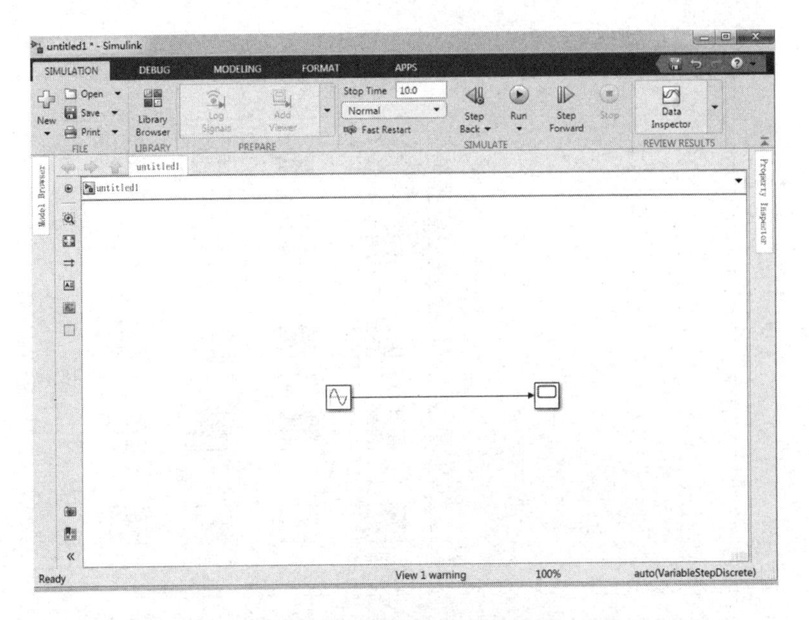

图 8.12　创建一个简单的模型

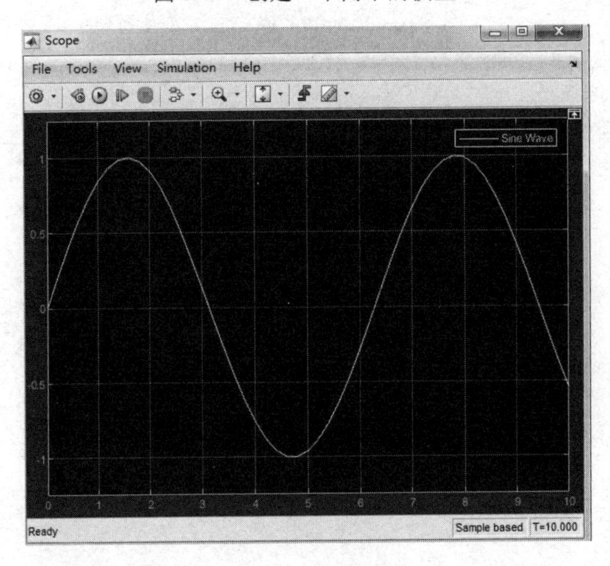

图 8.13　正弦波形

（7）保存模型。单击工具栏上的💾图标，将模型保存为 Ex0802.mdl 文件。

8.3　Simulink 子系统与模块封装

当系统模型结构较为复杂时，需要建立与封装子系统，从而简化系统结构，提高系统设计的层次性，使模型变得更加简洁、操作分析更加便捷且不易出错。子系统是系统构成的一部分，它由几个输入、输出端口的模块组成，封装后只对外提供接口而不显示内部结构。用户不必了解具体子系统中各模块的构成与功能，可将封装后的子系统视为一个等效于原系统模块群功能的新模块，并且可进行类似的模块设置。

8.3.1　Simulink 子系统的建立

建立子系统有两种方法：通过 Subsystem 模块建立子系统，通过已有模块建立子系统。两者的区别是，前者先新建立子系统，再添加功能模块；后者在已有子系统的基础上添加模块，进而创建新的子系统。

1．通过 Subsystem 模块建立子系统

操作步骤如下：

（1）先打开 Simulink 模块库浏览器，新建一个空白模型编辑窗口。

（2）打开 Simulink 模块库中的 Ports & Subsystems 模块库，将 Subsystem 模块添加到模型编辑窗口中，如图 8.14 所示。

（3）双击 Subsystem 模块，在当前窗口或一个新模型窗口中打开子系统，如图 8.15 所示。用户将要组合的模块添加到该窗口中后，就建好了一个子系统。子系统窗口中的 Inport 模块表示来自子系统外的输入，Export 模块表示外部输出。

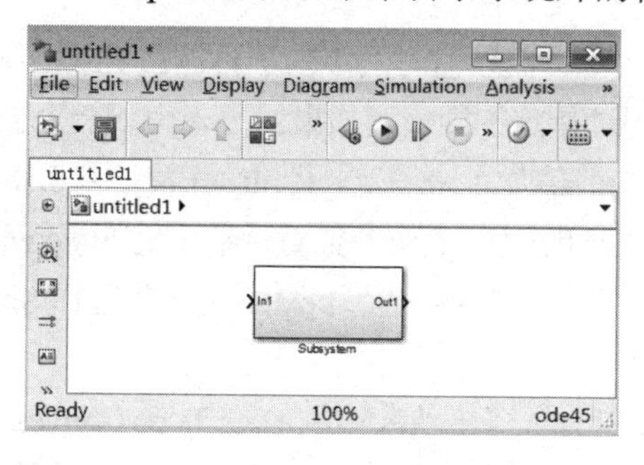

图 8.14　添加 Subsystem 模块

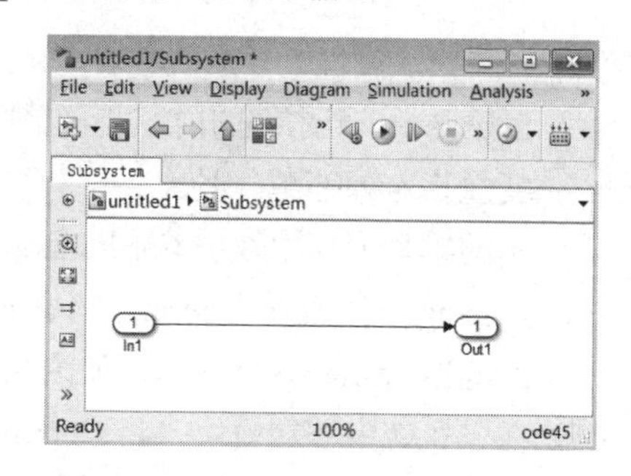

图 8.15　子系统窗口

在图 8.15 的基础上，再添加一个 In2 模块、一个 Add 模块，并用线连接起来，如图 8.16(a)所示。原来的子系统变成了新的子系统，它包含一个 Sum 模块、两个 Inport 模块和一个 Export 模块，这个子系统表示对两个外部输入求和，并将结果通过 Export 模块输出到子系统外的模块，如图 8.16(b)所示。

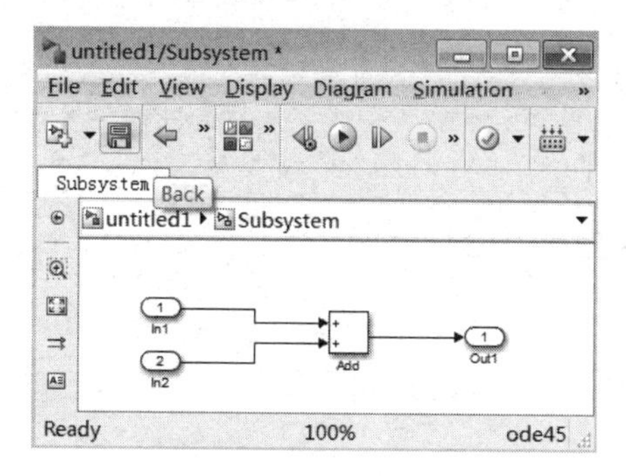

图 8.16(a)　新的子系统模型窗口

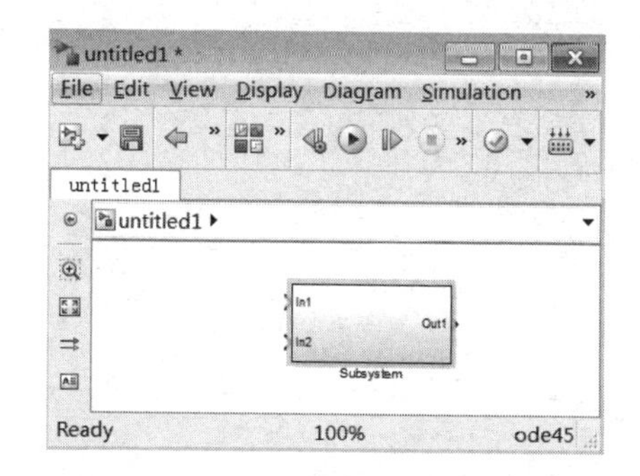

图 8.16(b)　新的子系统模型窗口

【例 8.3】用 Simulink 创建一个子系统，求 n 个自然数之和。

基本步骤如下：

（1）打开 Simulink 模块库浏览器，新建一个名为 untitled 的空白模型窗口。

（2）添加模块。将 Sources 子模块库中的 Constant 模块、Ports & Subsystems 模块库中的 For Iterator Subsystem 模块、Sinks 模块库中的 Display 模块依次添加到模型编辑窗口中并连接，如图 8.17 所示。

（3）打开子系统模块。双击图 8.17 中 For Iterator Subsystem 模块，打开默认子系统模块，如图 8.18 所示。

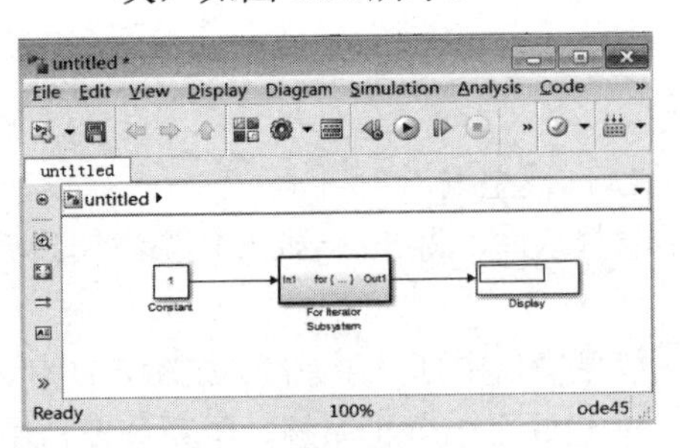

图 8.17　Simulink 模型窗口

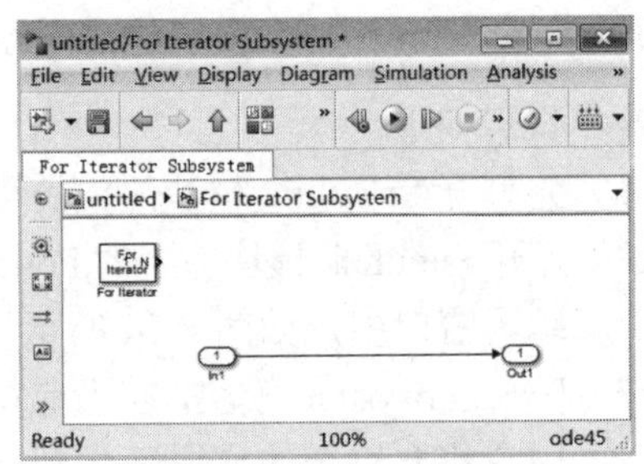

图 8.18　默认子系统模块

（4）设置模块属性。子系统包含 For Iterator 模块，可在当前时间步内一直循环 For Iterator Subsystem 子系统的内容，直至循环变量超过指定的限值，如果用户未为下一个循环变量指定外部源，那么下一个循环值可由当前值加 1 来确定，即 in + 1。在图 8.18 所示的模型窗口中双击 For Iterator 模块，将 For Iterator 模块参数对话框中的 State when starting 参数设置为 reset，将 Iteration limit source 参数设置为 external，并选择 Show iteration variable 复选框，如图 8.19 所示。

（5）在子系统中添加模块。将 Commonly Used Blocks 子模块库中的 Data Type Conversion 模块、Math Operations 模块库中的 Add 模块、Discrete 模块库中的 Unit Delay 模块依次添加到模型编辑窗口中并连接，如图 8.20 所示。

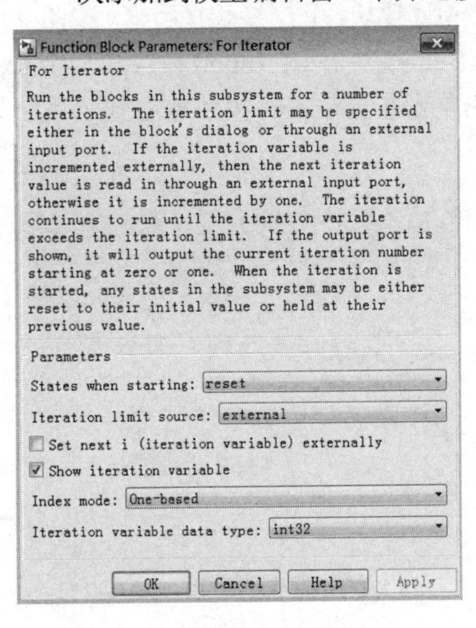

图 8.19　模块参数设置对话框

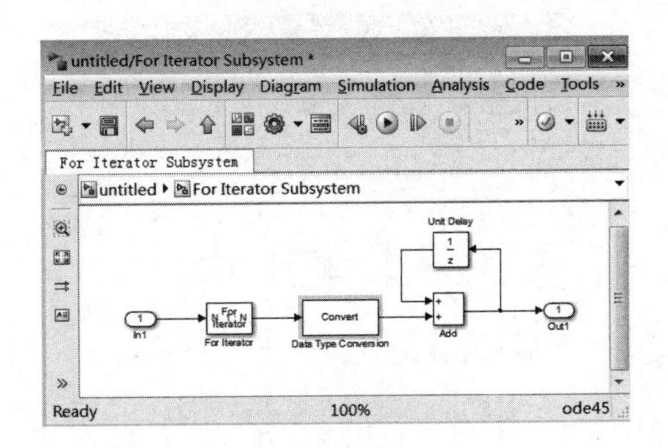

图 8.20　子系统模块

（6）返回主系统，双击模块 Constant，打开参数对话框，将参数 Constant Value 的值设为 100，如图 8.21 所示。

（7）开始运行。单击 untitled 模型窗口中的“开始仿真”图标▶，结果如图 8.22 所示。由运行结果可知前 100 个自然数之和为 5050，这与理论计算结果是一致的。

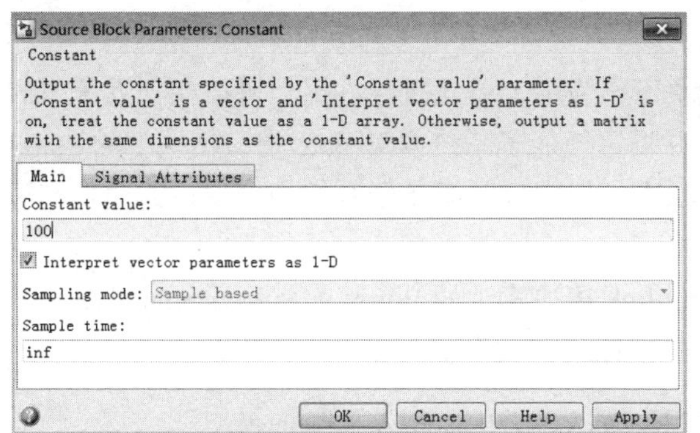

图 8.21　常数模块参数设置对话框

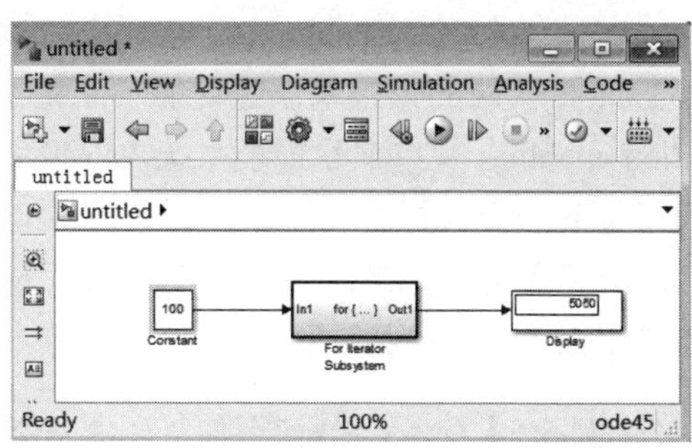

图 8.22　运行结果

2. 通过已有模块建立子系统

操作步骤如下：

（1）先选择要建立子系统的模块，不包括输入端口和输出端口。

（2）选择模型编辑窗口 Diagram 菜单中的 Create Subsystem from Selection 命令，或者按组合键 Ctrl + G，建好子系统，系统会自动将输入模块和输出模块添加到子系统中，并将原来的模块变为子系统的图标。

【例 8.4】 为图 8.22 所示子系统模块建立一个新子系统。

基本步骤如下：

（1）在图 8.20 所示的编辑模型窗口中单击鼠标左键并拖动，选定所有模块，如图 8.23 所示。

（2）单击模型编辑窗口 Diagram 菜单中的 Create Subsystem from Selection 命令，所选模块将被 Subsystem 模块代替，如图 8.24 所示。

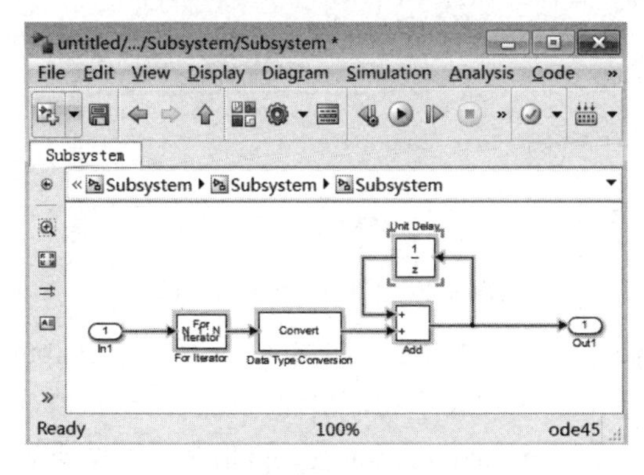

图 8.23　选择子系统中的全部模块

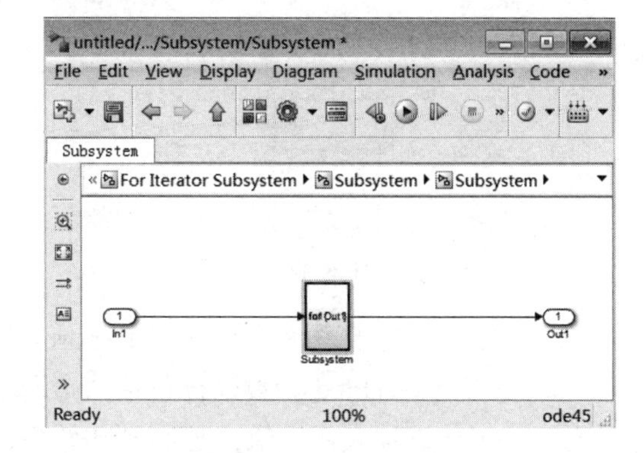

图 8.24　新子系统模块

8.3.2　子系统的条件执行

条件执行子系统也是一个子系统，但在模型中是否执行条件子系统要取决于其他条件信号。控制子系统执行的信号被称为控制信号，控制信号由单独的控制输入端口进入子系统。常见的条件执行子系统有如下几种。

1．使能子系统

使能子系统（Enabled Subsystem）模块可作为单个单元执行，用户可按在子系统内放置 Enable 模块的方式来创建使能子系统，并设置使能子系统内 Enable 端口模块中的 States when enabling 参数来配置子系统内的模块状态，但它只在驱动子系统使能端口的输入信号大于零时才会执行。

建立使能子系统的方法如下：打开 Simulink 模块库中的 Ports ＆ Subsystems 模块库，将 Enable 模块复制到子系统模型中，系统的图标就会发生变化。

【例 8.5】 建立一个使用使能子系统控制正弦信号为半波整流信号的模型。

基本步骤如下：

（1）打开 Simulink 模块库浏览器，新建一个名为 untitled 的空白模型窗口。

（2）添加模块。模型以 Sine Wave（正弦信号）为输入信号源，以 Enabled Subsystem（使能子系统）为控制模块，以 Scope（示波器）为接收模块；依次添加模块并连接模块，将 Sine Wave 模块的输出作为 Enabled Subsystem 的控制信号，使能子系统模型如图 8.25 所示。

（3）设置模块参数。打开 Enable 模块对话框，如图 8.26 所示，其中 States when enabling 参数包括两个选项：held 选项表示使状态保持为最近的值，reset 选项表示使状态返回到初始条件。Enable 模块对话框的另一个选项是 Show output port，选择这个选项表示允许用户输出使能控制信号。

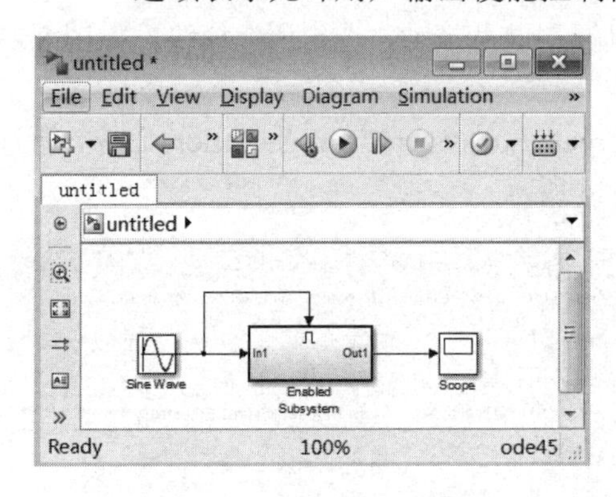

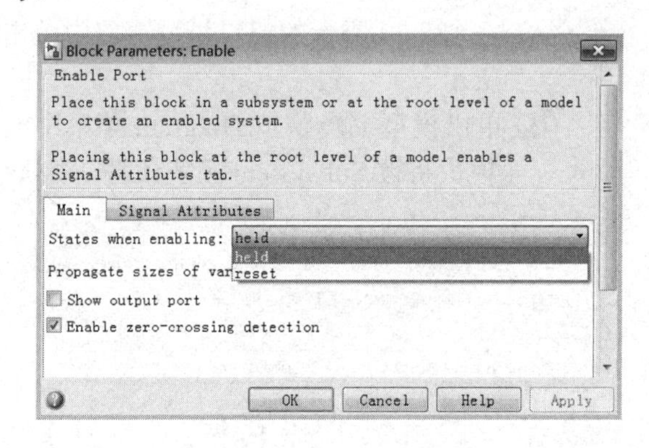

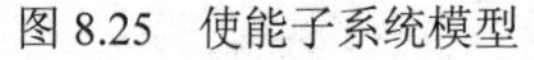
图 8.25　使能子系统模型

图 8.26　Enable 模块对话框

打开使能子系统中的每个 Export 输出端口模块对话框，如图 8.27 所示。Output when disabled 参数同样包括两个选项：held 选项表示让输出保持最近的输出值，reset 选项表示让输出返回到初始条件。设置 Initial output 值，该值是子系统重置时的输出初始值。Initial output 的值可为空矩阵[ ]，此时初始输出等于传送给 Export 模块的模块输出值。

（4）开始仿真。由于 Enabled Subsystem 的控制信号为正弦信号，大于零时执行输出，小于零时停止，因此示波器显示为半波整流信号，如图 8.28 所示。

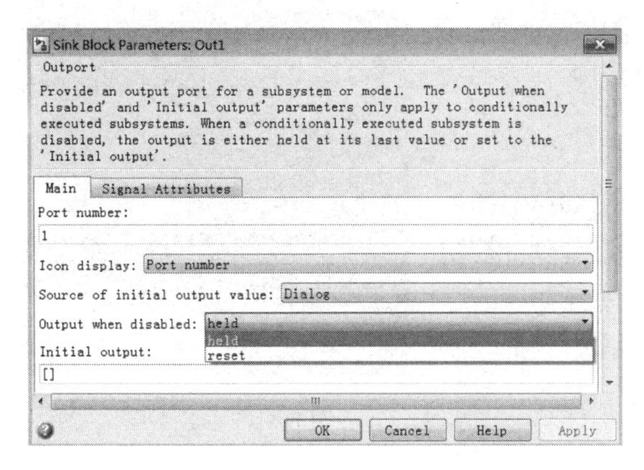

图 8.27　输出端口模块对话框

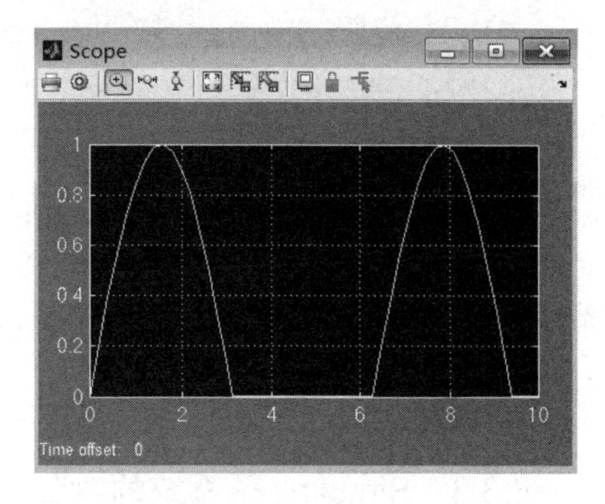

图 8.28　半波整流信号

2. 触发子系统

触发子系统（Triggered Subsystem）是指触发事件发生时开始执行子系统。与使能子系统相似，触发子系统的建立要将 Ports & Subsystems 模块库中的 Trigger 模块添加到子系统中，或者直接选择 Triggered Subsystem 模块来建立触发子系统。不同的是，触发子系统只在驱动子系统触发端口的信号的上升沿或下降沿到来时才执行，触发信号沿的方向由 Trigger 端口模块中的 Trigger type 参数决定，触发信号可以是连续信号，也可以是离散信号。

【例 8.6】 建立一个使用触发子系统控制正弦信号输出阶梯波形的模型。

基本步骤如下：

（1）打开 Simulink 模块库浏览器，新建一个名为 untitled 的空白模型窗口。

（2）添加模块。模型以 Sine Wave（正弦信号）为输入信号源，以 Triggered Subsystem（触发子系统）为控制模块，以 Scope（示波器）为接收模块，选择 Sources 模块库中的 Pulse Generator 模块为控制信号。连接模块，将 Pulse Generator 模块的输出作为 Triggered Subsystem 的控制信号，触发子系统模型如图 8.29 所示。

（3）设置模块参数。打开 Trigger 模块的参数对话框，如图 8.30 所示，其中 Trigger type 参数包括上升沿、下降沿、双边沿、函数调用触发。当触发事件发生时，触发子系统不能重新设置它们的状态，任何离散模块的状态在两次触发事件之间会一直持续下去。

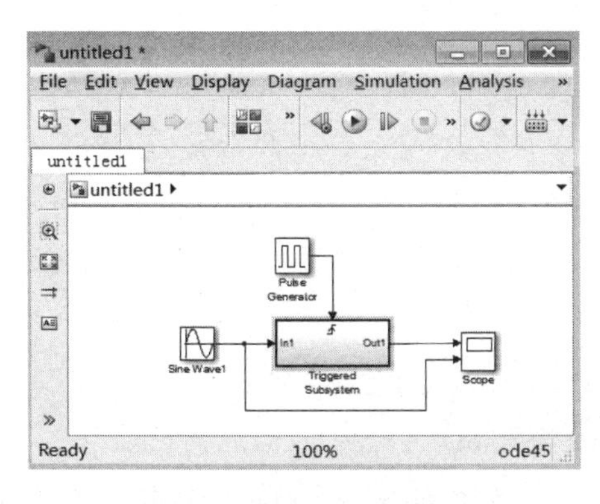

图 8.29　触发子系统模型

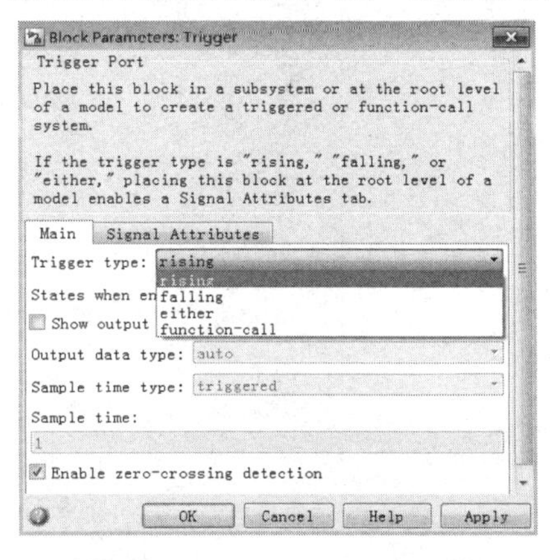

图 8.30　Trigger 模块的参数对话框

（4）开始仿真。Triggered Subsystem 的控制信号为 Pulse Generator 模块的输出，示波器输出如图 8.31 所示。

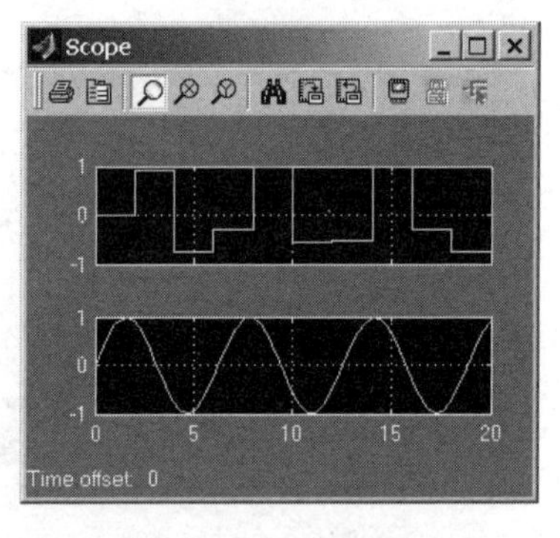

图 8.31　示波器输出

3．触发使能子系统

使能加触发子系统（Enabled and Triggered Subsystem）是指将 Enable 和 Tirgger 模块都添加到子系统中，让使能控制信号和触发控制信号共同作用于子系统，即前两种子系统的综合。该系统的行为方式与触发子系统的相似，但只在使能控制信号为正值时，触发使能子系统才执行一次。

8.3.3　Simulink 子系统的封装

子系统封装（Masking）是指为子系统定制对话框和图标，使子系统本身有一个独立的操作界面，将子系统中各模块要设置的参数设为变量进行封装，使变量可在封装系统的参数设置对话框中统一进行设置，而不必打开每个模块进行参数设置，进而使子系统的使用更加便捷且不易出错。封装后的子系统可以作为用户自定义模块直接添加。

封装子系统的步骤如下：

（1）创建子系统。

（2）选择要封装的子系统并双击打开，给需要进行赋值的参数指定一个变量名。

（3）返回子系统，单击菜单栏的 New 选项，选择 Black Subsystem，打开封装对话框。

（4）在封装对话框中设置封装子系统的相关参数，该对话框中主要有 Icon & Ports、Parameters& Dialog、Initialization 和 Documentation 四个选项卡。

1．Icon & Ports 选项卡

Icon & Ports 选项卡用于设定封装模块的名字和外观，主要包括以下几部分，如图 8.32 所示。

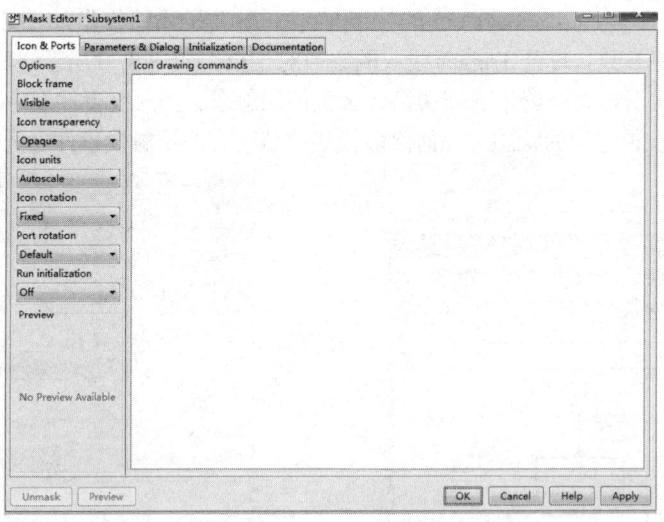

图 8.32　Icon & Ports 选项卡

（1）Options 栏。设置封装模块的外观，设置该选项栏中的选项，可使图标显示多样化。

（2）Icon drawing commands 栏。建立用户个性化图标，可在图标中显示文本、图像、图形或传递函数等。

2．Parameters & Dialog 选项卡

Parameters & Dialog 选项卡用于设置封装系统的参数，如图 8.33 所示。

（1）单击左侧的 Edit 可以打开编辑参数对话框，进行相关参数设置。

（2）Dialog box。

- type：为用户提供设计编辑区的选择。
- Prompt：输入变量的含义，内容会显示在输入提示中。
- Name：重命名。

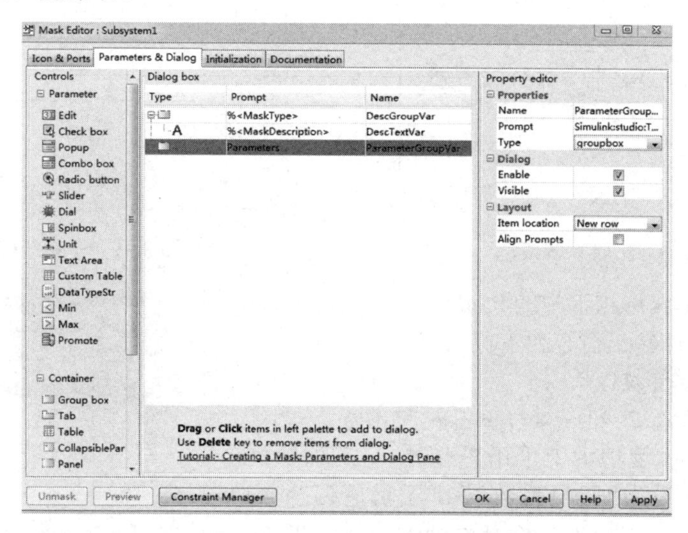

图 8.33 Parameters & Dialog 选项卡

3．Initialization 选项卡

Initialization 选项卡用于设置封装子系统的参数初始值。

（1）Dialog variables 栏，用于更改、设置封装子系统的变量名。

（2）Initialization commands 栏，用于输入初始化命令。

4．Documentation 选项卡

Documentation 选项卡用于定义封装子系统的说明文字，包括 Mask type、Mask Description 和 Mask help 栏。

（1）Mask type 栏，用于设置模块显示的封装类型。

（2）Mask Description 栏，用于输入描述文本。

（3）Mask help 栏，用于输入帮助文本。

5．按钮

参数设置对话框中的 Apply 按钮用于将修改的设置应用于封装模块；Unmask 按钮用于撤销封装。

【例 8.7】 创建一个二阶系统，使其闭环系统构成子系统并封装，将阻尼系数 z 和无阻尼频率 w 作为输入参数。

（1）创建模型，系统的阻尼系数用变量 z 表示，无阻尼频率用变量 w 表示，如图 8.34 所示。

（2）用虚线框住反馈环，单击鼠标，右键选择 Create Subsystem from Selection，产生子系统，如图 8.35 所示。

（3）封装子系统。再次单击鼠标右键，选择 Create Subsystem from Selection，出现封装对话框，将 z 和 w 作为输入参数。

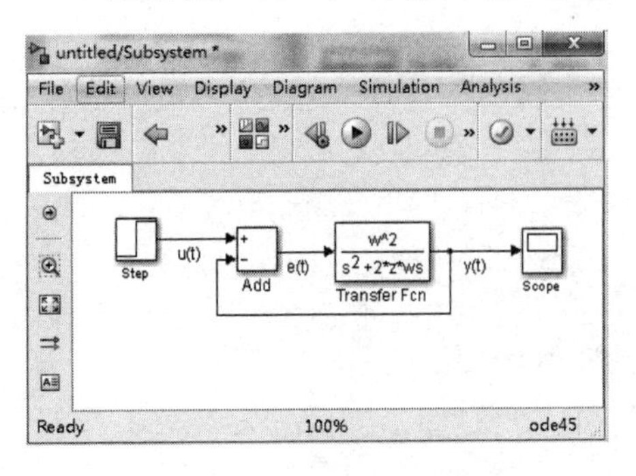

图 8.34　二阶系统模型

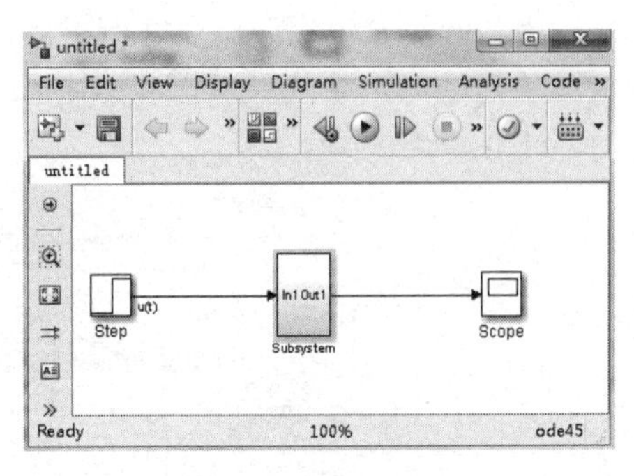

图 8.35　子系统模型

在 Icon & Ports 选项卡中的 Icon Drawing commands 栏中撰写文字并画曲线，命令如下：

```
disp('二阶系统')
plot([0 1 2 3 10],-exp(-[0 1 2 3 10]))
```

在 Parameters 选项卡中单击按钮，添加两个输入参数，将 Prompt 设为"阻尼系数"和"无阻尼振荡频率"，将 Type 设为 popup 和 edit，将对应的 Variable 设为 z 和 w，将 Popups 设为"0 0.3 0.5 0.707 1 2"，如图 8.36(a)所示。在 Initialization 选项卡初始化输入参数，如图 8.36(b)所示。

在 Documentation 选项卡中输入提示和帮助信息，如图 8.36(c)所示。

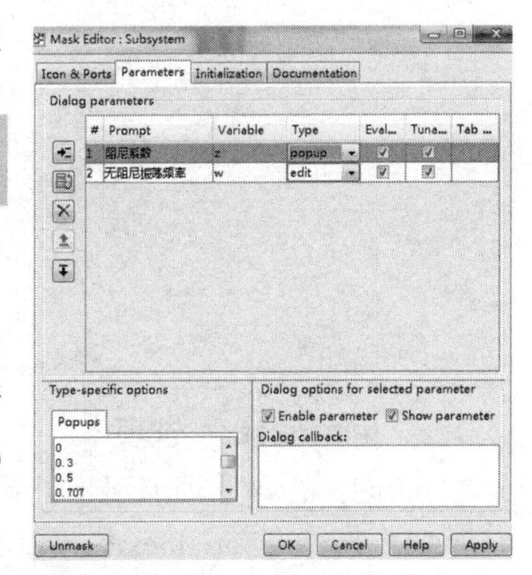

图 8.36(a)　Parameters 选项卡

图 8.36(b)　Initialization 选项卡

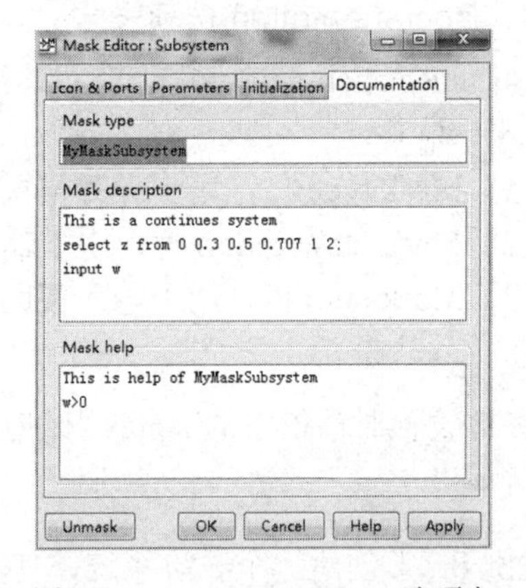

图 8.36(c)　Documentation 选项卡

单击 OK 按钮，完成参数设置，然后双击该封装子系统，出现如图 8.37(a)所示的封装子系统，双击该子系统，出现图 8.37(b)所示的输入参数对话框，在对话框中输入“阻尼系数”和“无阻尼振荡频率”的值，此后就不需要为子系统中的每个模块分别打开参数设置对话框。

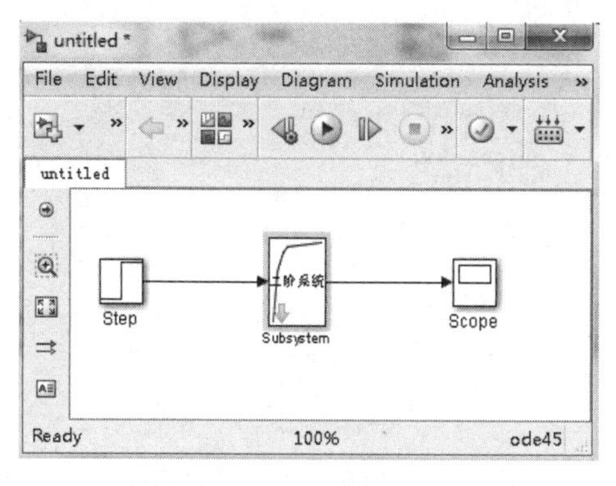

图 8.37(a)　封装子系统

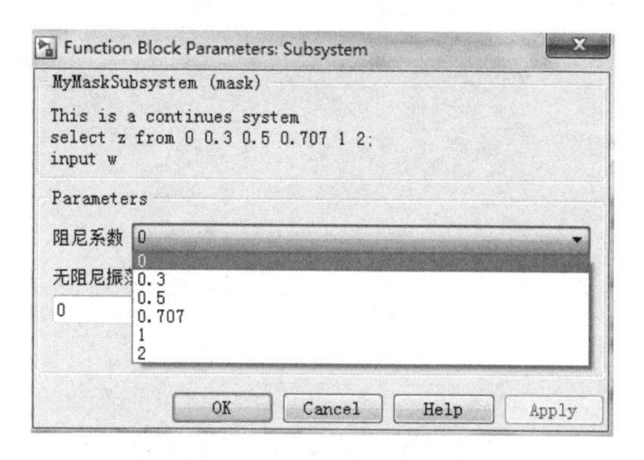

图 8.37(b)　输入参数对话框

当阻尼系数取 0.707、无阻尼振荡频率取 1 时，单击 Apply 按钮，示波器显示的结果如图 8.38 所示。

8.4　Simulink 仿真实例

通过以上内容的学习，可以小结出利用 Simulink 进行系统仿真的步骤：

（1）启动 Simulink 并打开 Simulink 模块浏览器窗口。

（2）建立空白模型窗口。

（3）建立系统仿真模型，包括添加模块、设置模块参数以及进行模块连接等操作。

（4）设置系统仿真参数。

（5）运行仿真结果并分析。

（6）保存模型，将模型保存为*.mdl 文件。

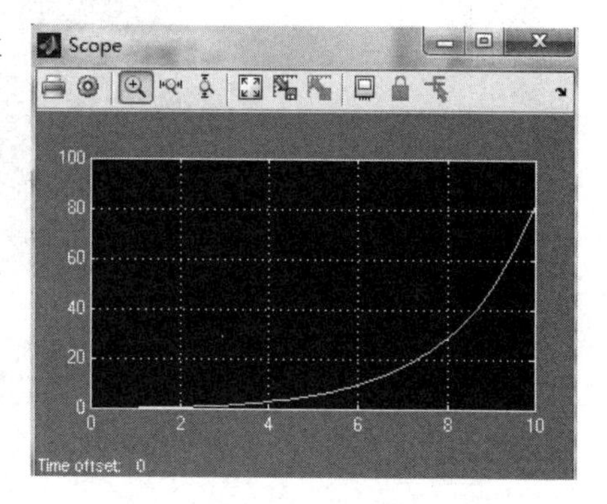

图 8.38　示波器显示的结果

【例 8.8】利用 Simulink 输出一个在第 4 秒出现幅值 2 的阶跃输入信号。

基本步骤如下：

（1）打开 MATLAB，打开 Simulink 模块库浏览器窗口。

（2）新建一个名为 untitled 的空白模型窗口。

（3）打开信号源（Source）子模块库，选择阶跃信号发生器（Step），将其拖至模型窗口；将输出方式库（Sinks）中的示波器（Scope）拖至模型窗口，并用线连接两者，如图 8.39 所示。

（4）双击 Step 模块，打开其属性设置对话框，将 Step time 设为 4，将 Final value 设为 2，其他参数为默认值，如图 8.40 所示。

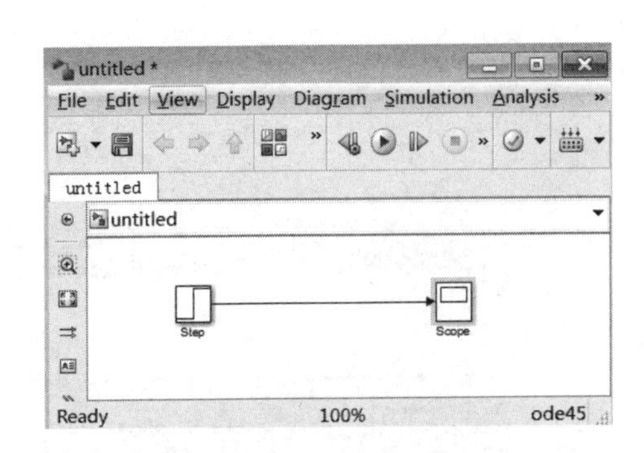

图 8.39　Simulink 模型窗口

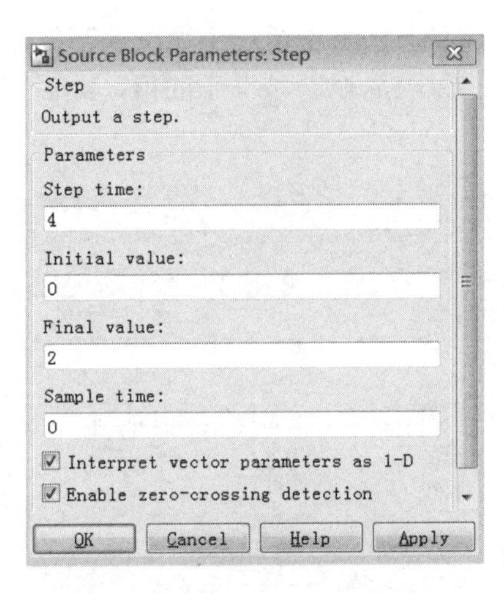

图 8.40　模块参数设置对话框

（5）开始仿真。单击 untitled 模型窗口中的“开始仿真”图标▶。双击 Scope 模块出现示波器显示屏，结果如图 8.41 所示。

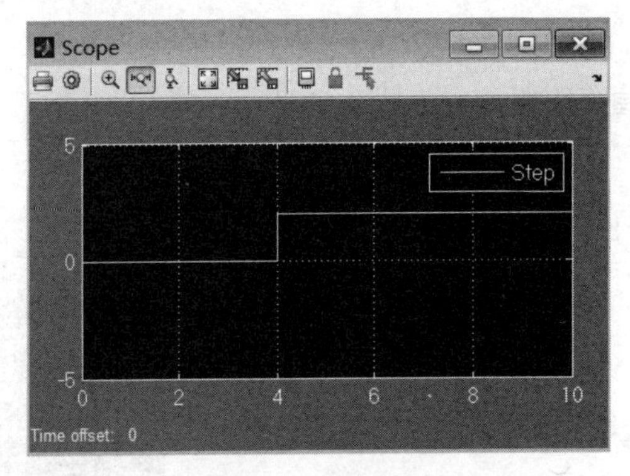

图 8.41　仿真结果

（6）保存模型，单击工具栏上的💾图标，将模型保存为 Ex0808.mdl 文件。从示波器中可以看出，输出信号是第 4 秒产生幅值 2 的阶跃信号。

【例 8.9】利用 Simulink，将正弦信号 3sin(2*t*)和一个积分后的阶跃输入信号送到示波器进行比较。

基本步骤如下：

（1）打开 MATLAB，打开 Simulink 模块库浏览器窗口。

（2）新建一个名为 untitled 的空白模型窗口。

（3）打开信号源（Source）子模块库，将阶跃信号（Step）和正弦信号（Sin Wave）分别拖至模型窗口，双击模块，将其幅值（Amplitude）参数设为 3、频率（Frequency）参数设为 2；打开连续模块（Continous），将积分模块（Integrator）拖至模型窗口；将输出方式库（Sinks）中的示波器（Scope）拖至模型窗口。因为最终要将两个信号同时送到示波器进行比较，因此需要添加信号路线模块（Signal Routing）中的复路器模块（Mux），并根据要求用线连接各个模块，如图 8.42 所示。

（4）开始仿真。单击 untitled 模型窗口中的“开始仿真”图标▶。双击 Scope 模块，出现示波器显示屏，结果如图 8.43 所示。波浪曲线为正弦信号，斜线为阶跃信号积分后的图形。

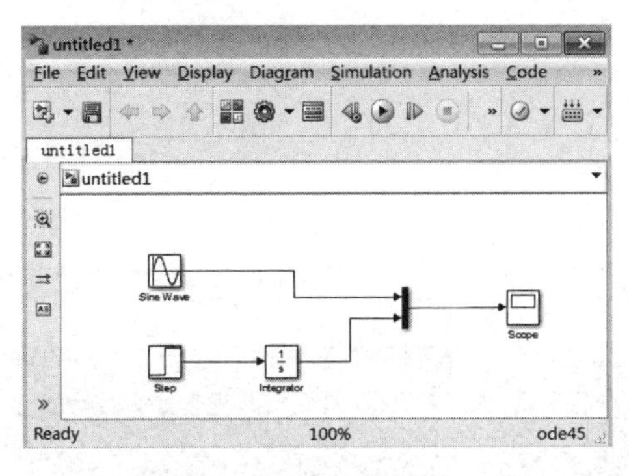

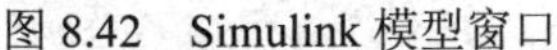
图 8.42　Simulink 模型窗口

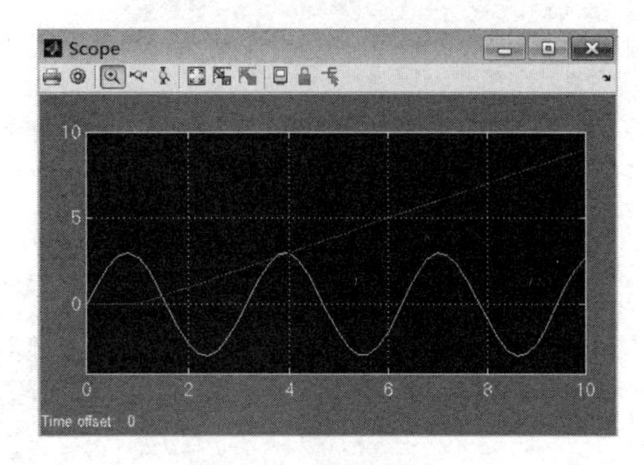

图 8.43　仿真结果

（5）保存模型。单击工具栏的图标，将模型保存为 Ex0809.mdl 文件。

【例 8.10】用 Simulink 求解微分方程 $\dfrac{\mathrm{d}s}{\mathrm{d}t}=\tan(\sin t), s(0)=1$。

根据题意可知，s 是关于自变量 t 的函数。模型由两部分构成，首先对 $\sin t$ 进行正切运算，然后对其结果积分。

（1）打开 Simulink 模块库浏览器窗口，新建一个名为 untitled 的空白模型窗口。

（2）将 Sources 模块库中的正弦信号模块（Sine Wave）、Math Operations 模块库中的正切函数模块（Trigonometric Function）、Continuous 模块库中的积分模块（Integrator）、Sinks 模块库中的示波器（Scope）添加到模型窗口中，并且用线依次连接起来，如图 8.44 所示。

（3）设置模块参数。Math Operations 模块库中的 Trigonometric Function 模块是三角函数模块，双击该模块，将 Function 选为正切函数（tan），如图 8.45 所示。$s(0)=1$，可将 Integrator 的初值 Initial condition 设为 1，如图 8.46 所示。

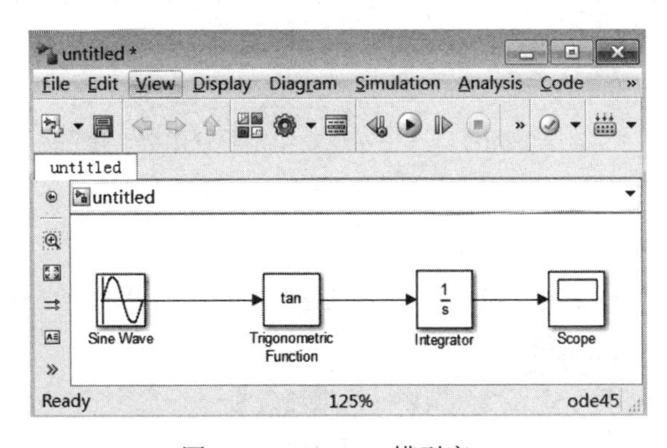

图 8.44　Simulink 模型窗口

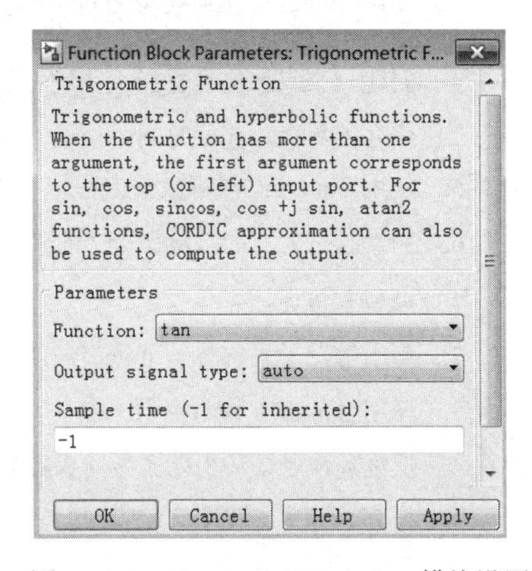

图 8.45　Trigonometric Function 模块设置

（4）开始仿真。单击 untitled 模型窗口中的“开始仿真”图标▶。双击 Scope 模块，出现示波器显示屏，结果如图 8.47 所示。

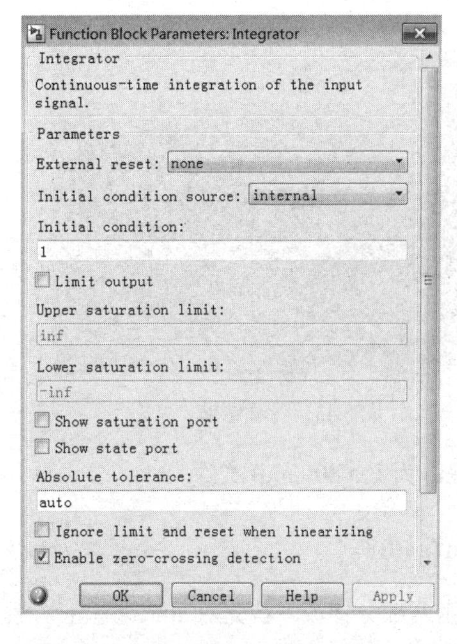

图 8.46　Integrator 模块设置

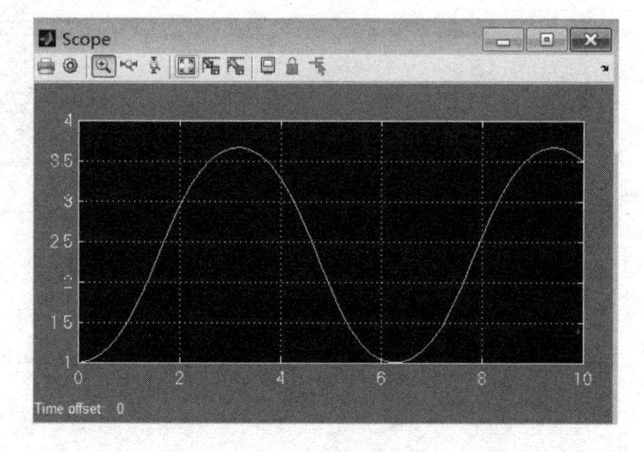

图 8.47　仿真结果

（5）保存模型。单击工具栏上的图标，将该模型保存为 Ex0810.mdl 文件。

习题 8

1. 使用 Simulink 产生一个斜率为 2 的斜坡输入信号，并用示波器显示。
2. 使用 Simulink 输出一个延迟 3 秒的时间信号，并用示波器显示。
3. 使用 Simulink 求解微分方程 $\frac{ds}{dt}=3t, s(0)=1$ 。
4. 创建一个斜坡信号叠加正弦信号的信号发生器子系统，并封装它。这个子系统的输入参数为斜坡信号的斜率、起始时间，以及正弦信号的频率、幅值和起始时间。
5. 使用 Simulink 求解微分方程 $x''+3x'+2x=\sin(t)$ 。
6. 初始状态为 0 的二阶微分方程为 $x''+0.2x'+0.4x=0.2u(t)$ ，其中 $u(t)$ 是单位阶跃函数，建立系统模型并仿真。
7. 利用触发子系统将一个锯齿波转换成方波。
8. 使用 Simulink 进行离散系统仿真。控制部分是离散环节，被控对象是两个连续环节，其中一个有反馈环，反馈环引入了零阶保持器，输入为阶跃信号。
9. 打开习题 8 建立的模型，将控制对象中的第一个连续环节中的反馈环建为一个子系统。
10. PID 控制器是在自动控制中常用的模块，建立 PID 控制器的模型并建立子系统。

实验 8　Simulink 建模与仿真

实验目的

1. 熟悉 Simulink 的基本操作。
2. 掌握 Simulink 模型的建立。
3. 掌握 Simulink 子系统的建立、属性的设置、参数的设置与应用中线性系统模型之间的转换方法。
4. 熟悉和掌握 Simulink 仿真的基本方法。

实验内容

1. 建立如图 8.48 所示系统结构的 Simulink 模型，用示波器（Scope）观测单位阶跃和斜坡响应曲线。

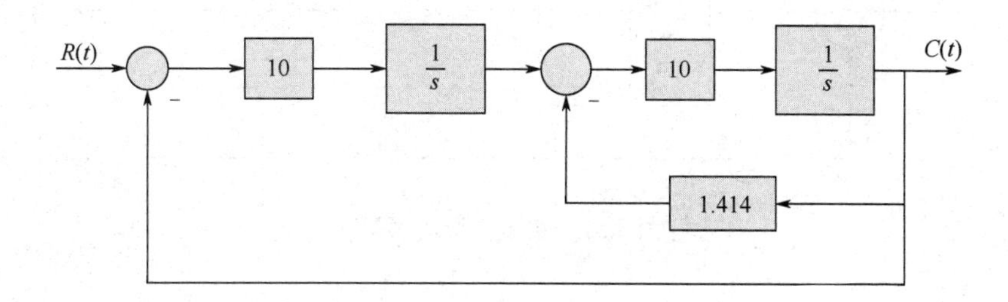

图 8.48　实验 1 所用模型

2. 建立如图 8.49 所示 PID 控制系统的 Simulink 模型，对系统进行单位阶跃响应仿真，用 plot 函数画出响应曲线。其中 $k_p=10, k_i=3, k_d=2$ 。要求 PID 部分用 subsystem 实现，参数 k_p, k_i, k_d 通过 subsystem 参数输入来实现。

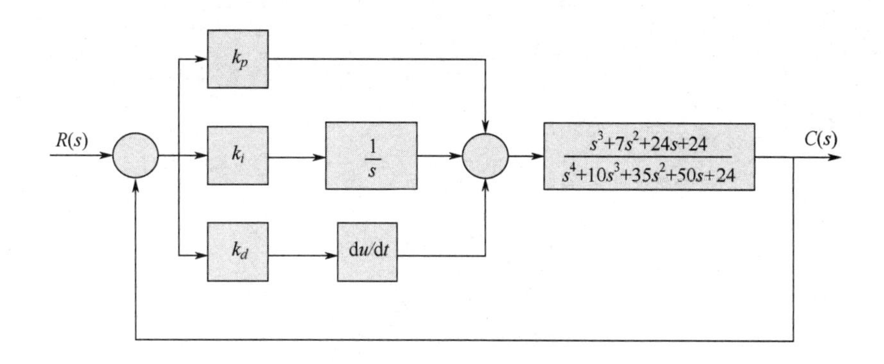

图 8.49　实验 2 所用模型

3. 对图 8.50 所示的简化飞行控制系统，建立 Simulink 模型，并且进行简单的仿真分析，其中 $G(s)=\dfrac{25}{s(s+0.8)}$，系统输入为单位阶跃曲线，$k_a=2, k_b=1$。

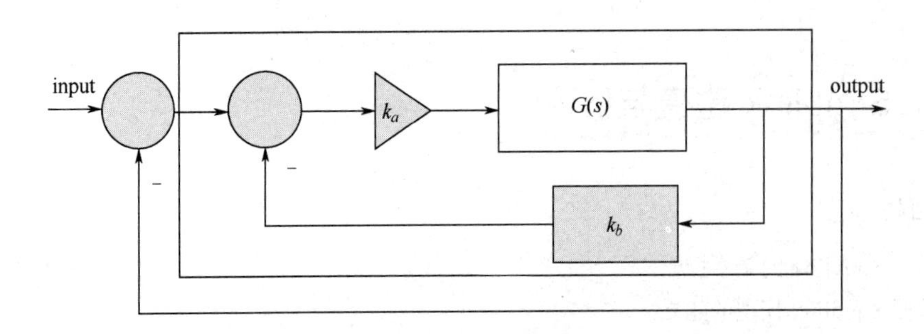

图 8.50　实验 3 所用模型

4. 建立如图 8.51 所示非线性控制系统的 Simulink 模型并仿真，用示波器观测 $C(t)$的值，并画出其响应曲线。

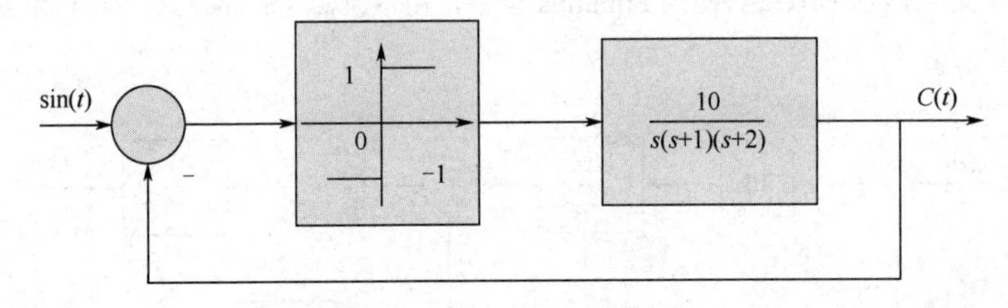

图 8.51　实验 4 所用模型

第 9 章　MATLAB 在电路仿真中的应用

9.1　MATLAB 电路辅助设计与优化

矩阵工具引入电路理论已有半个多世纪。矩阵的引入使得电路定律的表达更为精炼。由于把多变量系统在形式上按单变量表示，因此整个理论显得更为简约，概念更为清晰，而且能从整体上掌握电路的状态。传统的基尔霍夫定律、支路电流法、回路电流法和节点电压法都可以以矩阵形式出现。

矩阵是 MATLAB 中的基本数据对象，MATLAB 的大部分运算或命令都是在矩阵运算的基础上进行的，且 MATLAB 的矩阵运算定义在复数域上，为电路分析带来了方便。

9.2　电阻电路

计算机辅助电路分析从 20 世纪 60 年代发展至今，已有了 Spice 等优秀的求解程序，但是能够进行符号求解的软件工具仍然较少。MATLAB 提供的 M 语言是一种工程化的快速开发语言，可让工程人员高效地实现算法并结合 GUI 完成输入/输出。基于 MAPLE 软件的符号工具箱，结合符号算法与经典的电路分析算法，可实现线性电子电路的符号求解。

9.2.1　电路描述

在图 9.1 所示的电路中，$t<0$ 时开关 S 位于 1，电路处于稳态；$t=0$ 时，开关 S 闭合到 2，求电路的响应，并画出 I_{R2} 和 U_C 的波形图。已知 $R_1=3\Omega$，$R_2=12\Omega$，$R_3=6\Omega$，$C=1F$，$I_S=12A$，$U_S=18V$。

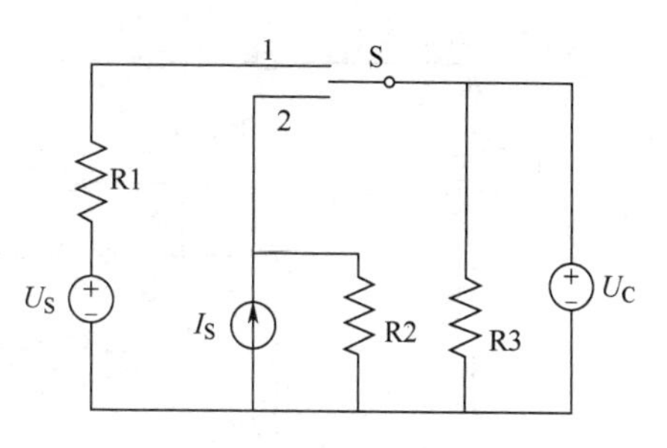

图 9.1　直流暂态电路

首先确定这是一个暂态过程问题，应找到初始值和终值。$t=0_-$时，$U_{C0}(0_-)=U_SR_3/(R_1+R_3)=-12V$，$I_C(0_-)=0A$；$t=0_+$时，电容器端电压不能突变，仍有 $U_C(0_+)=U_C(0_-)=-12V$，电流源向两个电阻和一个电容的并联供电，两个电阻的电流等于电容电压除以电阻，即 $I_{R2}(0_+)=U_C(0_+)/R_2=-1A$，$I_{R3}(0_+)=U_C(0_+)/R_3=-2A$，电容的充电电流为电流源总电流减去电阻电流，故 $I_C(0_+)=I_S-I_{R2}-I_{R3}=15A$。然后分析终值，达到稳态后，电容中无电流，电流源的全部电流将在两个电阻之间分配，端电压应相同，即电容上的终电压，结果为 $U_{Cf}=48V$，$I_{R2f}=4A$，按三要素法计算。$U_C(t)=U_{Cf}+(U_{C0}-U_{Cf})\exp(-t/T)$，$I_{R2}(t)=I_{R2f}+(I_{R20}-I_{R2f})\exp(-t/T)$，其中 $T=R_2R_3/(R_2+R_3)C$。

9.2.2 程序结果验证描述

编程输出的图形如图 9.2 所示，输出结果与计算结果完全吻合。

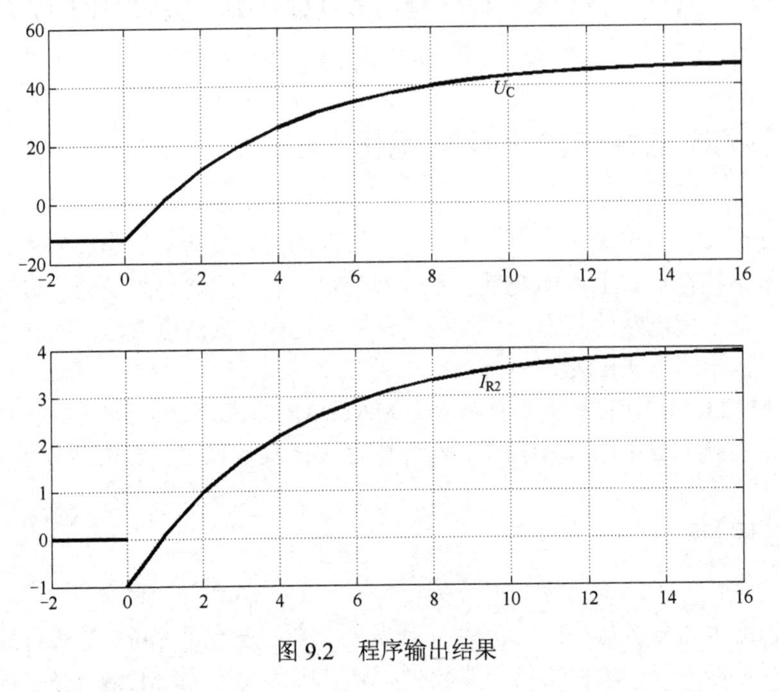

图 9.2 程序输出结果

9.2.3 Simulink 建模

仿真模型如图 9.3 所示，在 simpowerlib 中找到相应的模块并设置好，仿真结果如图 9.4 所示。

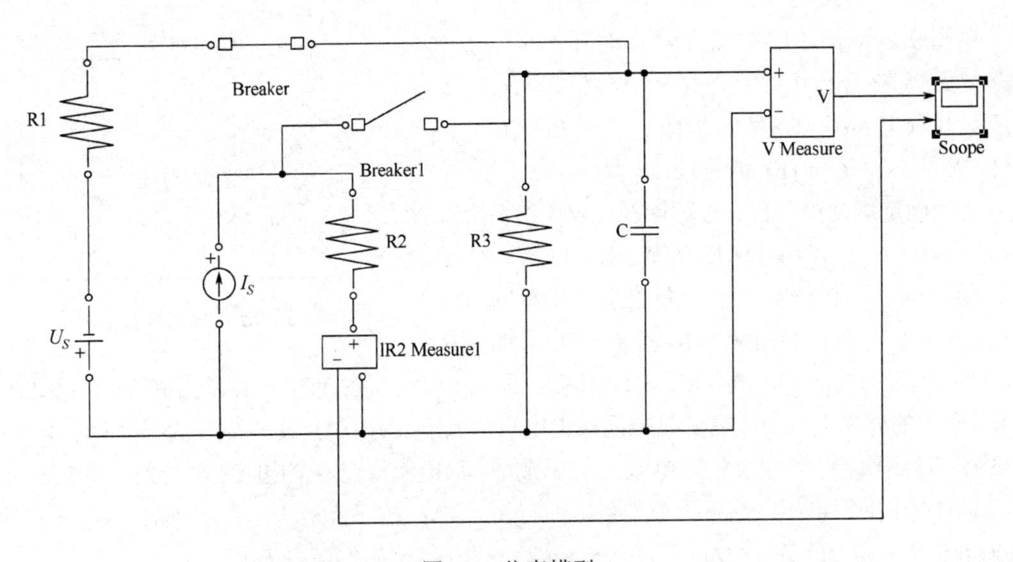

图 9.3 仿真模型

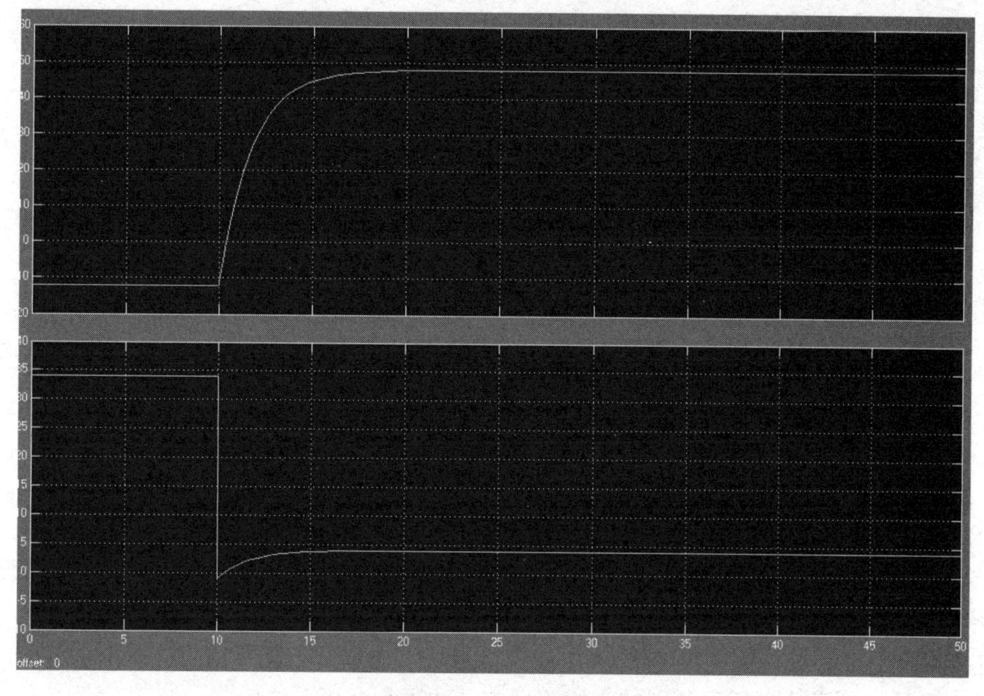

图 9.4　仿真结果

从仿真结果来看，利用 Simulink 得到的仿真结果明显优于利用编程得到的结果，应用 Simulink 时更接近实际情况。譬如，在编程中，我们认为 I_{R2} 在 $t<0$ 时，流过的电流为 0，而实际上，电流源与电阻 R_2 组成闭合回路，其中是有电流通过的，电流大小为 34A。此外，利用 Simulink 通俗易懂，省去了编写程序的麻烦，但缺点是内部运行机制不为我们所知，不便于修改和发现错误，且由于模块本身的限制，无法得出特别精确的理论值。

总之，编程方法和模块仿真各有利弊，两种方法有效结合，更能发挥 MATLAB 的强大功能。

以下程序是对直流暂态电路的求解和画图分析。

```
function circuit
r1=3;r2=12;r3=6;c=1;us=18;is=12;
uc0=-12;                                        %电容C的初始电压
ir20=uc0/r2;                                    %流过电阻R2的电流初始值
ir30=uc0/r3;
ic0=is-ir20-ir30;
ir2f=is*r3/(r2+r3);                             %流过电阻R2的终值电流
ir3f=is*r2/(r2+r3);
ucf=ir2f*r2;                                    %电容C的终值电压
icf=0;                                          %电容C的终值电流
t=[-2:1:19];
uc(1:3)=-12;
T=r2*r3/(r2+r3)*c;
uc(4:19)=ucf+(uc0-ucf)*exp(-t(4:19)/T);        %三要素法列出电容C的电压
subplot(2,1,1);h1=plot(t(1:19),uc(1:19));
```

```
grid on;
set(h1,'linewidth',2);
gtext('Uc');
ir2(1:3)=0;subplot(2,1,2);
h2=plot(t(1:3),ir2(1:3));
set(h2,'linewidth',2);
hold on;
ir2(3:19)=ir2f+(ir20-ir2f)*exp(-t(3:19)/T);          %三要素法列出流过R2的电流
subplot(2,1,2);
h2=plot(t(3:19),ir2(3:19));
grid on;
set(h2,'linewidth',2);
gtext('Ir2');
```

9.2.4 线性电阻电路方程的建立

电路是由元器件与导线连接的实体，计算机所能分析的是数学方程。如果要用计算机分析电路，就需要先将实体电路建模为由支路组成的网络模型，再采用适当的分析方法由网络模型构建数学方程。这类分析法主要有节点法、改进节点法（MNA）、混合分析法和稀疏全景法，这里选择适用范围较广的改进节点法进行分析。

假设要分析的电路中有 n 个节点、b 条支路，其中有 bv 条电压定义支路，包括电流源控制支路。取 $n-1$ 个非参考节点电压 $\boldsymbol{V}_n$ 和 bv 个电压定义支路的电流 $\boldsymbol{I}_v$ 作为未知的电路变量。将电压定义支路当作电流源 $\boldsymbol{I}_v$，写出节点分析方程，再以 $\boldsymbol{V}_n$ 和 $\boldsymbol{I}_v$ 为变量写出电压定义支路的支路关系，得到 MNA 方程：

$$\begin{bmatrix} \boldsymbol{Y} & \boldsymbol{B} \\ \boldsymbol{C} & \boldsymbol{D} \end{bmatrix} \times \begin{bmatrix} \boldsymbol{V}_n \\ \boldsymbol{I}_v \end{bmatrix} = \begin{bmatrix} \boldsymbol{J} \\ \boldsymbol{E} \end{bmatrix}$$

根据支路方程，线性电阻电路中常用的 8 种典型电路元件对矩阵 $\boldsymbol{Y}, \boldsymbol{B}, \boldsymbol{V}, \boldsymbol{D}$ 和矢量 $\boldsymbol{J}, \boldsymbol{E}$ 的贡献如表 9.1 所示。

表 9.1 电路元件对 MNA 方程的贡献

元　件	支 路 方 程	对矩阵 $\boldsymbol{Y}, \boldsymbol{B}, \boldsymbol{V}, \boldsymbol{D}$ 和矢量 $\boldsymbol{J}, \boldsymbol{E}$ 的贡献
电导 G i G j	$I_{ij} = G(U_i - U_j)$	$\boldsymbol{Y}_{ii}$ += G $\boldsymbol{Y}_{jj}$ += G $\boldsymbol{Y}_{ij}$ += G $\boldsymbol{Y}_{ji}$ += G
独立电压源 VS （第 k 条电压定义支路） E_S i + − j	$I_{ij} = j_v$ $U_iU_j = E_S$	$\boldsymbol{B}_{ik} = +1$ $\boldsymbol{B}_{jk} = -1$ $\boldsymbol{B}_{ki} = +1$ $\boldsymbol{B}_{kj} = -1$　　$\boldsymbol{E}_k = E_S$
独立电流源 I_S I_s i j	$I_{ij} = I_S$	$\boldsymbol{J}_i$ −= I_S $\boldsymbol{J}_j$ += I_S

续表

元　件	支 路 方 程	对矩阵 $\boldsymbol{Y},\boldsymbol{B},\boldsymbol{V},\boldsymbol{D}$ 和矢量 $\boldsymbol{J},\boldsymbol{E}$ 的贡献
电压控制电流源 VCCS 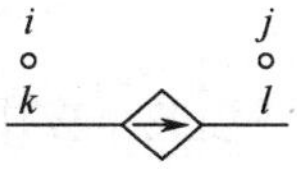	$I_{kl}=\mathrm{Val}\cdot(U_i-U_j)$	$\boldsymbol{Y}_{ki}$ += Val $\boldsymbol{Y}_{kj}$ −= Val $\boldsymbol{Y}_{li}$ −= Val $\boldsymbol{Y}_{lj}$ += Val
电压控制电压源 VCVS （第 k 条电压定义支路） 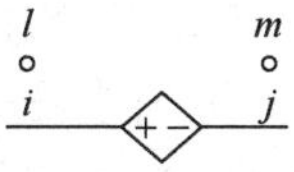	$I_{ij}=j_v$ $U_i-U_j-\mathrm{Val}\cdot(U_l-U_m)=0$	$\boldsymbol{B}_{ik}=+1$ $\boldsymbol{B}_{jk}=-1$ $\boldsymbol{C}_{ki}=+1$　$\boldsymbol{C}_{kj}=-1$ $\boldsymbol{C}_{kl}=-\mathrm{Val}$　$\boldsymbol{C}_{km}=+\mathrm{Val}$
电流控制电流源 CCCS （第 k 条电压定义支路） 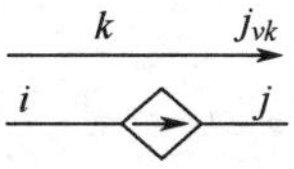	$I_{ij}=\mathrm{Val}\cdot j_{vk}$	$\boldsymbol{B}_{ik}=+\mathrm{Val}$ $\boldsymbol{B}_{jk}=-\mathrm{Val}$
电流控制电压源 CCVS （第 k_1,k_2 条电压定义支路） 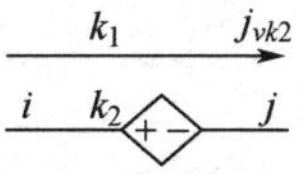	$I_{ij}=j_{vk2}$ $U_i-U_j-\mathrm{Val}\cdot j_{vk1}=0$	$\boldsymbol{B}_{ik2}=+1$ $\boldsymbol{B}_{jk2}=-1$ $\boldsymbol{C}_{k2i}=+1$ $\boldsymbol{C}_{k2j}=-1$　$\boldsymbol{C}_{k2k1}=-\mathrm{Val}$
理想运算放大器 OPAMP （引入电压定义支路 k_1,k_2） 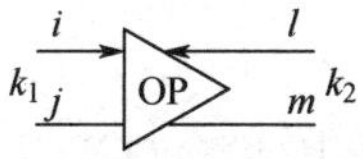	$U_i-U_j=0$ $(j_{k1}=0)$	$\boldsymbol{C}_{k2i}=+1$ $\boldsymbol{C}_{k2j}=-1$ $\boldsymbol{B}_{lk2}=+1$ $\boldsymbol{B}_{mk2}=-1$

根据表 9.1 很容易由算法程序根据输入的电路网络模型列写出矩阵 $\boldsymbol{Y}$, $\boldsymbol{B}$, $\boldsymbol{V}$, $\boldsymbol{D}$ 和矢量 $\boldsymbol{J},\boldsymbol{E}$，即 MNA 方程，建立线性电路方程。

9.2.5　电路方程的求解

对于 MNA 方程，要进行求解才能得到所求的未知量 $\boldsymbol{V}_n$ 和 $\boldsymbol{I}_v$。求解方法分为数值解法和符号解法两种，其中数值解法可由线性代数理论给出。对于方程

$$\boldsymbol{Ax}=\boldsymbol{b}$$

只要在方程的两边左乘矩阵 $\boldsymbol{A}$ 的逆矩阵 $\boldsymbol{A}^{-1}$，就可求出 $\boldsymbol{x}$:

$$\boldsymbol{x}=\boldsymbol{A}^{-1}\boldsymbol{b}$$

但求逆矩阵的计算量太大，在 $\boldsymbol{A}$ 的阶数较大时更是如此，因此不适合作为程序算法。为了减少计算量，通常采用 $\boldsymbol{LU}$ 分解法求解。

MNA 方程的系数矩阵 $\boldsymbol{A}$ 是一个 $n+bv$ 阶方阵，将其分解为下三角矩阵 $\boldsymbol{L}$ 和单位上三角矩阵 $\boldsymbol{U}$ 的乘积后，方程变为

$$\boldsymbol{Ax}=\boldsymbol{LUx}=\boldsymbol{b}$$

它可分解为如下两个方程：

$$Ly = b$$
$$Ux = y$$

先由 $\boldsymbol{b}$ 求出 $\boldsymbol{y} = \boldsymbol{L}^{-1}\boldsymbol{b}$，再由 $\boldsymbol{x} = \boldsymbol{U}^{-1}\boldsymbol{y}$ 求出 $\boldsymbol{x}$。由于 $\boldsymbol{L}, \boldsymbol{U}$ 是三角阵，因此不必实际求它们的逆，通过前代和后代过程便可解出 $\boldsymbol{x}$。

LU 分解法是 C/C++或 Fortran 中常用的线性方程组求解思路。在 MATLAB 中使用 M 语言求解要简单得多——通过语句 `x=A\b` 即可求出 `x`。

符号求解是一种抽象计算方法，即计算参数中带有符号变量、表达式的运算。这种算法在一般的程序设计语言如 C/C++中实现是有困难的。MATLAB 使用 MAPLE 软件扩展了符号运算包，使 M 语言可以简单有效地实现符号运算，而且实现方法与数值求解类似，只是 `x=A\b` 表达式中的矩阵 `x`、`A` 和 `b` 变为符号矩阵，即建立一个符号化的 MNA 方程。

9.2.6 MATLAB 程序结构设计

根据 M 语言的特点，可将分析程序划分为用户界面和分析算法两部分。用户界面使用 MATLAB 提供的 GUI 实现，算法模块编制独立的脚本函数，如图 9.5 所示。

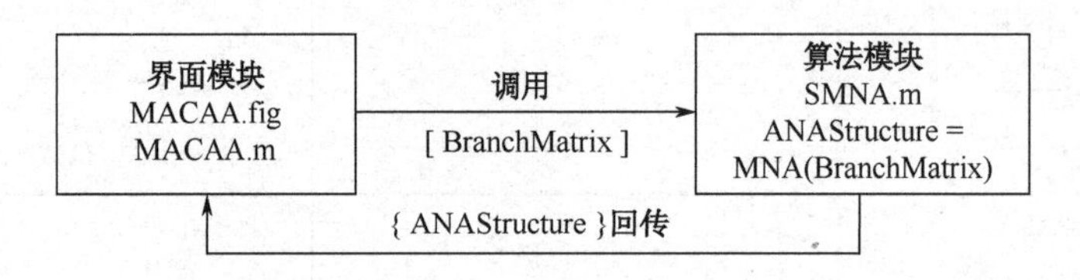

图 9.5 MATLAB 程序结构示意图

界面模块通过传值调用，启动分析算法并将由用户输入构成的支路矩阵 `BranchMatrix` 传给算法模块，完成分析后，算法模块使用一个结构体数组 `ANAStructure` 将分析结果回传，再由界面模块展示。

算法模块作为程序的核心，承担着对用户输入支路特征数据进行分析、列写 MNA 方程并求解的关键作用，主要由数据预处理、MNA 方程构建和线性方程组求解三个子模块构成。

数据预处理模块负责从传入的支路特征矩阵中提取电路的节点数和支路数，对所有电压定义支路并建立映射表。MNA 方程构建模块根据表 9.1 中的 8 种支路类型对 MNA 方程的贡献列写由 MNA 系数矩阵和右端矢量组成的增广矩阵；最后，由线性方程组求解子模块完成对 MNA 方程的求解。

界面模块是程序与用户交互的窗口，程序界面如图 9.6 所示。

图中的电路数据输入区供用户根据电路输入支路数据，并对记录进行添加、更改、插入、删除与保存；它采用顺序自增支路号和输入保护等措施来提示用户，防止输入错误。程序会自动识别用户在“参数值”框中输入的内容，如果包含字母或表达式，则进行符号分析，求解解析式；否则进行数值计算。

分析数据区是分析结果的展示区，用以向用户提供 MNA 增广矩阵、求解结果，以及节点数、支路数等电路数据。

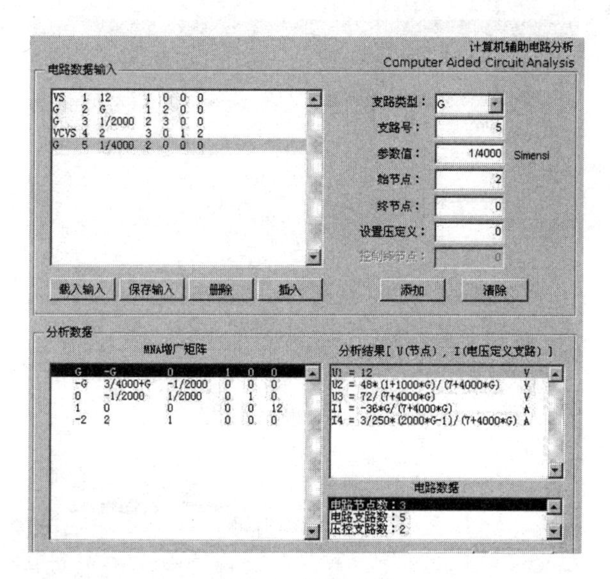

图 9.6　程序界面

9.2.7　测试

下面以包含 5 条支路的纯电阻电路为例进行说明。根据划分的节点和支路（见图 9.7），该电路的 Simulink 模型如图 9.8 所示。

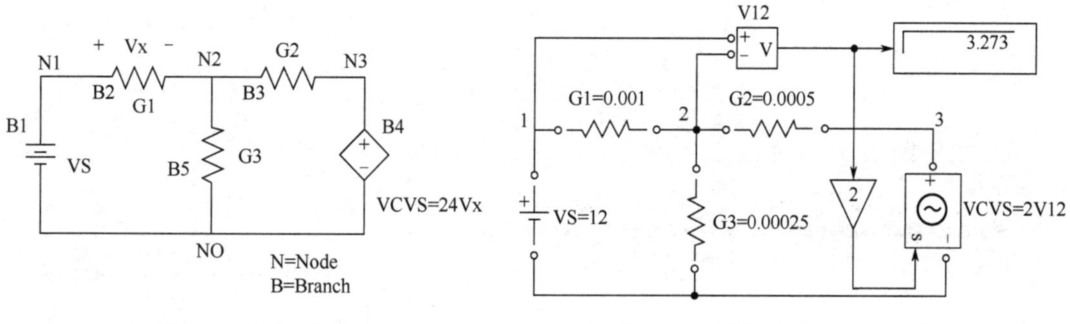

图 9.7　示例电路　　　　　　　图 9.8　示例电路的 Simulink 模型

首先测试数值求解。以 G1=0.001、G2=0.0005、G3=0.00025、VS=12V、VCVS=2Vx 为参数，将支路数据输入程序进行分析，分析结果如图 9.9 所示。

节点电位与电压定义支路电流如下：U1 = 1.2000000e+001，U2 = 8.7272727e+000，U3 = 6.5454545e + 000，I1 = −3.2727273e−003，I4 = 1.0909091e−003，其中 V12 = U1 − U2 = 12 − 8.727 = 3.273V，与使用 Simulink 建模并求解的结果一致。

将 G1 的参数值更改为“G1”进行符号求解，程序自动将其他参数值转化为符号形式，输入的小数以分数表示。分析求解的结果如图 9.10 所示。

直流电路中电阻电路的计算。

【例 9.1】在图 9.11 所示的电路，已知 $R_1 = 2\Omega$，$R_2 = 4\Omega$，$R_3 = 12\Omega$，$R_4 = 4\Omega$，$R_5 = 12\Omega$，$R_6 = 4\Omega$，$R_7 = 2\Omega$。(1)已知 $u_S = 10V$，求 i_3, u_4, u_7；(2)已知 $u_4 = 6V$，求 u_S, i_3, u_7。

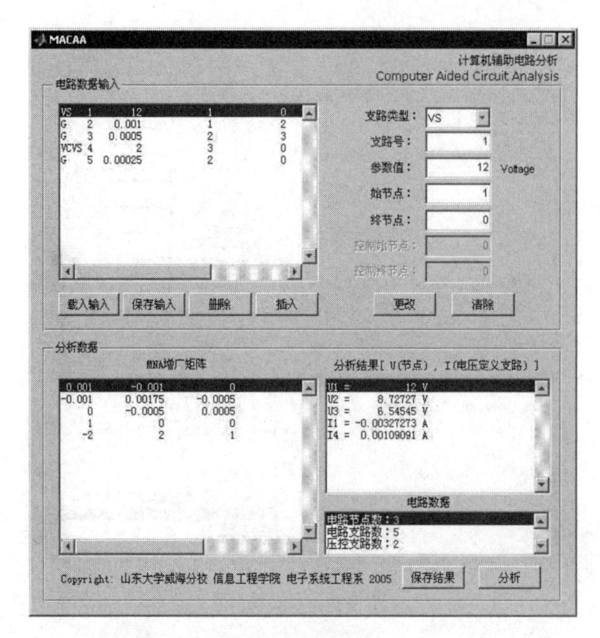

图 9.9　分析结果

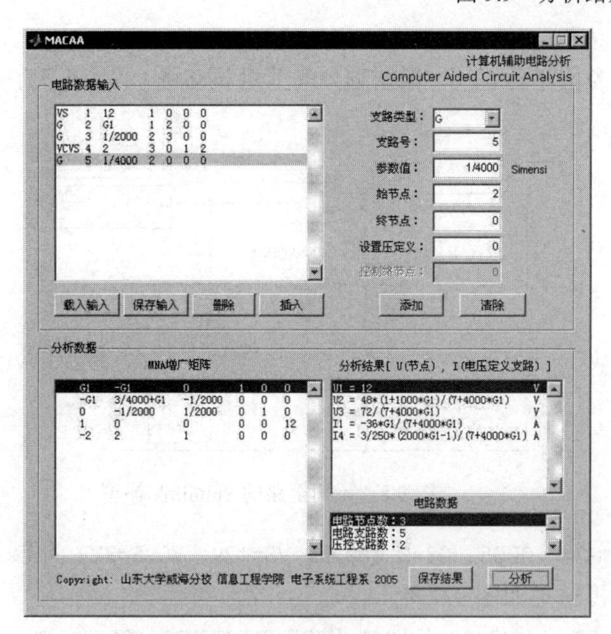

图 9.10　分析求解的结果

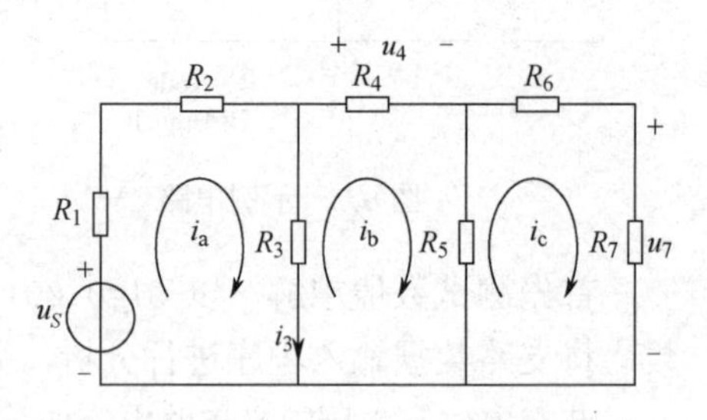

图 9.11　例 9.11 电路图

MATLAB 程序如下：

```
clear,close all,format compact
R1=2;R2=4;R3=12;R4=4;R5=12;R6=4;R7=2;      %为给定元件赋值
display('解问题 1)')                          %解问题 1)
a11=R1+R2+R3;a12=-R3;a13=0;
a21=-R3;a22=R3+R4+R5;a23=-R5;
a31=0;a32=-R5;a33=R5+R6+R7;
b1=1;b2=0;b3=0;
```

```
us=input('us=')                                    %输入解 1) 的已知条件
A=[a11,a12,a13;a21,a22,a23;a31,a32,a33];           %列出矩阵系数 A
B=[b1;b2;b3];I=A\B*us;%I=[ia;ib;ic]
ia=I(1);ib=I(2);ic=I(3);
i3=ia-ib,u4=R4*ib,u7=R7*ic                         %解出所需变量
display('解问题 2) ')                              %利用电路的线性性质及问题 1) 的解求解问题 2)
u42=input('给定 u42=')
k1=i3/us;k2=u4/us;k3=u7/us;                        %由问题 1) 得出待求量与 us 的比例系数
us2=u42/k2,i32=k1/k2*u42,u72=k3/k2*u42
```

运行结果如下：

```
          ans =
     解问题 1)
     给定 us=10
     i3=0.3704          u4=2.2222        u7=0.7407
     ans=
     解问题 2)
     给定 u42=6
     us2=27.0000        i32=1.0000       u72=2
```

Simulink 仿真步骤如下。

1）仿真元件的选取

① 电阻的选择。由于设计电路中必须要有两个电阻 R_1 和 R_2，因此我们在电路中添加电阻 R_1 和 R_2，并将电容值设为 0，电感值设为 inf，以此来设置电阻的阻值。电阻元件如图 9.12 所示。

② 电压源的选择。由于设计的电路中必须有一个电压源，所以在元件库内添加一个电压源。添加电压源后，将电压源的相位调为 90 度，频率调为 0Hz。这样就将交流电压源变成直流电压源，如图 9.13 所示。

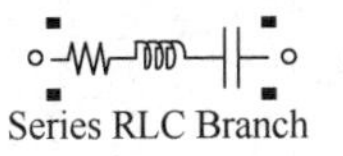

图 9.12　电阻元件

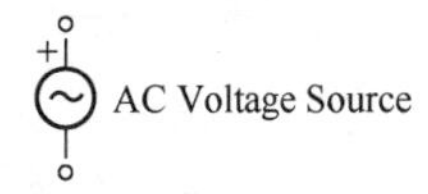

图 9.13　直流电压源

③ 电流表、电压表的选择。由于电路结果需要电流表和电压表来测量，所以在文件中添加电压表和电流表，将电流表串联到指定的位置，将电压表并联到指定的位置，就可完成电路的测量，如图 9.14 所示。

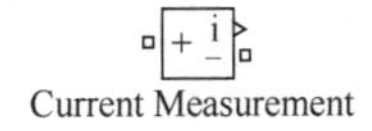

图 9.14　电流表和电压表

2）Simulink 电路模型

打开 MATLAB 软件，在 Simulink 中构建的电路图如图 9.15 所示。分别在 Us, r4, r7 两端并联一个测电压的元件，以测量 Us, U4 和 U7 的数值；在 r3 处串联一个测电流的元件，以测量 i3 的数值。此外，每个对应的测量元件都有一个显示数值元件与之相连，用来显示

所测数值的大小。

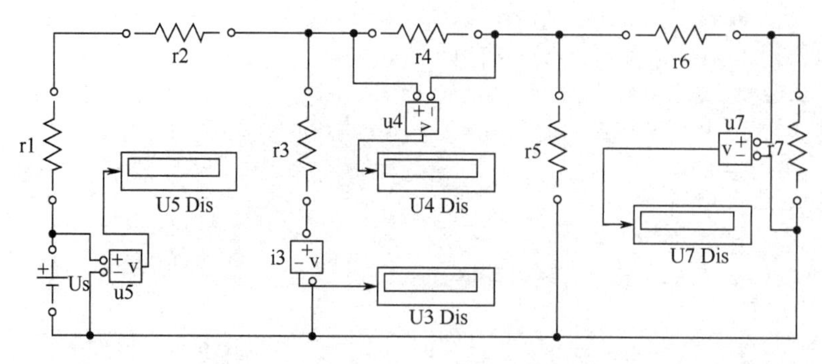

图 9.15　在 Simulink 中构建的电路图

3）Simulink 电路图的仿真结果

在软件中可以修改元器件的参数值。在对第一问的仿真中，将 Us 的大小改为 10V，单击“开始仿真”按钮，出现的仿真结果如图 9.16 所示。图中显示元件显示的仿真结果为 U4 = 2.222V，i3 = 0.374A，U7 = 0.7407V。

在对第二问的仿真中，将 U4 的大小改为 6V，单击“开始仿真“按钮，出现的仿真结果如图 9.17 所示。图中显示元件显示的仿真结果为 Us = 27V，i3 = 1A，U7 = 2V。

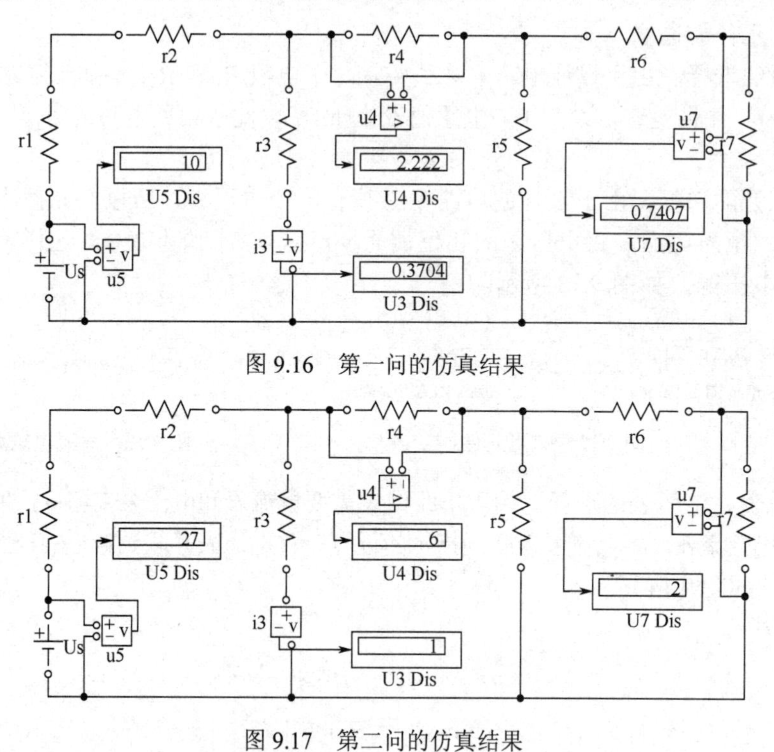

图 9.16　第一问的仿真结果

图 9.17　第二问的仿真结果

9.3　动态电路的时域分析

当动态电路从某个稳定状态转换到另一个稳定状态时，有些物理量并不是突变的，而需要一定的时间。在此期间，电路呈现出与稳定状态不同的现象，这种现象被称为电路的过渡过程或瞬态现象。在分析电路的瞬态现象时，可以建立关于电压和电流的微分方程，再按给定的初始条件进行求解。MATLAB 提供常微分方程初始问题的数值解法，利用有关函数可以进行电路瞬态分析。此外，还可利用 MATLAB 符号计算或 Simulink 仿真求解。

9.3.1　一阶零输入响应

【例 9.2】根据传递函数求解单一系统的零输入响应：

```
H(s)=(s+1)/(s*s*s+9s*s+26s+24)
```

初始状态下的状态变量为 X0=[1,1,0]'。创建 M 文件，在 M 文件中输入如下程序。

（1）构造传递函数模型。

```
num=[0,0,1,1,]
den=[1,9,26,24]
```

（2）将传递函数模型转换为状态方程模型。

```
[a,b,c,d]=tf2ss(num,den)
sys=ss(a,b,c,d);
```

（3）输入初始状态下的状态变量 X0。

```
x0=[1,1,0];
```

（4）输入采样时间矢量。

```
t=0:0.000001:4;
```

（5）求解系统的零输入响应。

```
initial(sys,x0,t)
```

激活 run 命令，得到相应的状态方程模型矩阵。

```
num=[0,0,1,1,];
den=[1,9,26,24];
[a,b,c,d]=tf2ss(num,den)
sys=ss(a,b,c,d);
x0=[1,1,0];
t=0:0.000001:4;
initial(sys,x0,t)
```

运行结果如下，零输入响应如图 9.18 所示。

```
a =
    -9   -26   -24
     1     0     0
     0     1     0
b =
     1
     0
     0
c =
     0     1     1
d =
     0
```

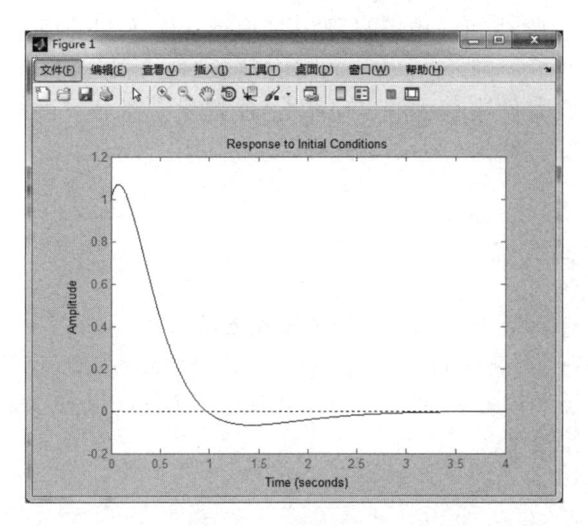

图 9.18　零输入响应

【例 9.3】一阶低通电路的频率响应。

MATLAB 程序如下：

```
ww=0:0.2:4;

H=1./(1+j*ww);
figure (1)
subplot(2,1,1),plot(ww, abs(H)),
grid, xlabel ('ww'), ylabel ('angle(H)')
subplot(2,1,2),plot(ww, angle(H))
grid, xlabel('ww'),ylabel('angle(H)')
figure(2)
subplot(2,1,1),semilogx(ww,20*log10(abs(H)))
grid, xlabel('ww'),ylabel('分贝')
subplot(2,1,2),semilogx(ww,angle(H))
grid, xlabel('ww'),ylabel('angle(H)')
```

程序运行结果如图 9.19 所示。

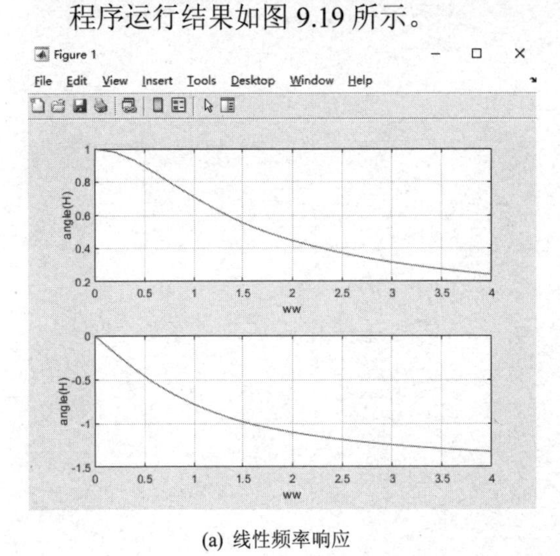

(a) 线性频率响应

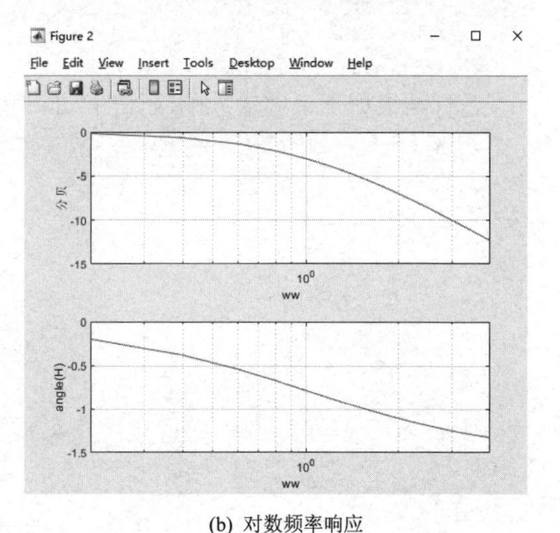

(b) 对数频率响应

图 9.19　一阶低通电路的频率响应曲线

9.3.2　二阶零输入响应

【例 9.4】 在图 9.20 所示的二阶电路中，$L=0.5\text{H}$，$C=0.02\text{F}$。初始值 $u_C(0_-)=1\text{V}$，$i_L(0_-)=0$，研究 R 分别为 1Ω, 2Ω, 3Ω,⋯, 10Ω 时，$u_C(t)$和 $i_L(t)$的零输入响应，并画出波形。

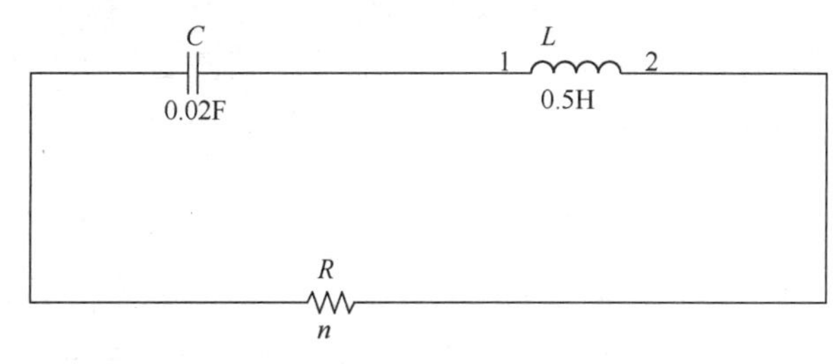

图 9.20　二阶电路图

（1）$R=1$ 时

MATLAB 程序如下：

```
clear,format compact
L=0.5;R=1;C=0.02;
uc0=1;iL0=0;
alpha=R/2/L;wn=sqrt(1/(L*C));
p1=-alpha+sqrt(alpha^2-wn^2);
p2=-alpha-sqrt(alpha^2-wn^2);
dt=0.01;t=0:dt:1;
num=[uc0,R/L*uc0+iL0/C];
den=[1,R/L,1/L/C];
[r,p,k]=residue(num,den);
ucn=r(1)*exp(p(1)*t)+r(2)*exp(p(2)*t);
iLn=C*diff(ucn)/dt;
figure(1),subplot(2,1,1),
plot(t,ucn),grid
subplot(2,1,2)
plot(t(1:end-1),iLn),grid
```

程序运行结果如图 9.21 所示。

（2）$R=2$ 时

程序运行结果如图 9.22 所示。

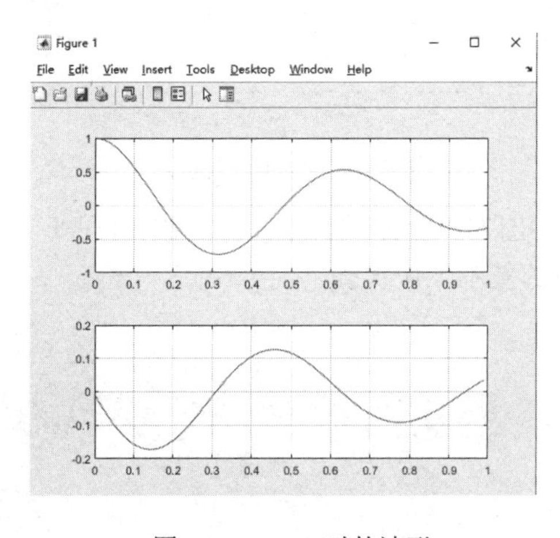

图 9.21　$R=1$ 时的波形

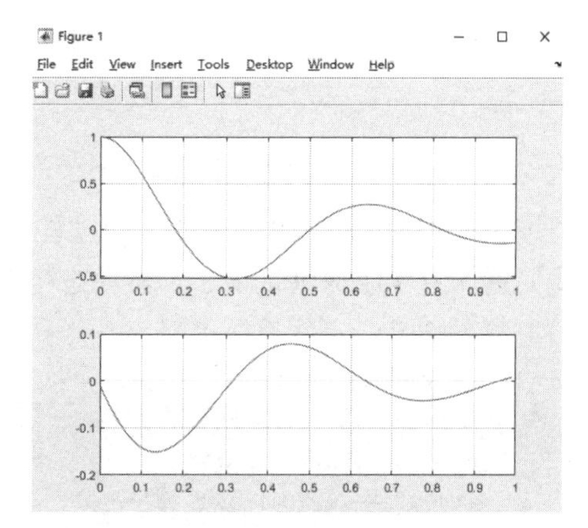

图 9.22　$R=2$ 时的波形

（3）$R=3$ 时

程序运行结果如图 9.23 所示。

（4）$R=5$ 时

程序运行结果如图 9.24 所示。

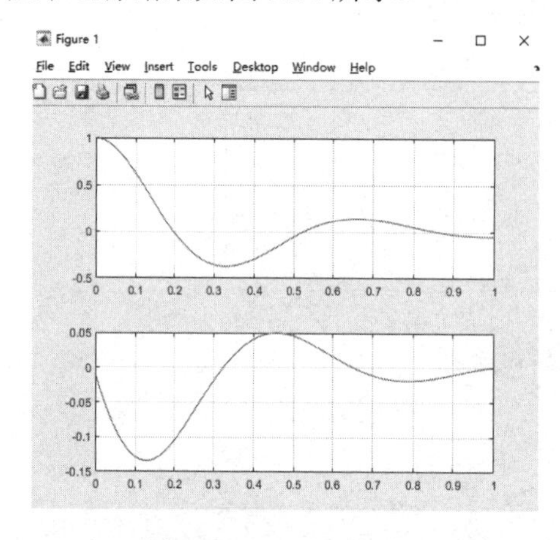

图 9.23　$R=3$ 时的波形

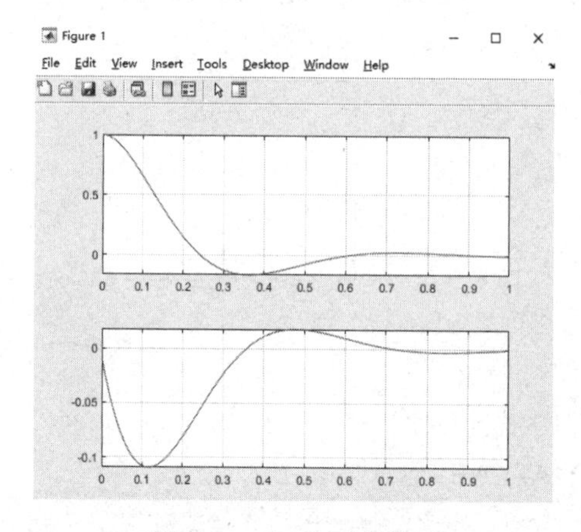

图 9.24　$R=5$ 时的波形

（5）$R=7$ 时

程序运行结果如图 9.25 所示。

（6）$R=10$ 时

程序运行结果如图 9.26 所示。

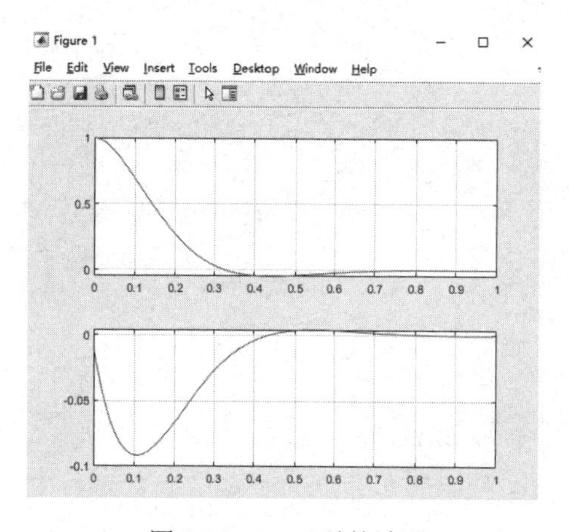

图 9.25　$R=7$ 时的波形

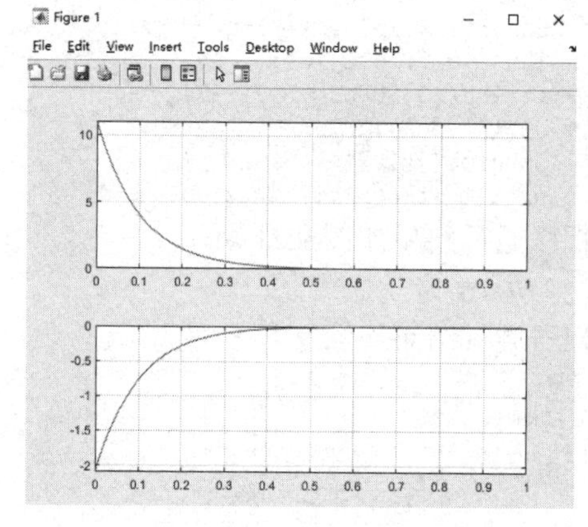

图 9.26　$R=10$ 时的波形

通过 MATLAB 对电阻由小变大的过程中，电路中电流、电容上的电压随时间变化的仿真，我们更加直观而深刻认识了二阶动态电路的基本工作状态。

（7）频率响应：二阶低通电路

MATLAB 程序如下：

```
for Q=[1/3,1/2,1/sqrt(2),1,2,5]
    ww=logspace(-1,1,50);
    H=1./(1+j*ww/Q+(j*ww).^2);
    figure(1)
    subplot(2,1,1),plot(ww,abs(H)),hold on
```

```
        subplot(2,1,2),plot(ww,angle(H)),hold on
        figure(2)
        subplot(2,1,1),semilogx(ww,20*log10(abs(H))),hold on
        subplot(2,1,2),semilogx(ww,angle(H)),hold on
    end
    figure(1)
        subplot(2,1,1),grid,xlabel('w'),ylabel('abs(H)')
        subplot(2,1,2),grid,xlabel('w'),ylabel('abs(H)')
        figure(2)
      subplot(2,1,1),grid,xlabel('w'),ylabel('abs(H)')
        subplot(2,1,2),grid,xlabel('w'),ylabel('abs(H)')
```

程序运行结果如图 9.27 所示。

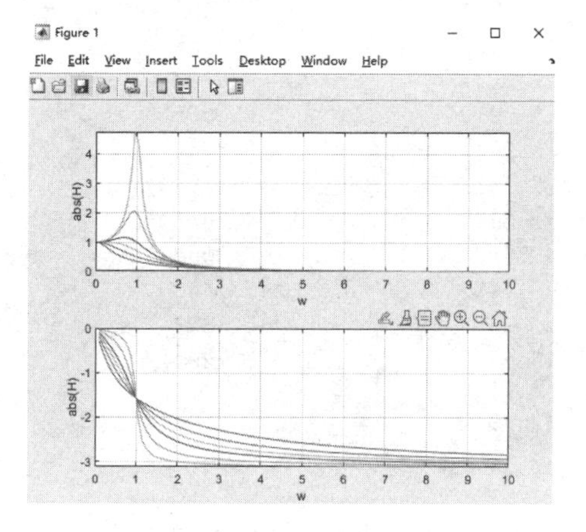

图 9.27(a)　线性频率响应

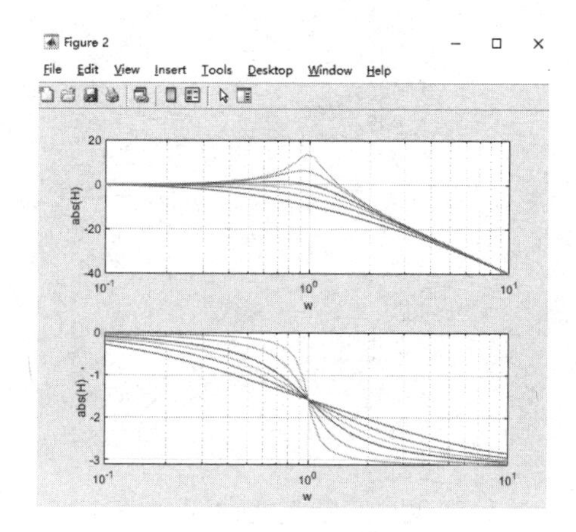

图 9.27(b)　对数频率响应

9.3.3　单位阶跃响应

【例 9.5】已知系统框图如图 9.28 所示，传递函数为 $G(s)=\dfrac{7(s+1)}{s(s+3)(s^2+4s+5)}$。

MATLAB 程序如下：

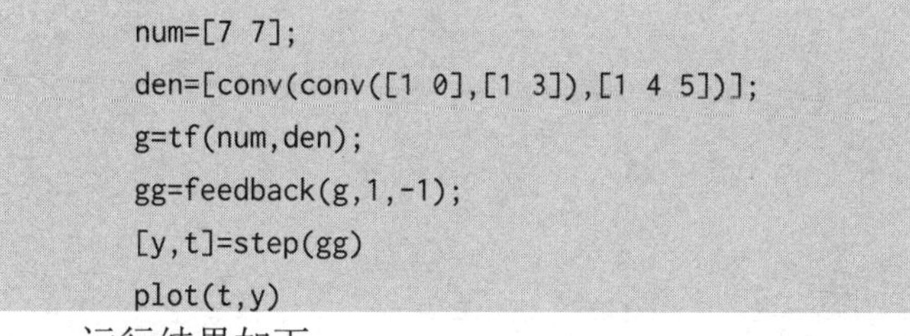

```
num=[7 7];
den=[conv(conv([1 0],[1 3]),[1 4 5])];
g=tf(num,den);
gg=feedback(g,1,-1);
[y,t]=step(gg)
plot(t,y)
```

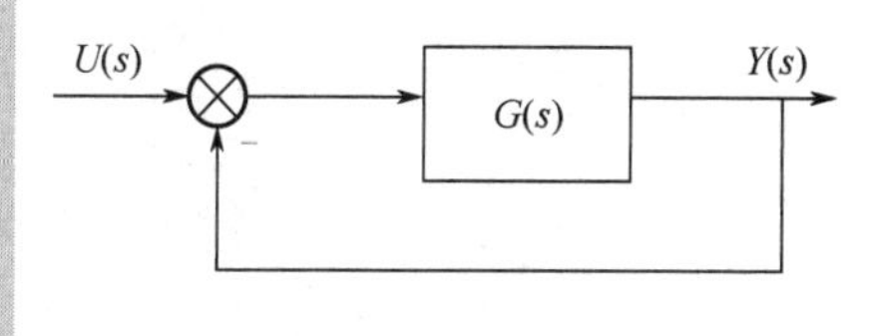

图 9.28　系统框图

运行结果如下：

```
y =                 0.8069          0.9533          0.9894
          0         0.8234          0.9580          0.9905
    0.0111          0.8383          0.9622          0.9914
    0.0633          0.8522          0.9660          0.9923
    0.1535          0.8653          0.9694          0.9931
    0.2639          0.8777          0.9725          0.9938
    0.3768          0.8895          0.9752          0.9944
    0.4803          0.9004          0.9777          0.9949
```

```
    0.5679         0.9105         0.9800         0.9955
    0.6381         0.9196         0.9820         0.9959
    0.6922         0.9279         0.9838         0.9963
    0.7330         0.9354         0.9854         0.9967
    0.7638         0.9420         0.9869         0.9970
    0.7876         0.9480         0.9882         0.9973
    0.9976      t =               2.6201         5.4783
    0.9978              0         2.8582         5.7165
    0.9981         0.2382         3.0964         5.9547
    0.9982         0.4764         3.3346         6.1929
    0.9984         0.7146         3.5728         6.4311
    0.9986         0.9527         3.8110         6.6692
    0.9987         1.1909         4.0492         6.9074
    0.9989         1.4291         4.2874         7.1456
    0.9990         1.6673         4.5256         7.3838
    0.9991         1.9055         4.7637         7.6220
    0.9992         2.1437         5.0019         7.8602
    0.9992         2.3819         5.2401         8.0984
    8.3366        10.4802        12.3857        14.5294
    8.5747        10.7184        12.6239        14.7676
    8.8129        10.9566        12.8621        15.0058
    9.0511        11.1948        13.1003        15.2440
    9.2893        11.4330        13.3385        15.4822
    9.5275        11.6712        13.5767        15.7204
    9.7657        11.909         13.8149
   10.0039                       14.0530
   10.2421        12.1475        14.2912
```

系统的单位阶跃响应曲线如图 9.29 所示。

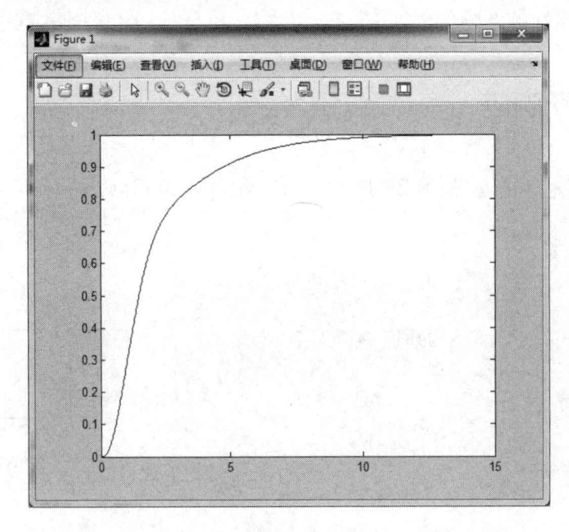

图 9.29　系统的单位阶跃响应曲线

9.4　动态电路的频率响应

9.4.1　一阶低通电路的频率响应

【例 9.6】在一阶 RC 低通电路中，若以 U_C 为响应，求频率响应函数，画出幅频响应（幅

频特性）$|H(\mathrm{j}\omega)|$和相频响应（相频特性）。

MATLAB 程序如下，程序运行结果如图 9.30 和图 9.31 所示。

```
clear,format compact
ww=0:0.2:4;
H=1./(1+j*ww);
figure(1)
subplot(2,1,1),plot(ww,abs(H)), %绘制幅频特性
grid,xlabel('ww'),ylabel('angle(H)')
subplot(2,1,2),plot(ww,angle(H)) %绘制相频特性
grid,xlabel('ww'),ylabel('angle(H)')
figure(2)  %绘制对数频率特性
subplot(2,1,1),semilogx(ww,20*log(abs(H)))
grid,xlabel('ww'),ylabel('分贝')
subplot(2,1,2),semilogx(ww,angle(H)) %绘制相频特性
grid,xlabel('ww'),
ylabel('angle(H)')
```

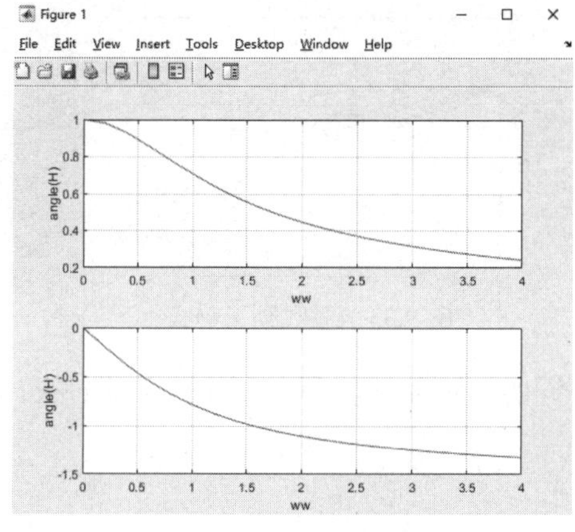

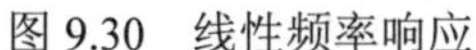

图 9.30　线性频率响应

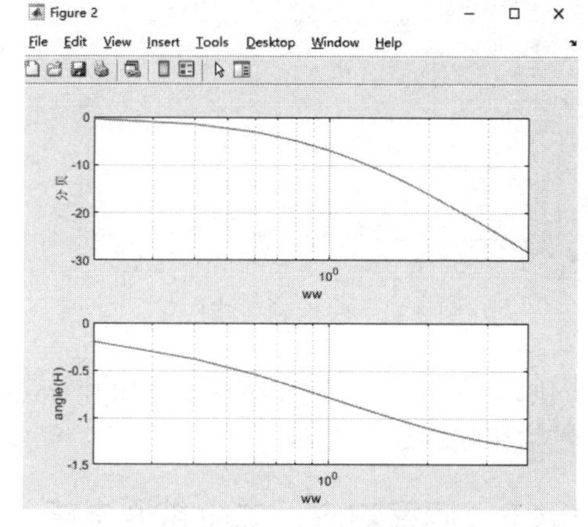

图 9.31　对数频率响应

运算结果：

```
Figure 1
Figure 2
```

上面的图形很好地反映了电路低通的特性。

9.4.2　二阶低通响应

【例 9.7】求二阶低通响应。

MATLAB 程序如下：

```
clear,format compact
for Q=[1/3,1/2,1/sqrt(2),1,2,5]
ww=logspace(-1,1,50); %设无纲频率数组
H=1./(1+j*ww/Q+(j*ww).^2);
figure(1)
subplot(2,1,1),plot(ww,abs(H)),hold on
subplot(2,1,2),plot(ww,angle(H)),hold on
figure(2)
subplot(2,1,1),semilogx(ww,20*log10(abs(H))),hold on
```

```
subplot(2,1,2),semilogx(ww,angle(H)),hold on  %绘制相频特性
end
figure(1),subplot(2,1,1),grid,xlabel('w'),ylabel('abs(H)')
subplot(2,1,2),grid,xlabel('w'),ylabel('angle(H))')
figure(2),subplot(2,1,1),grid,xlabel('w'),ylabel('abs(H)')
subplot(2,1,2),grid,xlabel('w'),ylabel('angle(H)')
```

运行结果：如图 9.32 和图 9.33 所示。

```
Figure 1
Figure 2
```

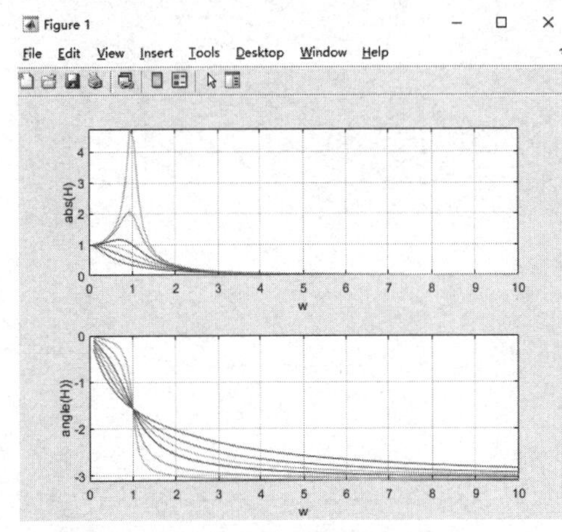

图 9.32　线性频率响应

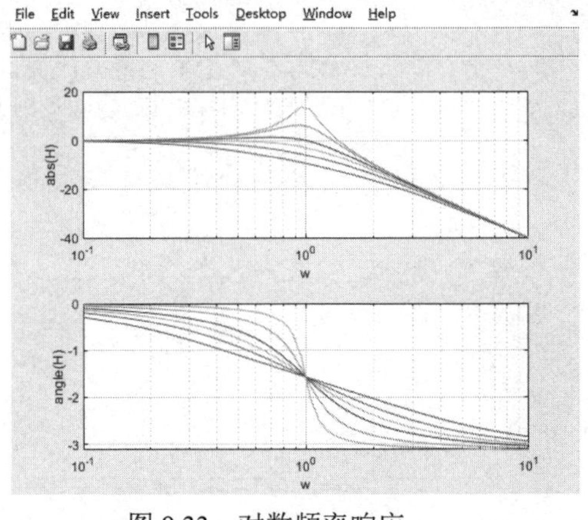

图 9.33　对数频率响应

因此，当 Q 取不同的值时，响应的曲线是不同的，而且可以看出，当 Q 值为 1/sqrt(2) 时，幅频和相频最平缓。

9.4.3　频率响应：二阶带通电路

【例 9.8】求二阶带通电路的频率响应。

MATLAB 程序如下：

```
clear,format compact
H0=1;wn=1;
for Q=[5,10,20,50,100]
    w=logspace(-1,1,50);
    H=H0./(1+j*Q*(w./wn-wn./w));
    figure(1)
    subplot(2,1,1),plot(w,abs(H)),grid,hold on                    %绘制幅频特性
    subplot(2,1,2),plot(w,angle(H)),grid,hold on                  %绘制相频特性
    figure(2)
    subplot(2,1,1),semilogx(w,20*log10(abs(H))),grid,hold on
    subplot(2,1,2),semilogx(w,angle(H)),grid,hold on              %绘制相频特性
end
```

运算结果：如图 9.34 和图 9.35 所示。

```
Figure 1
Figure 2
```

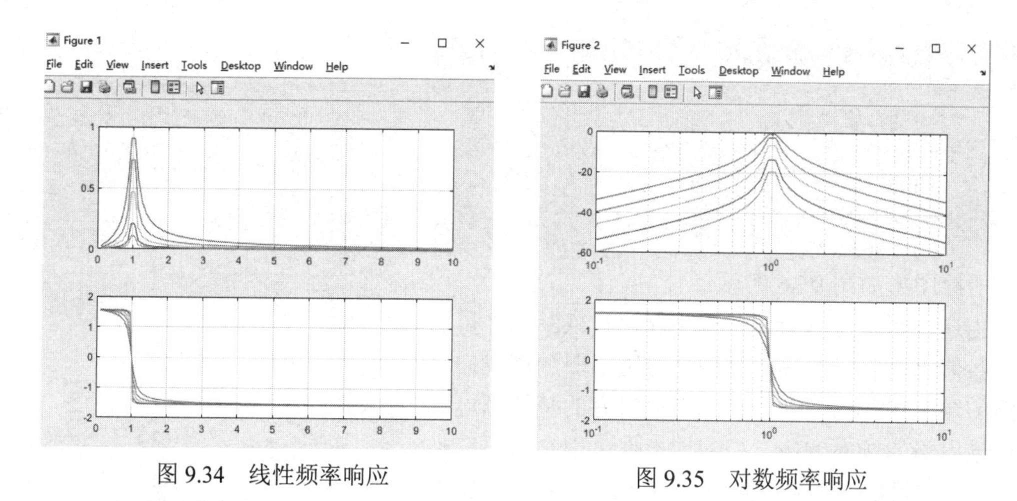

图 9.34 线性频率响应　　　图 9.35 对数频率响应

由以上图形可以看出，该电路具有通低频、阻高频的作用，且 Q 值越大，带通的范围就越大，相频曲线越尖锐。

9.4.4 复杂谐振电路的计算

【例 9.9】在一个双电感并联电路中，已知 $R_S = 28.2\text{k}\Omega$，$R_1 = 2\Omega$，$R_2 = 3\Omega$，$L_1 = 0.75\text{mH}$，$L_2 = 0.25\text{mH}$，$C = 1000\text{pF}$。求回路的通频带及满足回路阻抗大于 50kΩ 的频率范围。

MATLAB 程序如下：

```
clear,format compact
R1=2;R2=3;L1=0.75e-3;L2=0.25e-3;C=1000e-12;Rs=28200;
L=L1+L2;R=R1+R2;
Rse=Rs*(L/L1)^2                                %折算内阻
f0=1/(2*pi*sqrt(C*L))
Q0=sqrt(L/C)/R,R0=L/C/R;                       %空载Q0值
Re=R0*Rse/(R0+Rse)
Q=Q0*Re/R0,B=f0/Q                              %实际Q0值和带通
s=log10(f0);
f=logspace(s-.1,s+.1,501);w=2*pi*f;
z1e=R1+j*w*L;z2e=R2+1./(j*w*C);
ze=1./(1./z1e+1./z2e+1./Rse);
subplot(2,1,1),loglog(w,abs(ze)),grid
axis([min(w),max(w),0.9*min(abs(ze)),1.1*max(abs(ze))])
subplot(2,1,2),semilogx(w,angle(ze)*180/pi)
axis([min(w),max(w),-100,100]),grid
fh=w(find(abs(1./(1./z1e+1./z2e))>50000))/2/pi;
fhmin=min(fh),fhmax=max(fh)
```

运行结果如下：

```
Rse=
   5.0133e+04
f0=
   1.5915e+05
Q0=
   200
Re=
   4.0085e+04
Q=
```

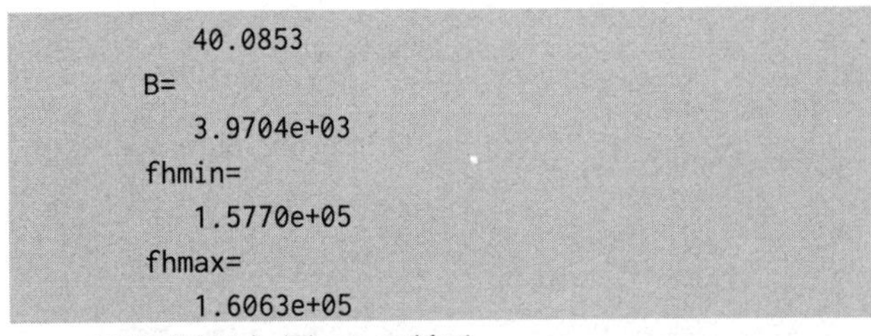

```
    40.0853
B=
    3.9704e+03
fhmin=
    1.5770e+05
fhmax=
    1.6063e+05
```

所绘图形如图 9.36 所示。

由这个实验可以看出，运用 MATLAB 软件可以帮助我们绘制电路的频率响应，通过绘图加深我们对电路的频率响应的理解。本次实验研究的是低频电路和带通电路的频率响应，相应地，也可用它来研究高频电路、带阻电路的频率响应。总之，运用 MATLAB 可以帮助我们方便地解决很多问题。

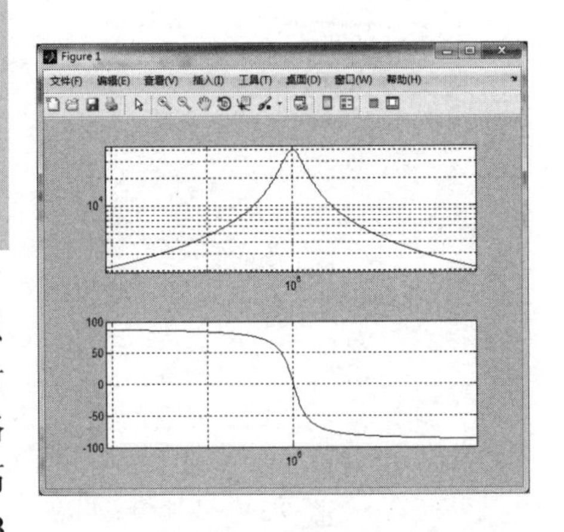

图 9.36　双电感并联电路的频率响应曲线

9.5　MATLAB 电路仿真实例

9.5.1　仿真实例 1：电路电阻分析

实验目的

（1）加深对直流电路的节点电压法和网孔电流法的理解。

（2）学习 MATLAB 的矩阵运算方法。

实验过程

（1）节点分析

求图 9.37 所示电路中的节点电压 V_1, V_2 和 V_3。

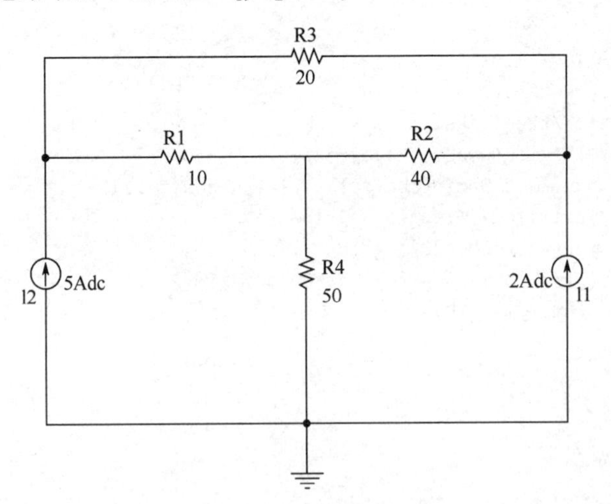

图 9.37　节点分析电路

MATLAB 程序如下：

```
    Y=[0.15 -0.1 -0.05;-0.1 0.145 -0.025;-0.05 -0.025 0.075];
```

```
I=[5;0;2];
fprintf('节点V1，V2和V3：  \n');
v=inv(Y)*I
```

程序运行结果如下：

```
节点V1，V2和V3：
v =
  404.2857
  350.0000
  412.8571
```

求得的值与电路仿真的答案相近。

（2）回路分析

求电阻 R2 的电流及 10V 电压源提供的功率。

用 Spice 所绘电路图如图 9.38 所示。

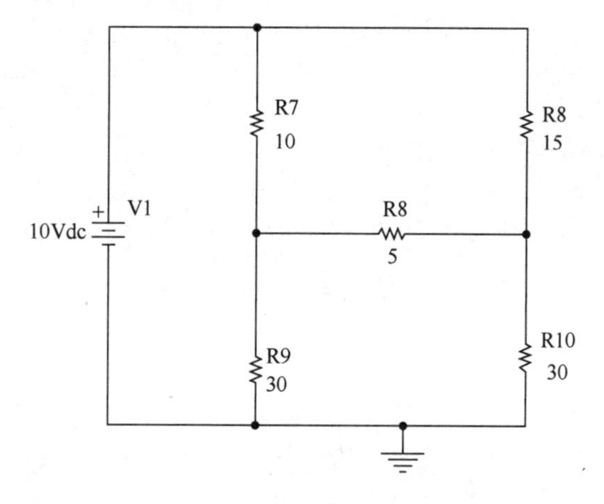

图 9.38　回路分析电路图

MATLAB 程序如下：

```
Z=[40 -10 -30;-10 30 -5;-30 -5 65];
V=[10;0;0];
fprintf('回路电流I1,I2和I3：  \n');
i=inv(Z)*V
IRB=i(3)-i(2);
fprintf('R2现在的电流为：%8.3f A\n',IRB);
PS=i(1)*10;
fprintf('10伏电压源提供的功率为%8.4f W\n',PS)
```

程序运行结果如下：

```
回路电流I1,I2和I3：
i=
    0.4753
    0.1975
    0.2346
R2现在的电流为：    0.037 A
10伏电压源提供的功率为  4.7531 W
```

9.5.2 仿真实例 2：用 MATLAB 的 M 文件设计巴特沃斯滤波器

MATLAB 中提供了丰富的用于模拟滤波器设计的函数，通过编程可以实现低通、高通、带通、带阻滤波器，并能画出滤波器的幅频特性曲线。与传统方法相比，用 MATLAB 编程的方法，只要改变程序中相应的参数就可以很容易地实现各种滤波器的设计，大大简化了滤波器的设计过程。下面用 MATLAB 设计一个截止频率为 1Hz 的二阶巴特沃斯滤波器。

```
[z,p,k]=buttap(2);
[b,a]=zp2tf(z,p,k);
w=0:0.01:4;
[mag,phase]=bode(b,a,w);
subplot(211);plot(w,mag);
title('2阶巴特沃斯滤波器幅频响应');
xlabel('w');ylabel('幅度');
subplot(212);plot(w,phase);
title('2阶巴特沃斯滤波器相频响应');
xlabel('w');ylabel('相位(度)');
```

可得分子分母的系数分别为 b=[0 0 1]和 a=[1 1.414 1]，因此该滤波器的传递函数为

$$H(s)=\frac{1}{s^2+1.414s+1}$$

得到的频率特性曲线如图 9.39 所示。

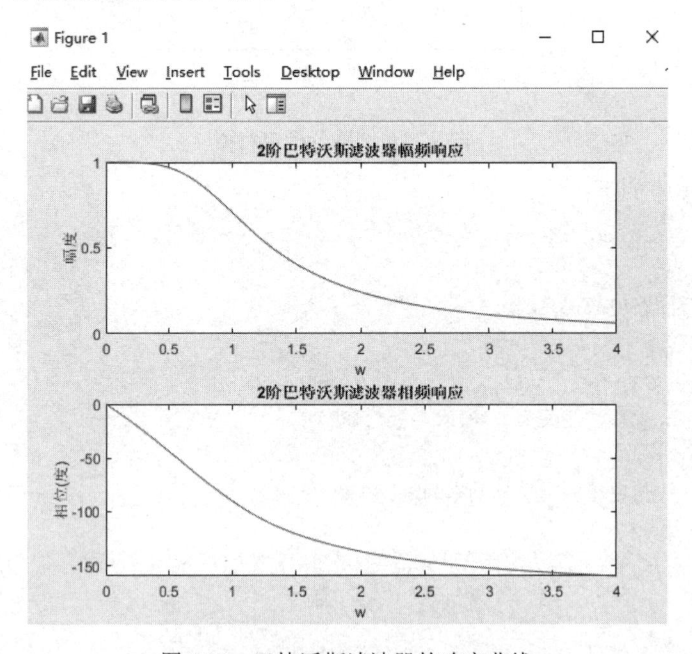

图 9.39 巴特沃斯滤波器的响应曲线

改变滤波器的阶数，可以观察巴特沃斯滤波器的特点，如图 9.40 所示。

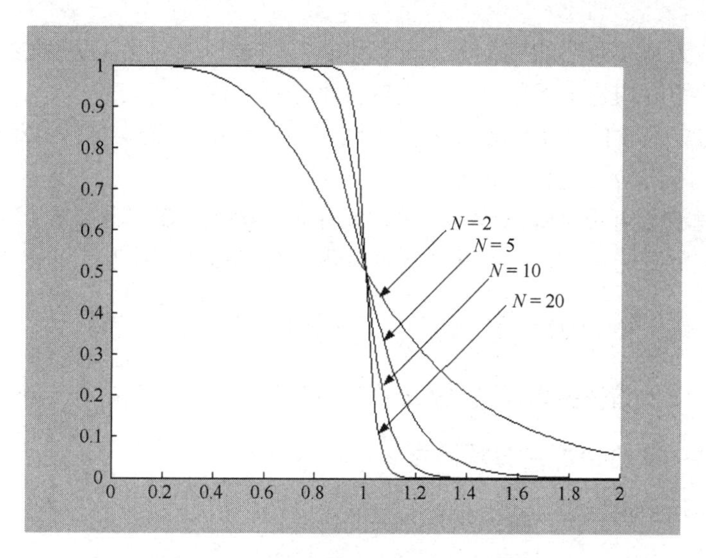

图 9.40　巴特沃斯滤波器频率特性曲线

由系统的幅频响应曲线可以看出，巴特沃斯滤波器的幅频响应曲线是单调变化的（即幅频响应曲线无起伏）。随着阶数 N 的增加，巴特沃斯滤波器的频率特性逐渐向理想低通滤波器逼近，即巴特沃斯滤波器的阶数越高，就越能达到理想的滤波效果。

9.5.3　仿真实例 3：信号分解

非正弦周期信号 $f(t)$ 只要满足狄里赫利条件（在一个周期内含有有限个最大值和最小值，以及有限个第一类不连续点，电工技术中的非正弦周期信号都满足这一条件），就可展开为傅里叶三角级数，展开式为

$$f(t)=A_0+A_{1m}\sin(\omega t+\phi_1)+A_{2m}\sin(2\omega t+\phi_2)+\cdots=A_0+\sum_{k=1}^{\infty}A_{km}\sin(k\omega t+\phi_k) \tag{9.1}$$

式中，ω 为 $f(t)$ 的角频率，且 $\omega=2\pi/T$ ，T 为 $f(t)$ 的周期；A_0 为信号的直流分量，也是信号在一个周期内的平均值；$A_{1m}\sin(\omega t+\phi_1)$ 是基波或一次谐波分量；$A_{km}\sin(k\omega t+\phi_k)$ 是 k 次谐波分量。

1．实验目的

（1）熟悉非正弦周期信号的分解原理。

（2）了解信号分解电路的构成。

（3）深入认识信号各频率分量的振幅、相位、频率对合成结果的影响。

（4）用 MATLAB 的 M 文件与 Simulink 设计和仿真实验。

2．实验原理说明

（1）任何电信号都是由各种不同频率、幅度和初相的正弦波叠加而成的。对于周期信号，由其傅里叶级数展开式

$$y(t)=\sum_{n=-\infty}^{\infty}F_n\mathrm{e}^{\mathrm{j}n\omega t}\qquad（\omega 为基波频率）$$

可知，各次谐波为基波频率的整数倍。非周期信号包含了从零到无穷大的所有频率成分，每个频率成分的幅度均趋于无限小，但相对大小是不同的。

提取电信号中包含的某个频率成分的方法很多，可用 LC 谐振选频网络提取，也可用带通滤波器提取。本实验采用后一种方法。

（2）带通滤波器可用运算放大器及 RC 阻容元件构成有源带通滤波器，也可用集成电路构成。实验中所用的被测信号是 0.5Hz 的周期方波，其复指数形式的傅里叶级数为

$$y(t)=\sum_{k=-\infty}^{\infty}F_n\mathrm{e}^{\mathrm{j}n\omega t}=F_0+\sum_{k=1}^{\infty}(F_n\mathrm{e}^{\mathrm{j}n\omega t}+F_{-n}\mathrm{e}^{-\mathrm{j}n\omega t})$$

式中，F_n 既包含 n 次谐波振幅，又包含 n 次谐波相位，工程上用它表示频谱极为方便。

3．用 MATLAB 的 M 文件分解信号

周期信号可用傅里叶级数展开：

$$f(t)=\sum_{n=-\infty}^{\infty}F_n\mathrm{e}^{\mathrm{j}n\omega t}$$

式中，ω 为基波频率，各次谐波的频率是基波频率的整数倍。与非正弦波具有相同频率的成分被称为基波或一次谐波，其他成分根据其频率为基波频率的 $2, 3, 4,\cdots, n$ 倍，分别被称为 $2, 3,\cdots, n$ 次谐波，幅度随谐波次数的增加而减小，直至无穷小。不同频率的谐波可以合成一个非正弦周期波，一个非正弦周期波也可分解为无限个不同频率的谐波成分。

例如，方波信号的幅度 $A=1$，周期 $T=2\mathrm{s}$，绘出信号的分解与合成图。

傅里叶系数为

$$F_n=\frac{1}{T}\int_{-T/2}^{T/2}f(t)\mathrm{e}^{\mathrm{j}n\omega t}\mathrm{d}t=\frac{\tau A}{T}Sa(n\omega\tau/2)$$

计算得

$$F_0=0.5$$

结合该周期信号的傅里叶级数展开式有

$$f_N(t)=\sum_{n=1}^{N}Sa(n\pi/2)\mathrm{e}^{\mathrm{j}n\omega t}=0.5+\sum_{n=1}^{N}Sa(n\pi/2)\cos(n\pi t)$$

实现方波信号的分解的 MATLAB 程序如下：

```
t=-2:0.001:2;
F0=0.5;
fN=F0*ones(1,length(t));
n=3;
fN=fN+cos(pi*n*t)*sinc(pi*n/2);
plot(t,fN);
title('三次谐波');
```

程序根据 n 取值的不同，可得方波信号的 n 次谐波，所得基波如图 9.41(a)所示，所得三次谐波如图 9.41(b)所示。

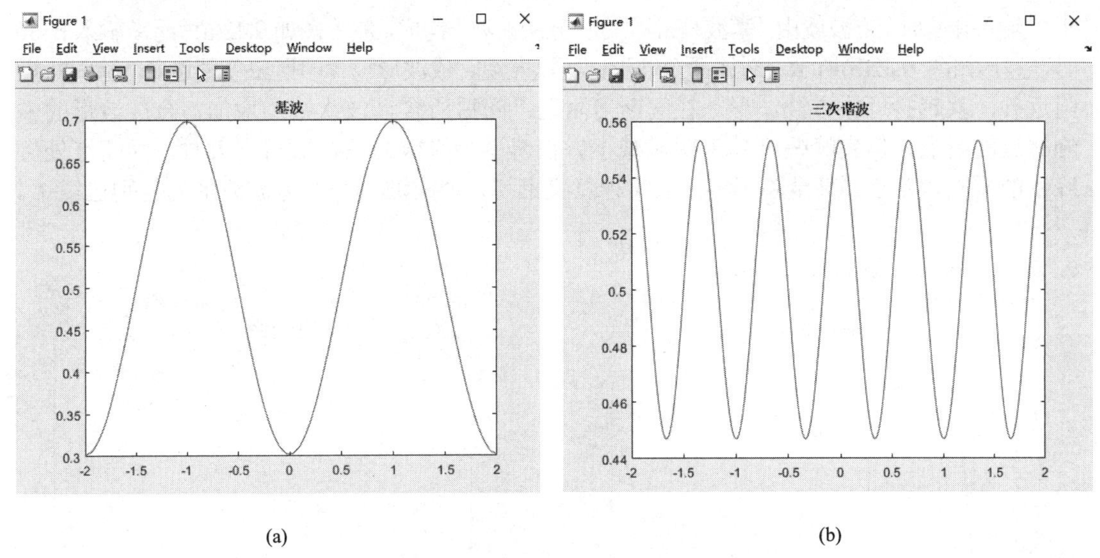

(a)　　(b)

图 9.41　方波信号的各次谐波

9.5.4　仿真实例 4：信号的合成

周期信号可用傅里叶级数展开：

$$f(t)=\sum_{n=-\infty}^{\infty}F_n\mathrm{e}^{\mathrm{j}n\omega t}$$

式中，ω 为基波频率，各次谐波频率为基波频率的整数倍。与非正弦波具有相同频率的成分被称为基波或一次谐波，其他成分根据其频率为基波频率的 2, 3, 4,⋯, n 倍，分别被称为 2, 3,⋯, n 次谐波，其幅度随谐波次数的增加而减小，直至无穷小。不同频率的谐波可以合成一个非正弦周期波。

1．实验目的

（1）熟悉非正弦周期信号的合成原理。

（2）了解信号求和电路的构成。

（3）深入认识信号各频率分量的振幅、相位、频率对合成结果的影响。

（4）用 MATLAB 的 M 文件与 Simulink 设计和仿真实验。

2．用 MATLAB 的 M 文件实现信号的合成

将信号各次谐波叠加即可合成原来的信号，参与合成的谐波次数越大，合成的信号与原信号就越接近。实现信号合成的 MATLAB 程序如下：

```
t=-2:0.001:2;
N=input('N=');
C0=0.5;
fN=C0*ones(1,length(t));
for n=1:2:N
fN=fN+cos(pi*n*t)*sinc(pi*n/2)
end
plot(t,fN);
title(['N = ',num2str(N)])
axis([-2 2 0.3 0.7]);
```

输入 N=5 时，方波就由“基波+三次谐波+五次谐波”构成，波形图如 9.42(a)所示。输入 N=30 时，波形如图 9.42(b)所示。对比两个波形，可以发现合成波形包含的谐波分量越多，除间断点附近外，就越接近原方波波形。在间断点附近，随后所含谐波次数的增加，合成波形的尖峰靠近间断点，但尖峰幅度并未明显减小。在傅里叶级数的项数取得很大时，间断点处尖峰下的面积非常小，甚至趋于零，从某种意义上说，合成波形与原方波波形的差别已很小。

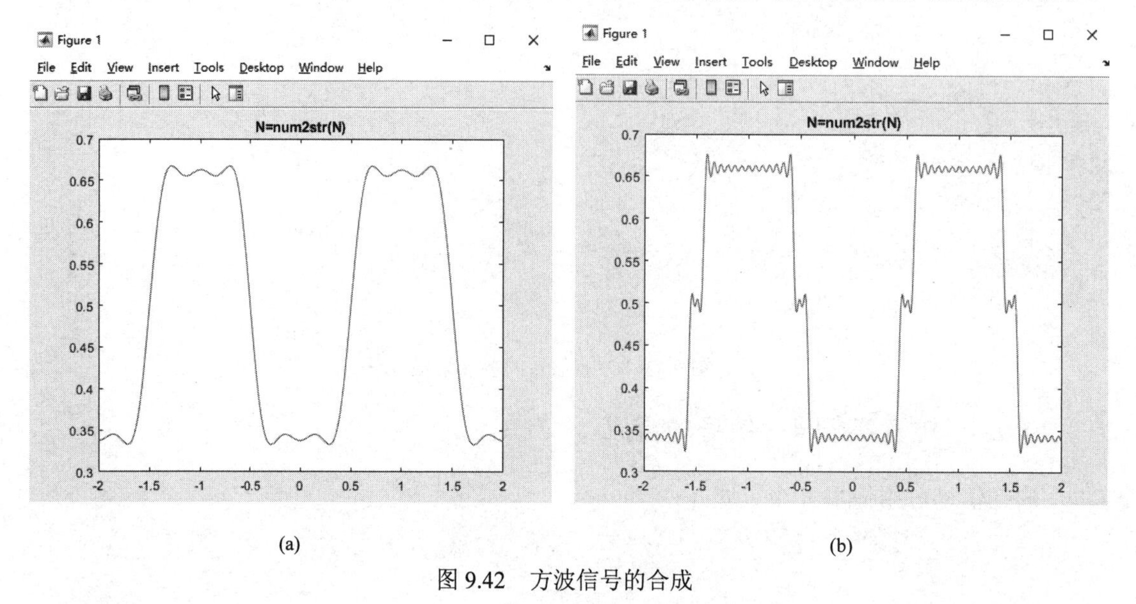

图 9.42　方波信号的合成

习题 9

1．根据传递函数 $F(s)=\dfrac{s}{(s^3+6s^2+9s+3)}$ 求解单一系统的零输入响应，初始状态下的状态变量为 X0=[0,1,1]'。

2．在图 9.20 所示的二阶电路中，设 $L=0.8\text{H}$，$C=0.2\text{F}$。初始值 $u_{\text{C}}(0_-)=1\text{V}$，$i_{\text{L}}(0_-)=0$，研究 R 分别为 1Ω, 2Ω, 3Ω,⋯, 10Ω 时，$u_{\text{C}}(t)$和 $i_{\text{L}}(t)$的零输入响应，并画出波形。

实验 9　MATLAB 在电路仿真中的应用

1．利用 Simulink 仿真 $x(t)=\dfrac{8A}{\pi^2}\left(\cos\omega t+\dfrac{1}{9}\cos 3\omega t+\dfrac{1}{25}\cos 5\omega t\right)$，$A=1$，$\omega=2\pi$。

2．利用 Simulink 仿真实现摄氏温度到华氏温度的转换：$T_{\text{f}}=\dfrac{9}{5}T_{\text{c}}+32$。

3．设某个系统的微分方程为

$$y'=x+y \qquad (1)$$
$$y(1)=2 \qquad (2)$$

建立该系统的模型并仿真。

第 10 章　MATLAB 在数字信号处理中的应用

数字信号处理是 20 世纪 60 年代前后发展起来的一门新兴学科。进入 20 世纪 70 年代后，随着电子计算机、大规模集成电路（LSI）、超大规模集成电路（VLSI）和微处理器技术的迅猛发展，数字信号处理无论是在理论上还是在工程应用中，都是目前发展最快的学科之一，并且日趋完善和成熟。数字技术的发展为模拟信号的数字处理开辟了广阔的前景。MATLAB 提供极强的数字信号处理功能，能够进行信号的产生、时域分析、频域分析、小波变换、滤波等。本章介绍信号的 MATLAB 表示与描述、MATLAB 数字信号处理基础、信号的频域分析及其他信号分析方法、数字滤波器设计。图 10.1 所示为数字信号处理系统示意图，该系统将模拟信号变换为数字信号，经数字信号处理后，变换为模拟信号输出。

图 10.1　数字信号处理系统示意图

10.1　信号的 MATLAB 表示与描述

信号大致分为模拟信号和数字信号。模拟信号用 $x(t)$表示，其中变量 t 可以表示任何物理量，本书中假设它代表以秒为单位的时间。从严格意义上讲，MATLAB 数值计算的方法不能处理连续时间信号，但对连续信号在等时间间隔点采样可以获得离散信号，即当采样时间间隔足够小时，离散样本值可被 MATLAB 处理，并能较好地近似表示连续信号。

10.1.1　离散信号的 MATLAB 表示

离散信号用 $x(n)$表示，其中变量 n 为整数，代表时间的离散时刻，因此离散信号也称离散时间信号。离散信号是一个数字序列，可用以下符号之一来表述：

$$x(n)=\{\cdots,x(-1),x(0),x(1),\cdots\} \tag{10.1}$$

在 MATLAB 中，可用一个列矢量来表示一个有限长序列。然而，这样一个矢量并未包含采样位置的信息。因此，$x(n)$ 的正确表示方式应包括分别表示 x 和 n 的两个矢量。当不需要采样位置信息或该信息是多余时（如序列从 $n=0$ 开始），可以只用 x 的矢量来表示。由于内存有限，MATLAB 无法表示无限个无限序列。

为便于分析，数字信号处理中常用一些基本序列，它们的定义和 MATLAB 表达式如下。

1．单位采样序列

$$\delta(n)=\begin{cases}1, & n=0\\ 0, & n\neq 0\end{cases}=\{\cdots,0,0,1,0,0,\cdots\} \tag{10.2}$$

在 MATLAB 中，函数 zeros(1,N)产生一个由 N 个零组成的列矢量。它可用来产生有限区间上的 $\delta(n)$ 。另一种方法是用逻辑关系式 n==0 来实现 $\delta(n)$ 。例如，要实现表达式

$$\delta(n-n_0)=\begin{cases}1, & n=n_0 \\ 0, & n\neq n_0\end{cases} \tag{10.3}$$

在 $n_1 \leqslant n_0 \leqslant n_2$ 区间内的值，假设 n_1, n_2, n_0 已赋值，则 MATLAB 命令如下：

```
>>n=[n1:n2]; x=[(n-n0)==0];
```

2. 单位阶跃序列

$$u(n)=\begin{cases}1, & n\geqslant 0 \\ 0, & n<0\end{cases}=\{\cdots,0,0,1,1,1,\cdots\} \tag{10.4}$$

在 MATLAB 中，函数 ones()产生由 N 个 1 组成的列矢量。它可用来产生有限区间上的 $u(n)$。另一种方法是用逻辑关系式 $n\geqslant 0$ 。在 $n_1 \leqslant n_0 \leqslant n_2$ 区间内实现

$$u(n)=\begin{cases}1, & n\geqslant n_0 \\ 0, & n<n_0\end{cases} \tag{10.5}$$

的 MATLAB 命令如下：

```
>>n=[n1:n2]; x=[(n-n0)>=0];
```

3. 实指数序列

$$u(n)=a^n, \forall n, a\in R$$

在 MATLAB 中使用数组运算符“.^”来产生实指数序列。例如，产生序列 $x(n)=(0.9)^n$，$0\leqslant n\leqslant 10$ 的 MATLAB 命令如下：

```
>>n=[0:10]; x=(0.9).^n;
```

4. 复指数序列

$$x(n)=\mathrm{e}^{(\sigma+\mathrm{j}\omega_0)n}, \forall n \tag{10.6}$$

式中，σ 是阻尼系数，ω_0 是以弧度为单位的角频率。MATLAB 中的 exp 函数可用来产生指数序列。例如，产生 $x(n)=\exp[(2+\mathrm{j})n]$，$0\leqslant n\leqslant 10$ 的 MATLAB 命令如下：

```
>>n=[0:10]; x=exp((2+j)*n);
```

5. 正余弦序列

$$x(n)=\cos(\omega_0 n+\theta), \forall n \tag{10.7}$$

式中，θ 是以弧度为单位的相角。MATLAB 函数 cos（或 sin）可用来产生正余弦序列。例如，产生 $x(n)=3\cos(0.1\pi n+\pi/3)+2\sin(0.5\pi n)$，$0\leqslant n\leqslant 10$ 的 MATLAB 命令如下：

```
>>n=[0:10]; x=3*cos(0.1*pi*n+pi/3)+2*sin(0.5*pi*n)
```

6. 随机序列

许多实际的序列不能像上面那样用数学式描述，这些序列被称为随机序列，它用相应的概率密度函数或统计矩来表征。在 MATLAB 中，可以使用两种（伪）随机序列。

（1）rand(1,N)产生元素在[0,1]上均匀分布的长度为 N 的随机序列。

（2）randn(1,N)产生均值为 0、方差为 1、长度为 N 的高斯随机序列。

其他随机序列都可用这两个函数变换得到。

7．周期序列

若序列 $x(n)=x(n+N),\forall n$，则 $x(n)$ 是周期的。满足上述关系的最小数 N 是基本周期。我们用 $\tilde{x}(n)$ 表示周期序列。要在一个周期内产生有 P 个周期的序列 $\tilde{x}(n)$，可将它复制 P 次：

```
Xtilde=[x,x,…,x];
```

MATLAB 具有很强的矩阵操作能力，可以首先产生一个包含 P 行 $x(n)$值的矩阵，然后用结构(:)将其 P 行串接起来，但这种结构只能用于列向。因此，我们往往还要用矩阵转置来将它扩展到行向，具体实现的 MATLAB 程序代码如下：

```
Xtilde=x'*ones(1,P);
Xtilde=Xtilde(:);
Xtilde=Xtilde';
```

10.1.2　信号序列的产生

波形是数字信号处理的基本内容。MATLAB 提供大量函数来产生常用信号波形，相关函数如表 10.1 所示。

表 10.1　产生常用信号波形的函数

函　数	产生的波形	函　数	产生的波形
square	方波	rectpuls	非周期方波
sawtooth	锯齿波/三角波	tripuls	非周期三角波
sinc	sinc 函数波	pulstran	脉冲序列
diric	dirichlet 函数波	chirp	产生调频余弦信号
gauspuls	gauspuls 函数波	gmonopuls	高斯单脉冲

1．产生方波

MATLAB 使用 square 函数产生方波，具体调用格式如下。

（1）x=square(t)：产生周期为 2π 、峰值为 ±1 的方波。

（2）x=square(t,duty)：产生周期为 2π 、峰值为 ±1 的方波；duty 为占空比，即信号为正的周期所占的比例。

【例 10.1】使用 MATLAB 产生指定的方波波形信号。

MATLAB 程序如下所示，结果如图 10.2 所示。

```
t=0:0.01:5
subplot(211)
y=square(2*pi*t);                    %产生周期为1的标准方波
plot(t,y)
subplot(212)
y=square(2*pi*t,80);                 %产生占空比为80%的标准方波
plot(t,y)
```

2．产生锯齿波/三角波

MATLAB 使用 sawtooth 函数产生三角波，具体调用格式如下。

（1）x=sawtooth(t)：产生周期为 2π 、峰值为 ±1 的方波。

（2）x=sawtooth(t,width)：根据 width 的值产生不同形状的三角波。

width 的值是从 0 到 1 之间的标量，它指定最大值在一个周期内的出现位置，是该位置横坐标与周期之比。width 为 0.5 时产生标准的对称三角波，width 为 1 时产生锯齿波。

【例 10.2】使用 MATLAB 产生指定的锯齿波/三角波形信号。

MATLAB 程序如下所示，结果如图 10.3 所示。

```
t=0:0.01:5
subplot(311)
y=sawtooth(2*pi*t);                    %产生周期为1的锯齿波
plot(t,y)
subplot(312)
y=sawtooth(2*pi*t,0.25);               %产生周期为1的锯齿波
plot(t,y)
subplot(313)
y=sawtooth(2*pi*t,0.5);                %产生周期为1的标准三角波
plot(t,y)
```

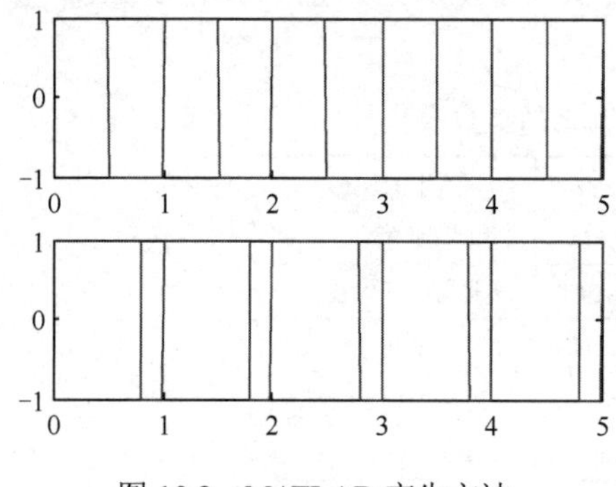

图 10.2　MATLAB 产生方波

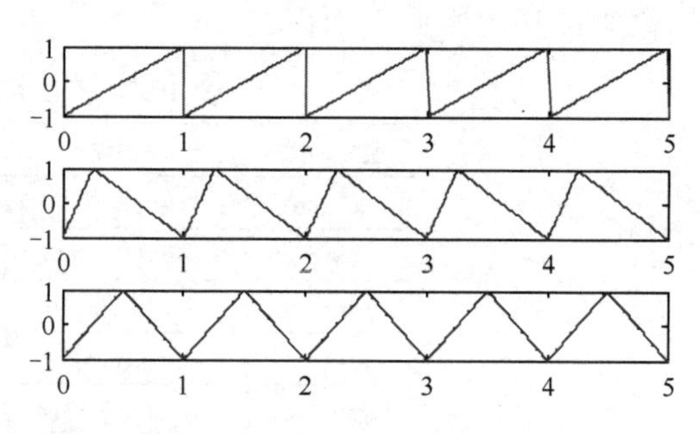

图 10.3　MATLAB 产生锯齿波/三角波

3. 产生 sinc 函数波形

sinc 函数在信号处理中是一个重要的函数，因为其傅里叶变换正好是幅值为 1 的矩形脉冲。其表达式为

$$\mathrm{sinc}(t)=\frac{1}{2\pi}\int_{-\pi}^{\pi}\mathrm{e}^{\mathrm{j}\omega t}\mathrm{d}\omega=\begin{cases}1, & t=0\\ \dfrac{\sin(\pi t)}{\pi t}, & t\neq 0\end{cases}\tag{10.8}$$

MATLAB 使用 sinc 函数产生 sinc 函数波形信号，具体调用格式如下。

x=sinc(t)：产生以 t 为变量的 sinc 函数波形。

【例 10.3】使用 MATLAB 产生 sinc 函数波形。

MATLAB 程序如下所示，结果如图 10.4 所示。

```
t=-10:0.01:10;
x=sinc(t);        %产生典型的sinc函数波形
plot(t,x)
```

4. 产生非周期方波

MATLAB 使用 rectpuls 函数产生非周期方波，具体调用格式如下。

（1）x=rectpuls(t)：产生连续、非周期、单位高度的方波，方波的中心位置为 t=0，默认情况下方波宽度为 1。

（2）x=rectpuls(t,width)：根据 width 值产生不同宽度的非周期方波。Width 值是从 0 到 1 之间的标量，指定最大值在一个周期内出现的位置，是该位置的横坐标与周期之比。

【例 10.4】使用 MATLAB 产生指定的非周期方波。

MATLAB 程序如下所示，结果如图 10.5 所示。

```
t=0:0.01:1;
x=rectpuls(t,0.6);                %产生方波
plot(t,x)
axis([0,1,-0.1,1.1])
```

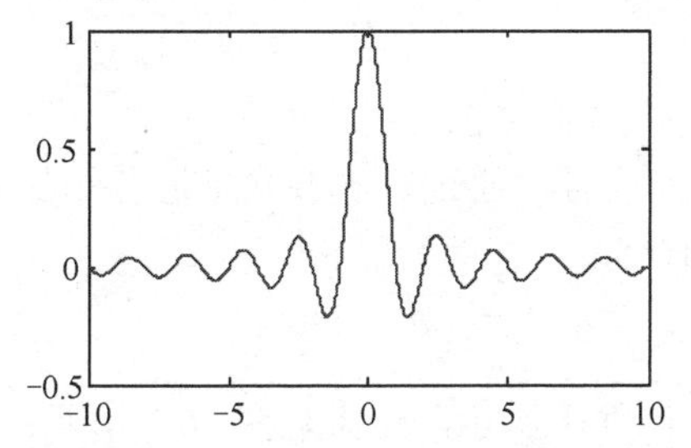

图 10.4 MATLAB 产生 sinc 函数波形

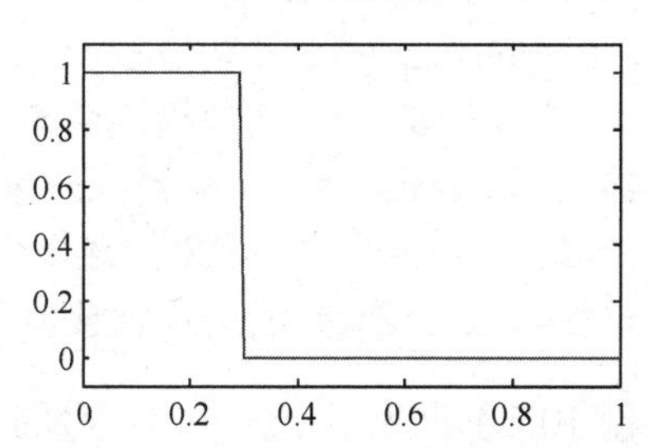

图 10.5 MATLAB 产生非周期方波

5. 产生非周期三角波

MATLAB 使用 tripuls 函数产生非周期方波，具体调用格式如下。

（1）x=tripuls(t):产生连续、非周期、单位高度的三角波，三角波的中心位置为 t=0，默认情况下方波宽度为 1。

（2）x=rectpuls(t,width)：根据 width 值产生不同形状的非周期三角波。width 值是从 0 到 1 之间的标量，它指定最大值在一个周期内出现的位置，是该位置的横坐标与周期之比。

（3）x=rectpuls(t,w,s)：产生斜率为 s 的三角波，s 是从-1 到 1 之间的值，s=0 时产生一个对称的三角波。

【例 10.5】使用 MATLAB 产生指定的非周期三角波。

MATLAB 程序如下所示，结果如图 10.6 所示。

```
t=-1:0.01:1;
x1=tripuls(t);                    %产生中心位置为t=0的三角波
x2=tripuls(t,0.6);                %产生宽度为0.6的三角波
x3=tripuls(t,0.4,0.8);            %产生宽度为0.4、斜率为0.8的三角波
subplot(311)
plot(t,x1)
subplot(312)
plot(t,x2)
subplot(313)
plot(t,x3)
```

6. 产生脉冲串信号

MATLAB 使用 pulstran 函数产生冲激串信号，具体调用格式如下。

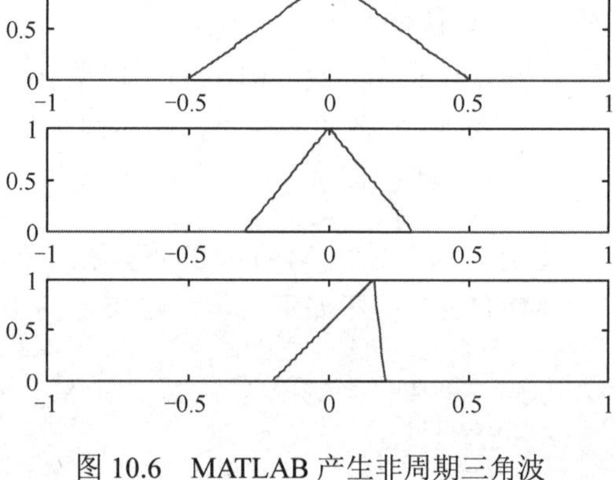

图 10.6　MATLAB 产生非周期三角波

（1）x=pulstran(t,d,'func')：产生连续函数 func 指定形状的冲激串。t 为时间轴，d 为采样间隔。func 的取值如下：gauspuls 表示高斯调制正弦信号；rectpuls 表示非周期方波；tripuls 表示非周期三角波。

（2）x=pulstran(t,d,@func)：用函数句柄 @func 代替函数名。

（3）x=pulstran(t,d,@func,p1,p2,...)：将参数 p1、p2 传递给函数 func。

（4）x=pulstran(t,d,p,Fs)：矢量 p 是原始序列信号，通过对 p 多次延迟并相加后得到脉冲序列，Fs 是采样速率，默认值为 1Hz。

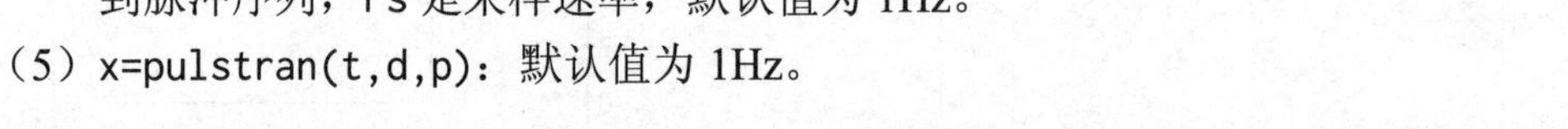

（5）x=pulstran(t,d,p)：默认值为 1Hz。

【例 10.6】产生指定脉冲串信号的 MATLAB 程序如下所示，结果如图 10.7 所示。

```
t1=0:0.001:1;
d1=0:1/3:1;
y1=pulstran(t1,d1,'tripuls',0.1,-1);                    %产生三角波
subplot(311)
plot(t1,y1)
t2=0:1/50e3:10e-3;
d2=[0:1/1e3:10e-3;0.8.^(0:10)]';
y2=pulstran(t2,d2,@gauspuls,10e3,5);                    %产生高斯调制正弦信号
subplot(312)
plot(t2,y2)
p=raylpdf((0:31)/5,1.5);
t3=0:320;
d3=(0:9)'*32;
y3=pulstran(t3,d3,p);                                   %产生指定信号脉冲
subplot(313)
plot(t3,y3)
```

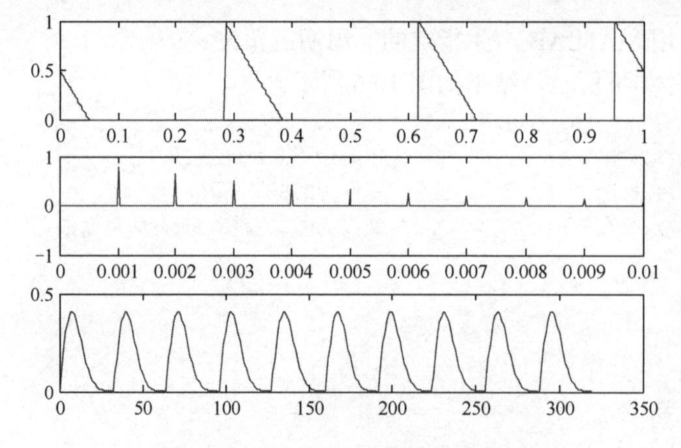

图 10.7　MATLAB 产生脉冲串信号

10.2　MATLAB 数字信号处理基础

10.2.1　信号的基本运算

在数字信号处理领域，对信号所做的基本运算主要包括：信号加、信号乘、位移、采样和、采样积以及翻转等。

1．信号加

数学描述为

$$x(n)=x_1(n)+x_2(n) \tag{10.9}$$

MATLAB 命令如下：

```
>>x=x1+x2
```

注意：x1 和 x2 应具有相同的长度，才能相加，否则需要先通过 zeros 函数左右补零后再相加。

2．信号延迟

给定离散信号 $x(n)$，若信号 $y(n)$为

$$y(n)=x(n-k) \tag{10.10}$$

那么 $y(n)$就是信号 $x(n)$在时间轴上右移 k 个采样周期后得到的新序列。MATLAB 命令如下：

```
>>y(n)=x(n-k)
```

3．信号乘

数学描述为

$$x(n)=x_1(n)*x_2(n) \tag{10.11}$$

MATLAB 命令如下：

```
>>x=x1.*x2
```

这是信号的点乘运算，所以同样需要信号乘所需要的 x1 和 x2 二者的长度要相等这一前提条件。

4．信号幅度缩放

数学描述为

$$y(n)=kx(n) \tag{10.12}$$

MATLAB 命令如下：

```
>>y(n)=k*x(n)
```

【例 10.7】 给定信号序列 x1=[0.8 1.2 0.5 0.6 0.9 1],x2=[0.5 0.2 1.1 0.6 0.8 0.5 0.2 0.4]，求：

（1）x1 的幅值放大 2 倍后的信号序列 y1。

（2）x1 与 x2 的和 y2。

（3）y1 与 y2 的积。

MATLAB 运算程序代码如下：

```
x1=[0.8  1.2  0.5   0.6  0.9  1 ];
x2=[0.5  0.2  1.1  0.6  0.8  0.5 0.2  0.4];
n1=length(x1);                    %获取序列x1的长度
n2=length(x2);                    %获取序列x2的长度
y1=2*x1;                          %信号幅度缩放
y2=[x1 zeros(1,n2-n1)]+x2;        %补零使信号长度相同
y3=[y1 zeros(1,n2-n1)].*y2;
subplot(511)
stem([1:n1],x1);                  %用空心圆绘制离散点
subplot(512)
stem([1:n2],x2);
subplot(513)
stem([1:n1],y1);
subplot(514)
stem([1:n2],y2);
subplot(515)
stem([1:n2],y3);
```

MATLAB 运算结果如图 10.8 所示。

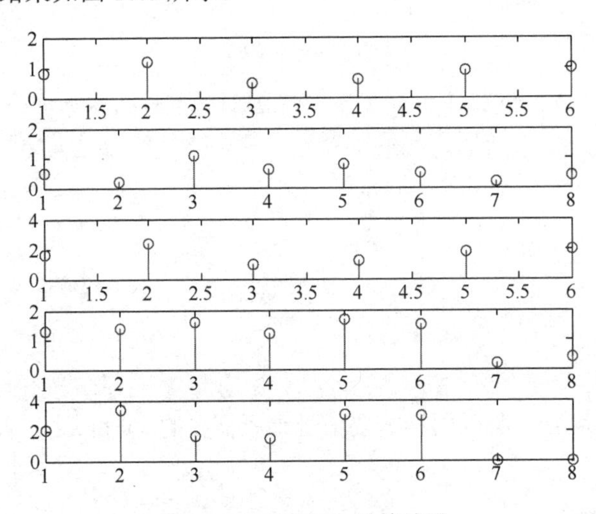

图 10.8　MATLAB 运算结果

5．信号翻转

数学描述为

$$y(n) = x(-n) \tag{10.13}$$

MATLAB 命令如下：

```
>>y=fliplr(x)
```

6．信号采样和

数学描述为

$$y(n) = \sum_{n=n_1}^{n_2} x(n) \tag{10.14}$$

MATLAB 命令如下：

```
>>y=sum(x(n1:n2))
```

7．信号采样积

数学描述为

$$y(n)=\prod_{n=n_1}^{n_2}x(n) \tag{10.15}$$

MATLAB 命令如下：

```
>>y=prod(x(n1:n2))
```

8．信号能量

数学描述为

$$E_x=\sum_{n=-\infty}^{\infty}\left|x(n)\right|^2 \tag{10.16}$$

MATLAB 命令如下：

```
>>Ex=sum(abs(x)^2)
```

9．信号功率

数学描述为

$$E_x=\frac{1}{N}\sum_{n=-\infty}^{\infty}\left|x(n)\right|^2 \tag{10.17}$$

MATLAB 命令如下：

```
>>Ex=sum(abs(x)^2)/N
```

10.2.2　信号的卷积运算

我们引入卷积运算来描述一个线性时不变（LTI）系统的响应。在数字信号处理中，它是一种重要的运算，也是线性系统时域分析的重要理论基础。因此，熟练掌握连续信号卷积积分及离散信号卷积和的原理与实现过程，对信号与系统分析具有重要意义。两个信号（或序列）的卷积（或卷积和）可由信号（或序列）的反褶、平移、相乘、求面积（或求和）四个时域运算实现。MATLAB 使用内部函数 conv 计算两个有限长序列的卷积，如果任意一个序列是无限长的，就不能用 MATLAB 来计算卷积。conv 函数假定两个序列都从 n=0 开始。调用格式如下：

```
y=conv(x,h)
```

【例 10.8】将矩形脉冲 $x(n)=u(n)-u(n-10)$作为冲激响应为 $h(n)=(0.9)^n u(n)$ 的 LTI 系统的输入，求输出 $y(n)$。

MATLAB 程序如下：

```
x=[ones(1,10) zeros(1,20)];            % 输入信号
h=0.9.^[1:30];                         % 冲激响应
y=conv(x,h);                           % 卷积运算
subplot(311)
stem(x)
```

```
xlabel('输入信号')
subplot(312)
stem(h)
xlabel('冲激响应')
subplot(313)
stem(y)
xlabel('卷积结果')
```

运行结果如图 10.9 所示。

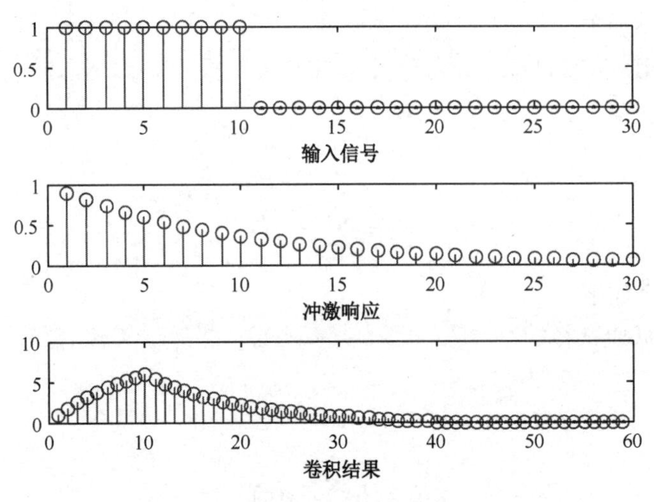

图 10.9　信号卷积结果

MATLAB 提供进行卷积运算的函数 conv2，其语法格式为 C=conv2(A,B)，它返回矩阵 A 和 B 的二维卷积 C。若 A 为 ma×na 矩阵，B 为 mb×nb 矩阵，则 C 的大小为(ma+mb-1)×(na+nb-1)。

【例 10.9】 二维卷积运算。

```
A=magic(5)                          %产生魔方矩阵
B=[1 2 1 ;0 2 0;3 1 3];
C=conv2(A,B)                        %做二维卷积
```

运算结果如下：

```
C =
    17    58    66    34    32    38    15
    23    85    88    35    67    76    16
    55   149   117   163   159   135    67
    79    78   160   161   187   129    51
    23    82   153   199   205   108    75
    30    68   135   168    91    84     9
    33    65   126    85   104    15    27
```

10.2.3　信号的相关运算

信号的相关运算包括自相关和互相关，用于分析信号自身的周期性或者两个信号之间的相关性。

信号的互相关可以写为

$$r_{yx}(l)=y(l)*x(-l) \tag{10.18}$$

自相关可以写为

$$r_{xx}(l)=x(l)*x(-l) \tag{10.19}$$

如果序列是有限长的，那么这些相关可用 conv 函数来求。

【例 10.10】构造一个含噪声的信号，对其进行延迟，并求两个信号之间的互相关。MATLAB 程序如下，运行结果如图 10.10 所示。

```
N=40;                                          %长度
Fs=20;                                         %采样率
n=0:N-1;
t=n/Fs;                                        %时间序列
a1=12;                                         %信号幅度
a2=12;
d=2;                                           %延迟点数
x1=a1*cos(2*pi*n/Fs)+randn(1,N);               %信号1
x2=a2*cos(2*pi*(n+d)/Fs)+randn(1,N);           %信号2
                                               %绘制原始信号
subplot(211);
plot(t,x1,'r');
hold on;
plot(t,x2,':');
legend('x1信号','x2信号');
xlabel('时间/s');ylabel('x1(t) x2(t)');
title('原始信号');grid on;
hold off
                                               %通过卷积求互相关函数
Sxy=x2(end:-1:1);
Cxy=conv(x1,Sxy);
                                               %绘制互相关结果
subplot(212);
plot([-1.95:0.05:1.95],Cxy,'b');
title('互相关函数');xlabel('时间/s');ylabel('Rx1x2(t)');grid on
```

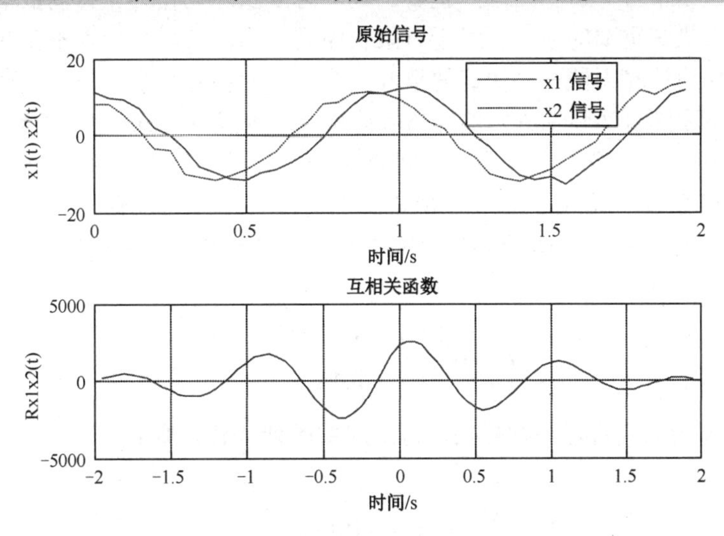

图 10.10　信号互相关运算结果

信号 x2 是将信号 x1 延迟两点得到的，时间差为 0.1s。由互相关结果可以看出，互相关函数在 t=0.1s 时取最大值。

10.3 信号的频域分析

简单地说，数字信号的频域分析技术是为了处理操作上的方便和可能，通过数学变换，将一个域内的信号变换到另一个域内的信号的方法。常用的数字信号频域分析主要有傅里叶变换、离散余弦变换（DCT）、Z 变换等。这些变换都有各自的理论及其应用背景。

MATLAB 中的工具箱对这几种典型的变换提供了对应的应用函数，可为工程人员节省许多工作量。本节主要介绍信号的傅里叶变换和 MATLAB 实现。

10.3.1 傅里叶级数分析

为了更好地理解离散傅里叶变换的概念，下面简要介绍离散傅里叶级数（DFS）。假设已知周期离散序列 $f(t)=f(t+mT)$，其中 T 为序列的周期，m 为任意常数，记 $W_N=\mathrm{e}^{-\mathrm{j}\frac{2\pi}{N}}$，则傅里叶级数变换为

$$F(k)=\mathrm{DFS}(f(t))=\sum_{t=0}^{T-1}f(t)\mathrm{e}^{-\mathrm{j}\frac{2\pi}{N}kt}=\sum_{t=0}^{T-1}f(t)W_N^{nk} \tag{10.20}$$

我们可将它视为信号被分解成不同次谐波的叠加，每个谐波都有一个幅值，表示该谐波分量所占的比重。其中 $\mathrm{e}^{\mathrm{j}\Omega t}$ 为基波，基频为 $\Omega=2\pi/T$（T 为周期）。逆变换为

$$f(t)=\mathrm{IDFS}(F(k))=\frac{1}{T}\sum_{k=0}^{T-1}F(k)\mathrm{e}^{\mathrm{j}\frac{2\pi}{N}kt}=\sum_{t=0}^{T-1}f(t)W_N^{-nk} \tag{10.21}$$

10.3.2 离散傅里叶变换

傅里叶变换是信号分析和处理的重要工具。有限长序列作为一种离散信号，在数字信号处理领域有着极其重要的地位。对于有限长序列，离散傅里叶变换不仅在理论上有重要意义，而且有快速计算方法——快速傅里叶变换，因此在各种数字信号处理方法中越来越起核心作用。下面结合实际工程实例对离散傅里叶变换及其 MATLAB 函数应用进行说明。

离散傅里叶级数变换是周期序列，仍然不便于计算机计算。离散傅里叶级数虽然是周期序列，但只有 N 个独立的数值，所以它的许多特性可通过有限长序列延拓来得到。对于一个长度为 N 的有限长序列 $f(t)$，即 $f(t)$ 只在 $n=0\sim(N-1)$个点上的值非零，其余位置的值皆为零，即

$$f(t)=\begin{cases}f(t), & 0\leqslant t\leqslant N-1\\ 0, & 其他\end{cases} \tag{10.22}$$

将序列 $f(t)$ 以 N 为周期进行周期延拓，得到周期序列 $\tilde{f}(t)$，则有

$$f(t)=\begin{cases}\tilde{f}(t), & 0\leqslant t\leqslant N-1\\ 0, & 其他\end{cases} \tag{10.23}$$

所以，有限长序列 $f(t)$ 的离散傅里叶变换（DFT）为

$$F(k)=\mathrm{DFS}(f(t))=\sum_{t=0}^{T-1}f(t)\mathrm{e}^{-\mathrm{j}\frac{2\pi}{N}kt}=\sum_{t=0}^{T-1}f(t)W_N^{nk} \tag{10.24}$$

逆变换为

$$f(t)=\mathrm{IDFS}(F(k))=\frac{1}{T}\sum_{k=0}^{T-1}F(k)\mathrm{e}^{\mathrm{j}\frac{2\pi}{N}kt}=\sum_{t=0}^{T-1}f(t)W_N^{-nk} \tag{10.25}$$

若将 DFT 变换的定义写成矩阵形式，则有 $\boldsymbol{F}=\boldsymbol{A}\cdot\boldsymbol{f}$，其中 DFT 变换矩阵 $\boldsymbol{A}$ 为

$$\boldsymbol{A}=\begin{bmatrix}1 & 1 & \cdots & 1\\ 1 & W_N^1 & \cdots & W_N^{N-1}\\ \vdots & \vdots & \ddots & \vdots\\ 1 & W_N^{N-1} & \cdots & W_N^{(N-1)^2}\end{bmatrix} \tag{10.26}$$

MATLAB 使用 dftmtx 函数来计算 DFT 变换矩阵 $\boldsymbol{A}$，其调用格式如下。

（1）A=dftmtx(n)：返回 n×n 的 DFT 变换矩阵 A。若 x 为给定长度的行矢量，则 y=x*A 返回 x 的 DFT 变换 y。

（2）Ai=conj(dftmtx(n))/n：返回 n×n 的 IDFT 变换矩阵 Ai。

例如，在 MATLAB 命令行窗口中输入以下命令：

```
>>A=dftmtx(4)                    %产生DFT变换矩阵
>>Ai=conj(dftmtx(4))/4           %产生DFT逆变换矩阵
```

运行结果如下：

```
A =

   1.0000 + 0.0000i   1.0000 + 0.0000i   1.0000 + 0.0000i   1.0000 + 0.0000i
   1.0000 + 0.0000i   0.0000 - 1.0000i  -1.0000 + 0.0000i   0.0000 + 1.0000i
   1.0000 + 0.0000i  -1.0000 + 0.0000i   1.0000 + 0.0000i  -1.0000 + 0.0000i
   1.0000 + 0.0000i   0.0000 + 1.0000i  -1.0000 + 0.0000i   0.0000 - 1.0000i
Ai =

   0.2500 + 0.0000i   0.2500 + 0.0000i   0.2500 + 0.0000i   0.2500 + 0.0000i
   0.2500 + 0.0000i   0.0000 + 0.2500i  -0.2500 + 0.0000i   0.0000 - 0.2500i
   0.2500 + 0.0000i  -0.2500 + 0.0000i   0.2500 + 0.0000i  -0.2500 + 0.0000i
   0.2500 + 0.0000i   0.0000 - 0.2500i  -0.2500 + 0.0000i   0.0000 + 0.2500i
```

【例 10.11】已知 $x(n)=\sin(n\pi/8)+\sin(n\pi/4)$ 是一个 $N=16$ 的有限序列，用 MATLAB 求其 DFT，并画出结果图。

MATLAB 程序如下：

```
N=16;
n=0:1:N-1;                         %时域采样
xn=sin(n*pi/8)+sin(n*pi/4);        %时域信号
k=0:1:N-1;                         %频域采样
```

```
Xk=xn*dftmtx(N);                          %dft运算
subplot(211)
stem(n,xn)
subplot(212)
stem(k,abs(Xk))
```

运行结果如图 10.11 所示。

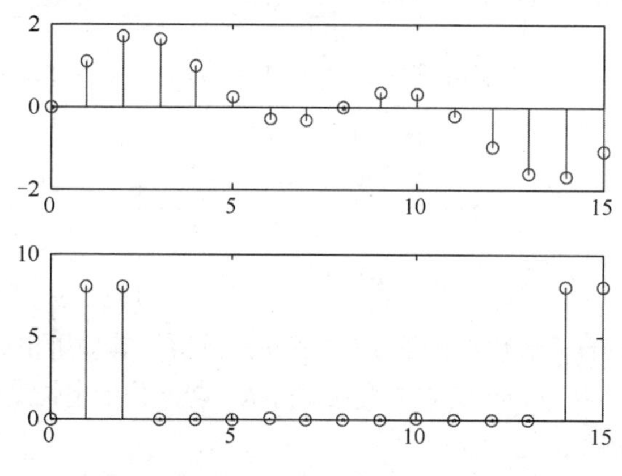

图 10.11　有限长序列的 DFT 运算结果图

10.3.3　快速傅里叶变换

在信号处理中，DFT 的计算有着举足轻重的地位，信号的相关、滤波、谱估计等都要通过 DFT 实现。然而，当 N 很大时，求一个 N 点的 DFT 要完成 $N\times N$ 次复数乘法和 $N(N-1)$ 次复数加法，计算量相当大。1965 年，J. W. Cooley 和 J. W. Tukey 巧妙地利用 W_N 因子的周期性和对称性，构造了一个 DFT 快速算法，即快速傅里叶变换（FFT）。本书不具体介绍快速傅里叶变换的原理。MATLAB 为信号的离散快速傅里叶变换提供一系列丰富的数学函数，主要包括 fft、ifft、fft2、ifft2、fftn、ifftn、fftshift、iffshift 等。当处理的数据的长度为 2 的幂时，采用基 2 算法进行计算，计算速度显著提高。所以，要尽可能使所要处理的数据的长度为 2 的幂，或用补零的方式来填充数据，使其长度为 2 的幂。

1. fft 和 ifft 函数

具体调用格式如下。

（1）Y=fft(X)。若 X 是矢量，则采用傅里叶变换来求解 X 的离散傅里叶变换；若 X 是矩阵，则计算该矩阵每列的离散傅里叶变换；若 X 是 N×D 维数组，则对第一个非单元素的维度进行离散傅里叶变换。

（2）Y=fft(X,N)。N 是进行离散傅里叶变换的 X 的数据长度，可以对 X 进行补零或截取来实现。

（3）Y=fft(X,[],dim)或 Y=fft(X,N,dim)。在参数 dim 指定的维度上进行离散傅里叶变换；当 X 为矩阵时，dim 用来指定变换的实施方向；dim =1，表明变换按列进行；dim=2 表明变换按行进行。

【例 10.12】 使用频谱分析方法从被噪声污染的信号 $x(t)$中鉴别出有用的信号。

MATLAB 程序如下：

```
t=0:0.001:1;                    %采样率为1000Hz，采样周期为1s
x=sin(2*pi*50*t)+sin(2*pi*120*t)+rand(size(t));  %产生含有噪声的正弦信号
Y=fft(x,512);                   %取512个点进行fft变换
f=1000*(0:256)/512;             %设置频率轴坐标
subplot(211)
plot(t(1:200),x(1:200));
xlabel('时域信号')
subplot(212)
plot(f,Y(1:257))
xlabel('频谱')
```

运算结果如图 10.12 所示。

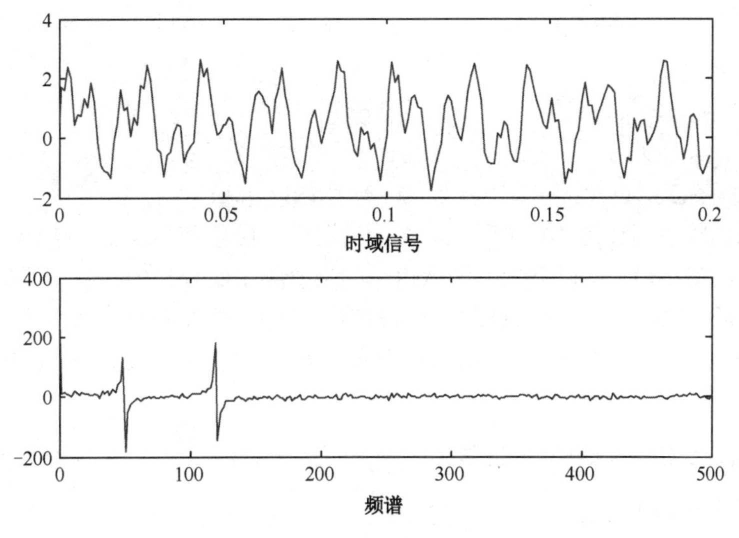

图 10.12　信号频谱分析结果图

由图 10.12 可以看出，从被噪声污染的信号的时域形式很难看出正弦波的成分，但是通过对信号进行快速傅里叶变换，将时域信号变换到频域进行分析，可以明显看出信号中 50Hz 和 120Hz 的两个频率分量。

2. fft2 和 ifft2 函数

具体调用格式如下。

（1）Y=fft2(X)。若 X 是矢量，则该傅里叶变换变成一维傅里叶变换；若 X 是矩阵，则该傅里叶变换变成二维傅里叶变换；数据二维傅里叶变换 fft2(X)相当于 fft(fft(X))，即先对 X 的列做一维傅里叶变换，后对变换结果的行做一维傅里叶变换。

（2）Y=fft(X,M,N)。通过对 X 进行补零或截断，使得 X 成为 M×N 矩阵。函数 ifft2 的参数应用与函数 fft2 的完全相同。

【例 10.13】对图 10.13 所示 Lena 图像进行二维傅里叶变换，求其频谱，并画出频谱图。

图 10.13　Lena 图像

图 10.14　Lena 图像的频谱图

MATLAB 程序如下：

```
I=imread('lena.bmp');              %读取图像
f1=fft2(double(I));                %图像二维fft变换
imshow(uint16(abs(f1)))            %二维图像数据显示
```

计算得到的频谱图如图 10.14 所示。在频谱图中，白色部分表示幅值较大，黑色部分表示幅值较小。由图 10.14 可以看出，图像信号的主要频率成分集中在频谱图的四个角上，其中左上角表示低频部分，由于频谱图具有对称性，其他三个角的频谱成分也表示低频部分。

fftn、ifftn 对数据进行多维快速傅里叶变换，其应用与 fft2 和 ifft2 类似，在此不再赘述。

3. fftshift 和 ifftshift 函数

具体调用格式如下。

（1）Z=fftshift(Y)。该函数用于将傅里叶变换结果 Y（频域数据）中的直流成分（即频率 0 处的值）移到频谱的中间位置。若 Y 是矢量，则交换 Y 的左右两边；若 Y 是矩阵，则交换 Y 的一、三象限和二、四象限；若 Y 是多维数组，则在数组的每个维度交换其“半空间”。

（2）Z=fftshift(Y,dim)。该函数对矩阵的 dim 维进行 fftshift 操作。函数 Ifflshift 的参数应用与函数 fftshift 的完全相同。

【例 10.14】将例 10.13 中频谱的直流成分移到频谱的中间位置。

在例10.13的代码中加入fftshift函数对频谱进行移位处理，即输入以下MATLAB代码：

```
I=imread('lena.bmp');          %读取图像
f1=fft2(double(I));            %图像二维fft变换
f1=fftshift(f1);               %频谱中心化处理
imshow(uint16(abs(f1)))        %二维图像数据显示
```

图 10.15　Lena 图像的中心化频谱图

计算得到的频谱图如图 10.15 所示。

10.3.4　信号窗函数

在实际处理数字信号时，往往要把信号的观察时间限制在一定的时间间隔内，只需选择一段时间信号进行分析。这样，取有限个数据，即将信号数据截断的过程，就相当于对信号进行加窗操作。这样操作后，通常发生频谱分量从正常频谱扩展开来的现象，即所谓的“频谱泄漏”。当进行离散傅里叶变换时，时域中的截断是必需的，因此泄漏效应也是离散傅里叶变换所固有的，必须进行抑制。要对频谱泄漏进行抑制，可以通过窗函数加权抑制 DFT 的等效滤波器的幅度特性的副瓣，或用窗函数加权使有限长输入信号周期延拓后，在边界上尽量减少不连续性的方法实现。在后面的 FIR 滤波器设计中，为获得有限长的单位采样响应，需要用窗函数截断无限长单位采样响应序列。另外，在功率谱估计中也会遇到窗函数加权问题，由此可见窗函数加权技术在数字信号处理中的重要地位。

下面介绍窗函数的基本概念。设 $x_n(n)$ 是一个长序列， $w(n)$ 是长度为 N 的窗函数，用 $w(n)$ 截断 $x(n)$ ，得到 N 点序列 $x_n(n)$ ，即

$$x_n(n) = x(n)w(n) \tag{10.27}$$

在频域上有

$$X_N(\mathrm{e}^{\mathrm{j}\omega}) = \frac{1}{2\pi}\int_{-\pi}^{\pi} X(\mathrm{e}^{\mathrm{j}\theta})W(\mathrm{e}^{\mathrm{j}(\omega-\theta)})\mathrm{d}\theta \tag{10.28}$$

由此可见，窗函数 $w(n)$ 不仅影响原始信号 $x(n)$ 的时域波形，而且影响其频域波形。

MATLAB 信号工具箱提供的主要窗函数如表 10.2 所示。

表 10.2　MATLAB 信号工具箱提供的主要窗函数

窗　名	矩形窗	巴特利特窗	三角窗	布莱克曼窗	海明窗	汉宁窗	凯泽窗	切比雪夫窗	修正巴特利特-汉宁窗	泰勒窗
窗函数	rectwin	bartlett	triang	blackman	hamming	hann	kaiser	chebwin	barthannwin	taylorwin

1. 矩形窗函数

矩形窗（Rectangular Window）函数的时域形式为

$$w(n) = R_N(n) = \begin{cases} 1, & 0 \leqslant n \leqslant N-1 \\ 0, & 其他 \end{cases} \tag{10.29}$$

它的频域特性为

$$W_R(\mathrm{e}^{\mathrm{j}\omega}) = \mathrm{e}^{-\mathrm{j}(\frac{N-1}{2})\omega}\frac{\sin(\omega N/2)}{\sin(\omega/2)} \tag{10.30}$$

MATLAB 使用 rectwin 函数生成矩形窗，其调用格式如下：

```
w=rectwin(n)
```

其中，输入参数 n 是窗函数的长度；输出参数 w 是由窗函数的值组成的 n 阶矢量。从功能上讲，该函数等价于 w=ones(n,1)。

【例 10.15】生成一个长度为 50 的矩形窗，并观察其频率特性（使用归一化的幅值和频率）。

MATLAB 程序如下：

```
n=50;
win=rectwin(n);                    %产生矩形窗
```

```
[h,w]=freqz(win,1);                    %计算矩形窗频率响应
subplot(211)
stem(win);
subplot(212)
plot(w/pi,20*log(abs(h)/abs(h(1))));
```

运行结果如图 10.16 所示。

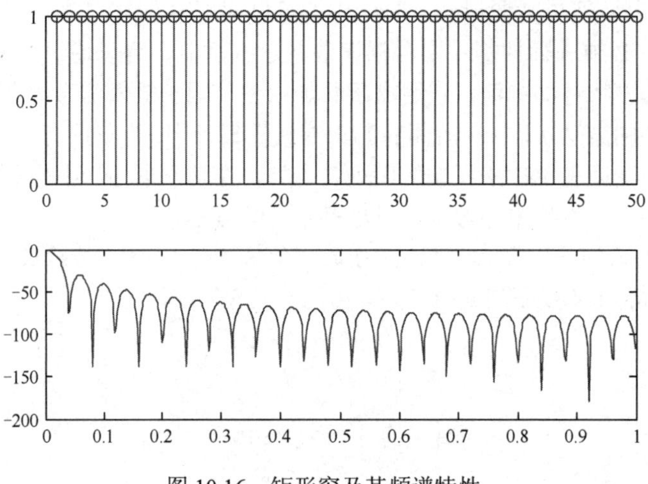

图 10.16　矩形窗及其频谱特性

2. 三角窗函数

三角窗函数是频谱函数 $W(\mathrm{e}^{\mathrm{j}\omega})$ 非负的一种窗函数。三角窗函数的时域形式表示如下。

当 n 为奇数时，

$$w(k)=\begin{cases}\dfrac{2k}{n+1}, & 1\leqslant k\leqslant\dfrac{n+1}{2}\\[2mm] \dfrac{2(n-k+1)}{n+1}, & \dfrac{n+1}{2}\leqslant k\leqslant n\end{cases}\tag{10.31}$$

当 n 为偶数时，

$$w(k)=\begin{cases}\dfrac{2k-1}{n}, & 1\leqslant k\leqslant\dfrac{n}{2}\\[2mm] \dfrac{2(n-k+1)}{n}, & \dfrac{n}{2}\leqslant k\leqslant n\end{cases}\tag{10.32}$$

三角窗的频域特性为

$$W_R(\mathrm{e}^{\mathrm{j}\omega})=\mathrm{e}^{-\mathrm{j}(\frac{N-1}{2})\omega}\left[\frac{\sin(w(N-1)/4)}{\sin(w/2)}\right]^2\tag{10.33}$$

MATLAB 使用 triang 函数生成三角窗，其调用格式如下：

```
W=triang(n)
```

其中，输入参数 n 是窗函数的长度，输出参数 w 是由窗函数的值组成的 n 阶矢量。三角窗也是两个矩形窗的卷积，三角窗函数的前两个数值通常不为零，当 n 是偶数时，三角窗的傅里叶变换总是非负数。

【例 10.16】 生成一个长为 50 的三角窗，并观察其频率特性（使用归一化的幅值和频率）。

MATLAB 程序如下：

```
n=51;
win=triang(n);                    %产生三角窗
[h,w]=freqz(win,1);
subplot(121)
stem(win)
subplot(122)
plot(w/pi,20*log(abs(h)/abs(h(1))));
```

运行结果如图 10.17 所示。

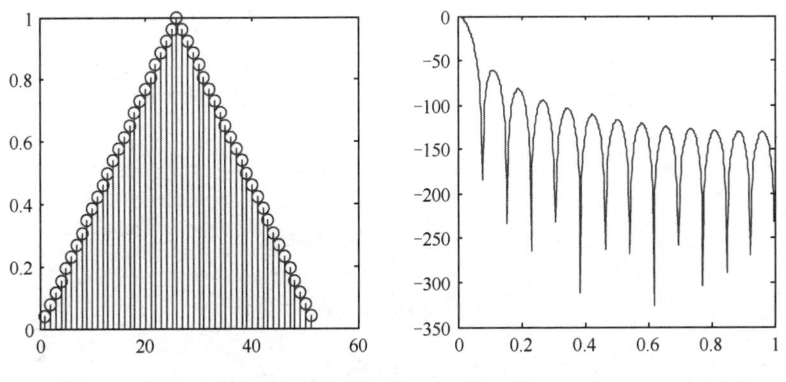

图 10.17　三角窗及其频谱特性

其他窗函数特性在此不一一列举，读者可自行编写代码实现。

10.4　其他数字信号分析方法

10.4.1　离散余弦变换

与离散傅里叶变换相比，信号的离散余弦变换（DCT）具有更好的能量压缩性能，仅用少数几个变换系数就可表征信号的总体。这种性质使得它在数据压缩和数据通信中得到了广泛应用。更重要的是，DCT 变换避免了烦杂的运算，且实信号的 DCT 变换结果仍然是实数。

1．离散余弦变换原理

Ahmed 和 Rao 于 1974 年给出了离散余弦变换的定义。给定序列 $x(n),\ n=0,1,\cdots,N-1$，其离散余弦变换定义为

$$\begin{cases} X_{\mathrm{c}}(0)=\dfrac{1}{\sqrt{N}}\displaystyle\sum_{n=0}^{N-1}x(n) \\ X_{\mathrm{c}}(k)=\sqrt{\dfrac{2}{N}}\displaystyle\sum_{n=0}^{N-1}x(n)\cos\dfrac{(2n+1)k\pi}{2N},\ k=1,2,\cdots,N-1 \end{cases} \tag{10.34}$$

离散余弦反变换定义为

$$x(n)=\frac{1}{\sqrt{N}}X_{\mathrm{c}}(0)+\sqrt{\frac{2}{N}}\sum_{n=0}^{N-1}X_{\mathrm{c}}(k)\cos\frac{(2n+1)k\pi}{2N},\ n=0,1,\cdots,N-1 \tag{10.35}$$

2. DCT 变换的 MATLAB 实现

MATLAB 使用 dct 函数进行 DCT 变换，具体调用格式如下。

（1）y=dct(x)：x 为所要变换的信号序列。

（2）y=dct(x,n)：参数 n 指定变换的数据长度，根据 n 的大小对原数据进行截取或补零。y 是和 x 具有相同长度的 x 的 DCT 变换的系数。若 x 是矩阵，则该变换对矩阵的每列进行 DCT 变换。

类似地，MATLAB 使用 idct 函数进行 DCT 逆变换，具体调用格式如下。

（1）x=idct(y)：x 为所要变换的信号序列。

（2）x=idct(y,n)：参数 n 指定变换的数据长度，根据 n 的大小对原数据进行截取或补零。y 是和 x 具有相同长度的 x 的 DCT 变换的系数。

离散余弦变换具有更好的能量压缩性能，常用于图像压缩处理。

【例 10.17】 利用 DCT 变换进行图像压缩和复原。

MATLAB 程序如下：

```
P=imread('cameraman.jpg');          %读入待处理图像
P=im2gray(P);                       %将图像变成灰度图像
P1=dct2(P);                         %对图像进行DCT变换
P2=P1;
P1(abs(P1)<10)=0;                   %DCT系数压缩
figure;
subplot(121),imshow(log(abs(P2)),[]);title('DCT变换灰度图像');
subplot(122),imshow(log(abs(P1)),[]);title('DCT变换系数压缩后的灰度图像');

I=idct2(P1);                        %DCT逆变换
figure(),
subplot(121),imshow(P),title('原灰度图像');
subplot(122),imshow(uint8(I)),title('DCT逆变换图像');
```

运行结果如图 10.18 所示。从图 10.18 可以看出，DCT 变换系数主要集中在少量频谱中，大部分频谱的幅值较小，具有较大的压缩空间，可以设定阈值去掉较小幅值的频谱。图 10.19 显示了变换系数压缩前后的图像。从图中可以看出，压缩后进行图像复原，基本上能还原原图像，这也进一步证明了 DCT 变换能量比较集中，可在原图像质量损失较小的同时进行图像系数压缩。

图 10.18　DCT 变换系数图像

图 10.19　DCT 变换系数压缩前后图像

10.4.2　希尔伯特变换

1. 希尔伯特变换原理

希尔伯特变换是信号分析中的重要工具。实因果信号的傅里叶变换的实部和虚部、幅频响应和相频响应之间存在希尔伯特变换关系。利用希尔伯特变换，可以构造出相应的解析信号，使其仅含正频率成分，进而降低信号的采样率。解析信号的主要性质是其在 Z 平面上单位圆的下半部分的 Z 变换为零。

希尔伯特变换器的单位采样响应为

$$h(n)=\frac{1-(-1)^n}{n\pi}=\begin{cases}0, & n\text{为偶数}\\ \dfrac{2}{n\pi}, & n\text{为奇数}\end{cases} \tag{10.36}$$

对于给定的信号 $x(n)$，其希尔伯特变换定义为

$$\hat{x}(n)=x(n)*h(n)\frac{2}{\pi}\sum_{m=-\infty}^{\infty}\frac{x(n-2m-1)}{2m+1} \tag{10.37}$$

定义信号 $x(n)$的解析信号 $z(n)$为

$$z(n)=x(n)+\mathrm{j}\hat{x}(n) \tag{10.38}$$

通过分析可知，解析信号 $z(n)$只含正频成分，而且是原始信号正频分量的 2 倍。通过下面的步骤，由 DFT 变换可以求出信号 $x(n)$的解析信号和希尔伯特变换。

（1）$x(n)$ 的 DFT　$X(k), k=0,1,\cdots,N-1$，其中 $k=N/2,\cdots,N-1$ 对应负数频率。

（2）假定 $Z(k)=\begin{cases}X(k), & k=0\\ 2X(k), & k=1,2,\cdots,N/2-1\\ 0, & k=N/2,\cdots,N-1\end{cases}$。

（3）对 $Z(k)$做 IDFT 变换，得到 $x(n)$的解析信号 $z(n)$。

（4）根据 $Z(k)=X(k)+\mathrm{j}\hat{X}(k)$，得到

$$\hat{x}(n)=-\mathrm{j}\,[z(n)-x(n)] \tag{10.39}$$

希尔伯特变换有两个性质：

（1）序列 $x(n)$经希尔伯特变换后，信号频谱的幅度不发生变化。

（2）序列 $x(n)$与其希尔伯特变换 $\hat{x}(n)$ 是正交的。

2. 希尔伯特变换的 MATLAB 实现

MATLAB 使用 hilbert 函数来实现希尔伯特变换，其调用格式如下。

（1）Y=hilbert(X)：Y=Xr+i*Xi 是所谓的解析信号，其实部为原始信号的实部 Xr，即 Yr=Xr；其虚部为原始信号的实部 Xr 经 Hilbert 变换的结果 Xi。

（2）Y=hilbert(X,n)：参数 n 指定变换的数据长度，根据 n 的大小对原数据进行截取或补零。若 X 为复数，则变换的对象 X 变为 X 的实部 Xr。若 X 为矩阵，则变换的对象 X 变为沿矩阵的每列进行希尔伯特变换。希尔伯特变换与原始信号之间有 90°的相移。解析信号的主要性质是其在 Z 平面上单位圆的下半部分的 Z 变换为零。

【例 10.18】 构造一个调制信号并对其进行希尔伯特变换。

MATLAB 程序如下：

```
t=0:0.001:6;
x=sin(8*pi*t).*sin(0.4*pi*t);      %构造调制信号
y=hilbert(x);                      %Hilbert变换
subplot(211)
plot(t,x)
xlabel('调制信号')
subplot(212)
plot(t,real(y),':',t,imag(y))
xlabel('Hilbert变换结果')
```

运行结果如图 10.20 所示。

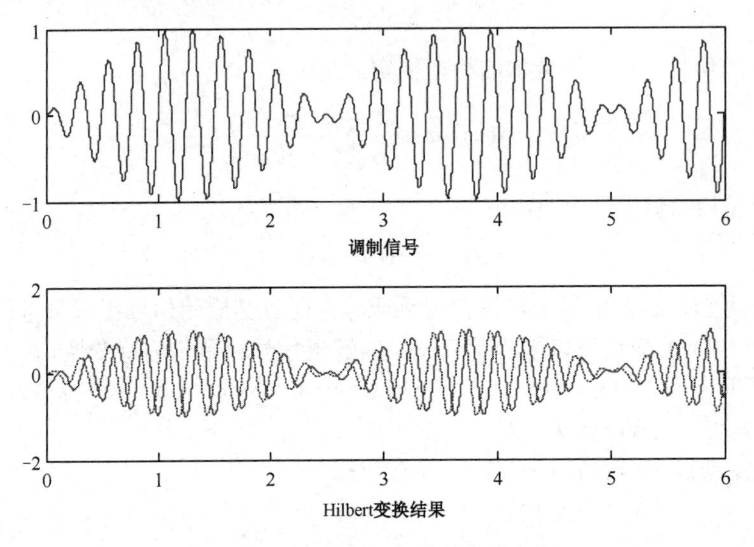

图 10.20　调制信号的希尔伯特变换

10.4.3　倒谱分析

倒谱变换是在语音处理和图像处理领域广泛应用的非线性信号处理技术，它于 1963 年由 Bogert、Healy 和 Tukey 提出，是同态系统理论的基础，专门处理通过卷积组合在一起的信号。倒谱变换技术还在地震信号和声呐信号等信号处理领域得到了成功应用。

倒谱变换主要有两种分析方法：复倒谱分析和实倒谱分析。复倒谱分析保留信号的全部信息，能够对信号的回声进行检测；实倒谱分析在变换过程中保留信号的频谱幅度信息，摒弃相位信息，不能对信号进行重建，但可重建一个最小相位信号。倒谱分析的一个典型应用是解卷积。

1. 复倒谱分析

给定一个稳定信号 $x(n)$，其复倒谱定义为

$$\hat{x}(n)=\frac{1}{2\pi}\int_{-\infty}^{\infty}\ln[X(\mathrm{e}^{\mathrm{j}\omega})]\mathrm{e}^{\mathrm{j}n\omega}\mathrm{d}\omega \tag{10.40}$$

MATLAB 使用 cceps 函数对信号的复倒谱变换进行估计，其调用格式如下。

（1）cceps(x)：返回序列 x 的复倒谱估计。应用函数时，首先要对信号补零，然后在单位圆上移位，使得频率在 π处具有零相位特性。

注意：*在进行复倒谱分析之前，需要用一个线性相位因子对输入数据进行调整，以保证其频谱在-π和+π处没有相位跳变。*

（2）[xhat,nd]=cceps(x)：同时返回为了保证π频率处具有零相位特性而对信号 x 所做的单位圆延迟 nd。

（3）[xhat,nd,xhat1]=cceps(x)：同时在 xhat1 中返回使用转换固定算法时的倒谱分析结果来验证 xhat 在单位圆上没有零点。

（4）cceps(x,n)：先对输入信号 x 补零得到 n 个数据点，然后返回新信号的复倒谱变换数据。

MATLAB 使用 cceps 函数对信号的复倒谱进行反变换，其调用格式如下。

cceps(xhat,nd)：返回信号的复倒谱反变换。若 xhat 是由 cceps(x)函数得到的，则采样数据延迟 nd 为 round(unwrap(angle(fft(x)))/pi)，单位为弧度。

【例 10.19】构造一个回声混响信号，通过倒谱分析辨识回声延迟信号的位置。

MATLAB 程序如下：

```
t=0:0.01:1.27;
x=sin(2*pi*45*t);
y=x+0.8*[zeros(1,20) x(1:108)];
z=cceps(y);                              %复倒谱变换
subplot(211)
plot(t,y)
xlabel('回声混响信号')
subplot(212)
plot(t,z)
xlabel('复倒谱')
```

运行结果如图 10.21 所示。

由图 10.21 可以明显地看出，复倒谱信号在延迟为 0.2s 的位置出现了一个尖峰，刚好对应回声相对于原始信号的滞后时间。可以看出，cceps 函数在求信号序列的复倒谱数据中保留了完整的信息，因此存在反变换。信号的复倒谱反变换可用来从复倒谱分析产生的数据重建原始信号。

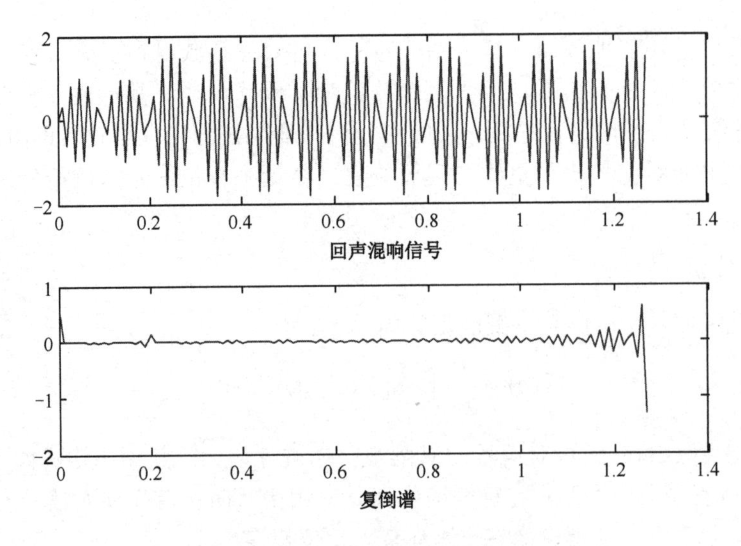

图 10.21　复倒谱分析

2．实倒谱分析

与复倒谱相对应，信号序列的实倒谱（有时也称倒谱）定义为信号序列傅里叶变换幅值的对数的傅里叶反变换，即

$$c_x(n) = \frac{1}{2\pi}\int_{-\pi}^{\pi} \ln\left|X(\mathrm{e}^{\mathrm{j}\omega})\right| \mathrm{e}^{\mathrm{j}\omega} \mathrm{d}\omega \tag{10.41}$$

MATLAB 使用 rceps 函数求信号序列的实倒谱，具体调用格式如下。

（1）rceps(x)：返回信号序列 x 的实倒谱。

（2）[xhat,yhat]=rceps(x)：同时返回由序列 x 产生的一个最小相位序列。

10.5　数字滤波器设计

数字滤波器（Digital Filter，DF）是数字信号处理的重要基础，在信号的过滤、检测与参数估计等处理过程中，它是使用最广泛的一种线性系统。数字滤波器的输入是一组（由模拟信号采样和量化的）数字量，输出是数字变换后的另一组数字量。它本身既可是专用数字计算机，也可是由通用计算执行的程序。

10.5.1　数字滤波器的基本原理与分类

数字滤波器的数学运算通常有两种实现方式。一种是频域法，即利用快速傅里叶变换对输入信号进行离散傅里叶变换，分析其频谱，然后根据所希望的频率特性进行滤波，再利用傅里叶反变换恢复时域信号。这种方法具有较好的频域选择性和灵活性，且由于信号频率与所希望的频谱特性是简单的相乘关系，所以比计算等价的时域卷积要快得多。另一种方法是时域法，这种方法通过对离散采样数据做差分数学运算来达到滤波目的。

数字滤波器的一般设计过程如下。

（1）按照实际需要，确定滤波器的性能要求。

（2）用一个因果稳定离散线性时不变系统去逼近这一性能指标。

（3）用有限精度的运算实现所设计的系统。

（4）通过模拟，验证所设计系统是否符合给定性能要求。

MATLAB 工具箱为滤波器的设计应用提供了丰富而简便的方法，如函数方法和图形工具方法等，使原来非常烦琐的程序设计变成了简单的函数调用，为滤波器的设计和实现开辟了广阔的天地。本节主要基于 MATLAB 工具箱函数，详细介绍 IIR 滤波器和 FIR 滤波器的设计与使用，并分析其性能。

滤波器的作用是对系统的输入信号进行滤波。滤波器的输出 $y(n)$ 与输入 $x(n)$ 之间的关系是冲激响应 $h(n)$，即

$$y(n)=x(n)*h(n) \tag{10.42}$$

如果滤波器的输入/输出都是离散信号，那么冲激响应也一定是离散信号，这样的滤波器被称为数字滤波器。上面的系统是时域离散系统时，其频域特性为

$$Y(\mathrm{e}^{\mathrm{j}\omega})=X(\mathrm{e}^{\mathrm{j}\omega})H(\mathrm{e}^{\mathrm{j}\omega}) \tag{10.43}$$

式中，$Y(\mathrm{e}^{\mathrm{j}\omega})$ 和 $X(\mathrm{e}^{\mathrm{j}\omega})$ 分别是数字滤波器的输出序列的频谱和输入序列的频谱，$H(\mathrm{e}^{\mathrm{j}\omega})$ 是数字滤波器的频域响应。

可以看出，输入序列的频谱 $X(\mathrm{e}^{\mathrm{j}\omega})$ 经滤波后变成 $X(\mathrm{e}^{\mathrm{j}\omega})H(\mathrm{e}^{\mathrm{j}\omega})$。因此，按照输入信号频谱的特点和处理信号的目的适当选择 $H(\mathrm{e}^{\mathrm{j}\omega})$，使得滤波后的 $X(\mathrm{e}^{\mathrm{j}\omega})H(\mathrm{e}^{\mathrm{j}\omega})$ 满足设计性能要求，就是数字滤波器的滤波原理。

滤波器的种类很多，有各种不同的分类方法，既可按功能分类，又可按实现方法分类。总体而言，滤波器一般分为模拟滤波器和数字滤波器两大类。

根据滤波器的功能，又可将其分为低通滤波器（LPF）、高通滤波器（HPF）、带通滤波器（BPF）、带阻滤波器（BSF）。这些滤波器的理想幅频响应如图 10.22 所示。

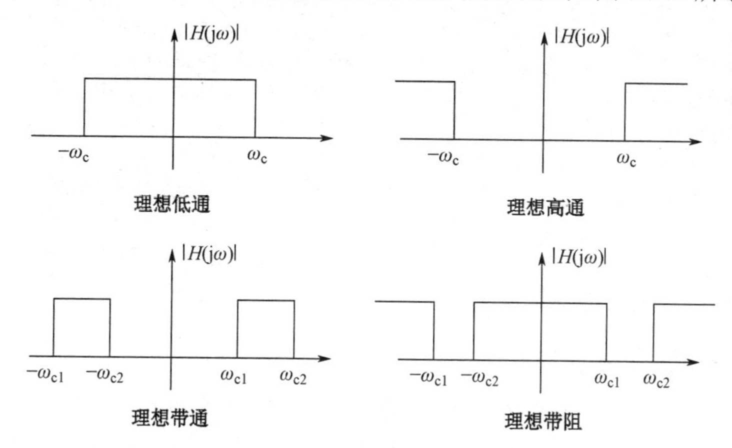

图 10.22　理想滤波器的幅频响应

10.5.2　IIR 滤波器设计及 MALTAB 实现

模拟滤波器的设计是其他滤波器设计的基础，其他滤波器的设计都可通过频率变换的方法，转换为低通滤波器的设计。为了使用模拟滤波器来设计 IIR 数字滤波器，应首先设

计一个满足技术性能指标的模拟原型滤波器。模拟低通滤波器的设计，主要包括巴特沃斯、切比雪夫和椭圆低通滤波器的设计。

1. 巴特沃斯低通滤波器的设计

巴特沃斯滤波器，又称“最平”的幅频响应滤波器，因为它在通带内具有最平坦的幅度特性，而且随着频率升高呈现单调减小的特点。

MATLAB 使用 buttap 函数来设计巴特沃斯滤波器，其调用格式如下。

[z,p,k]=buttap(n)：返回设计的巴特沃斯滤波器的零点、极点和增益。n 为滤波器的阶数。设计出的滤波器在左半平面的单位圆上有 n 个极点，不存在零点。

【例 10.20】设计一个巴特沃斯滤波器，其性能指标如下：通带截止频率 $\Omega_c = 10000\text{rad/s}$，通带最大衰减 $A_P = 3\ \text{dB}$，阻带截止频率 $\Omega_s = 40000\text{rad/s}$，阻带最小衰减 $A_s = 35\text{dB}$。

MATLAB 程序如下：

```
Wc=10000;
Ws=40000;
Ap=3;
As=35;
Np=sqrt(10^(0.1 *Ap)-1);
Ns=sqrt(10^(0.1 *As)-1);
n=ceil(log10(Ns/Np)/log10(Ws/Wc));
[z,p,k]=buttap(n)                    %计算巴特沃斯滤波器的零点、极点和增益
syms rad;
Hs1=k/(i*rad/Wc-p(1))/(i*rad/Wc-p(2))/(i*rad/Wc-p(3));
Hs2=10*log10((abs(Hs1))^2);
fplot(Hs2,[-60000,60000]);
```

输出结果如下，如图 10.23 所示：

```
z=
     []
p=
  -0.5000 + 0.8660i
  -0.5000 - 0.8660i
  -1.0000 + 0.0000i
k=
    1.0000
```

同时得到滤波器的幅度平方函数。

2. 切比雪夫低通滤波器的设计

巴特沃斯滤波器的频率特性曲线在通带和阻带内都是单调的，在通带的边界满足性能指标时，通带内肯定有余量。因此，更有效的设计方法是将精度均匀分布在整个通带或阻带内，或者同时分布在两者之内。这可通过选择具有等纹波特性的逼近函数来实现。切比雪夫滤波器的幅度特性就具有这种等纹波特性。它有两种形式：切比雪夫 I 型滤波器，即幅度特性在通带内是等纹波的，在阻带内是单调的；切比雪夫 II 型滤波器，即幅度特性在阻带内是等纹波的，在通带内是单调的。

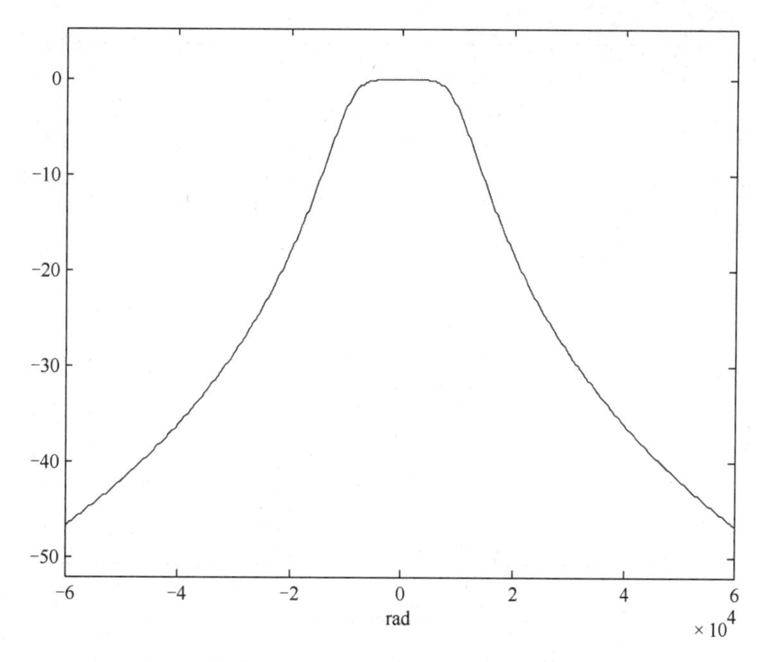

图 10.23　巴特沃斯滤波器的幅频响应

MATLAB 使用 cheb1ap 函数来设计切比雪夫 I 型滤波器，调用格式如下。

[z,p,k]=cheblap(n,rp)：返回设计的切比雪夫 I 型滤波器的零点、极点和增益。N 为滤波器的阶数，另一个输入参数 rp 为滤波器在通带内的最大衰减值。

【例 10.21】 设计一个在阻带内的最大衰减为 0.05dB 的 5 阶切比雪夫 I 型低通模拟滤波器原型。

MATLAB 程序如下：

```
n=5;
rp=0.05;
[z,p,k]=cheb1ap(n,rp)
[b,a]=zp2tf(z,p,k);
w=logspace(-1,1);
freqs(b,a)
```

输出结果如下：

```
z=
     []
p=
  -0.1913 + 1.1185i
  -0.5008 + 0.6913i
  -0.6190 + 0.0000i
  -0.5008 - 0.6913i
  -0.1913 - 1.1185i
k=
   0.5808
```

切比雪夫 I 型低通模拟滤波器的幅频和相频响应如图 10.24 所示。

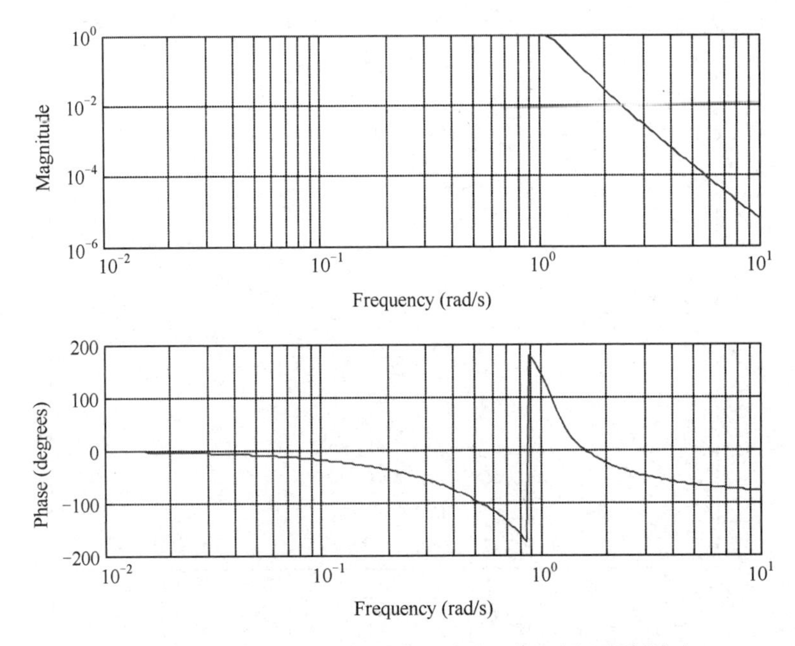

图 10.24　切比雪夫 I 型低通模拟滤波器的幅频和相频响应

MATLAB 使用 cheb2p 函数来设计切比雪夫 II 型滤波器，调用格式如下。

[z,p,k]=cheb2ap(n,rs)：返回设计的切比雪夫 II 型滤波器的零点、极点和增益。n 为滤波器的阶数，另一个输入参数 rs 为滤波器在通带内的最小衰减值。

【例 10.22】设计一个在阻带内的最小衰减为 60dB 的 3 阶切比雪夫 II 型低通模拟滤波器原型。

MATLAB 程序如下：

```
n=3;
rs=60;
[z,p,k]=cheb2ap(n,rs)
[b,a]=zp2tf(z,p,k);
w=logspace(-1,1);
freqs(b,a);
```

输出结果如下：

```
z=
   0.0000 + 1.1547i
   0.0000 - 1.1547i


p=
  -0.0784 - 0.1375i
  -0.1597 + 0.0000i
  -0.0784 + 0.1375i


k=
    0.0030
```

切比雪夫 II 型低通模拟滤波器的幅频和相频响应如图 10.25 所示。

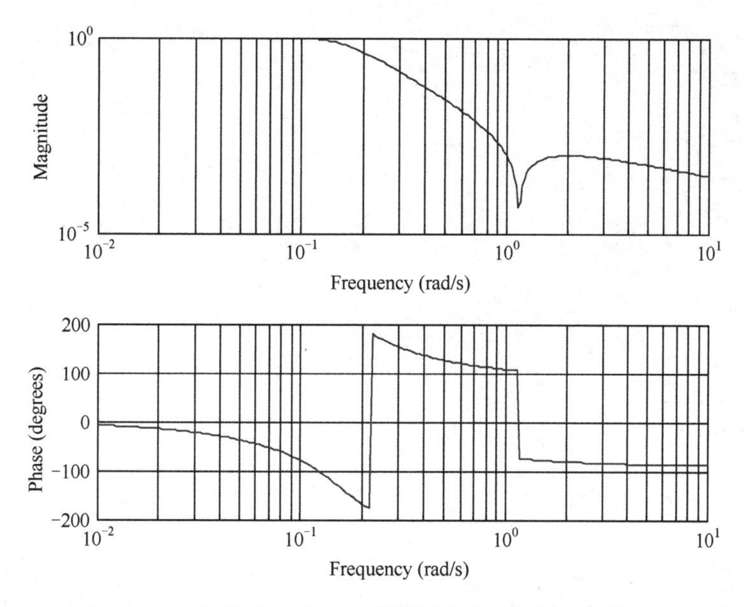

图 10.25　切比雪夫 II 型低通模拟滤波器的幅频和相频响应

3．椭圆低通滤波器的设计

切比雪夫滤波器只在通带范围内具有良好的等纹波特性，在通带外的频带内，特性仍然是单调的。因此，这种滤波器还不能满足特定情况下的设计要求。于是，又设计出了在通带和阻带内都具有等纹波幅度特性的滤波器。由于其幅度特性是由雅可比椭圆函数决定的，故被称为椭圆滤波器。椭圆滤波器的幅度特性为

$$\left|H(\mathrm{j}\Omega)\right|^2=\frac{1}{1+\varepsilon^2\mathrm{J}_N^2(\Omega)} \tag{10.44}$$

式中，$\mathrm{J}_N(\Omega)$ 是雅可比椭圆函数，N 等于通带和阻带内最大点和最小点之和，ε 是与通带衰减相关的参数。

MATLAB 使用 ellipap 函数来设计椭圆低通滤波器，其调用格式如下。

[z,p,k]=ellipap(n,rp,rs)：返回设计的椭圆低通滤波器的零点、极点和增益。输入参数 n 为滤波器的阶数；输入参数 rp 为滤波器在通带内的最大衰减值；输入参数 s 为滤波器在阻带内的最小衰减值。

【例 10.23】设计一个在通带内的最大衰减为 3dB、在阻带内的最小衰减为 40dB 的 4 阶低通模拟椭圆滤波器原型。

MATLAB 程序如下：

```
n=4;
rp=3;
rs=40;
[z,p,k]=ellipap(n,rp,rs)
[b,a]=zp2tf(z,p,k);
w=logspace(-1,1);
freqs(b,a);
```

输出结果如下：

```
z=
   0.0000 - 2.9988i
   0.0000 + 2.9988i
   0.0000 - 1.4209i
   0.0000 + 1.4209i
p=
  -0.2273 - 0.4709i
  -0.2273 + 0.4709i
  -0.0595 - 0.9666i
  -0.0595 + 0.9666i
k=
    0.0100
```

模拟椭圆滤波器的幅频和相频响应如图 10.26 所示。

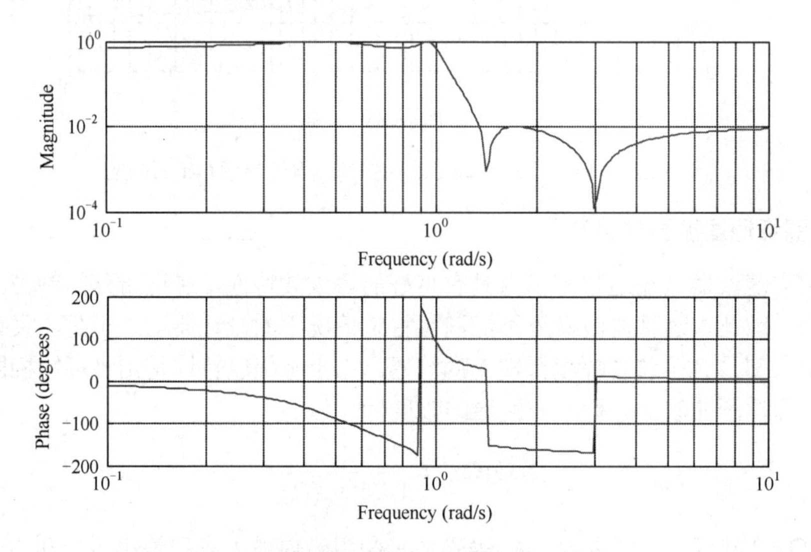

图 10.26　模拟椭圆滤波器的幅频和相频响应

10.5.3　FIR 滤波器设计及 MATLAB 实现

FIR 滤波器即有限长单位冲激响应滤波器，是数字信号处理系统中的基本元件，可在保证任意幅频特性的同时带有严格的线性相频特性，同时其单位采样响应是有限长的，因而滤波器是稳定系统。因此，FIR 滤波器在通信、图像处理、模式识别等领域都有着广泛的应用。滤波器设计是根据给定滤波器的频率特性，求得满足该特性的传输函数的。

有限冲激响应数字滤波器的系统函数为

$$H(z)=\sum_{n=0}^{N-1}h(n)z^{-n} \tag{10.45}$$

$H(z)$ 在 $z=0$ 处有 $N-1$ 阶零点，而没有除 z 平面原点外的极点。

FIR 滤波器有窗函数设计法、切比雪夫逼近设计法、最小二乘设计法等。

1. 窗函数设计法

窗函数在设计 FIR 数字滤波器中有重要作用，正确地选择窗函数可提高所设计数字滤波器的性能，或者在满足性能的前提下，减小 FIR 数字滤波器的阶数。窗函数设计法是设计 FIR 数字滤波器的最简单的方法。

MATLAB 信号处理工具箱为用户提供两个用窗函数设计法来设计 FIR 滤波器的函数，即设计具有标准频率响应的 FIR 滤波器和具有任意频率响应的多通带 FIR 滤波器。

fir1 函数用于设计具有标准频率响应的 FIR 滤波器，其调用格式如下。

（1）b=fir1(n,wn)：返回所设计的 n 阶的低通 FIR 滤波器，返回矢量 b 为滤波器的系数（单位冲激响应序列），阶数为 n+1，截止频率为 wn，取值范围为(0.0,1.0)，其中 1 对应于 0.5fs，fs 为采样率。若 wn 是一个二元矢量，即[w1 w2]，则函数返回的是一个 2n 阶带通椭圆滤波器的设计结果，其通带为 $w_1 < \omega < w_2$。

① b=fir1(n,wn,'high')：设计一个 n 阶高通 FIR 数字滤波器。

② b=fir1(n,wn;low')：设计一个 n 阶低通 FIR 数字滤波器。

③ b=fir1(n,wn,'bandpass')：设计一个 n 阶带通 FIR 数字滤波器。

④ b=fir1(n,wn,'stop')：设计一个 n 阶带阻 FIR 数字滤波器。

（2）若 wn 是一个多元矢量，即[w1 w2 w3 w4 … wn]，则函数返回一个多通带滤波器的设计结果。

① b=fir1(n,wn,'dc-1')：使第一个频带为通带。

② b=firl(n,wn,'dc-0')：使第一个频带为阻带。

（3）b=fir1(n,wn,win)：输入参数 win 指定所用的窗函数类型，长度为 n+1，默认情况下，win 为海明窗。

（4）b=firl(n,wn,win,'noscale')：默认情况下，滤波器被归一化，以保证加窗后首个通带的中心幅值为 1。使用参数 noscale 可阻止该函数默认的这个功能。

【例 10.24】 设计一个阻带为 0.4～0.7、阶数为 38、窗函数为切比雪夫的带阻滤波器，并与窗函数为默认的海明窗设计结果相比较。

MATLAB 程序如下：

```
Wn=[0.4 0.7];
n=38;
b1=fir1(n,Wn,'stop');
window=chebwin(n+1,30);
b2=fir1(n,Wn,'stop',window);
[H1,W1]=freqz(b1,1,512,2);
[H2,W2]=freqz(b2,1,512,2);
subplot(211)
plot(W1,20*log10(abs(H1)));
xlabel('归一化频率');
ylabel('幅度/dB');
grid;
subplot(212)
plot(W2,20*log10(abs(H2)));
xlabel('归一化频率');
ylabel('幅度/dB');
grid;
```

切比雪夫窗函数和海明窗设计带阻滤波器的幅频特性如图 10.27 所示。

2．切比雪夫逼近法

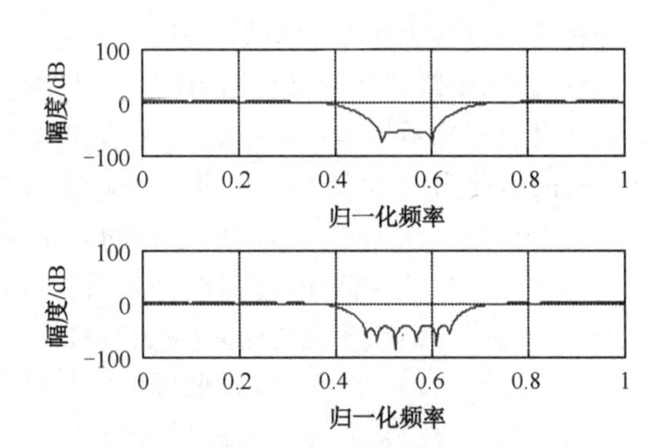

图 10.27　切比雪夫窗函数和海明窗设计带阻滤波器的幅频特性图

窗函数设计法不易设计出预先给出截止频率的滤波器，也不易得到已知滤波器阶数前提下的最优解。切比雪夫逼近法可用最大误差最小准则获得唯一最优解。MATLAB 信号处理工具箱为用户提供两个有关切比雪夫逼近算法应用的函数，即最优一致逼近法设计 FIR 滤波器的函数 firpm 和最优一致逼近法设计 FIR 滤波器的阶次估计函数 firpmzord。

firpm 函数：通过最优一致逼近法设计 FIR 滤波器，调用格式如下。

（1）b=firpm (n,fa)：通过最大误差最小化原则，设计一个由 f 和 a 指定幅频响应和实线性相位对称的 n 阶 FIR 数字滤波器。函数的返回值是由一个长为 n+l 的滤波器的系数所组成的矢量。输入参数 f 是频带边缘频率矢量，单位为 Hz。输入参数 f 的取值范围为(0.0,1.0)，其中 1 对应于 0.5fs，fs 为采样率，其默认值为 2，且 f 的元素必须按升序排列。

（2）b=firpm(n,f,a,w)：利用权值矢量 w 对各频段的误差做加权拟合。w 的长度为 f 或 a 的一半。

（3）b=firpm(n,fa,'hilbert')和 b=firpm(n,fa,w,'hilbert')：设计奇对称线性相位希尔伯特变换滤波器，满足 $b(k)=-b(n+2-k),k=1,2,\cdots,N+1$。

（4）b=firpm(n,fa,'differentiator')和 b=firpm(n,f,a,w,'differentiator')：设计奇对称线性相位微分滤波器。但它在非零幅值频带处有特殊的加权方式，其权值为 w 除以频率的平方。因此，在该函数的设计结果中，滤波器的低频段性能要远好于高频段性能。

（5）[b,err]=firpm(...)：同时返回最大纹波波峰。

（6）[b,err,res]=firpm(...)：同时返回一个结构体 res，它包含以下域：

① RES.id：设计滤波器所用的频率采样点。

② RES.des：各个频率采样点对应的实际响应值。

③ RES.wt：各个频率采样点的加权值。

④ RES.H：各个频率采样点对应的实际响应值。

⑤ RES.error：各个频率采样点对应的误差。

⑥ RES.iextr：由极值频率的下标组成的矢量。

⑦ RES.fextr：极值频率矢量。

【例 10.25】 设计一个 17 阶 FIR 滤波器，并验证加权系数矢量的作用。

MATLAB 程序如下：

```
n=17;
f=[0:0.1:0.8 1];
a=[0 0 0 0 1 1 1 0 0 0];
w=[0.9 0.85 0.8 0.2 0.1];
```

```
b1=firpm(n,f,a);
b2=firpm(n,f,a,w);
[H1,W1]=freqz(b1,1,512);
[H2,W2]=freqz(b2,1,512);
plot(f,a,'-',W1/pi,abs(H1),':',W2/pi,abs(H2),'-');
legend('期望曲线','无加权设计结果','有加权设计结果');
grid;
```

期望和设计的幅频响应结果如图 10.28 所示。

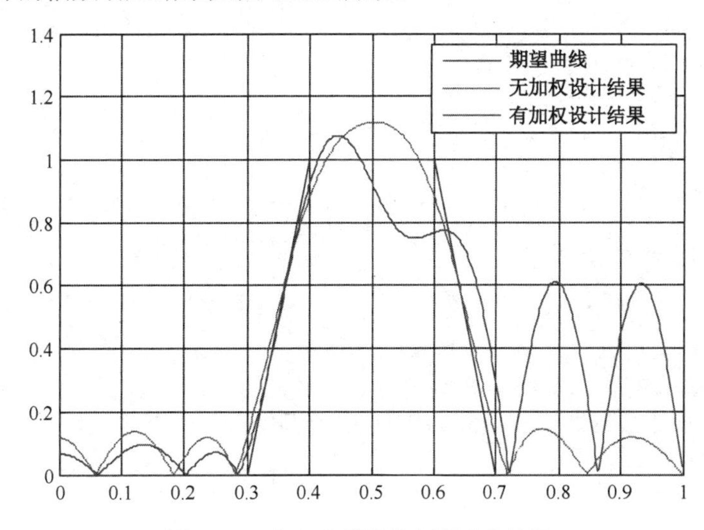

图 10.28　期望和设计的幅频响应结果

3. 约束最小二乘法

采用约束最小二乘法（Constrained Least Square，CLS）设计 FIR 滤波器可以不明确定义过渡带的幅值响应，而只需要指定截止频率、通带的边缘频率或阻带的边缘频率。在某些情况下，当无法确定过渡带的位置时，CLS 可以间接定义过渡带，这种函数无须指定过渡带的功能是极其有效的。

MATLAB 信号处理工具箱为用户提供了 3 个有关最小二乘算法设计 FIR 滤波器的函数，即最小二乘算法设计线性相位 FIR 滤波器的函数 fins、最小二乘算法设计多带线性相位 FIR 滤波器的函数 fircls 和最小二乘算法设计低通或高通线性相位 FIR 滤波器的函数 firclsl。

firls 函数：通过最小二乘算法设计线性相位的 FIR 滤波器调用格式如下。

（1）b=firls(n,f,a)：通过最小二乘算法原则，设计一个由 f 和 a 指定幅频响应、实线性相位对称的 n 阶 FAR 数字滤波器。函数返回值是由一个长为 n+l 的滤波器系数组成的矢量。输入参数 f 是频带边缘频率矢量，单位为 Hz。输入参数 f 的取值范围为(0.0,1.0)，其中 1 对应于 0.5fs，fs 为采样率，默认值为 2。而且 f 的元素必须按照升序排列。输入参数 a 和参数 f 必须具有相同的大小，它由 f 指定的各个频带上的幅值矢量组成。

（2）b=firls(n,fa,w)：利用权值矢量 w 对各频段的误差做加权拟合。w 的长度为 f 或 a 的一半。

（3）b=firls(n,f,a,'hilbert')和 b=firls(n,f,a,w,'hilbert')：设计奇对称线性相位希尔伯特变换滤波器，满足 $b(k)=-b(n+2-k),\ k=1,2,\cdots,N+1$。

（4）b=firls(n,f,a,'differentiator')和b=firls(n,f,a,w,'differentiator')：设计奇对称线性相位微分滤波器。但它在非零幅值的频带有特殊的加权方式，权值等于 w 除以频率的平方。因此，在该函数的设计结果中，滤波器的低频段性能要远好于高频段性能。

【例 10.26】设计一个 35 阶 FIR 滤波器，使其幅频响应具有分段线性通带特性。

MATLAB 程序如下：

```
N=35;
F=[0 0.4 0.5 0.6 0.8 0.9];
A=[0 1 0 0 0.5 0.5];
b=firls(N,F,A,'hilbert');
for j=1:1:1.5
    plot([F(j) F(j+1)],[A(j) A(j+1)],'*');
    hold on
end
[H,W]=freqz(b,1,512,2);
plot(W,abs(H));
grid on
xlabel('频率/F')
ylabel('幅度/A')
```

分段线性 FIR 滤波器期望和实际的幅频响应比较如图 10.29 所示。

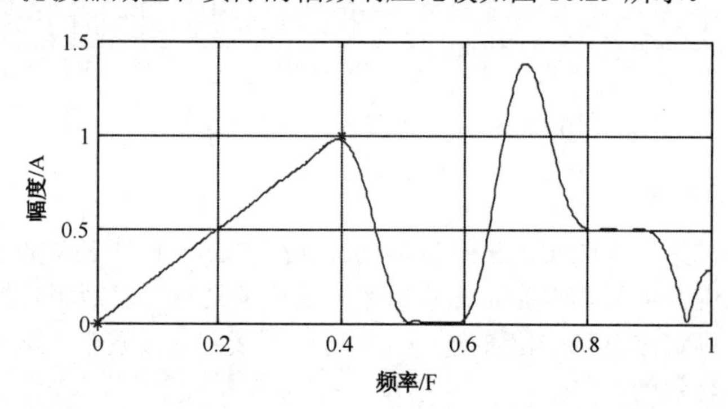

图 10.29　分段线性 FIR 滤波器期望和实际的幅频响应比较

习题 10

1. 画出典型 sinc 函数和 dirichlet 函数的波形图。
2. 产生由三角波、高斯调制正弦信号或矩形脉冲组成的冲激串波形。
3. 产生一个带宽为 60%的 50kHz 高斯脉冲信号，采样率为 1MHz。
4. 求信号 $x(n)=(0.9)^n, 0\leqslant n\leqslant 20$，$y(n)=(0.8)^{-n}, -20\leqslant n\leqslant 0$ 的自相关序列和互相关序列。能观察到什么结果？
5. 有 3 个频率成分 $f_1=20\text{Hz}$，$f_2=20.5\text{Hz}$ 和 $f_3=40\text{Hz}$，采样率为 $f_s=100\text{Hz}$，$x(n)=\sin(2n\pi f_1/f_s)+\sin(2n\pi f_2/f_s)$，用 MATLAB 程序实现下述各项要求：⑴求记录中最少的点数；⑵求 $x(n)$在 0～128 之间的 DFT $X(k)$；⑶求以补零方式将⑵中的 $x(n)$加长到 0～512 之间后的 DFT $X(k)$。
6. 使用频谱分析法从含噪信号 $x(t)=4\sin(2\pi t\times 100)+3\cos(2\pi t\times 240)+\text{rand}$ 中鉴别出有用信号。

7. 读取一个信号序列，分别采用矩形窗、三角窗和汉宁窗对其加窗，并求其频谱。
8. 已知序列 $x(n)=\sin(0.4n\pi)$，$0\leqslant n\leqslant 30$。(1)计算序列 $x(n)$ 的希尔伯特变换 $\hat{x}(n)$，比较两个序列的频谱的变化；(2)验证序列 $x(n)$与 $\hat{x}(n)$ 是正交的。
9. 读取一个振动信号。(1)通过复倒谱反变换重建原来的信号序列；(2)通过实倒谱分析信号。
10. 设计一个通带截止频率为 $\Omega_c=10000\text{rad/s}$、通带最大衰减为 A_p = 3dB、阻带截止频率为 Ω_s = 40000rad/s、阻带最小衰减为 $A_s=35\text{dB}$ 的巴特沃斯滤波器。
11. 确定数字低通切比雪夫 I 型滤波器的阶数和截止频率，性能要求为：W_{p1} = 500 Hz, W_{p2} = 600 Hz, W_{s1} = 400Hz, W_{s2} = 700Hz, R_p = 0.1, R_s = 60, F_s = 2000Hz。
12. 设计一个阻带为(0.4, 0.7)、阶数为 38、窗函数为切比雪夫窗的带阻滤波器，并与默认窗函数（海明窗）设计的结果进行比较。

实验 10　MATLAB 在数字信号处理中的应用

实验目的

1. 熟悉和掌握离散信号序列的生成方法。
2. 熟悉和掌握离散信号的基本运算处理。
3. 熟悉和掌握典型的数字信号处理方法。
4. 熟悉和掌握滤波器的设计。

实验内容

1. 产生两个信号 A 与 B，然后求解信号 A 的信号翻转、延迟、能量和功率，并求解信号 A 与 B 的信号相加及信号相乘等运算结果。
2. 已知 $x(n)=\{1,2,3,4\}$ 和 $h(n)=\{3,2,1\}$。求线性卷积 $y(n)=h(n)*x(n)$；将 $x(n)$ 表示为一个 4×1 的列矢量 $\boldsymbol{x}$，将 $y(n)$ 表示为一个 6×1 的列矢量 $\boldsymbol{y}$，求满足 $\boldsymbol{y}=\boldsymbol{Hx}$ 的矩阵 $\boldsymbol{H}$，并观察 $\boldsymbol{H}$ 的特点。
3. 生成一个余弦信号 $x(n)=\cos(2n\pi f/f_s)$，$0\leqslant n\leqslant 1000$，其中 f = 50Hz，f_s = 1000Hz，然后用 DCT 和 IDCT 重建该信号，并求重建精度。
4. 设采样率为 F_s = 1000Hz，原始信号为 $x=\sin(2\pi\times 80t)+2\sin(2\pi\times 150t)$，由于某种原因，原始信号被白噪声污染，实际得到的信号为 `x=x+randn(size(t))`，设计一个 FIR 滤波器恢复原始信号。

第 11 章　MATLAB 在数字图像处理中的应用

数字图像处理技术是信息技术领域的重要分支，是在信号处理、计算机技术及自动控制技术的基础上发展起来的新兴学科。MATLAB 作为一种高性能的高级编程语言，具有许多针对特定应用的工具箱，其中的图像处理工具箱（Image Processing Toolbox）提供了一套全方位的参照标准算法和图形工具，用于进行图像处理、分析、可视化和算法开发，包括广泛用于图像处理的各种函数，可进行图像增强、去模糊、特征检测、降噪、分割、空间转换等操作。本章主要介绍 MATLAB 在数字图像处理中的应用。

11.1　图像基本操作

彩色图像的每个像素通常是红（R）、绿（G）、蓝（B）三个分量来表示，分量介于 0 到 255 之间，其在 MATLAB 中的数据形式实际是三维数组。

灰度图像是每个像素只有一种采样颜色的图像，这类图像通常显示为从最暗的黑色(0)到最亮的白色（255）的灰度，在黑色与白色之间还有多级颜色灰度，通常以 8 位非线性尺度来保存，像素介于 0 到 255 之间，表现为二维数组。本章只介绍灰度图像的处理方法。在 x, y 平面坐标上，灰度图像的表现形式为

$$\boldsymbol{F}=\begin{bmatrix} a_{11} & a_{12} & \cdots & a_{1n} \\ a_{21} & a_{22} & \cdots & a_{2n} \\ \vdots & \vdots & \ddots & \vdots \\ a_{m1} & a_{m2} & \cdots & a_{mn} \end{bmatrix}$$

数组元素代表图像的亮度，即像素灰度值，因此 MATLAB 处理灰度图像的过程实际上是处理二维矩阵，将其推广到三维数组，就可类似地处理彩色图像。

11.1.1　图像的读取和显示

1. 图像的读取

通常在处理图像之前，要将图像数据读入 MATLAB 工作空间。图像处理工具箱提供读取图像的 imread 函数，其调用格式为

```
I=imread('filename')
```

其中，filename 是带有扩展名的图像文件名称，如 imread('lena.jpg')表示在 MATLAB 的当前工作目录中读取名为 lena 的图像，图像的格式为 JPG。特别地，要在当前目录外的路径中读取图像文件，就要在 filename 中写全图像所在的整个路径，如 imread('C:\file\flowers.gif')。

注意：imread 函数读取图像的格式有限，主要包括.tif、.tiff、.jpg、.jpeg、.gif、.bmp、.png、.xwd，这些格式是图片的常用格式，所以 imread 函数基本能够满足读取的需求。一些较为特殊的图像，如 dicom 格式的医学图像，需要采用 dicomread 函数读取，这里不详细介绍。

【例 11.1】 读取图像。

在 MATLAB 的命令窗口中输入如下代码：

```
>>I=imread('C:\Documents and Settings\Administrator\桌面\coins.png');
```

图像以矩阵数据形式读入，在工作空间中可以看到如图 11.1 所示的数据信息。

2. 图像的显示

从上述内容可以看到，实际读入 MATLAB 的数据是矩阵，但我们不能直观地看到图像，它只以矩阵的数据形式加载到内存中。MATLAB 图像处理工具箱提供显示图像的 imshow 函数，其调用格式为

```
imshow(I)
```

其中，参数 I 是图像数据，即 imread 函数读取的返回值。

【例 11.2】 显示图像。

在 MATLAB 的命令窗口中输入如下代码：

```
>>imshow(I)
```

可以看到显示的图像如图 11.2 所示。注意，显示图像之前需要保证图像已读取并保存在变量 I 中，即用 imread 函数读入数据。

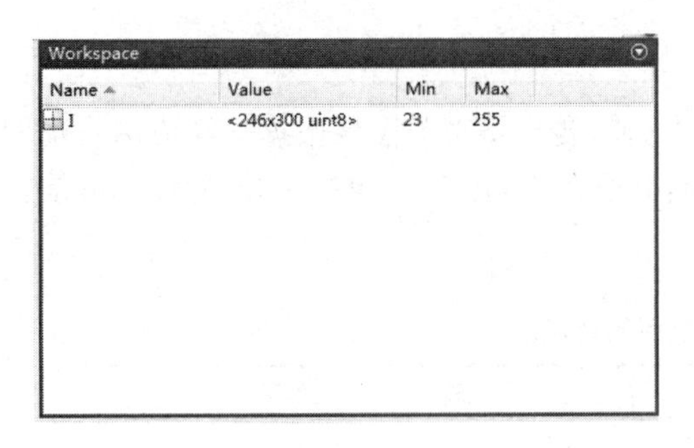

图 11.1　读取图像

图 11.2　显示图像

11.1.2　图像的基本运算

图像的基本运算（加、减、乘、除、灰度转换等）是图像处理技术中最简单的方法，本节简要介绍几种运算，包括图像叠加、相减和图像转换。

1. 图像叠加和相减

所谓图像叠加，是指将两幅图像对应位置像素的值相加，使得图像中的内容变得更加丰富。由于图像数据本身是矩阵，因此图像的叠加就是将两个大小相等的矩阵相加。

【例 11.3】图像叠加。

在 MATLAB 的命令窗口中输入如下代码：

```
>>I1=imread('rice.png');
>>I2=imread('cameraman.tif');
>>imshow(I1)
>>imshow(I2)
>>I3=I1+I2;
>>imshow(I3)
```

两幅图像叠加后的效果如图 11.3 所示。

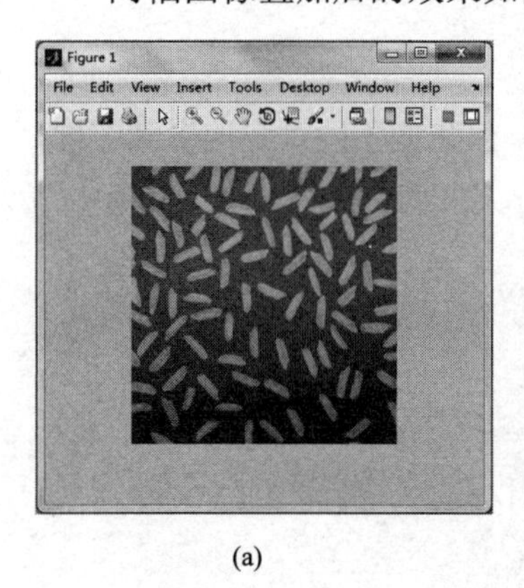

(a)

(b)

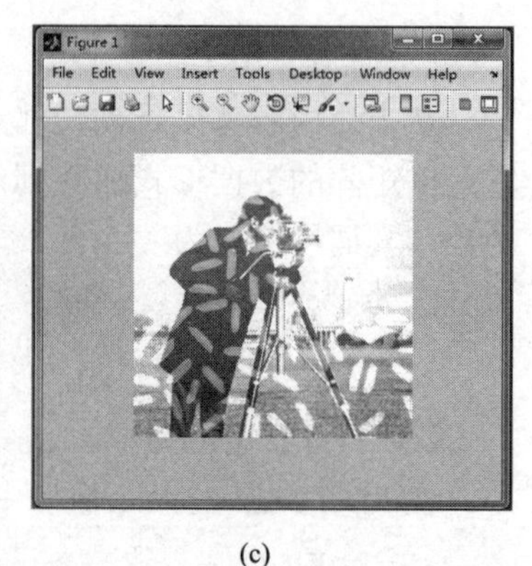

(c)

图 11.3　图像叠加：(a)图 1；(b)图 2；(c)图 1 和图 2 的叠加结果

去除图像的多余部分或某些细节时，往往要用到图像相减。与图像叠加类似，图像相减就是将两个大小相等的矩阵相减，这里不再赘述。

2. 图像转换

由于图像数据的类型很多，因此人们常常根据需要，将某类图像数据转换成另一类图像数据，以便进行后期处理。图像中元素的数据类型有 logical、uint8、uint16 和 double，表 11.1 中列出了各类数据之间的转换函数。

表 11.1　各类数据之间的转换函数

转 换 函 数	转换后的数据类型	转换前的数据类型
im2uint8	uint8	logical, uint8, uint16, double
im2uint16	uint16	logical, uint8, uint16, double
im2double	double	logical, uint8, uint16, double
im2bw	logical	uint8, uint16, double
mat2gray	double（范围 0～1）	double
说明：函数 mat2gray 将 double 型数据转换为 0～1 之间的数据，即将图像中的像素点进行归一化处理。		

【例 11.4】使用 im2bw 函数将图像数据转换为逻辑型。

在 MATLAB 的命令窗口中输入如下代码：

```
>>I1=imread('lena.jpg');
>>I2=im2bw(I1);
>>imshow(I1)
>>figure
```

```
>>imshow(I2)
```

图 11.4(a)是工作空间中的数据信息，图 11.4(b)和(c)是数据转换前后的图像。

从图 11.4(c)可以看出，实际上，函数 im2bw 使用阈值变换法将灰度图像转换成二值图像。所谓二值图像，通常是指只有纯黑（0）和纯白（255）两种颜色的图像，从逻辑上看，数据归一化后 0 表示黑色，1 表示白色。

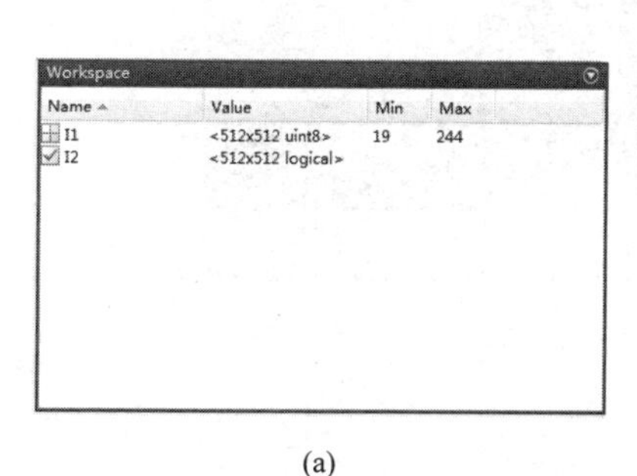

(a)　　(b)　　(c)

图 11.4　数据转换：(a)数据形式；(b)原图像；(c)转换后的图像

11.1.3　图像数据的保存

经过处理后的图像需要保存。MATLAB 提供保存图像的 imwrite 函数，其调用格式如下：

```
imwrite(I,'filename')
```

其中，I 是处理后的图像数据，在 MATLAB 中数据类型是矩阵；filename 表示待保存图像文件的包括扩展名在内的完整名称，同时也可以是指定路径的文件名。

【例 11.5】使用 imwrite 函数保存图像。

在 MATLAB 的命令窗口中输入如下代码：

```
>>imwrite(I2,'C:\Documents and Settings\Administrator\桌面\lena_bw.jpg')
```

即将处理后的二值图像 I2 保存到计算机的桌面上，文件名为 lena_bw.jpg。

11.2　图像灰度变换

11.2.1　常用灰度变换函数

1. rgb2gray 函数

函数 rgb2gray 一般用于将彩色图像（三维数组）转换为灰度图像（二维数组），其调用格式如下：

```
f=rgb2gray(I)
```

其中 I 为读入的彩色图像数据（三维矩阵），f 为返回值。

【例 11.6】使用 rgb2gray 函数将彩色图像转换为灰度图像。

在 MATLAB 的命令窗口中输入如下代码：

```
>>I1=imread('peppers.png');
>>I2=rgb2gray(I1);
>>imshow(I2)
```

转换后的图像如图 11.5 所示。

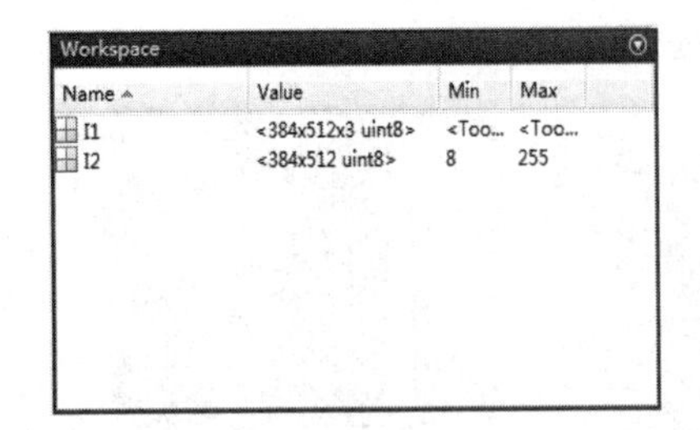

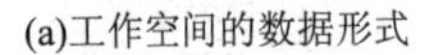
(a)工作空间的数据形式

(b)转换后的灰度图像

图 11.5　彩色图像转换为灰度图像

2. imadjust 函数

函数 imadjust 一般用于调整灰度图像的对比度，其调用格式如下：

```
f=imadjust(I,[low_in,high_in],[low_out,high_out],gamma)
```

它将原图像 I 中的像素点的亮度范围[low_in,high_in]映射到范围[low_out,high_out]，得到新图像 f；其中参数 gamma 决定映射曲线是线性的还是非线性的，gamma 小于 1 时，该映射偏重更高数值（明亮）输出，gamma 大于 1 时，该映射偏重更低数值（灰暗）输出，省略此参数时，默认为线性映射。

【例 11.7】使用 imadjust 函数对灰度图像进行对比度变换。

在 MATLAB 的命令窗口中输入如下代码：

```
>>I=imread('pout.tif');
>>J=imadjust(I,[0.3 0.7],[0,1],[0.7]);
>>imshow(I),figure,imshow(J)
```

变换后的图像如图 11.6 所示，它拉伸了原图像的对比度范围。注意，imadjust 函数的参数[low_in,high_in]和[low_out,high_out]的范围为 0 到 1，因此要将图像的像素值进行归一化后再设定范围。本例中的映射范围增大且 gamma 小于 1，因此变换后的图像比原图像要亮。

(a)原图像

(b)变换后的图像

图 11.6　图像的对比度变换

11.2.2　线性灰度变换和非线性灰度变换

除 11.2.1 节中介绍的几种常用灰度变换函数，也可根据代数运算法来处理图像的灰度，关键是找到一个函数，用该函数对图像中的每个像素进行变换，重新分配像素，得到反差增强的图像。

1．线性灰度变换

原图像和新图像像素之间存在线性关系：

$$S = T(r) = kr + b \tag{11.1}$$

式中，r 为输入点的灰度值，S 为相应输出点的灰度值。

2．非线性灰度变换

（1）对数变换

$$S = c\log(1+r) \tag{11.2}$$

它扩展低亮度区，压缩高亮度区，实现对图像动态范围的压缩。

（2）指数变换

$$S = cy^r \text{（}c\text{ 和 }r\text{ 为常数）} \tag{11.3}$$

当 $r<1$ 时，扩展低亮度区、压缩高亮度区；当 $r>1$ 时，性能正好相反。当 $r=1$ 时，输入和输出成正比，图像无变化。

11.2.3　直方图均衡化

直方图又称质量分布图，是一种统计报告图。当数字图像的像素值范围[0, N]上有 M 个灰度级时，图像直方图定义为离散函数

$$h(r_k) = n_k \tag{11.4}$$

式中，r_k 表示区间[0, N]上的第 k 级亮度，n_k 表示图像中灰度值为 r_k 的像素数。对于 uint8 类图像，灰度级为 256，N 值为 255；对于 uint16 类图像，灰度级为 65536，N 值为 65535；对于 double 类图像，N 值为 1.00。在图像处理过程中，常常用到直方图归一化，即所有灰度级数除以图像的像素总数：

$$p(r_k) = \frac{h(r_k)}{n} = \frac{n_k}{n} \tag{11.5}$$

式中，$k = 1, 2, 3, \cdots, M$。根据概率论知识可知，$p(r_k)$ 表示灰度级 r_k 出现的频数。

MATLAB 图像处理工具箱提供 imhist 函数来计算和显示图像直方图，语法格式如下：

```
imhist(I,n)
imhist(X,map)
```

其中，imhist(I,n)计算和显示灰度图像 I 的直方图，n 为指定的灰度级数，默认值为 256。imhist(X,map)计算和显示索引图像 X 的直方图，map 为调色板。

直方图均衡化使用累积函数对灰度值进行“调整”来增强对比度，中心思想是将原图像的灰度直方图从比较集中的某个灰度区间变成在全部灰度范围内均匀分布。

假设灰度级是归一化至区间[0, 1]上的连续量，并设 $p_r(r)$ 是图像中灰度级的概率密度函数（PDF），根据统计出的直方图，采用累积分布函数进行变换，得到输出灰度级 s：

$$s = T(r) = \int_0^r p_r(\omega)\mathrm{d}\omega \tag{11.6}$$

用新灰度级 s 代替旧灰度级，求出新的直方图分布 $p_s(s)$，结果是一幅扩展了动态范围的图像，具有较高的对比度。实际上，图像的灰度级是离散的，因此上述变换可以改为求和方式，此时均衡化变换为

$$s_k = T(r_k) = \sum_{j=1}^{k} p_r(r_j) = \sum_{j=1}^{k} \frac{n_j}{n} \tag{11.7}$$

MATLAB 图像处理工具箱提供 histeq 函数来实现直方图均衡化，语法格式如下：

```
J=histeq(I,N)
```

其中，I 为输入图像，N 为输出图像的灰度级数。当 N 等于 M（原图像灰度级数）时，相当于直接执行变换函数 $T(r_k)$。当 N 小于 M 时，均衡化后的图像会变得较为平坦。

【例 11.8】 使用 imhist 和 histeq 函数对图像进行直方图显示和直方图均衡化处理。

在 MATLAB 的命令窗口中输入如下代码：

```
>>I=imread('lena.jpg');
>>imshow(I),figure,imhist(I)
>>J=histeq(I);
>>figure,imshow(J),figure,imhist(J)
```

处理结果如图 11.7 所示。

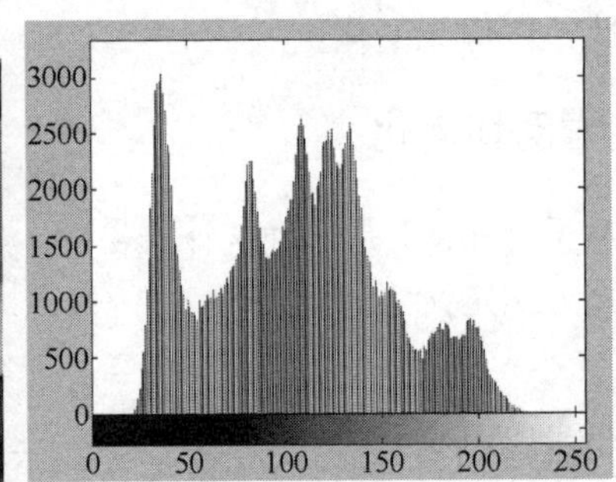

(a)原图像及其直方图

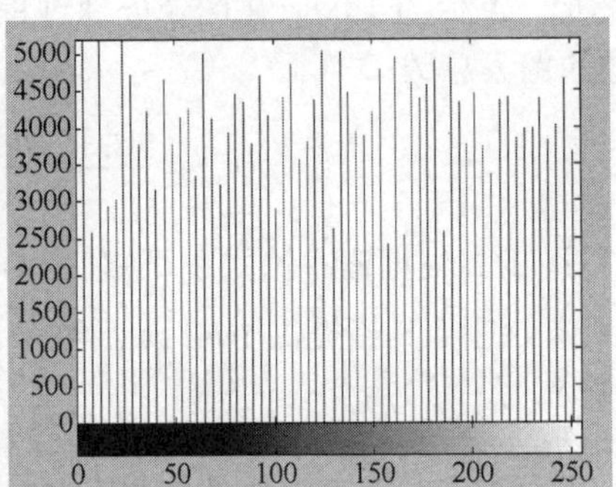

(b)均衡化处理后的图像及其直方图

图 11.7　图像直方图及直方图均衡化处理

从上例可以看出，直方图均衡化就是对图像进行非线性拉伸，重新分配图像的像素值，使得某个灰度范围内的像素数大致相同，进而增强图像的对比度。但是，处理后的结果也有一些缺点：⑴变换后图像的灰度级减少，某些细节消失；⑵某些图像经处理后，对比度

会不自然地过分增强。

11.3　滤波处理

由于成像系统、传输介质和记录设备等的不完善，数字图像在其形成、传输和记录过程中往往会受到多种噪声的污染。另外，在图像处理的某些环节，当输入对象不如预想时，也会在结果图像中引入噪声。图像滤波，即在尽量保留图像细节特征的条件下对目标图像的噪声进行抑制，是图像预处理中不可或缺的操作，其处理效果的好坏会直接影响到后续图像处理和分析的有效性与可靠性。本节主要从时域和频域两个方面介绍图像滤波处理。

11.3.1　空间滤波

空间滤波是指将邻域内的图像像素值与对应的与该邻域维数相同的子图像值相作用，子图像也被称为滤波器或模板。根据模板处理法，空间滤波和空间滤波器的定义如下。

在大小为 $M \times N$ 的图像 f 上，使用 $m \times n$ 的滤波器进行相乘累加：

$$g(x,y)=\sum_{s=-a}^{a}\sum_{t=-b}^{b} w(s,t)f(x+s,y+t) \tag{11.8}$$

式中，$m=2a+1$，$n=2b+1$，$w(s,t)$ 是滤波器系数，f 是图像值。该过程在图像 f 中逐点移动滤波模板 w 的中心。在每个点 (x,y)，滤波器在该点的响应是滤波模板限定的相应邻域像素与滤波器系数的乘积的累加。

1. 线性空间滤波

MATLAB 图像处理工具箱提供 imfilter 函数来对任意类型数组或多维图像进行滤波，其调用格式如下：

```
g=imfilter(f,w,filtering_mode,boundary_options,size_options)
```

其中，f 为输入图像，w 为滤波模板，g 为滤波后的图像。filtering_mode 指定滤波过程中是使用“相关”还是“卷积”。boundary_options 处理边界补零问题，边界大小由滤波器的大小确定，imfilter 函数的详细参数选项如表 11.2 所示。

表 11.2　imfilter 函数的详细参数选项

参　数	选　项	说　明
滤波类型（filtering_mode）	'corr'	滤波器使用相关来完成。该值是默认值
	'conv'	滤波器使用卷积来完成
边界填充选项（boundary_options）	P	输入图像的边界用值 P 来扩展。P 的默认值为 0
	'replicate'	图像大小通过复制外边界的值来扩展
	'symmetric'	图像大小通过反射其边界来扩展
	'circular'	图像大小通过将图像视为二维周期函数的一个周期来扩展
大小选项（size_options）	'full'	输出图像的大小与被填充后的图像的大小相同
	'same'	输出图像的大小与输入图像的大小相同

运用 imfilter 函数对图像进行滤波时，需要用户设定滤波模板，MATLAB 中的 fspecial 函数用于创建预定义的滤波模板（滤波算子），其语法格式如下：

```
h=fspecial(type)
```

```
h=fspecial(type,parameters)
```

参数 type 指定算子类型，parameters 指定相应的参数，函数 fspecial 的参数选项如表 11.3 所示。

表 11.3　函数 fspecial 的参数选项

type 算子类型	函 数 形 式	说　明
'average'	fspecial('average',[r c])	大小为 rxc 的矩形均值滤波器，默认值为[3 3]
'disk'	fspecial('disk',radius)	对圆形区域均值滤波，参数 radius 是区域半径，默认值为 5
'gaussian'	fspecial('gaussian',[r c],sigma)	大小为 rxc 的高斯低通滤波器，参数有两个，[r c]是模板尺寸，默认值为[3 3]，sigma 是滤波器的标准差，单位为像素，默认值为 0.5
'laplacian'	fspecial('laplacian',alpha)	大小为 3×3 的拉普拉斯滤波器，参数为 alpha，用于控制拉普拉斯算子的形状，取值范围为[0,1]，默认值为 0.2
'log'	fspecial('log',[r c],sigma)	拉普拉斯-高斯（LoG）算子，参数有两个，[r c]是模板尺寸，默认值为[5 5]，sigma 是滤波器的标准差，单位为像素，默认值为 0.5
'motion'	fspecial('motion',len,theta)	运动模糊算子，表示摄像物体逆时针方向以 theta 角度运动 len 个像素，len 的默认值为 9，theta 的默认值为 0
'prewitt'	fspecial('prewitt')	大小为 3×3 的 prewitt 算子模板 Pv，它仅为垂直梯度（并不计算完整的 Prewitt 梯度），用于边缘提取，水平梯度模板为其转置
'sobel'	fspecial('sobel')	大小为 3×3 的 sobel 算子模板 Sv，仅为垂直梯度（并不计算完整的 Sobel 梯度），用于边缘提取，水平梯度模板为其转置
'unsharp'	fspecial('unsharp',alpha)	对比度增强滤波器，参数 alpha 用于控制滤波器的形状，范围为[0,1]，默认值为 0.2

【例 11.9】使用函数 imfilter 对图像进行线性滤波。

在 MATLAB 的命令窗口中输入如下代码：

```
>>original=imread('peppers.png');
>>imshow(original)
>>h=fspecial('average',[10 10]);
>>filtered=imfilter(original,h);
>>figure,imshow(filtered)
```

原图像及线性滤波后的图像如图 11.8 所示。

(a)原图像

(b)滤波后的图像

图 11.8　图像线性滤波处理

上例创建了一个 10×10 的均值滤波器，滤波模板越大，图像越模糊。注意：fspecial 仅定义了滤波算子 h，要进行以该算子为模板的图像滤波运算，还要使用滤波函数 imfilter。

除上述滤波函数 imfilter 外，MATLAB 图像处理工具箱还提供基于卷积的图像滤波函数 filter2，其语法格式如下：

```
Y=filter2(h,X)
```

其中，Y=filter2(h,X)返回图像 X 经滤波算子 h 滤波后的结果，默认情形下，返回图像 Y 的大小与输入图像 X 的相同。实际上，filter2 和 conv2 是等价的。MATLAB 在计算 filter2 时，先将卷积核旋转 180 度，再调用 conv2 函数进行计算。与 imfilter 函数的区别主要是，imfilter 函数可进行多维图像（RGB 等）空间滤波，且可选参数较多，而 filter2 只能对二维图像（灰度图）进行空间滤波。

另外，MATLAB 图像处理工具箱提供 medfilt2 函数来实现中值滤波。medfilt2 函数的语法格式如下：

```
B=medfilt2(a)
B=medfilt2(A,[m n])
```

该函数用指定大小为 m×n 的窗口对图像 A 进行中值滤波，省略[m n]时窗口大小默认为 3×3。

MATLAB 中提供给图像添加噪声的 imnoise 函数，其语法格式如下：

```
J=imnoise(I,type)
J=imnoise(I,type,parameters)
```

其中，J=imnoise(I,type)返回对原图像 I 添加典型噪声（包括高斯噪声、椒盐噪声、乘性噪声）后的有噪图像 J，参数 type 和 parameters 用于确定噪声的类型和相应的参数。

【例 11.10】对图像 eight.tif 分别添加高斯噪声、椒盐噪声和乘性噪声。

在 MATLAB 的命令窗口中输入如下代码：

```
I=imread('eight.tif');
J1=imnoise(I,'gaussian',0,0.02);
J2=imnoise(I,'salt & pepper',0.02);
J3=imnoise(I,'speckle',0.02);
subplot(2,2,1),imshow(I),title('原图像');
subplot(2,2,2),imshow(J1),title('加高斯噪声');
subplot(2,2,3),imshow(J2),title('加椒盐噪声');
subplot(2,2,4),imshow(J3),title('加乘性噪声');
```

加入噪声后的图像如图 11.9 所示。

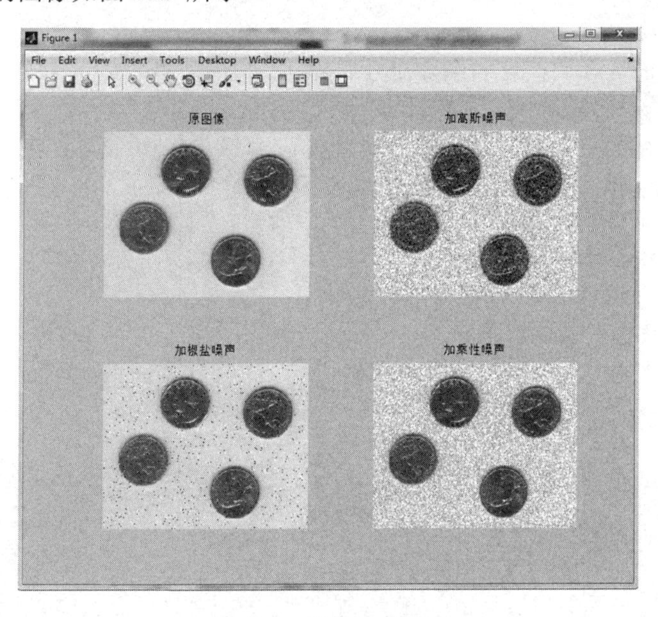

图 11.9　图像噪声处理

11.3.2 频域滤波

1. 频域低通滤波

频域低通滤波的基本思想是

$$G(u,v)=F(u,v)H(u,v) \tag{11.9}$$

式中，$F(u,v)$ 是需要平滑图像的傅里叶变换形式；$H(u,v)$ 是选取的一个滤波器变换函数；$G(u,v)$ 是通过 $H(u,v)$ 减少 $F(u,v)$ 的高频部分得到的结果。

2. 频域高通滤波

下列依次介绍 MATLAB 提供的快速傅里叶变换函数。

1）fft2 函数

fft2 函数计算二维快速傅里叶变换，其语法格式如下：

```
B=fft2(I)
```

它返回图像 I 的二维 fft 变换矩阵，输入图像 I 和输出图像 B 的大小相同。

2）fftshift 函数

fftshift 函数将变换后的图像频谱中心从矩阵的原点移至矩阵中心，其语法格式如下：

```
B=fftshift(I)
```

对于矩阵 I，B=fftshift(I)将 I 的一、三象限和二、四象限进行互换。

3）ifft2 函数

ifft2 函数计算图像的二维傅里叶反变换，其语法格式如下：

```
B=ifft2(I)
```

它返回图像 I 的二维傅里叶反变换矩阵，输入图像 I 和输出图像 B 的大小相同。其语法格式的含义与 fft2 函数的相同，可以参考 fft2 函数的说明。

4）conv2 函数

MATLAB 中提供卷积运算的函数命令 conv2，其语法格式如下：

```
C=conv2(A,B)
```

它返回矩阵 A 和 B 的二维卷积 C。若 A 为 ma×na 矩阵，B 为 mb×nb 矩阵，则 C 的大小为(ma+mb+1)×(na+nb+1)。

【例 11.11】二维卷积运算。

在 MATLAB 的命令窗口中输入如下代码：

```
>>A=magic(5)
>>B=[1 2 1 ;0 2 0;3 1 3]
>>C=conv2(A,B)
```

程序运行结果如下：

```
A=
    17   24    1    8   15
    23    5    7   14   16
     4    6   13   20   22
    10   12   19   21    3
    11   18   25    2    9
B=
     1     2     1
```

```
       0     2     0
       3     1     3
C=
      17    58    66    34    32    38    15
      23    85    88    35    67    76    16
      55   149   117   163   159   135    67
      79    78   160   161   187   129    51
      23    82   153   199   205   108    75
      30    68   135   168    91    84     9
      33    65   126    85   104    15    27
```

11.4　形态学处理

数学形态学作为工具，从图像中提取对表达和描述区域形状与描绘区域形态有用的图像分量，是一种应用于图像处理和模式识别领域的新方法。我们采用形态学来处理图像，描述某些区域的形状，如边界曲线、骨架结构和凸形外壳等。

在进行形态学讲解之前，先回顾一下二值图像的逻辑运算。逻辑运算尽管很简单，但对实现以形态学为基础的图像处理算法来说是一种有力的补充手段。在图像处理中用到的主要逻辑运算包括：与、或和非（求补），它们可以互相组合形成其他逻辑运算。在形态学理论中，通常把二值图像的 1 元素集合视为前景像素集合，即集合的运算可以直接运用于二值图像。如 A 和 B 是二值图像，则 $C=A\cup B$ 仍是二值图像，按照集合观点，C 的定义如下：

$$C=\left\{(x,y)\middle|(x,y)\in A\text{或}(x,y)\in B\right\}$$

MATLAB 提供的逻辑运算符 AND（&）、OR（|）、NOT（~）、差（&~）均可直接应用于二值函数。下面来看一个简单的图像逻辑运算例子。图 11.10(a)和(b)表示两幅 256×256 的二值图像，图 11.10(c)和(d)分别为图 11.10(a)和(b)相与（AND）和相或（OR）的图像。

(a)原图像 a

(b)原图像 b

(c)图像 a 和 b 相与的结果

(d)图像 a 和 b 相或的结果

图 11.10　图像的逻辑运算

11.4.1 膨胀与腐蚀

1. 膨胀

A 和 B 为 Z^2 中的集合，$\varnothing$ 为空集，A 被 B 膨胀，记为 $A \oplus B$，$\oplus$ 是膨胀算子。膨胀的定义为

$$A \oplus B = \left\{ X \left| \left[(\hat{B})_x \right] \cap A \neq \varnothing \right. \right\}$$

该式表明膨胀过程是 B 首先做关于原点的映射，然后平移 x。A 被 B 膨胀是 $\hat{B}$ 被所有 x 平移后与 B 至少有一个不为零的公共元素。结构元 B 可视为一个卷积模板，区别在于膨胀是以集合运算为基础的，卷积是以算术运算为基础的，但两者的处理过程相似。

下面举例说明形态学膨胀过程，如图 11.11 所示。从该例中可以看出，膨胀的具体操作如下：用一个结构元（一般是 3×3 的大小）扫描图像中的每个像素，用结构元中的每个像素与其覆盖的像素做“与”操作，如果都为 0，则该像素为 0，否则为 1。从实例中可以看出，膨胀实际上是将图像的边缘扩大一些，作用是填充目标的边缘或内部的坑。

MATLAB 中提供用于图像膨胀处理的函数 imdilate，其调用格式如下：

```
IM2=imdilate(IM,SE)
IM2=imdilate(IM,SE,PACKOPT)
```

第一种调用格式：imdilate 函数需要两个基本输入参数，即待处理的输入图像 IM 和结构元对象 SE。其中结构元对象 SE 可以是 strel 函数返回的对象，也可以是一个自定义的表示结构元邻域的二进制矩阵。

第二种调用格式：imdilate 还可接受两个可选参数：PADOPT(padopt)，影响输出图片的大小；PACKOPT(packopt)，说明输入图像是否为打包的二值图像（二进制图像）。

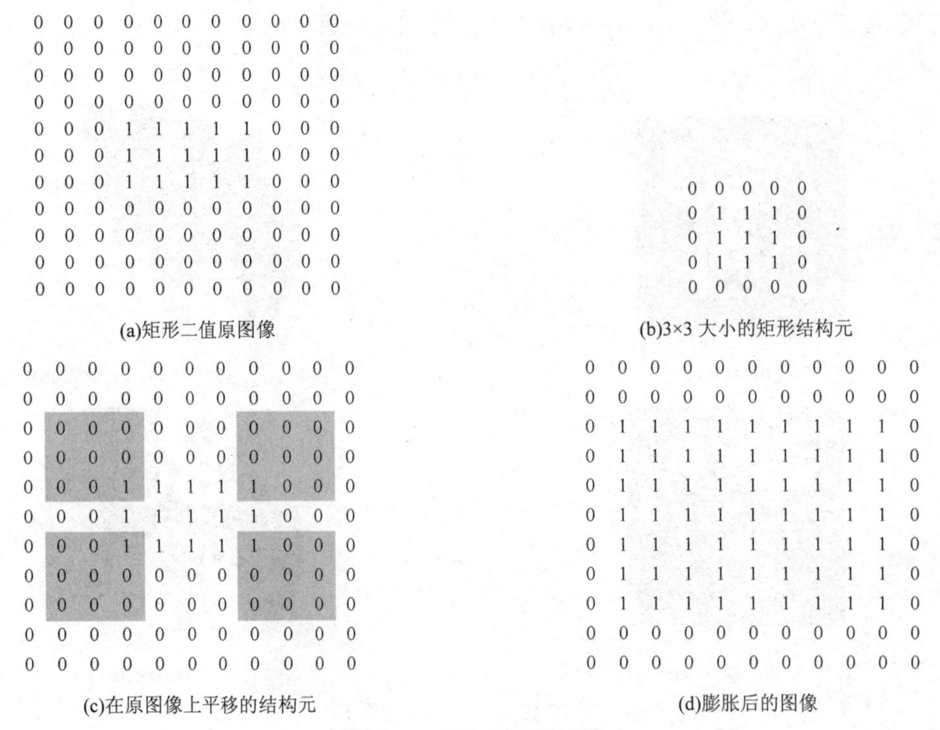

(a)矩形二值原图像　(b)3×3 大小的矩形结构元

(c)在原图像上平移的结构元　(d)膨胀后的图像

图 11.11　形态学膨胀示例

2. 腐蚀

腐蚀实际上和膨胀类似。A 和 B 为 Z^2 中的集合，A 被 B 腐蚀，记为 $A\ominus B$，$\ominus$ 是腐蚀算子。腐蚀定义为

$$A\ominus B=\left\{x\left|(B)_x\subseteq A\right.\right\}$$

即 A 被 B 腐蚀的结果是所有使 B 被 x 平移后包含于 A 的点 x 的集合。

下面举例说明形态学腐蚀过程，如图 11.12 所示。从例中可以看出，腐蚀的具体操作如下：用一个结构元（一般是 3×3 的大小）的中心在原图像上平移，使得结构元与原图像完全匹配的中心点位置保留 1，否则保留 0。从实例中可以看出，腐蚀实际上是平滑图像的边缘，作用是剔除目标边缘的“毛刺”。

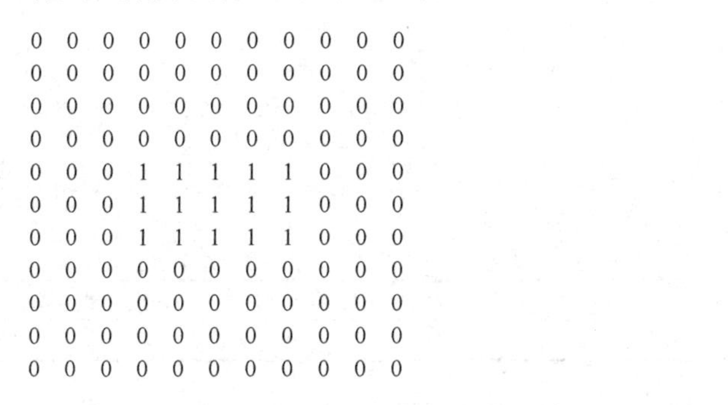

0 0 0 0 0
0 1 1 1 0
0 1 1 1 0
0 1 1 1 0
0 0 0 0 0

(a)矩形二值原图像　　(b)3×3 大小的矩形结构元

图 11.12　形态学腐蚀示例

0 0 0 0 0 0 0 0 0 0 0
0 0 0 0 0 0 0 0 0 0 0
0 0 0 0 0 0 0 0 0 0 0
0 0 0 0 0 0 0 0 0 0 0
0 0 0 1 1 1 1 1 0 0 0
0 0 0 1 1 1 1 1 0 0 0
0 0 0 1 1 1 1 1 0 0 0
0 0 0 0 0 0 0 0 0 0 0
0 0 0 0 0 0 0 0 0 0 0
0 0 0 0 0 0 0 0 0 0 0
0 0 0 0 0 0 0 0 0 0 0

0 0 0 0 0 0 0 0 0 0 0
0 0 0 0 0 0 0 0 0 0 0
0 0 0 0 0 0 0 0 0 0 0
0 0 0 0 0 0 0 0 0 0 0
0 0 0 0 0 0 0 0 0 0 0
0 0 0 0 1 1 1 0 0 0 0
0 0 0 0 0 0 0 0 0 0 0
0 0 0 0 0 0 0 0 0 0 0
0 0 0 0 0 0 0 0 0 0 0
0 0 0 0 0 0 0 0 0 0 0
0 0 0 0 0 0 0 0 0 0 0

(c)在原图像上平移的结构元　　(d)腐蚀后的图像

图 11.12　形态学腐蚀示例

MATLAB 中提供用于图像腐蚀处理的函数 imerode，其调用格式如下：

```
IM2=imerode(IM,SE)
IM2=imerode(IM,SE,PACKOPT)
```

其中的参数说明类似于 imdilate 函数，这里不再赘述。

3. 函数 strel

MATLAB 图像工具箱提供创建各种形状及大小的结构元的函数 strel，其格式如下：

```
se=strel(shape,parameters)
```

其中，shape 是创建的结构元的形状，parameters 是该形状结构元的大小。strel 函数的参数选项说明详见表 11.4。

表 11.4　strel 函数的参数选项说明

语 句 格 式	说　　明
se=strel('diamond',R)	创建一个平坦的菱形结构元，其中 R 是从结构元原点到菱形的最远点的距离
se=strel('disk',R)	创建一个平坦的圆盘形结构元，其中半径为 R
se=strel('line',len,deg)	创建一个平坦的线性结构元，其中 len 表示长度，deg 表示线的角度
se=strel('octagon',R)	创建一个平坦的八角形结构元，其中 R 是从结构元原点到八角形的边的距离，沿水平轴和垂直轴度量。R 必须是 3 的非负倍数。
se=strel('pair',R)	创建一个包含有两个成员的平坦结构元，一个成员在原点，另一个成员的位置由矢量 OFFSET 表示，该矢量必须是一个两元素的整数矢量
se=strel('periodicline',P,V)	创建一个包含有 2*p+1 个成员的平坦结构元。其中 V 是一个两元素矢量，它包含整数值的行和列偏移。一个结构元成员在原点，其他成员位于 1*V,-1*V,2*V,-2*V,…,P*V,-P*V
se=strel('rectangle',MN)	创建一个平坦的矩形结构元，其中 MN 指定大小。MN 必须是一个两元素的非负整数矢量。MN 中的第一个元素是行数，第二个元素是列数
se=strel('square',W)	创建一个方形结构元，其边长为 W 个像素，W 必须是一个非负整数标量
se=strel('arbitrary',NHOOD)	创建一个任意形状的结构元。NHOOD 是由 0 和 1 组成的矩阵，用于指定形状
se=strel(NHOOD)	

【例 11.12】采用 imdilate 函数和 imerode 函数对图像进行膨胀和腐蚀操作。

在 MATLAB 的命令窗口中输入如下代码：

```
>>I=imread('yinwen.png');
>>I2=im2bw(I);
>>imshow(I2)
>>se=[0,1,0;1,1,1;0,1,0];
>>I3=imdilate(I2,se);
>>figure,imshow(I3)
>>I4=imerode(I2,se);
>>figure,imshow(I4)
```

原图像、膨胀后的图像和腐蚀后的图像如图 11.13 所示。

(a)原图像　　(b)膨胀后的图像

(c)腐蚀后的图像

图 11.13　图像膨胀和腐蚀的结果

11.4.2　开运算与闭运算

由例 11.12 可以看出，有时单独使用膨胀运算或腐蚀运算，由于结构元选取不当或其他原因，效果可能不理想。为了既实现形态学处理效果，又尽可能逼近原图像，往往将膨胀和腐蚀运算结合起来使用，虽然腐蚀处理可以分离粘连的目标，膨胀处理可以连接断开的目标，但是都存在一个问题：经过腐蚀处理后，目标的面积小于原面积；经过膨胀处理后，目标的面积大于原面积。开运算和闭运算就是为了解决这个问题而被提出的。

1．开运算

开运算在数学理论上是先腐蚀后膨胀的结果，A 被 B 开运算记为 $A \circ B$，有

$$A \circ B = (A \ominus B) \oplus B$$

开运算的主要作用是删除不能包含结构元的对象区域，平滑对象的轮廓，断开狭窄的连接，去除细小的突出部分，与腐蚀操作相比，有可以基本保持目标原有大小不变的优点。

MATLAB 中提供开运算的函数 imopen，其调用格式如下：

```
IM2=imopen(IM,SE)
```

其中 IM 为原图像，SE 为结构元，其形式是元素为 0 和 1 的矩阵，该矩阵可由用户指定，也可由 strel 函数创建。

2．闭运算

闭运算在数学上是先膨胀再腐蚀的结果，A 被 B 闭运算记为 $A \bullet B$，有

$$A \bullet B = (A \oplus B) \ominus B$$

闭运算的作用是填充目标内的细小孔洞、连接邻近目标、平滑其边界的同时不明显改变其面积。但与开运算不同的是，闭运算一般会将狭窄的缺口连接起来形成细长的弯口，并且填充比结构元小的孔洞。

MATLAB 中提供闭运算的函数 imclose，其调用格式如下：

```
IM2=imclose(IM,SE)
```

和 imopen 函数的用法一样，其中 IM 为原图像，SE 为结构元，其形式是元素为 0 和 1 的矩阵，该矩阵可由用户指定，也可由 strel 函数创建。

【例 11.13】使用 imopen 函数和 imclose 函数对图像进行开运算和闭运算操作。

在 MATLAB 的命令窗口中输入如下代码：

```
>>I=imread('circles.png');
>>imshow(I)
>>se1=strel('disk',18);
>>I2=imopen(I,se1);
>>figure,imshow(I2)
>>se2=strel('disk',10);
>>I3=imclose(I,se2);
>>figure,imshow(I3)
```

原图像、开运算和闭运算的结果如图 11.14 所示。

11.4.1 节和 11.4.2 节中介绍的几种形态学函数都可用一个通用的函数代替：bwmorph 函数。该函数的功能是实现二值图像形态学运算，其调用格式如下：

```
BW2=bwmorph(BW1,operation)
BW2=bwmorph(BW1,operation,n)
```

对于格式一，bwmorph 函数对二值图像 BW1 采用指定的形态学运算；对于格式二，bwmorph 函数对二值图像 BW1 采用指定的形态学运算 n 次。operation 为下列字符串之一：'clean'，去除孤立像素（被 0 包围的 1）；'close'，计算二值闭合；'dilate'，用结构元计算图像膨胀；

'erode'，用结构元计算图像腐蚀。

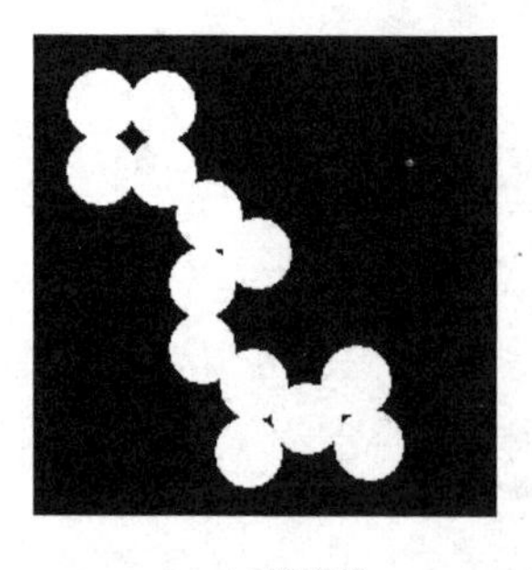
(a)原图像

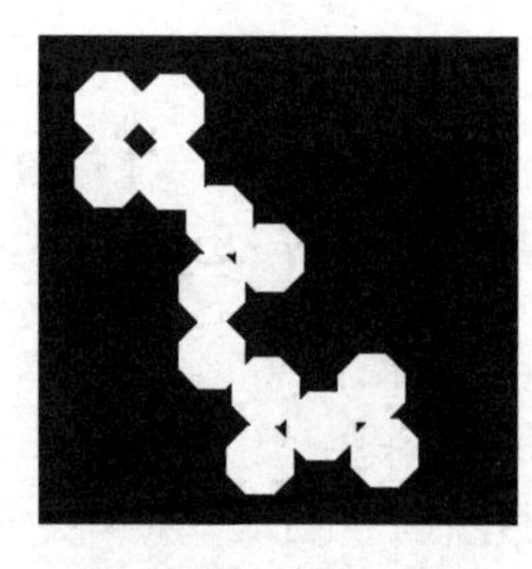
(b)开运算的结果

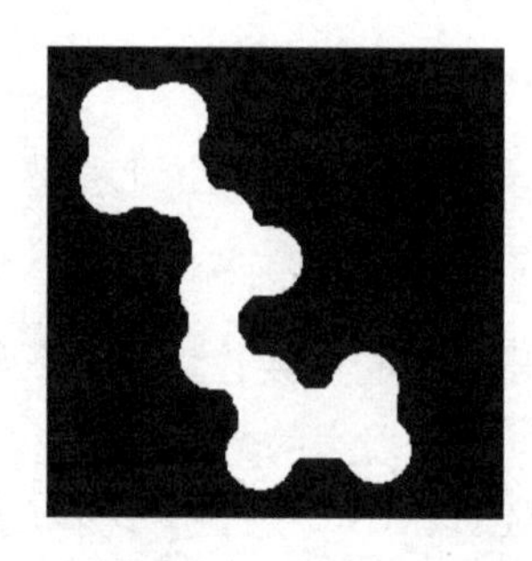
(c)闭运算的结果

图 11.14　图像开运算和闭运算结果

11.5　图像分割

图像分割是指将图像分成若干特定的、具有独特性质的区域，并提出感兴趣目标的技术与过程，是图像处理的关键步骤。图像分割方法有多种，总体可以分为如下几类：基于边缘的分割方法、基于阈值的分割方法、基于区域的分割方法和基于特定理论的分割方法。本节主要介绍边缘检测分割法、阈值分割法和区域生长分割法，这几种分割方法具有相互补充的特点。

11.5.1　边缘检测

边缘是指图像中目标周围像素灰度急剧变化的像素集，是图像的基本特征之一。边缘存在于目标、背景和区域之间，大致分为两种：一是阶跃状边缘，边缘两边像素的灰度值明显不同；二是屋顶状边缘，边缘处于灰度值由小到大再到小的变化转折处。边缘检测是图像分割所依赖的重要依据，思想是提取图像中不连续部分的特征，根据闭合的边缘确定区域。由于边缘检测法不需要逐个像素地分割图像，因此更适合大图像的分割。

常用的边缘检测模板有 Laplacian 算子、Roberts 算子、Sobel 算子、log（Laplacian-Gauss）算子、Kirsch 算子和 Prewitt 算子等。

MATLAB 图像处理工具箱提供的 edge 函数可以实现边缘检测功能，语法格式如下：

```
BW=edge(I,'sobel')
BW=edge(I,'sobel',direction)
BW=edge(I,'roberts')
BW=edge(I,'log')
```

其中 BW=edge(I,'sobel')采用 Sobel 算子进行边缘检测。BW=edge(I,'sobel',direction)指定算子方向，即

（1）direction='horizontal'，水平方向。

（2）direction='vertical'，垂直方向。

（3）direction='both'，水平和垂直两个方向。

（4）BW=edge(I,'roberts')和 BW=edge(I,'log')分别用 Roberts 和 log 算子检测边缘。

【例 11.14】用三种算子进行边缘检测。

在 MATLAB 的命令窗口中输入如下代码：

```
I=imread('eight.tif');
imshow(I)
BW1=edge(I,'roberts');
figure,imshow(BW1),title('用Roberts算子')
BW2=edge(I,'sobel');
figure,imshow(BW2),title('用Sobel算子')
BW3=edge(I,'log');
figure,imshow(BW3),title('用log算子')
```

如图 11.15 所示，可以看到三种算子的边缘检测。

(a)原图像

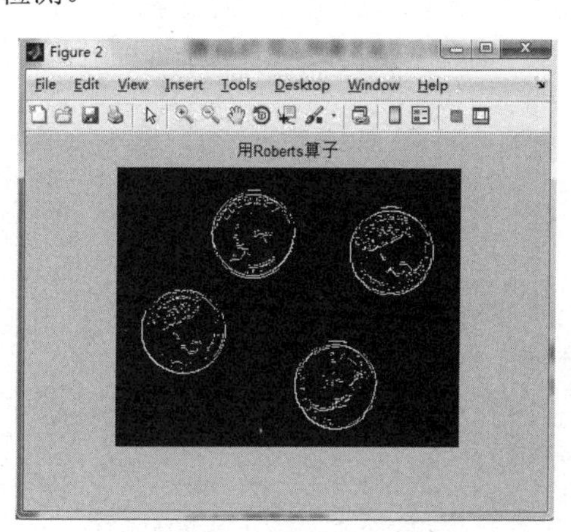

(b)Roberts 算子边缘检测

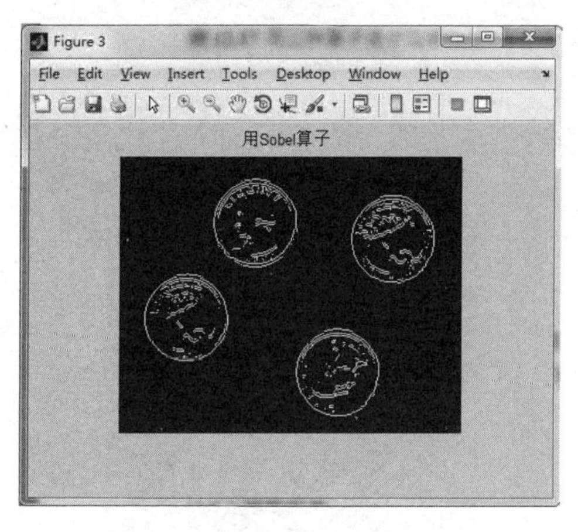

(c)Sobel 算子边缘检测

(d)log 算子边缘检测

图 11.15　边缘检测结果

11.5.2　阈值处理

阈值分割法适用于目标与背景灰度有较强对比的情况，其思想是利用图像中要提取的目标区域与背景在灰度特性上的差异，将图像视为具有不同灰度级的两类区域（目标区域和背景区域）的组合，选取一个比较合理的阈值，确定图像中每个像素点是属于目标区域还是属于背景区域，从而产生相应的二值图像。

阈值分割法分为全局阈值分割法和局部阈值分割法。全局阈值分割法应用比较广泛，在整幅图像内采用固定的阈值分割图像，阈值的选取常以图像的灰度直方图作为参考。局部阈值分割法较为复杂，它将原图像划分为多幅子图像，对每幅子图像选取相应的阈值并分别独立地进行阈值分割。由于在阈值分割后，在相邻子图像之间的边界位置可能产生灰度级的不连续，因此需要用平滑技术消除不连续。局部阈值分割法虽然能改善全局阈值法的分割效果，但存在几个缺点：⑴每幅子图像的尺寸不能太小，否则统计结果无意义。⑵每幅图像的分割是任意的，如果一幅子图像正好落在目标区域或背景区域，而根据统计结果对其进行分割，也许会产生更差的结果。⑶局部阈值分割法对每幅子图像都要进行统计，速度慢，难以适应实时性的要求。

下面列举全局阈值分割法这种最简单的情况，图 11.16 所示为原图像与全局阈值分割图像。

```
I=imread('rice.png');
J=rgb2gray(I);
[m n]=size(J);
I1=zeros(m,n);
t1=120;
for i=1:m
    for j=1:n
       if J(i,j)>t1
          I1(i,j)=1;
       else
          I1(i,j)=0;
       end
    end
end
imshow(J)
figure,imshow(I1)
```

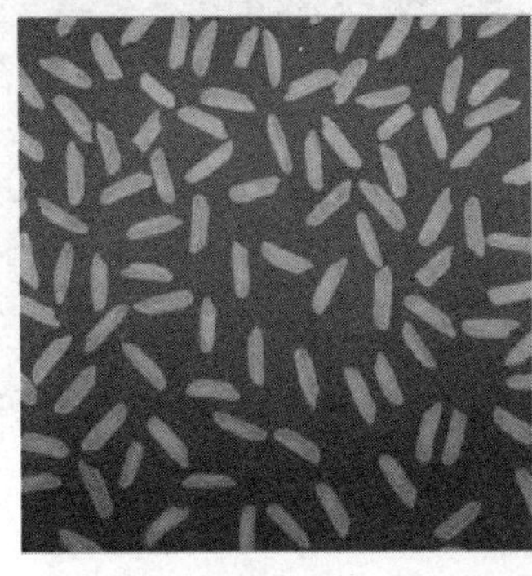

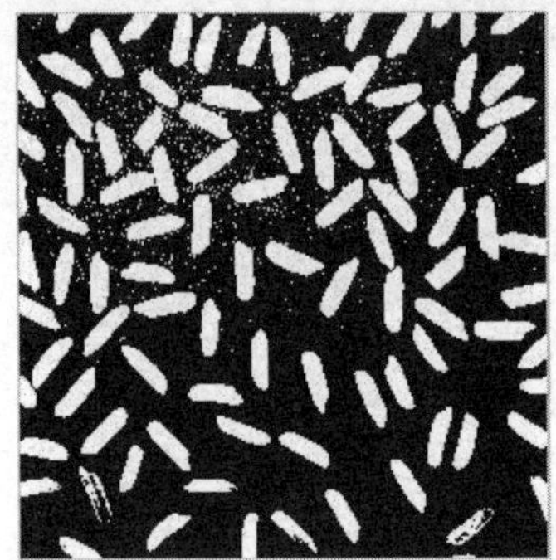

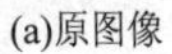

(a)原图像　　(b)分割结果

图 11.16　全局阈值分割结果

由于图像内容的复杂性，单纯用全局阈值分割法和局部阈值分割法不能满足分割要求，因此通过对阈值分割法不断改进，得到了很多经典算法，如最大类间方差法、p 分位数法、直方图凹面分析法等。

11.5.3　区域生长

区域生长算法是一种经典的图像分割方法，其基本思想是根据预定义的相似性准则将图像中的像素或子区域聚合成更大区域的过程，具体做法是先选择一组能正确代表目标区域特征的“种子点”，然后将与种子点性质相似（如灰度级或亮度等特征）的相邻像素加入生长区域，当没有像素满足相似性准则或满足初始设定的迭代次数时，区域生长就停止计算，从而完成分割。其主要优点包括：⑴思想简单，算法容易实现；⑵算法只需选取若干种子点即可完成分割；⑶对于较均匀的具有相同特征的连通区域有较好的分割效果；⑷可以灵活地定义生长过程中的一个或多个相似准则。基于上述优点，区域生长算法常用于目标区域面积较大的医学图像分割，如肝脏等组织的分割。但是，该方法需要人工定义种子点和相似性生长准则，主观性太强，不同人的分割结果也不同；此外，区域生长是一种不稳定的方法，它对噪声敏感，并且分割区域容易出现不连续或空洞的情况。该方法单独使用不理想，需要和其他方法结合使用。

图 11.17 中给出了一个基本区域生长算法的示例，其中图 11.17(a)是待分割的原图像，图中的灰色方块是初始选择的两个种子点。设判定准则如下：种子点灰度值与其邻域像素点的灰度值之差的绝对值小于阈值 T。图 11.17(b)、(c)和(d)分别为 $T=1, 3, 6$ 时的区域生长结果。图 11.17(b)由于阈值 T 选择过小，在生长过程中，某些点不满足生长准则，不能被准确地分割出来，导致欠分割；图 11.17(c)中的阈值 T 选择相对合适，分割效果较理想；图 11.17(d)中的阈值 T 选择过大，整个图像都被分到一个区域，导致过分割。由此可知，影响区域生长效果的主要因素有以下三点：⑴初始点（种子点）的选取；⑵相似性准则；⑶终止条件。

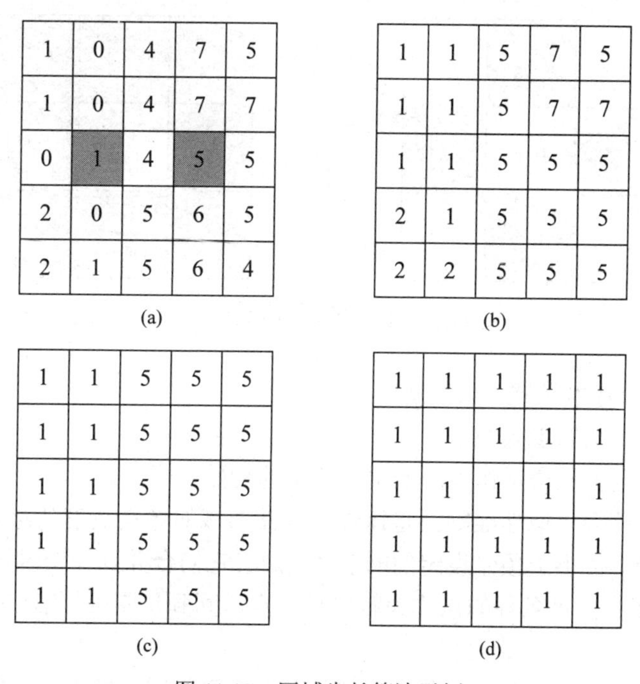

1	0	4	7	5
1	0	4	7	7
0	1	4	5	5
2	0	5	6	5
2	1	5	6	4

(a)

1	1	5	7	5
1	1	5	7	7
1	1	5	5	5
2	1	5	5	5
2	2	5	5	5

(b)

1	1	5	5	5
1	1	5	5	5
1	1	5	5	5
1	1	5	5	5
1	1	5	5	5

(c)

1	1	1	1	1
1	1	1	1	1
1	1	1	1	1
1	1	1	1	1
1	1	1	1	1

(d)

图 11.17　区域生长算法示例

该算法的关键在于：

（1）区域生长前需要选择一组能正确代表所需区域的种子像素，初始点选取时，可以由人根据图形先验信息交互式地选取种子点，也可以由计算机根据人为设定条件，随机地选取种子点。

（2）根据图像的具体特性确定合适的相似性准则，传统的区域生长准则主要基于区域灰度差，以像素为基本单位，将相似性准则定义为待生长的像素与整个图像区域的灰度均值之差。设整个图像区域为 R，像素数为 N，(x,y) 为像素坐标，$f(x,y)$ 为像素的灰度值，则区域的均值 m 为

$$m=\frac{1}{N}\sum_{(x,y)\in R}f(x,y) \tag{11.10}$$

那么区域 R 的相似性准则为

$$\left|f(x,y)-m\right|_{(x,y\in R)}<T \tag{11.11}$$

式中，T 为事先设定的阈值，当像素点的灰度值与图像的均值之差小于 T 时，该像素满足区域生长的相似性准则，将该点合并到生长区域。

（3）区域生长的终止条件决定于是否有新的像素点归入生长区域，如果不再有新像素点进入生长区域，算法自动结束；个别终止条件也可设置固定的迭代次数，当算法完成相应迭代次数后即停止生长。

另外，在种子点与邻域像素的比较过程中，可以根据具体图像自行设置邻域范围。图 11.18 中列出了两种典型的邻域，即 4 连通邻域和 8 连通邻域。

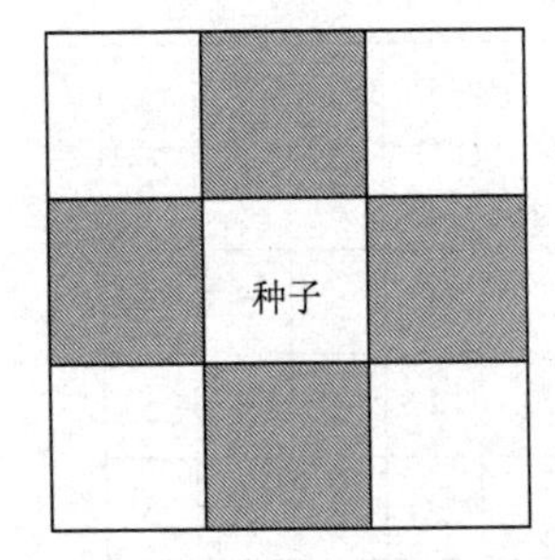

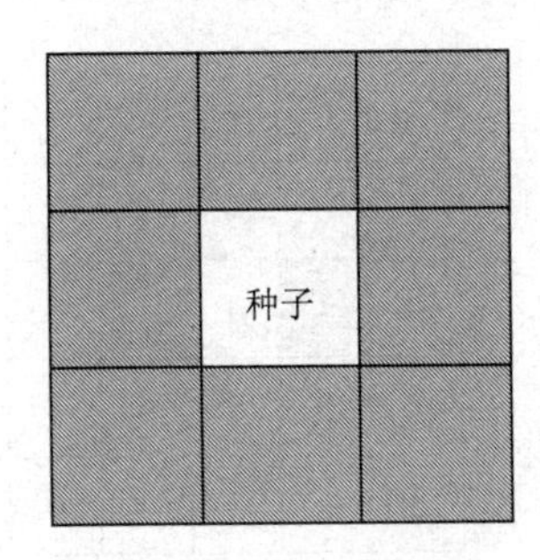

图 11.18　4 连通邻域和 8 连通邻域

图 11.19 所示为基本区域生长算法的流程图。

基本区域生长算法的步骤如下：

（1）初始化。选择一个点作为区域生长算法的初始种子点。

（2）判断是否符合相似性准则。将该像素与其邻域的像素灰度值进行比较，如果两者之差的绝对值小于预先设定的阈值 T，则将它们合并到一个区域。

（3）将步骤 2 中满足条件的点作为新的种子点，回到步骤 2，继续寻找满足相似性准则的像素。

（4）判断是否满足终止条件。若未找到不属于任何区域的像素点，则生长过程结束。

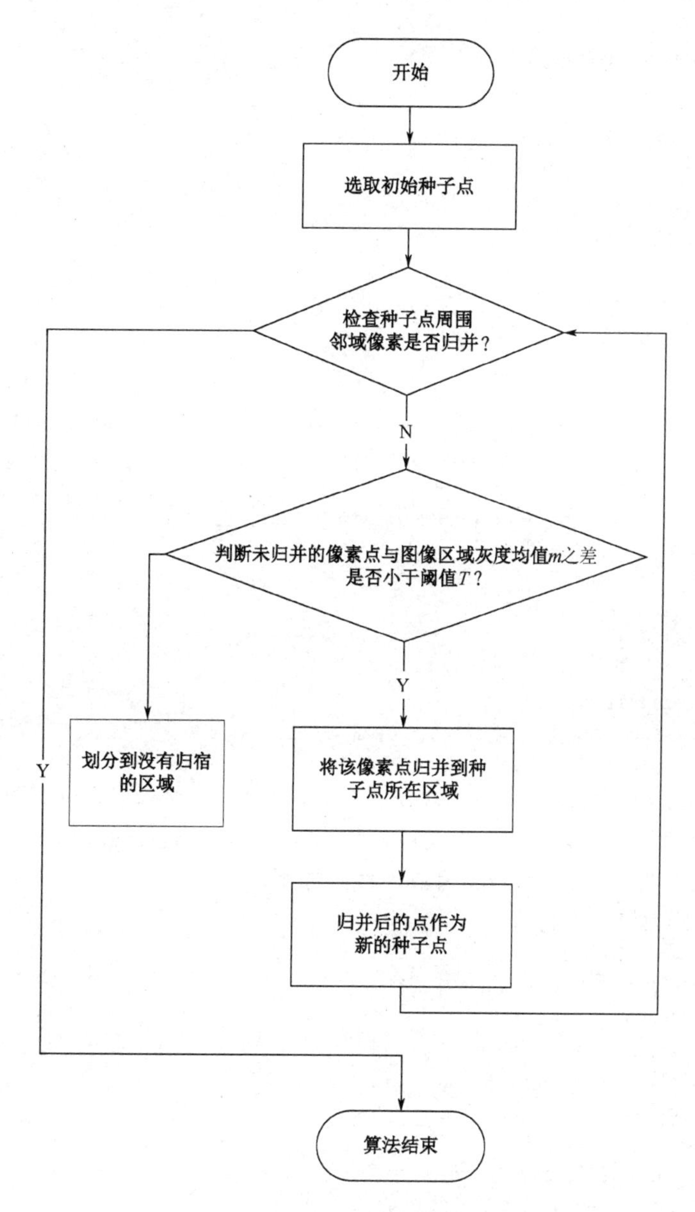

图 11.19　基本区域生长算法的流程图

在MATLAB中，没有可直接调用的区域生长算法函数，我们自己编写一个名为regiongrow的M函数来完成基本的区域生长。例如，新建一个M文件，输入如下程序：

```
function yout=regiongrow2(I,seed,th_mean)
[m,n]=size(I);
[p h]=size(seed);
yout=zeros(m,n);
for i=1:p
    yout(seed(i,1),seed(i,2))=1;
end
seed_sum=0;
for i=1:p
    seed_sum=seed_sum+sum(I(seed(i,1),seed(i,2)));
end
```

```
    seed_mean=seed_sum/p;
    ok=true;
    s_star=1;
    s_end=1;
    while ok
        ok=false;
        for i=s_star:s_end
            x=seed(i,1);
            y=seed(i,2);
            if x>2&&(x+1)<m&&y>2&&(y+1)<n
                for u=-1:1
                    for v=-1:1
                        if yout(x+u,y+v)==0&&abs(I(x+u,y+v)-seed_mean)<=th_mean
                            yout(x+u,y+v)=1;
                            ok=true;
                            seed=[seed;[x+u,y+v]];
                        end
                    end
                end
            end
        end
        size_seed=size(seed);
        s_end=size_seed(1,1);
    end
```

该函数是自定义的 regiongrow 函数，在 yout=regiongrow2(I,seed,th_mean)中，I 为输入图像，seed 为种子，th_mean 为阈值，输出 yout 为分割后的二值图像。

在命令窗口中调用 regiongrow 函数，代码如下：

```
i=imread('eight.tif');
figure(1);imshow(i);
[m,n]=size(i);
[y1,x1]=getpts;
%getpts采集用户在当前figure上使用鼠标单击的点的坐标，图像中的4个目标要采集4个种子点
x1=round(x1);y1=round(y1);
seed=[x1,y1];
th_mean=20;
yout=regiongrow2(i,seed,th_mean);
figure(2);imshow(yout);title('区域生长结果');
```

最终得到的分割结果图 11.20 所示。

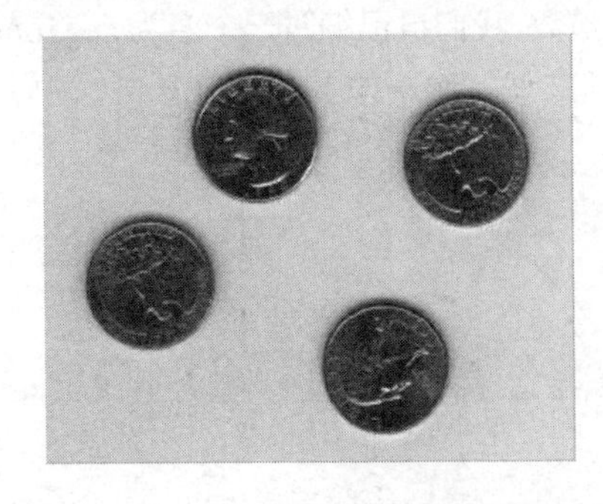

(a)原图像

(b)分割结果

图 11.20　区域生长分割结果

习题 11

1. 对图像进行直方图均衡化操作，选择适当的阈值对其进行阈值分割。
2. 对图像进行滤波处理后，采用边缘检测方法提取图像的边缘轮廓。
3. 对图像进行灰度增强处理。

实验 11　数字图像处理

实验目的

1. 熟悉和掌握用 MATLAB 对图像的基本操作，包括图像的读取、显示、基本运算和保存。
2. 熟悉和掌握用 MATLAB 对图像的常用灰度变换函数。
3. 熟悉和掌握用 MATLAB 对图像的滤波处理。
4. 熟悉和掌握用 MATLAB 对图像的形态学处理。
5. 熟悉和掌握用 MATLAB 对图像的分割。

实验内容

1. 读取一幅灰度图像，对相关数据信息进行查看和显示，并显示图像。
2. 对读取的图像进行取反操作，并保存该图像。
3. 读取一幅灰度图像，对图像先进行添加噪声处理，然后进行中值滤波处理，最后保存图像。
4. 读取一幅灰度图像，对图像进行基于开运算和闭运算的形态学处理。
5. 读取一幅灰度图像，对图像进行基于边缘检测的分割处理。

第 12 章　MATLAB 在电磁场与电磁波中的应用

“电磁场与电磁波”课程是理工科专业（如电子、电气、信息、自动化等）本科生必修的一门重要专业课。利用 MATLAB 可以方便地处理这门课程中的诸多问题。本章主要针对该门课程中的矢量分析、场的可视化、静电场、恒定电流场、恒定磁场、时变电磁场、电磁波的传播等问题进行仿真和分析。使用 MATLAB，可以绘制电磁场与电磁波的二维和三维图形及动画，可将难以理解的知识和现象生动、形象地呈现出来。

12.1　矢量分析

12.1.1　矢量基本运算

1. 矢量加减运算

设在直角坐标系中有矢量 $\boldsymbol{A}=A_x\boldsymbol{e}_x+A_y\boldsymbol{e}_y+A_z\boldsymbol{e}_z$ 和矢量 $\boldsymbol{B}=B_x\boldsymbol{e}_x+B_y\boldsymbol{e}_y+B_z\boldsymbol{e}_z$，其中 A_x, A_y, A_z 和 B_x, B_y, B_z 分别为两个矢量在三个坐标轴正方向的分量。

两个矢量的加运算可表示为

$$\boldsymbol{A}+\boldsymbol{B}=(A_x+B_x)\boldsymbol{e}_x+(A_y+B_y)\boldsymbol{e}_y+(A_z+B_z)\boldsymbol{e}_z \tag{12.1}$$

两个矢量的减运算可表示为

$$\boldsymbol{A}-\boldsymbol{B}=(A_x-B_x)\boldsymbol{e}_x+(A_y-B_y)\boldsymbol{e}_y+(A_z-B_z)\boldsymbol{e}_z \tag{12.2}$$

在 MATLAB 中，可以利用一维数组表示三维空间中的矢量，一维数组中的三个元素分别表示矢量在三个坐标轴正方向的分量，单位矢量则被忽略，因此两个矢量相加减的代码为两个一维数组直接相加减。

【例 12.1】求 $\boldsymbol{A}=\boldsymbol{e}_x+2\boldsymbol{e}_y+3\boldsymbol{e}_z$ 和 $\boldsymbol{B}=-2\boldsymbol{e}_y+2\boldsymbol{e}_z$ 的矢量加减运算。

代码如下：

```
A=[1 2 3];
B=[0,-2,2];
AB_add=A+B
AB_sub=A-B
```

运行结果：

```
AB_add=
     1     0     5
AB_sub=
     1     4     1
```

2. 矢量标积和矢积

设在直角坐标系中有矢量 $\boldsymbol{A}=A_x\boldsymbol{e}_x+A_y\boldsymbol{e}_y+A_z\boldsymbol{e}_z$ 和矢量 $\boldsymbol{B}=B_x\boldsymbol{e}_x+B_y\boldsymbol{e}_y+B_z\boldsymbol{e}_z$，两个矢量

的标积（或点积）和矢积（或叉积）运算可表示如下。

标积：

$$\boldsymbol{A}\cdot\boldsymbol{B}=A_x\cdot B_x+A_y\cdot B_y+A_z\cdot B_z=|\boldsymbol{A}||\boldsymbol{B}|\cos\theta \tag{12.3}$$

矢积：

$$\boldsymbol{A}\times\boldsymbol{B}=\begin{vmatrix}\boldsymbol{e}_x & \boldsymbol{e}_y & \boldsymbol{e}_z\\ A_x & A_y & A_z\\ B_x & B_y & B_z\end{vmatrix}=\boldsymbol{e}_{\boldsymbol{A}\times\boldsymbol{B}}|\boldsymbol{A}||\boldsymbol{B}|\sin\theta \tag{12.4}$$

式中，$|\boldsymbol{A}|$和$|\boldsymbol{B}|$为两个矢量的模或长度，θ为两个矢量的夹角，$\boldsymbol{e}_{\boldsymbol{A}\times\boldsymbol{B}}$为矢积的单位矢量。

在 MATLAB 中可调用 dot 函数和 cross 函数计算标积和矢积。

【例 12.2】 求矢量$\boldsymbol{A}=2\boldsymbol{e}_x-2\boldsymbol{e}_y,\boldsymbol{B}=\boldsymbol{e}_x-\boldsymbol{e}_y,\boldsymbol{C}=4\boldsymbol{e}_z$的标积和矢积。

代码如下：

```
A=[2 -2 0];
B=[1 -1 0];
C=[0 0 4];
AB_dot=dot(A,B)
AB_dot2=sum(A.*B)                    %和dot函数的功能相同
AC_dot=dot(A,C)
AB_cross=cross(A,B)
AC_cross=cross(A,C)
```

运行结果：

```
AB_dot=
     4
AB_dot2=
     4
AC_dot=
     0
AB_cross=
     0     0     0
AC_cross=
    -8    -8     0
```

从 AC_dot 的结果可以看出，矢量$\boldsymbol{A}$和矢量$\boldsymbol{C}$的标积为 0，说明两矢量垂直。从 AB_cross 的结果可以看出，矢量$\boldsymbol{A}$和矢量$\boldsymbol{B}$的矢积为 0，说明两矢量平行。

3. 矢量的模和单位矢量

设在直角坐标系中有矢量$\boldsymbol{A}=A_x\boldsymbol{e}_x+A_y\boldsymbol{e}_y+A_z\boldsymbol{e}_z$，则该矢量的模和单位矢量可表示为

$$|\boldsymbol{A}|=\sqrt{A_x^2+A_z^2+A_z^2} \tag{12.5}$$

$$\boldsymbol{e}_{\boldsymbol{A}}=\frac{A_x\boldsymbol{e}_x+A_y\boldsymbol{e}_y+A_z\boldsymbol{e}_z}{|\boldsymbol{A}|} \tag{12.6}$$

在 MATLAB 中可调用 norm 函数计算矢量的模。

【例 12.3】 求$\boldsymbol{A}=2\boldsymbol{e}_x-2\boldsymbol{e}_y+\boldsymbol{e}_z$和$\boldsymbol{B}=4\boldsymbol{e}_x$的矢量模与单位矢量。

代码如下：

```
A=[2 -2 1];
B=[4 0 0];
norm(A,2)          %求模
norm(B,2)          %求模
A./norm(A,2)       %求单位矢量
B./norm(B,2)       %求单位矢量
```

运行结果：

```
ans=
     3
ans=
     4
ans=
    0.6667   -0.6667    0.3333
ans=
     1     0     0
```

4. 三重积

设直角坐标系中有矢量 $\boldsymbol{A}=A_x\boldsymbol{e}_x+A_y\boldsymbol{e}_y+A_z\boldsymbol{e}_z$，$\boldsymbol{B}=B_x\boldsymbol{e}_x+B_y\boldsymbol{e}_y+B_z\boldsymbol{e}_z$ 和 $\boldsymbol{C}=C_x\boldsymbol{e}_x+C_y\boldsymbol{e}_y+C_z\boldsymbol{e}_z$，三个矢量的标量三重积和矢量三重积运算可表示如下。

标量三重积：

$$\boldsymbol{A}\cdot(\boldsymbol{B}\times\boldsymbol{C})=|\boldsymbol{A}||\boldsymbol{B}||\boldsymbol{C}|\cos\alpha\sin\theta \tag{12.7}$$

矢量三重积：

$$\boldsymbol{A}\times\left(\boldsymbol{B}\times\boldsymbol{C}\right)=\boldsymbol{A}\times\begin{vmatrix}\boldsymbol{e}_x & \boldsymbol{e}_y & \boldsymbol{e}_z\\ B_x & B_y & B_z\\ C_x & C_y & C_z\end{vmatrix}=\boldsymbol{e}_{A\times(B\times C)}|\boldsymbol{A}||\boldsymbol{B}||\boldsymbol{C}|\sin\alpha\sin\theta \tag{12.8}$$

式中，θ 为矢量 $\boldsymbol{B}$ 和 $\boldsymbol{C}$ 的夹角，α 为矢量 $\boldsymbol{A}$ 和 $\boldsymbol{B}\times\boldsymbol{C}$ 的夹角。三重积包括标量三重积和矢量三重积，矢量运算是该门课程的基础，其公式较为容易，但部分学生计算时常常出错。而利用 MATLAB 的矢量计算函数可以方便地进行矢量计算，帮助检验计算结果，同时可以绘图说明矢量的运算。

【例 12.4】求 $\boldsymbol{A}$=(1, 2, 3), $\boldsymbol{B}$ = (1, 1, 1), $\boldsymbol{C}$ = (2, 1, 3)的矢量运算。

代码如下：

```
A=[1 2 3];B=[1,1,1];C=[2,1,3];
A+B;                          %矢量相加
A-B;                          %矢量相减
dot(A,B);                     %点积或标积
cross(A,B);                   %叉积或矢积
dot(A,cross(B,C));            %标量三重积
cross(cross(A,B),C);          %矢量三重积
```

在计算结果的基础上，利用 quiver3 可绘出矢量图形。图 12.1 所示为以上代码计算结果的空间可视化图形，它有助于学生理解叉积等较难掌握的知识。

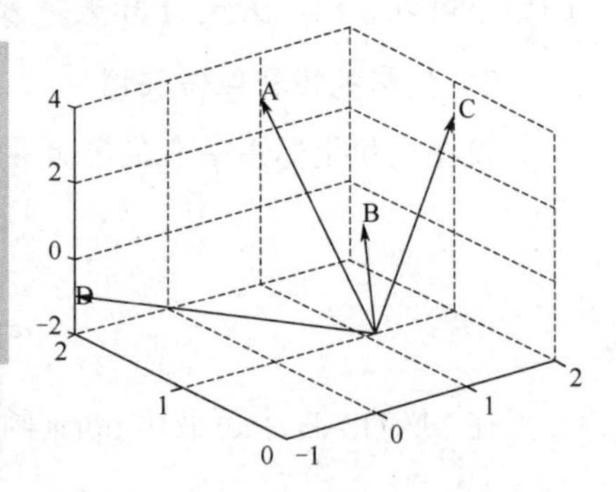

图 12.1　矢量空间可视化图形

12.1.2　梯度、散度和旋度的计算

利用 MATLAB 的符号运算功能，学生可对梯度、散度、旋度等微分算子进行符号计算。标量场的梯度可利用 gradient 函数。

【例 12.5】计算三维标量场的梯度。

代码如下：

```
syms x y z
f=x.*exp(-x.^2 - y.^2- z.^2)
g=gradient(f,[x,y,z]);
%绘制梯度场
[X,Y,Z]=meshgrid(-1:.1:1,-1:.1:1,-1:.1:1);
G1=subs(g(1),[x y z],{X,Y,Z});
G2=subs(g(2),[x y z],{X,Y,Z});
G3=subs(g(3),[x y z],{X,Y,Z});
quiver3(X,Y,Z,G1,G2,G3)
```

利用 quiver3 函数可以绘出三维矢量场，上述三维标量场的梯度场如图 12.2 所示。

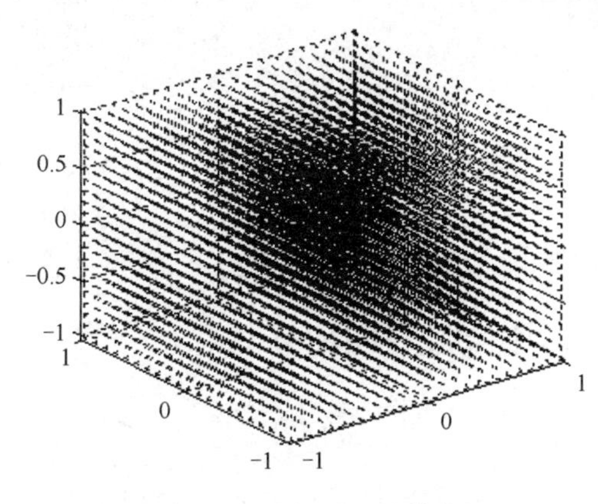

图 12.2　三维标量场的梯度场

矢量场的散度和旋度可利用 diff 函数计算。

【例 12.6】计算三维矢量场的散度和旋度。

代码如下：

```
syms x y z
F=[y*z^2,x^2*y*z,exp(x)*2*y*z];
divF=diff(F(1),x)+diff(F(2),y)+diff(F(3),z);
rotF=[diff(F(3),y)-diff(F(2),z),diff(F(1),z)-diff(F(3),x),
     diff(F(2),x)- diff(F(1),y)];
                                                %绘制散度场
[X,Y,Z]=meshgrid(-1.2:.2:1.2,-1:.2:1,-1:.2:1);
V=subs(divF,[x y z],{X,Y,Z});
V = double(V);
```

```
slice(X,Y,Z,V,[0],0.2,[-0.8])
shading interp
                                                %绘制旋度场
figure
G1=subs(rotF(1),[x y z],{X,Y,Z});
G2=subs(rotF(2),[x y z],{X,Y,Z});
G3=subs(rotF(3),[x y z],{X,Y,Z});
quiver3(X,Y,Z,G1,G2,G3)
```

该三维矢量场的散度场和旋度场分别如图 12.3 和图 12.4 所示。

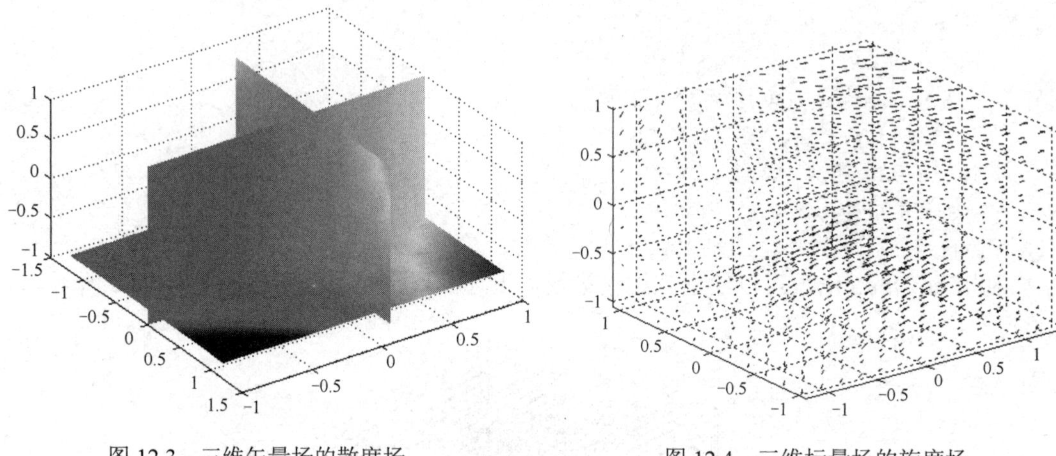

图 12.3　三维矢量场的散度场　　　　图 12.4　三维标量场的旋度场

12.1.3　场的可视化

利用 mesh 函数可绘制二维标量场的分布图。

【例 12.7】 画出 $f(x,y,z)=x\mathrm{e}^{(-x^2-y^2)}$ 的标量场分布。

代码如下：

```
[x,y]=meshgrid(-2:.1:2,-1:.05:1);
z=x.*exp(-x.^2 - y.^2);
mesh(x,y,z)
%等位线和梯度场
[px,py]=gradient(z,.2,.15);
contour(x,y,z)
hold on
quiver(x,y,px,py),
hold off
axis image
```

结果如图 12.5 所示。二维标量场的等值线可用 contour 函数绘制，二维矢量场的场矢量分布图可用 quiver 函数绘制，图 12.6 所示为标量场 $f(x,y,z)=x\mathrm{e}^{(-x^2-y^2)}$ 的等值线和梯度矢量场。二维矢量场的场线可用 streamline 和 stream2 绘制。

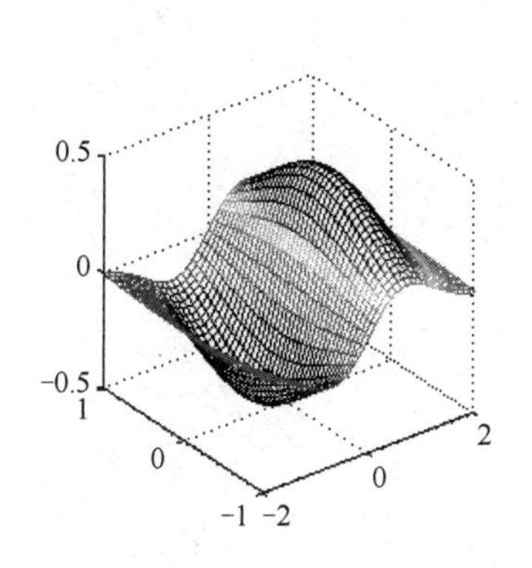

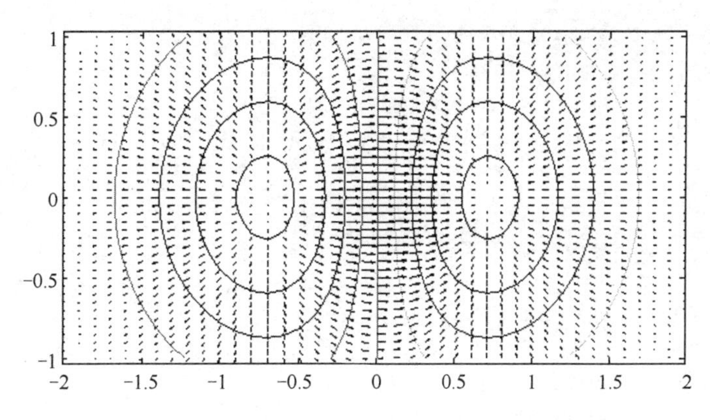

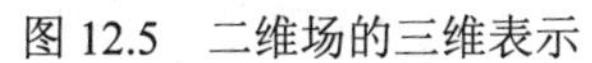
图 12.5　二维场的三维表示

图 12.6　二维等值线和梯度矢量场

12.2　电磁场的计算与仿真

12.2.1　静电场的计算与仿真

1．电荷源与电场的关系

1）点电荷的电场

根据静电场理论，点电荷的电场强度公式为

$$\boldsymbol{E}=\frac{q}{4\pi\varepsilon_0 r^2}\boldsymbol{e}_r \tag{12.9}$$

用空间离散化的方式对电场进行计算和仿真时，要注意分母为零时带来的计算问题。

【例 12.8】点电荷电场计算和仿真示例。

代码如下，计算和仿真结果如图 12.7 所示。

```
clc;
clear;
N=0.0005;
x=[-N:N/40:N];
y=[-N:N/40:N];
[X,Y]=meshgrid(x,y);
q=10^(-19);
eps0=8.854187817*10^(-12);
E=q./(4*pi*eps0*((X.^2+Y.^2))+10^(-19));                %注意分母为零带来的计算问题

surf(X,Y,E);                                            %电场大小曲面图
xlabel('x轴');
ylabel('y轴');
zlabel('场强大小');
set(gcf,'color','w')
box on;
light('Position',[min(x),max(y),max(max(E))]);
```

```
shading interp;lighting phong;
material shiny
%shading interp;lighting flat;
%axis([-0.05 0.05 -0.05 0.05 0 max(max(E))])

figure
[pX,pY]=gradient(E,.1,.1);                          %梯度计算
contour(X,Y,E);                                     %等高线
hold on
quiver(X,Y,pX,pY);                                  %速度场
xlabel('x轴');
ylabel('y轴');
set(gcf,'color','w')
hold off,axis image
```

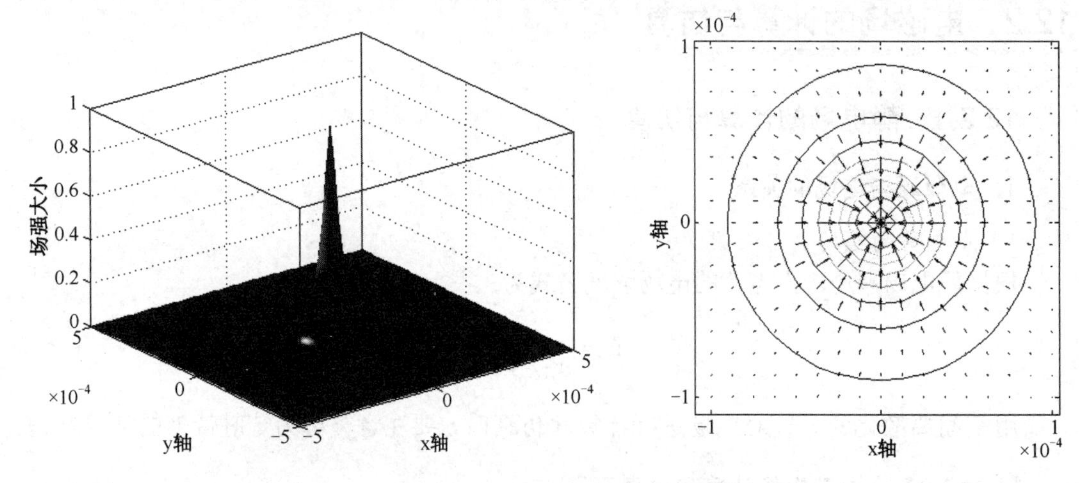

图 12.7　点电荷的电场强度大小、电场矢量场和等电位分布

2）电偶极子的电场

根据电偶极子的电场线及等势线的特性和它们的关系，利用 MATLAB 软件的近似梯度方法，可求得电场线和等势线的方程，进而利用 MATLAB 软件的输出函数及输出图形的特点可以绘出电偶极子的电场线及等势线。

【例 12.9】电偶极子的电场计算和仿真示例。

代码如下，计算和仿真结果如图 12.8 和图 12.9 所示。

```
syms x y;
eps0=8.854187817*10^(-12);
q=10^(-19);
N=10^(-8);
a=N/10;
V1=q./(4*pi*eps0*sqrt((x-a).^2+y.^2));
V2=-q./(4*pi*eps0*sqrt((x+a).^2+y.^2));
V=V1+V2;
```

```
E=-gradient(V);

X=-N:N/37:N;
Y=-N:N/37:N;
[X,Y]=meshgrid(X,Y);
Vv=double(vpa(subs(V,{x,y},{X,Y})));
Ex=double(vpa(subs(E(1),{x,y},{X,Y})));
Ey=double(vpa(subs(E(2),{x,y},{X,Y})));

AE=sqrt(Ex.^2+Ey.^2);
Ex=Ex./AE;
Ey=Ey./AE;
cv=linspace(min(min(Vv)),max(max(Vv)),501);

quiver(X,Y,Ex,Ey)
xlabel('x轴');ylabel('y轴');axis tight
set(gcf,'color','w')
figure
surf(X,Y,Vv)
xlabel('x轴'); ylabel('y轴'); zlabel('电位');box on;axis tight
set(gcf,'color','w')
light('Position',[min(min(X)),max(max(Y)),max(max(Vv))]);
shading interp; lighting phong; material shiny

figure
surf(X,Y,AE)
xlabel('x轴');ylabel('y轴');zlabel('电场强度');box on;axis tight
set(gcf,'color','w')
light('Position',[min(min(X)),max(max(Y)),max(max(AE))]);
shading interp;lighting phong;
material shiny
```

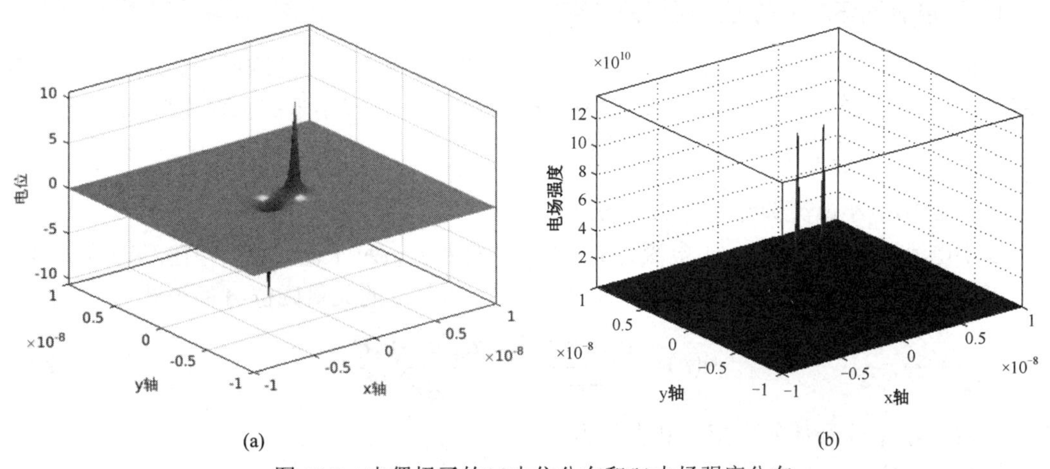

图 12.8　电偶极子的(a)电位分布和(b)电场强度分布

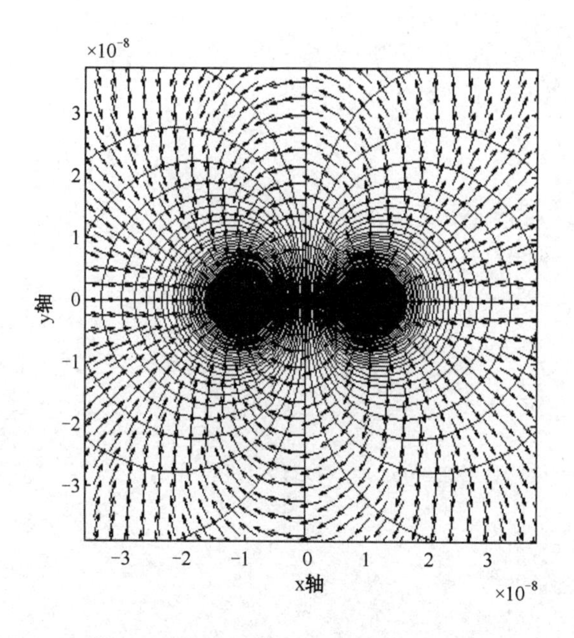

图 12.9　电场强度矢量分布和等电位线

2. 利用电位计算电场

电位为标量，与电场相比计算更方便，因此在计算电场时一般先计算电位，然后利用电位与电场的如下关系来计算电场：

$$\boldsymbol{E} = -\nabla\varphi \tag{12.10}$$

MATLAB 中计算梯度的函数是 gradient，具体代码如下：

```
E=-gradient(V);
```

注意返回值 E 是包含多个分量的元胞，具体实例可参见上述电偶极子的电场和电位的代码与仿真。

12.2.2　恒定磁场的计算与仿真

1. 小电流圆环产生的恒定磁场的计算

在恒定磁场理论中，通过提出小电流圆环模型，可将真空中的磁场相关理论引入介质的磁场，因为介质的原子和电子运动产生的磁矩，可视为许多小电流圆环模型产生的磁矩，所以小电流圆环模型的磁场研究十分重要。

【例 12.10】小电流圆环模型的磁场分布仿真。

设小电流圆环的半径为 a，电流为 I，圆环平面处于 xOy 平面。根据电磁场理论可以推导出小电流圆环在较远空间（相对电流圆环的尺寸而言）的矢量磁位 $\boldsymbol{A}$ 的公式为

$$\boldsymbol{A}(\boldsymbol{r}) = \frac{\mu_0 \boldsymbol{m} \times \boldsymbol{r}}{4\pi r^3} = \boldsymbol{e}_\phi \frac{\mu_0 I a^2 \sin\theta}{4r^2} \tag{12.11}$$

式中，$\boldsymbol{m}$ 为小电流圆环的磁矩，其大小为 IS。

根据磁感应强度与矢量磁位之间的关系 $\boldsymbol{B} = \nabla \times \boldsymbol{A}$，可得

$$
\begin{aligned}
\boldsymbol{B}(\boldsymbol{r}) &= \frac{\mu_0 IS}{4\pi r^3}[\boldsymbol{e}_r 2\cos\theta + \boldsymbol{e}_\theta \sin\theta] \\
&= \frac{\mu_0 IS}{4\pi r^3}[(\sin\theta\cos\varphi\boldsymbol{e}_x + \sin\theta\sin\varphi\boldsymbol{e}_y + \cos\theta\boldsymbol{e}_z)] + \\
&\quad (\cos\theta\cos\varphi\boldsymbol{e}_x + \cos\theta\sin\varphi\boldsymbol{e}_y - \sin\theta\boldsymbol{e}_z)\sin\theta] \\
&= \frac{\mu_0 IS}{4\pi r^3}[2\sin\theta\cos\varphi\cos\theta\boldsymbol{e}_x + 2\sin\theta\sin\varphi\cos\theta\boldsymbol{e}_y + (\cos^2\theta - \sin^2\theta)\boldsymbol{e}_z]
\end{aligned} \tag{12.12}
$$

仿真代码如下：

```
%离散化电流圆环的计算方法
Pz=linspace(-0.01,0.01,1000);
R=10^-3;%圆环半径为1cm
I=1;%电流为1A
N=10000;
eps0=8.854187817*10^(-12);
mu0=4*pi*10^(-7);
k1=(I*mu0*Pz*R)./((2*pi*(Pz.^2+R^2)).^(3/2));
k2=(I*mu0*R)./((2*pi*(Pz.^2+R^2)).^(3/2));
n=0:N-1;
C11=sin(2*n*pi/N);
C12=cos(2*n*pi/N);
C2=sin(pi/N)*ones(size(C11));
Bx=k1*sum(C11.*C2);
By=k1*sum(C12.*C2);
Bz=k2*sum(C2);
subplot(3,1,1)
plot(Pz,Bx);
xlabel('轴线坐标/m');ylabel('B_{x} /T');
axis tight
subplot(3,1,2)
plot(Pz,By);
xlabel('轴线坐标/m');ylabel('B_{y} /T')
axis tight
subplot(3,1,3)
plot(Pz,Bz);
xlabel('轴线坐标/m');ylabel('B_{z} /T')
axis tight
set(gcf,'color','white')
```

仿真结果如图 12.10 所示。从图 12.10 中可以看出，磁感应强度的 x 分量和 y 分量的数量级非常小，因此可视为 0，z 分量的峰值为 0.25T，其变化趋势和理论分析结果相一致。

2. 电荷在变化磁场中的运动

电荷在磁场中运动时，受洛伦兹力的作用，磁场只改变电荷的运动方向而不改变运动速度的大小，在均匀磁场中将做匀速圆周运动。当磁场不均匀时，电荷将不能做匀速圆周运动。

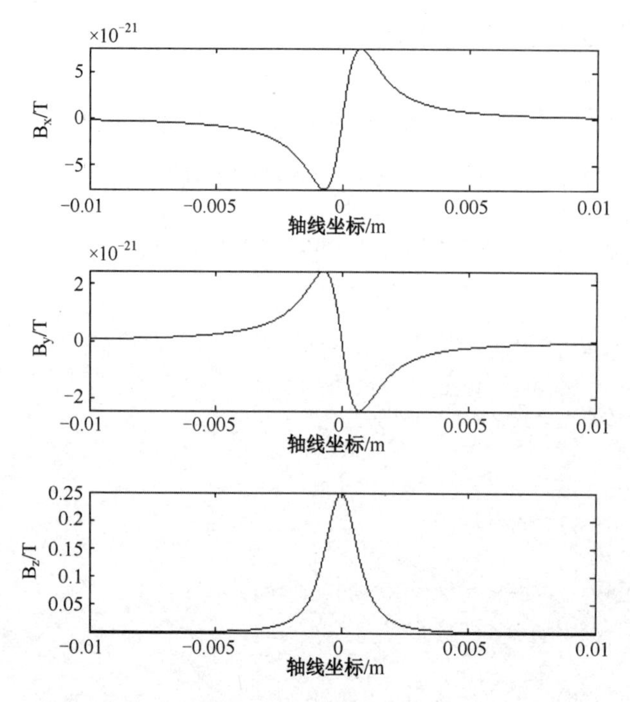

图 12.10 电流圆环轴线上磁感应强度的各个分量

【例 12.11】电荷在非均匀磁场中的运动仿真。

设电荷以一定的速度（具有 *x* 轴分量和 *yOz* 平面分量）进入均匀增强的磁场，磁场沿 *x* 轴方向逐渐增强，在 *yOz* 平面为均匀磁场。用 MALTAB 仿真电荷在非均匀磁场中的运动。

代码如下：

```
function yundongdianhe
                                                %电荷在非均匀磁场中的运动
v=10;
sita=pi/6;                                      %设定带电粒子的初速度及入射角
v=v*cos(sita);
u=v*sin(sita);                                  %计算x,y方向的初速度
w=0;
[t,y]=ode23(@yy,[0:0.002:2],[0,v,0,u,0,w]);     %求解名为“yy”的微分方程组
figure                                          %描绘运动轨迹
plot(t,y(:,1));                                 %绘制一般二维曲线
xlabel('t');ylabel('x');
figure
plot(t,y(:,3));
xlabel('t');ylabel('y');
figure
plot(t,y(:,5));
xlabel('t');ylabel('z');
figure
```

```
plot(y(:,3),y(:,5));
xlabel('y');ylabel('z');
figure
plot3(y(:,1),y(:,3),y(:,5))                              %绘制一般三维曲线图
box on;
comet3(y(:,1),y(:,3),y(:,5))                             %绘制三维动态轨迹
xlabel('x');ylabel('y');zlabel('z');

%电荷在非均匀磁场中运动的微分方程
function f=yy(t,y);
global A;                                                %定义全局变量
A=100;                                                   %设定qB0/m
f=[y(2);0;y(4);A*y(6)*y(1);y(6);-A*y(4)*y(1)];           %写入微分方程
```

仿真结果如图12.11至图12.15所示。

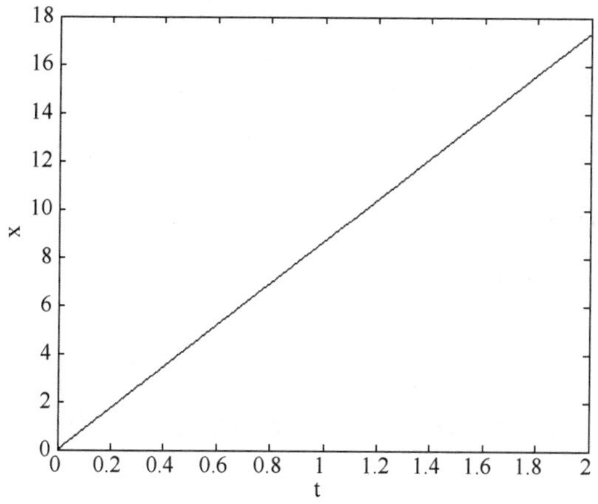

图 12.11　电荷在 x 轴上的运动轨迹

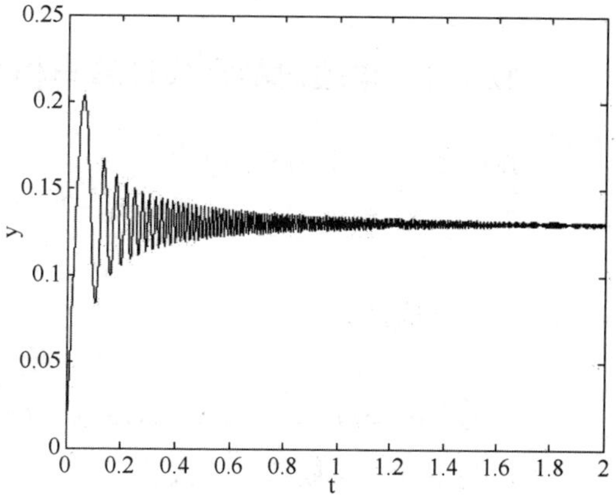

图 12.12　电荷在 y 轴上的运动轨迹

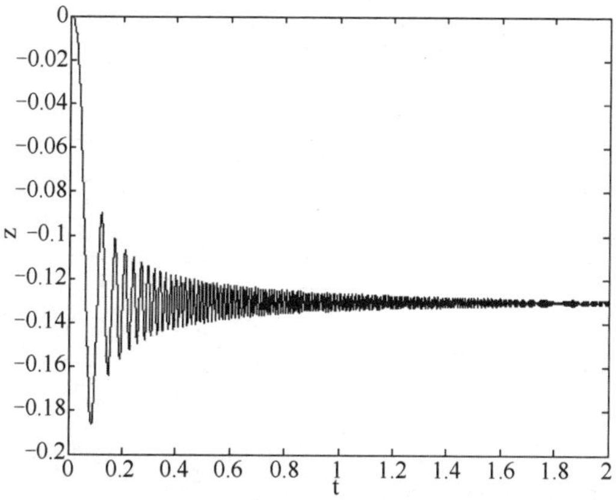

图 12.13　电荷在 z 轴上的运动轨迹

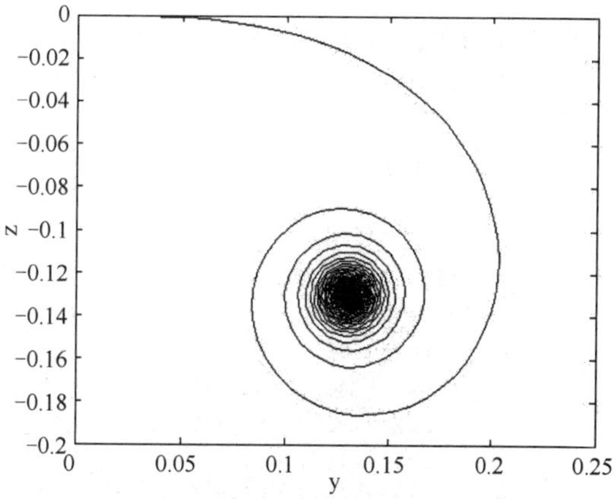

图 12.14　电荷在 yz 平面上的运动轨迹

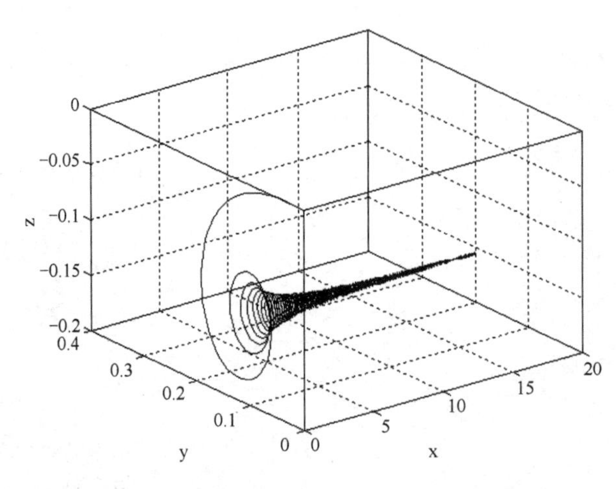

图 12.15　电荷在非均匀磁场中的三维运动轨迹

12.3　电磁波的计算与仿真

12.3.1　电磁波的合成计算与仿真

振动方向相同的两个波为

$$\begin{aligned} Ex_1 &= E_{m1}\cos(\omega_1 t - k_1 z + \varphi_1) \\ Ex_2 &= E_{m2}\cos(\omega_2 t - k_2 z + \varphi_2) \end{aligned} \tag{12.13}$$

则它们的合成波为

$$Ex = Ex_1 + Ex_2 \tag{12.14}$$

当 $\omega = \omega_1 = \omega_2$ 时，$Ex = A\cos(\omega t - kz + \varphi)$，但一般条件下，合振动的解析式很难求出，但可以利用计算机模拟合成波。

【例 12.12】合成波的计算机仿真。

程序流程图如图 12.16 所示，先输入振幅、频率和初相位的参数值，然后在每个时间步计算两个波和合成波的位置一次，并更新画面，得到动态的合成波图像。

代码如下：

```
k=2*pi;
Em=20*sqrt(2);
w=10;
z=0:0.01:10;
Z=2;
for i=1:1000
    t=i*0.01;
    Ex1=Em*cos(w*t-k*z+0.1*pi) ;
    Ex2=Em*cos(w*t-k*z+0.3*pi);
    subplot(2,1,1)
    plot(z,Ex1,'b',z,Ex2,'r');set(gcf,'color','w')
    subplot(2,1,2)
    plot(z,Ex1+Ex2,'b')
    axis([0 10 -70 70]);set(gcf,'color','w')
    pause(0.1)
```

```
end
```

图 12.17 为某时刻合成波的仿真结果，上面两个波合成为最下面的合成波。

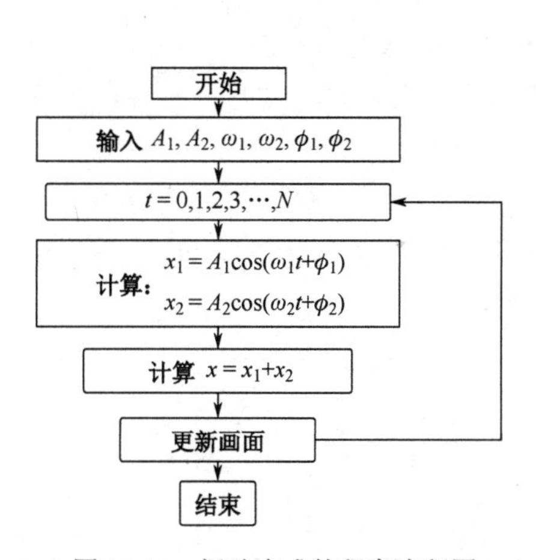

图 12.16　振动合成的程序流程图

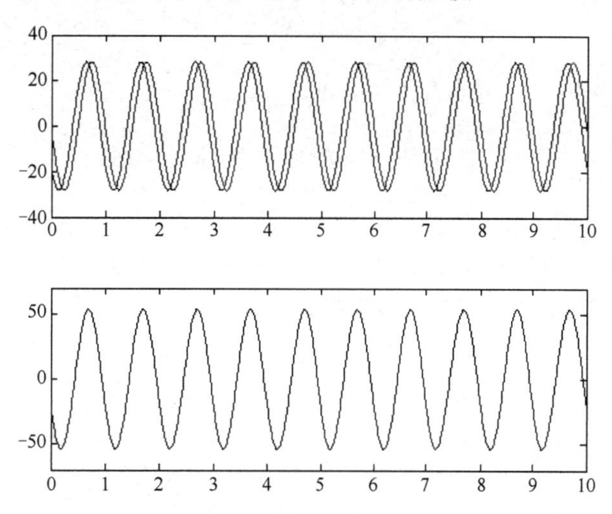

图 12.17　行波合成波的仿真结果

12.3.2　电磁波驻波的模拟

驻波由正反两个方向的行波叠加而成，正向波可表示为

$$y_1 = A\cos 2\pi\left(\frac{t}{T}-\frac{x}{\lambda}\right) \tag{12.15}$$

反向波可表示为

$$y_2 = A\cos 2\pi\left(\frac{t}{T}+\frac{x}{\lambda}\right) \tag{12.16}$$

两者叠加可形成驻波：

$$y = y_1 + y_2 \tag{12.17}$$

【例 12.13】驻波模拟示例。

利用 MATLAB 进行驻波模拟时，先设定振幅周期和波长等参数，然后利用二重循环计算两个振动在每个时间步的每个质点的位置并合成，再后对每个时间步的质点位置绘图，并进行循环更新，得到动态的驻波波形。程序流程图如图 12.18 所示。

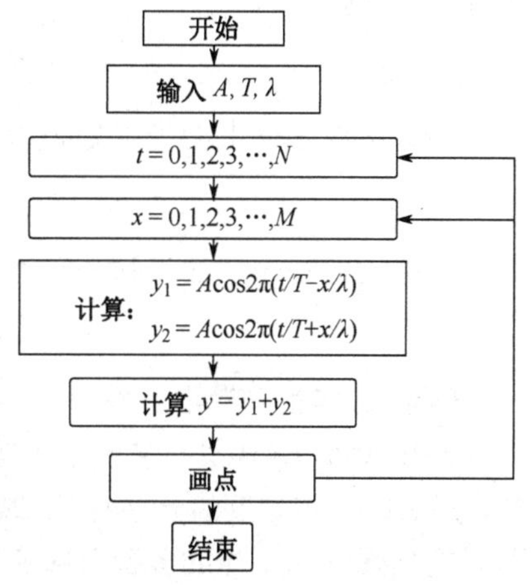

图 12.18　驻波模拟的程序流程图

代码如下：

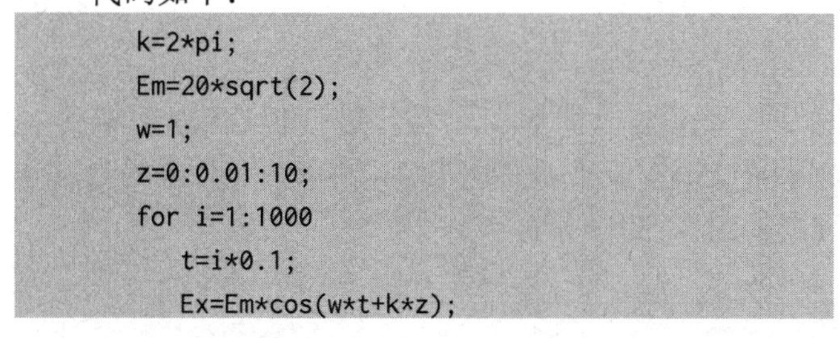

```
k=2*pi;
Em=20*sqrt(2);
w=1;
z=0:0.01:10;
for i=1:1000
    t=i*0.1;
    Ex=Em*cos(w*t+k*z);
```

```
    Ey=1.2*Em*cos(w*t-k*z);
    subplot(2,1,1)
    plot(z,Ex,'b',z,Ey,'r');set(gcf,'color','w')
    subplot(2,1,2)
    plot(z,Ex+Ey,'b')
    hold on
    axis([0 10 -70 70]);set(gcf,'color','w')
    pause(0.1)
end
```

仿真结果如图12.19所示，图的上方为两列左右方向的行波，下方为两列波的叠加效果，它动态显示了叠加波形振幅的上下变化，与理论结果相符。

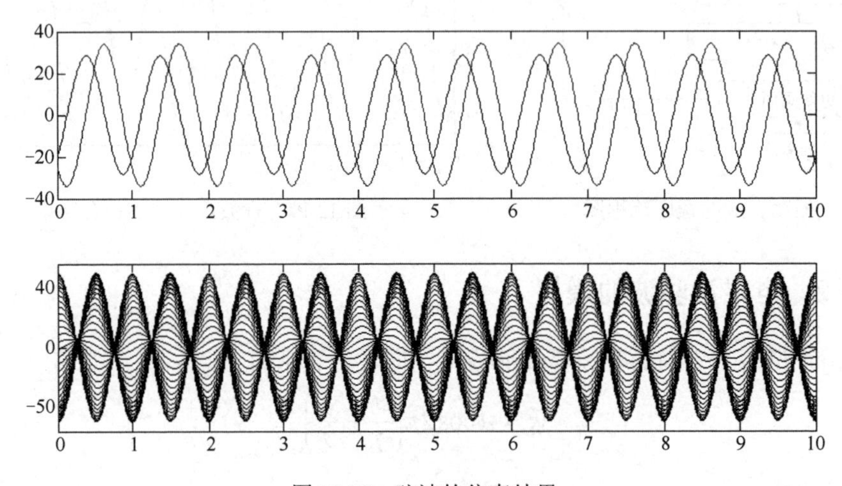

图 12.19　驻波的仿真结果

12.3.3　光的多缝衍射模拟

光作为高频电磁波，在通过狭缝时会产生特殊的现象。光的干涉和衍射现象是电磁波（光学部分）的重要内容。光的多缝衍射由单缝衍射和多缝之间的干涉叠加而成。单缝衍射在屏上的光强分布为

$$I_1 = I_1'(\sin^2 u / u^2),\ \ u = \pi a \sin\theta / \lambda \tag{12.18}$$

多缝干涉在屏上的光强分布为

$$I_2 = I_0''(\sin^2 Nv / \sin^2 v),\ \ v = \pi d \sin\theta / \lambda \tag{12.19}$$

多缝衍射在屏上的光强分布为

$$I = I_1 I_2 \tag{12.20}$$

【例 12.14】多缝衍射模拟。

利用 MATLAB 进行多缝衍射模拟时，先设定单缝宽度、双缝间距、缝数和光波长等参数，然后以一定角度步长计算从-90°到 90°之间的各角度的 I_1 和 I_2，再将两者相乘得到多缝衍射的光强分布。光的多缝衍射流程图如图 12.20 所示。

代码如下：

```
a=0.5;d=2;N=4;lamda=0.1;
```

```
theda=-pi/2:pi/18000+0.00001:pi/2;
u=pi*a*sin(theda)/lamda;
v=pi*d*sin(theda)/lamda;
I1=1*((sin(u)).^2./(u.^2));
I2=2*((sin(N*v)).^2./((sin(v)).^2));
I=I1.*I2;
subplot(3,1,1)
plot(I1);title('单缝衍射')
axis([5000 12000 0 1.2]);set(gcf,'color','w')
subplot(3,1,2)
plot(I2);title('多缝干涉')
axis([5000 12000 0 40]);set(gcf,'color','w')
subplot(3,1,3)
plot(I);title('多缝衍射')
axis([5000 12000 0 40]);set(gcf,'color','w')
```

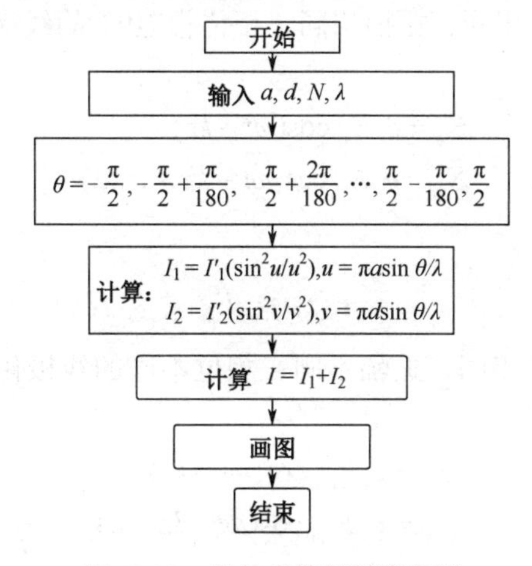

图 12.20　光的多缝衍射流程图

仿真结果如图 12.21 所示。

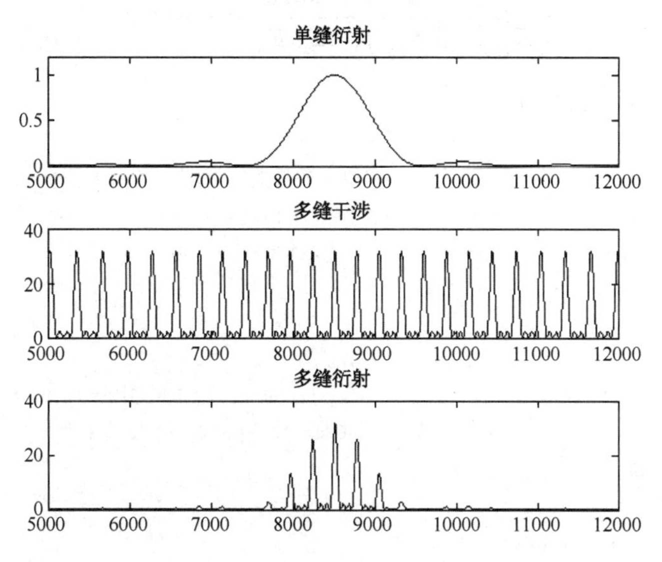

图 12.21　光的多缝衍射的仿真结果

12.3.4 电磁波的极化模拟

电场强度方向随时间变化的规律被称为电磁波的极化特性。平面电磁波极化分为线极化、圆极化和椭圆极化。

两个相互正交的、频率相同、振幅不同、相位相同的线极化平面波，可以合成线极化平面波：

$$\begin{aligned} \boldsymbol{E}_x &= \boldsymbol{e}_x E_{xm} \cos(\omega t - kz) \\ \boldsymbol{E}_y &= \boldsymbol{e}_y E_{ym} \cos(\omega t - kz) \end{aligned} \tag{12.21}$$

合成的线极化波为

$$E(z,t) = \sqrt{E_{xm}^2 + E_{ym}^2} \cos(\omega t - kz) \tag{12.22}$$

两个相互正交的、频率相同、振幅相同、相位相差90°的线极化平面波，可以合成圆极化平面波：

$$\begin{aligned} \boldsymbol{E}_x &= \boldsymbol{e}_x E_m \cos(\omega t - kz) \\ \boldsymbol{E}_y &= \boldsymbol{e}_y E_m \cos(\omega t - kz - \pi / 2) \end{aligned} \tag{12.23}$$

合成的圆极化波为

$$E(z,t) = E_m \tag{12.24}$$

两个相互正交的、频率相同、振幅不同、相位不同的线极化平面波，可以合成椭圆极化平面波：

$$\begin{aligned} \boldsymbol{E}_x &= \boldsymbol{e}_x E_{xm} \cos(\omega t - kz) \\ \boldsymbol{E}_y &= \boldsymbol{e}_y E_{ym} \cos(\omega t - kz - \phi) \end{aligned} \tag{12.25}$$

合成的椭圆极化波为

$$\left(\frac{E_x}{E_{xm}}\right)^2 + \left(\frac{E_y}{E_{ym}}\right)^2 - \frac{2E_x E_y}{E_{xm} E_{ym}} \cos\phi \sin^2\phi \tag{12.26}$$

【例 12.15】电磁波的极化仿真。

仿真代码如下：

```
k=2*pi;                              %传播常数
Em=20;                               %电场有效值
Exm=20*sqrt(2);                      %电场x分量最大值
Eym=10*sqrt(2);                      %电场y分量最大值
w=10;                                %角频率
z=0;                                 %空间位置
delta=0;                             %delta为x与y分量的相位差，线极化为0，
                                      %圆极化为pi/2，椭圆极化为其他
for i=1:1000
    t=i*0.01;                        %时间
    Ex=Exm*cos(w*t-k*z);
    Ey=Eym*cos(w*t-k*z+delta);       %修改表达式，可得到三种不同的合成极化波
```

```
    figure(1)
    plot(Ex,Ey,'b.')                    %绘制当前点
    hold on;                            %图形保持
    xlabel('x轴');
    ylabel('y轴');
    axis([-30,30,-30,30,0,10]);         %范围
    set(gcf,'color','w')                %设置背景
    pause                               %暂停
    grid on;
end
```

仿真结果如图 12.22 至图 12.25 所示。

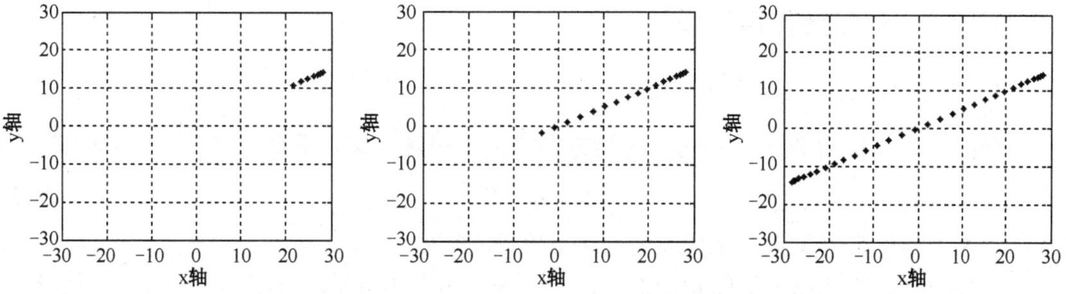

图 12.22　合成线极化不同时刻的轨迹

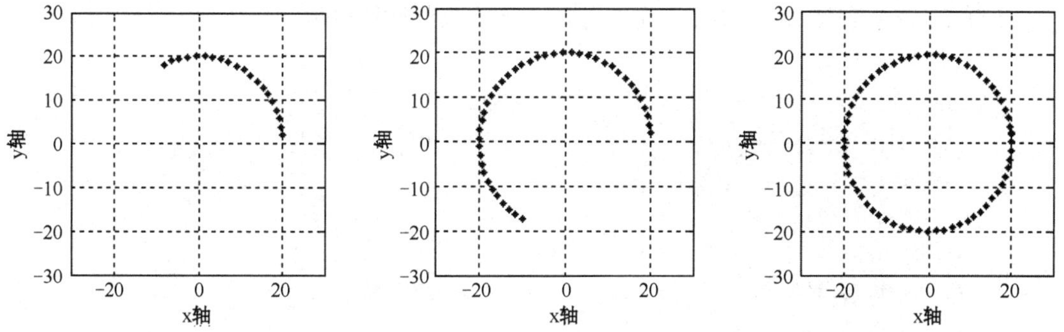

图 12.23　合成圆极化不同时刻的轨迹

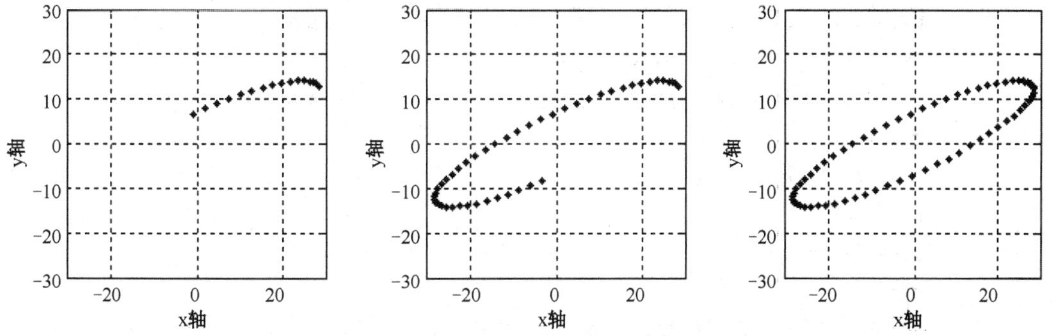

图 12.24　合成椭圆极化不同时刻的轨迹

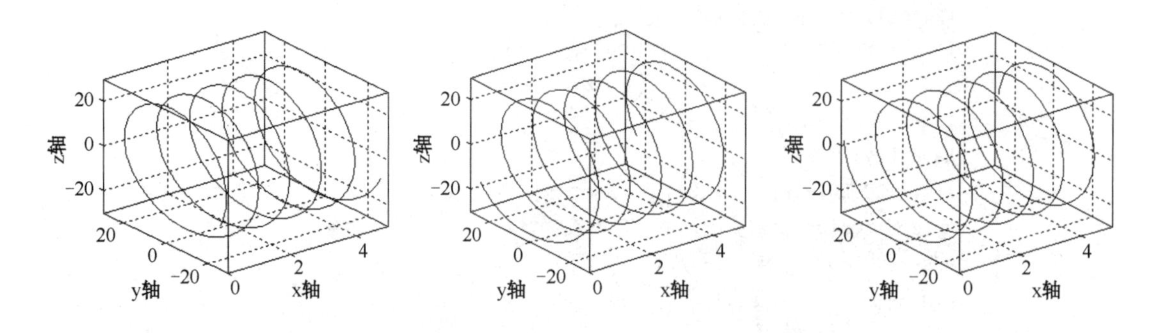

图 12.25　合成圆极化空间各点的电场在不同时刻的轨迹

12.3.5　电磁波传播的模拟

1. 真空和导体中传播的电磁波

横电磁波（TEM 波）传播时，传播方向与电场和磁场相互垂直，即满足如下公式：

$$\boldsymbol{S}=\boldsymbol{E}\times\boldsymbol{H} \tag{12.27}$$

式中，$\boldsymbol{S}$ 为能流密度矢量，$\boldsymbol{H}$ 代表波的传播方向。

在真空中，磁场和电场同相，振幅保持不变，不发生衰减。在导体中，由于电导率不为零，传播常数为复数，导致磁场和电场不同相且振幅不断衰减。

【例 12.16】 利用 MATLAB 分别对上述两种情况进行模拟仿真。

仿真代码如下：

```
clear;clc
k=2*pi;w=10;
Exm=20*sqrt(2);
Hym=15*sqrt(2);
x=0:0.01:3;
Zo1=zeros(size(x));
for i=1:1000
   t=i*0.01;
   Ey=Exm*cos(w*t-k*x) ;                                  %真空中
   Hz=Hym*cos(w*t-k*x) ;                                  %真空中
   %Ey=Exm*cos(w*t-k*x).*exp(-0.5*x);                     %导体中
   %Hz=Hym*cos(w*t-k*x-pi/4).*exp(-0.5*x) ;               %导体中
   figure(1)
   plot3(x,Ey,Zo1,'b');
   hold on;
   plot3(x,Zo1,Hz,'b');
   grid on;
   axis([0,3,-30,30,-30,30])
   xlabel('x轴');   ylabel('电场');   zlabel('磁场');
   set(gcf,'color','w')
```

```
        pause(0.01)
        hold off;
    end
```

仿真结果如图 12.26 和图 12.27 所示。

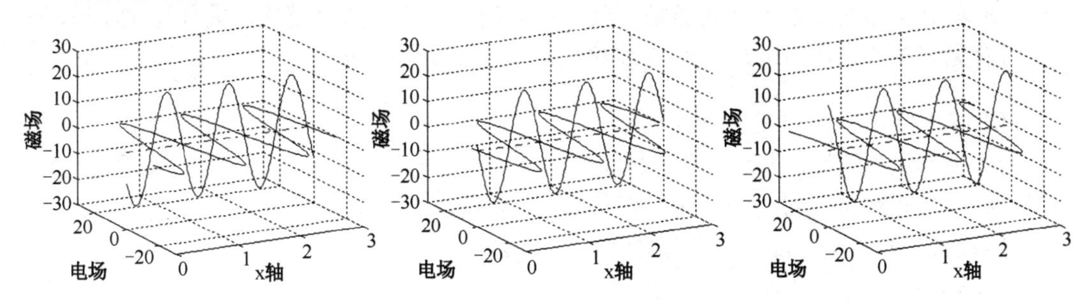

图 12.26　电磁波在真空中传播时不同时刻的电场和磁场

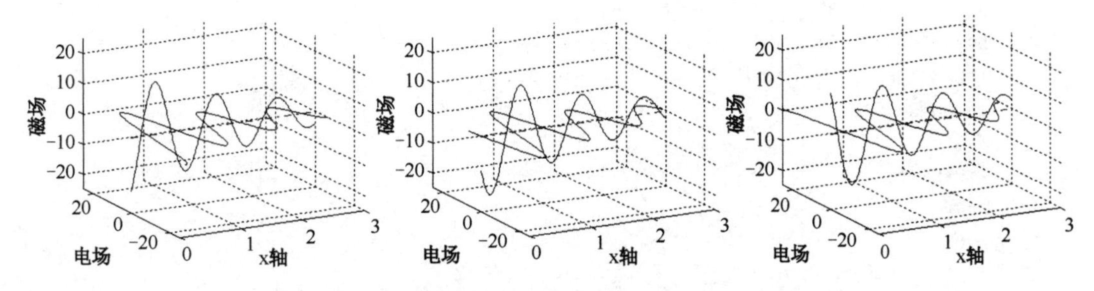

图 12.27　电磁波在导体中传播时不同时刻的电场和磁场

2. 波导系统中传播的电磁波

在微波波段，为了减少传输损耗并防止电磁波泄漏，采用空心金属管作为传输电磁波能量的导波装置，这种空心金属导波装置通常被称为波导。波导壁由良导体制成，通常可将波导壁视为理想导体。矩形波导是截面形状为矩形的金属波导管，如图 12.28 所示。

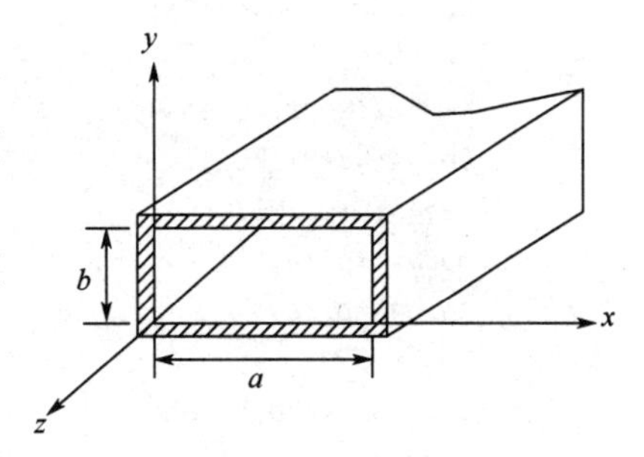

图 12.28　矩形波导

由于波导内没有自由电荷和传导电流，所以传播的电磁波是正弦电磁波。理想导电壁矩形波导中不可能传输 TEM 模，只能传输 TE 模或 TM 模。矩形波导中 TM 模的电场强度 $\boldsymbol{E}$、磁场强度 $\boldsymbol{H}$ 的场分量的表达式为

$$E_x = -\mathrm{j}\frac{k_z E_0}{k_c^2}\left(\frac{m\pi}{a}\right)\cos\left(\frac{m\pi}{a}x\right)\sin\left(\frac{m\pi}{b}y\right)\mathrm{e}^{-\mathrm{j}k_z z} \tag{12.28}$$

$$E_y = -\mathrm{j}\frac{k_z E_0}{k_c^2}\left(\frac{n\pi}{b}\right)\sin\left(\frac{m\pi}{a}x\right)\cos\left(\frac{n\pi}{b}y\right)\mathrm{e}^{-\mathrm{j}k_z z} \tag{12.29}$$

$$E_z = E_0\sin\left(\frac{m\pi}{a}x\right)\cos\left(\frac{n\pi}{b}y\right)\mathrm{e}^{-\mathrm{j}k_z z} \tag{12.30}$$

$$H_x = \mathrm{j}\frac{\omega\varepsilon E_0}{k_c^2}\left(\frac{n\pi}{b}\right)\sin\left(\frac{m\pi}{a}x\right)\cos\left(\frac{n\pi}{b}y\right)\mathrm{e}^{-\mathrm{j}k_z z} \tag{12.31}$$

$$H_y = -\mathrm{j}\frac{\omega\varepsilon E_0}{k_c^2}\left(\frac{m\pi}{a}\right)\cos\left(\frac{m\pi}{a}x\right)\sin\left(\frac{n\pi}{b}y\right)\mathrm{e}^{-\mathrm{j}k_z z} \tag{12.32}$$

$$H_z = 0 \tag{12.33}$$

式中，m 和 n 的值可以取 0 或正整数，代表不同的 TM 波场结构模式，被称为 TM 模，波导中可有无穷多个 TM 模；k_c 为临界波数，$k_c^2 = (m\pi / a)^2 + (n\pi / b)^2$ 。

【例 12.17】矩形波导的电磁场仿真。

对于国产矩形波导，宽边 a 为 22.86mm，窄边 b 为 10.16 mm，波导内的媒质为空气，当工作频率为 9.84GHz 时，波导中只能传输 TE10 模。

MATLAB 仿真代码如下，仿真结果如图 12.29 所示。

```
clear;
clc;
a=22.86*10^(-3);
b=10.16*10^(-3);
f=9.84*10^9;
lamda=3*10^8/f;
T=1/f;
w=2*pi*f;
m=1;
n=0;
eps0=8.854187817*10^(-12);
mu=4*pi*10^(-7);
kc2=(m*pi/a)^2+(n*pi/b)^2;
kz=w*sqrt(mu*eps0);
E0=10^6;
H0=E0/(sqrt(mu/eps0));
Ch=j*(kz*H0/kc2);
Ce=j*(w*mu*H0/kc2);
mpia=m*pi/a;
npib=n*pi/b;
%上板
z=0:lamda/20:2*lamda;
xs=0:a/20:a;
[xs,z]=meshgrid(xs,z);
ys=b*ones(size(xs));
y2=0*ones(size(xs));
%侧板
z=0:lamda/20:2*lamda;
yc=0:b/20:b;
[yc,z]=meshgrid(yc,z);
xc=0*ones(size(yc));

for t=0:T/100:5*T
    %上板
    y=ys;x=xs;
    %下板
```

```
    %y=y2;
    Ex=real(Ce*npib*cos(mpia*x).*sin(npib*y).*exp(j*(w*t-kz*z)));
    Ey=real(Ce*mpia*sin(mpia*x).*cos(npib*y).*exp(j*(w*t-kz*z)));
    Ez=0*Ex;
    Hx=real(Ch*mpia*sin(mpia*x).*cos(npib*y).*exp(j*(w*t-kz*z)));
    Hy=real(Ch*npib*cos(mpia*x).*sin(npib*y).*exp(j*(w*t-kz*z)));
    Hz=real(H0*cos(mpia*x).*cos(npib*y).*exp(j*(w*t-kz*z)));
    quiver3(z,x,y,Ez,Ex,Ey,0.5,'b');
    hold on;
    mesh(z,x,y)
    quiver3(z,x,y,Hz,Hx,Hy,0.5,'m');
    view(-10,50)
    %侧板
    y=yc;x=xc;
    Ex=real(Ce*npib*cos(mpia*x).*sin(npib*y).*exp(j*(w*t-kz*z)));
    Ey=real(Ce*mpia*sin(mpia*x).*cos(npib*y).*exp(j*(w*t-kz*z)));
    Ez=0*Ex;
    Hx=real(Ch*mpia*sin(mpia*x).*cos(npib*y).*exp(j*(w*t-kz*z)));
    Hy=real(Ch*npib*cos(mpia*x).*sin(npib*y).*exp(j*(w*t-kz*z)));
    Hz=real(H0*cos(mpia*x).*cos(npib*y).*exp(j*(w*t-kz*z)));
    quiver3(z,x,y,Ez,Ex,Ey,0.5,'b');
    mesh(z,x,y)
    quiver3(z,x,y,Hz,Hx,Hy,0.5,'m');
    xlabel('Z');   ylabel('X');   zlabel('Y');
    colormap([1,1,1])
    axis tight
    set(gcf,'color','w')
    hold off
    pause(0.05);
end
```

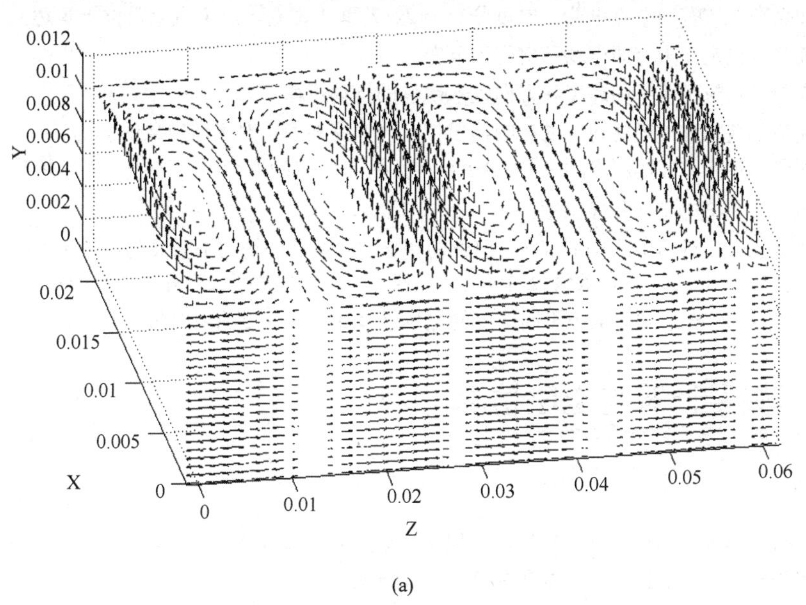

(a)

图 12.29　不同时刻矩形波导 TE10 模的电磁场分布图

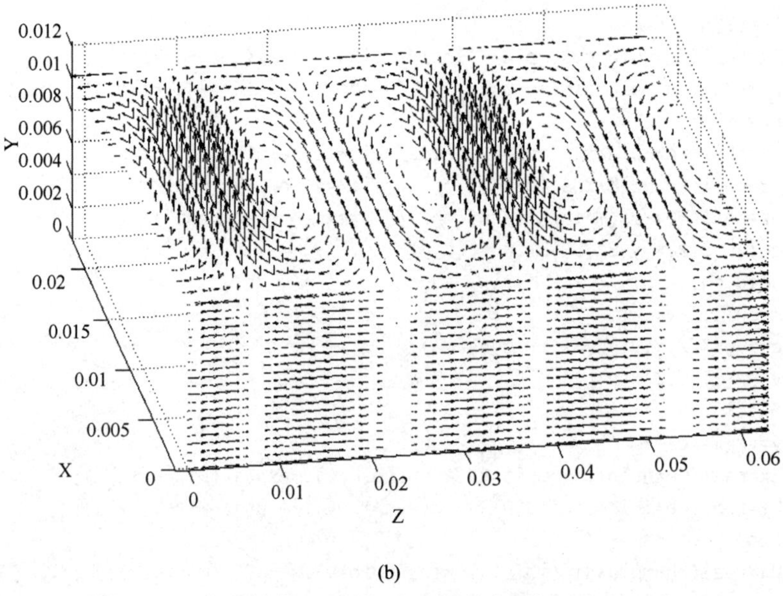

(b)

图 12.29　不同时刻矩形波导 TE10 模的电磁场分布图（续）

习题 12

1. 已知矢量 $\boldsymbol{A}=2\boldsymbol{e}_x-2\boldsymbol{e}_y+\boldsymbol{e}_z$, $\boldsymbol{B}=-4\boldsymbol{e}_x-3\boldsymbol{e}_y$ 和 $\boldsymbol{C}=2\boldsymbol{e}_y-3\boldsymbol{e}_z$，编程计算：(1) $\boldsymbol{A}+\boldsymbol{B}-\boldsymbol{C}$；(2) $\boldsymbol{A}\cdot\boldsymbol{B}$；(3) $\boldsymbol{A}\times\boldsymbol{B}$；(4) $\boldsymbol{A}\cdot(\boldsymbol{B}\times\boldsymbol{C})$；(5) $\boldsymbol{A}\times(\boldsymbol{B}\times\boldsymbol{C})$。
2. 已知某电场的场强分布为 $\boldsymbol{E}=(3x^2-2yz)\boldsymbol{e}_x+(y^3+yz^2)\boldsymbol{e}_y+(xyz-3xz^2)\boldsymbol{e}_z$，试计算该电场的散度和旋度，并绘出散度标量场和旋度矢量场。
3. 已知某电场的电位分布为 $\varphi=10\mathrm{e}^{-x^2-y^2}$，求该电位的梯度，并绘出梯度矢量场。
4. 已知真空中放有三个点电荷，电量分布为 2、2 和−1 库仑，三个点电荷位于等边三角形的顶点，边长自己设定。求空间电场和电位的分布。
5. 试模拟带点粒子以不同速率和方向进入磁场的运动规律。
6. 试模拟单缝宽度对衍射现象的影响，模拟双缝宽度和间距对干涉现象的影响。
7. 已知两线极化平面波为 $\boldsymbol{E}_x=\boldsymbol{e}_x 10\cos(\omega t-kz), \boldsymbol{E}_y=\boldsymbol{e}_y 20\cos(\omega t-kz-\pi/3)$。通过仿真求出合成后的平面波，并指出是何种极化波。
8. 模拟电磁波在导体中的传播规律。已知向正 z 方向传播的均匀平面波的频率为 5MHz，$z=0$ 处的电场强度为 x 方向，有效值为 100V/m。若 z 大于 0 的区域为海水，电磁特性参数为 $\varepsilon_{\mathrm{r}}=80$, $\mu_{\mathrm{r}}=1, \sigma=4\mathrm{S/m}$，求海水中不同深度的电场强度和磁场强度的瞬时值。

实验 12　矢量计算与电磁仿真

实验目的

1. 熟悉与掌握矢量的加、减、标积、矢积和三重积的计算方法。
2. 熟悉与掌握矢量的梯度、散度和旋度的计算方法。
3. 熟悉与掌握电磁场的矢量场和标量场的计算与绘图。

4. 熟悉与掌握电磁波的计算和仿真。

实验内容

1. 已知矢量 $\boldsymbol{A}=\boldsymbol{e}_x+\boldsymbol{e}_y-\boldsymbol{e}_z,\boldsymbol{B}=-\boldsymbol{e}_x-\boldsymbol{e}_y+\boldsymbol{e}_z$ 和 $\boldsymbol{C}=-2\boldsymbol{e}_x-2\boldsymbol{e}_y$，编程计算：(1) $\boldsymbol{A}+\boldsymbol{B}-\boldsymbol{C}$；(2) $\boldsymbol{A}\cdot\boldsymbol{B}$；(3) $\boldsymbol{C}\times\boldsymbol{e}_z$；(4) $\boldsymbol{A}\cdot(\boldsymbol{B}\times\boldsymbol{C})$；(5) $\boldsymbol{A}\times(\boldsymbol{B}\times\boldsymbol{C})$。
2. 已知某电场的场强分布为 $\boldsymbol{E}=\sin(3x-2yz)\boldsymbol{e}_x+x\boldsymbol{e}_y+\cos(y^2+z^2)\boldsymbol{e}_z$，计算该电场的散度和旋度，并绘出散度标量场和旋度矢量场。
3. 已知某电场的电位分布为 $\varphi=\sin z\cdot\mathrm{e}^{-(x+y)}$，求该电位的梯度，并绘出梯度矢量场。
4. 已知真空中放有 4 个点电荷，其电量分布为 2、-2、2 和-2 库仑，4 个点电荷位于正方形的顶点，正方形的边长为 10nm，求空间电场和电位的分布。
5. 已知两线极化平面波为 $\boldsymbol{E}_x=\boldsymbol{e}_x10\sin(\omega t-kz),\boldsymbol{E}_y=\boldsymbol{e}_y10\cos(\omega t-kz-\pi/3)$，通过仿真求出合成后的平面波，并指出是何种极化波。
6. 已知频率为 5GHz 的均匀平面波，其有效值为 10V/m，它垂直进入厚度为 0.5mm 的铜表面（电磁特性参数为 $\varepsilon_{\mathrm{r}}=1.2,\mu_{\mathrm{r}}=1,\sigma=100\mathrm{S/m}$），求铜内部的场强分布随时间的变化，并仿真给出电磁波穿出铜表面时的场强有效值。

参 考 文 献

[1] 周建兴．MATLAB 从入门到精通．北京：人民邮电出版社，2012.
[2] 任玉杰．数值分析及其 MATLAB 实现．北京：高等教育出版社，2007.
[3] 张威．MATLAB 基础与编程入门．西安：西安电子科技大学出版社，2008.
[4] 求是科技．MATLAB 7.0 从入门到精通．北京：人民邮电出版社，2006.
[5] ［美］Cleve B. Moler．MATLAB 数值计算．北京：机械工业出版社，2006.
[6] 万永革．数字信号处理的 MATLAB 实现．北京：科学出版社，2012.
[7] 袁文燕．信号与系统的 MATLAB 实现．北京：清华大学出版社，2011.
[8] 甘俊英．基于 MATLAB 的信号与系统实验指导．北京：清华大学出版社，2007.
[9] 冈萨雷斯．数字图像处理．北京：电子工业出版社，2011.
[10] 曹戈．MATLAB 教程及实训．北京：机械工业出版社，2010.
[11] 张志涌主编．精通 MATLAB R2011a．北京：北京航空航天大学出版社，2011.
[12] 陈怀琛主编．MATLAB 及其在电子信息课程中的应用．北京：电子工业出版社，2013.
[13] 张志涌主编．MATLAB 教程．北京：北京航空航天大学出版社，2015.
[14] 刘浩主编．MATLAB R2014a 完全自学一本通．北京：电子工业出版社，2015.
[15] 魏鑫编著．MATLAB R2014a 从入门到精通．北京：电子工业出版社，2015.
[16] 李献，骆志伟编著．精通 MATLAB/Simulink 系统仿真．北京：清华大学出版社，2015
[17] 石良臣编著．MATLAB/Simulink 系统仿真超级学习手册．北京：人民邮电出版社，2014.
[18] 张化光，刘鑫蕊，孙秋野编著．MATLAB/Simulink 实用教程．北京：人民邮电出版社，2009.
[19] 张德丰编著．MATLAB/Simulink 建模与仿真．北京：电子工业出版社，2009.
[20] 丁亦农编著．Simulink 与信号处理．北京：北京航空航天大学出版社，2010.
[21] 林飞，杜欣．电力电子应用技术的 MATLAB 仿真．北京：中国电力出版社，2009.
[22] 刘卫国．MATLAB 程序设计与应用（第 2 版）．北京：高等教育出版社，2007.
[23] 蒋珉．MATLAB 程序设计及应用．北京：北京邮电大学出版社，2010.
[24] 肖伟．MATLAB 程序设计与应用．北京：清华大学出版社，2005.
[25] 刘卫国．MATLAB 程序设计与应用．北京：高等教育出版社，2002.
[26] 张铮．MATLAB 程序设计与实例应用．北京：中国铁道出版社，2003.
[27] 洪乃刚．电力电子和电力拖动控制系统的 MATLAB 仿真．北京：机械工业出版社，2009.